国家级职业教育规划教材

人力资源和社会保障部职业能力建设司推荐

高等职业技术院校计算机网络技术专业任务驱动型教材

# SQL Server网络数据库开发与管理

SQL SERVER WANGLUO SHUJUKU KAIFA YU GUANLI

蔡小萍 主编

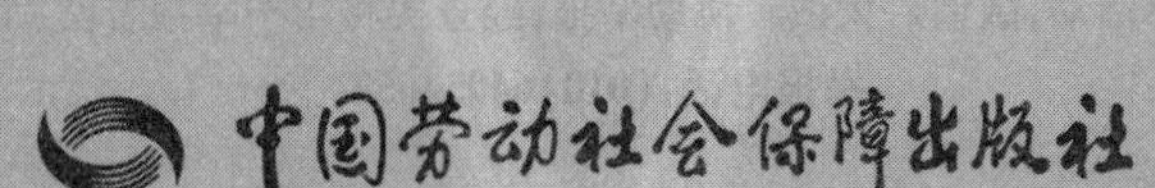

**图书在版编目(CIP)数据**

SQL Server 网络数据库开发与管理/蔡小萍主编. —北京：中国劳动社会保障出版社，2011

高等职业技术院校计算机网络技术专业任务驱动型教材

ISBN 978 - 7 - 5045 - 8893 - 7

Ⅰ.①S… Ⅱ.①蔡… Ⅲ.①关系数据库 - 数据库管理系统，SQL Server - 高等职业教育 - 教材 Ⅳ.①TP311.138

中国版本图书馆 CIP 数据核字(2011)第 057270 号

**中国劳动社会保障出版社出版发行**

(北京市惠新东街 1 号 邮政编码:100029)

出 版 人:张梦欣

*

三河市潮河印业有限公司印刷装订 新华书店经销

787 毫米×1092 毫米 16 开本 22 印张 507 千字

2011 年 4 月第 1 版 2025 年 5 月第 13 次印刷

**定价：39.00 元**

营销中心电话：400-606-6496

出版社网址：http://www.class.com.cn

http://jg.class.com.cn

# 前言

为了满足高等职业技术院校计算机网络技术专业教学改革的需要，人力资源和社会保障部教材办公室组织一批教学经验丰富、实践能力强的教师与行业、企业的专家，在充分调研、讨论专业设置和课程教学方案的基础上，编写了该专业系列教材，包括：《计算机网络基础》《网络设备互联技术》《Windows Server 2008 网络服务器配置与管理》《Linux 网络服务器配置与管理》《SQL Server 网络数据库开发与管理》《网络综合布线技术》《网络安全防护技术》《计算机组装与维修》《网页设计与制作》《Java 程序设计基础》《C 程序设计》《Visual Basic 程序设计基础》《ASP. NET 动态网站开发》《JSP 动态网站开发》等。

这套教材具有以下几个方面的特点：

第一，突出职业教育特色，重视职业能力培养。根据计算机网络技术专业毕业生所从事职业的实际需要，合理选择教学内容，突出企业工作实践内涵，使学生具有组建网络、管理网络、使用网络等职业技能，满足企业对计算机网络技能型人才的要求。

第二，贯彻任务驱动编写思路。结合先进的教学理念，做到理论学习有载体，工作实训有实体，通过具体的工作任务引导学生进行知识和技能的学习。有利于激发学生的学习积极性，变被动学习为主动学习，使学生在掌握知识和技能的同时，获得学习成就感。

第三，根据国家职业标准、计算机技术与软件考试大纲以及行业、企业工作规范组织教学内容，涵盖网络管理员、网络工程师等国家职业标准的相关要求，使教材具有很强的实用性和针对性。

第四，提供全方位教学资源的服务与支持。对重点教材开发配套的教学课件，如电子教案、素材库、源文件、视频教学录像等，便于教师教学工作的开展。

本套教材的编写得到了有关省市教育部门、人力资源和社会保障部门以及一批高等职业技术院校的大力支持，教材编审人员做了大量的工作，在此，我们表示衷心的感谢！同时，恳切希望广大读者对教材提出宝贵的意见和建议。

**人力资源和社会保障部教材办公室**

# 内容简介

本书为国家级职业教育规划教材。

本书分为 8 个模块，通过利用 SQL Server 2005 开发一个图书馆信息管理系统的数据库为例，系统地介绍了网络数据库开发和维护的各方面内容及 SQL Server 2005 的使用技巧。模块一介绍了图书馆信息管理系统的概况，并针对系统需求展开了数据库的设计，最终完成图书管理数据库的逻辑设计。模块二和模块三使用 SQL Server 2005 物理实现了数据库。模块四介绍了如何在数据库中进行数据查询。模块五介绍了 T－SQL 语言编程的知识。模块六和模块七介绍了数据库安全管理和维护等知识。模块八则给出了图书馆信息管理系统的具体实现范例，引导读者将之前所学的数据库技术和编程技术相结合，完成整个图书馆信息管理系统的开发。

本书采用任务驱动的教学方法，通过 44 个具体的任务引导学生掌握 SQL Server 网络数据库开发与管理的技能。理论知识讲解清晰、简练，具有针对性；操作实践具体、详尽，便于学生掌握相关的技能与方法。

本书适合高等职业技术院校计算机网络技术专业教学使用，同时也可作为网络技术人员、网络开发人员的工作参考书。

本书由广东省技师学院蔡小萍主编，周碧旋主审，郑伟贞参加了编写。

# 目录

# 数据库设计

数据库应用系统是一种利用人工过程、数学模型以及数据库等资源为企事业单位的运行、管理、分析和决策等职能提供信息支持的综合性计算机应用系统，它包括面向内部业务和管理的管理信息系统以及面向外部提供信息服务的开放式信息系统，如在学校中常见的图书馆信息管理系统、教务信息管理系统等。从实现技术角度而言，数据库应用系统都是以数据库为基础和核心的计算机应用系统。

数据库应用系统主要由两部分组成，一部分是应用程序系统，包括用户界面和业务程序，业务程序将用户对界面的操作要求传递给后台的数据库系统，并通过界面显示出用户操作的结果，这一部分需要借助编程语言如 VB、ASP、Java 等来实现，读者可在相应的编程语言课程中学习；另一部分就是用来存储应用系统中所需要的数据信息，并根据用户要求执行用户数据操作的数据库系统，这也就是本书要带领读者学习和掌握的部分。

本书以图书馆信息管理系统中图书管理数据库的设计、实现、应用与维护为主线，带领读者一步一步地掌握基于 SQL Server 2005 数据库服务平台上的数据库的设计、开发与应用管理。

## 课题一　认识数据库系统

### 任务　认识图书馆信息管理系统

**教学目标**

- 掌握图书馆信息管理系统的组成及功能
- 掌握数据库、数据库管理系统、数据库应用系统的概念
- 体验使用数据库系统的优点

**任务引入**

学校图书馆是提供给学生和教职工查阅资料和借阅图书的场所。在十几年前，图书馆所

有图书资料的管理、借阅都要由人工来完成，例如某读者想借阅一本图书，图书馆管理员要先核对读者的借书证信息，然后翻看读者信息登记簿，确认该读者是否有资格借阅图书、可以借阅几本图书等，然后再将本次借阅信息登记在读者信息登记簿上，完成借阅图书。由于借阅图书的人数多，加上人工查找读者信息的操作过程耗时长，容易出错，所以过去在图书馆中借书经常都需要排长队。现在图书馆管理中通过使用图书馆信息管理系统，借助条码技术将读者的借书证和图书分别扫描，就可以在十几秒内轻松完成借阅过程。下面介绍如何实现这一过程。

## 任务分析

图书馆信息管理系统不仅能帮助图书馆管理员轻松完成图书借阅手续，还具有很多其他的辅助管理功能，比如图书入库登记、图书网上续借等，为读者的借阅和管理员的管理工作提供了极大的方便。

图书馆信息管理系统是一个典型的数据库应用系统，其核心就是应用数据库技术，把原来需要纸张记录、手工检索和人工统计的图书、读者、借阅等信息以一定的组织方式存放在数据库中，利用计算机快速高效的工作来代替烦琐低效的手工管理，达到减轻图书管理人员工作强度、提高工作效率的目的。

本任务通过引导大家初步认识图书馆信息管理系统的工作过程，明确数据库应用系统的核心就是数据库技术。当然，为了更好地认识图书馆信息管理系统，我们首先必须了解数据、数据库、数据库管理系统等相关的基础知识。

## 相关知识

### 一、数据及数据库

1. 数据和信息

数据是存放在数据库中的用来描述事物的符号，是数据库存储的基本对象。与传统意义上理解的数据不同，数据在这里可以是数字、文字、图形、图像、声音和语言等，即数据有多种形式，但它们都是经过数字化后存入计算机的。

数据有一定的格式，如姓名一般不超过 4 个汉字的字符，性别是一个汉字字符。这些数据格式的规定就是数据的语法，而数据的含义就是数据的语义。人们通过解释、推理、归纳、分析和综合等方法从数据中所获得的有意义的内容称为语义。

由原始数据经加工提炼而成的、用于决定行为、计划或具有一定语义的数据称为信息。因此数据是信息存在的一种形式，只有通过解释或处理的数据才能成为有用的信息。数据和信息之间的关系如同原料和成品，又具有相对性。

2. 数据库

数据库可以直观地理解为存放数据的仓库，在计算机上需要存储空间和一定的存储格式，所以可理解为数据库是被长期存放在计算机内的、有组织的、统一管理的相关数据的集合。它能为用户共享，具有最小冗余度，数据间联系密切，有较高的独立性。

图书管理数据库就是一个位于 SQL Server 2005 数据库管理系统中的用户数据库，它是

用户根据图书馆信息管理系统功能需要设计的，为系统正常运行提供数据支撑，同时保证数据的完整性、一致性和独立性。

3. 数据库三要素

模型是对现实世界的抽象，如一张地图，是对实际地形地貌的抽象表达。在数据库技术中，人们用数据模型描述数据库的结构和语义，对现实世界进行抽象。数据库的数据模型应包含数据结构、数据操作、完整性约束三个要素。

（1）数据结构

用于描述数据库的静态特性，是所研究的对象类型的集合，是对实体类型和实体间联系的表达和实现。

（2）数据操作

用于描述数据库的动态特性，是指对数据库中各种对象的实例允许操作的集合，如查询、插入、更新、删除。

（3）完整性约束

是一组完整性规则的集合。完整性规则是对给定的数据及其联系所具有的制约和存储规则，用以限定数据库状态以及状态的变化，以保证数据的正确性、有效性和相容性。

## 二、数据库应用系统

数据库应用系统通常是指带有数据库的计算机系统，是一个实际可运行的，按照数据库方法存储、维护并向应用提供数据支持的系统，它是硬件系统、软件系统、数据库、数据库管理系统和数据库管理员的集合。图 1—1—1 给出了数据库应用系统的构成简图（其中硬件、系统软件没有画出来）。

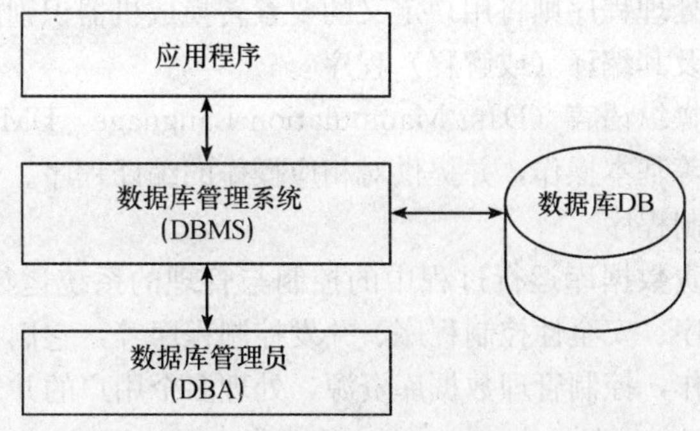


图 1—1—1 数据库应用系统的构成简图

其中，应用程序是由编程语言（例如 VB、ASP、Java 等）编写出来的，用来实现用户界面（通常称为静态部分）以及连接和操作数据库的代码；数据库管理系统是用来操作和管理数据库的一个平台；数据库是用来存放用户数据的仓库。数据库管理员通过数据库管理系统对数据库进行操作。

## 三、数据库管理系统

数据库管理系统（Database Management System，DBMS）是位于用户与操作系统之间

的用于建立、使用和维护数据库的系统软件，为用户或应用程序提供访问数据库的方法，包括数据库的建立、查询、更新及各种数据控制方法。

1. 数据库管理系统提供的功能

（1）数据定义功能

数据定义功能是数据库管理系统面向用户的功能，数据库管理系统提供数据定义语言，对数据库中的数据对象进行定义，如数据库、表、视图的定义以及保证数据库中数据完整正确而定义的完整性规则。

（2）数据操作功能

数据操作功能是数据库管理系统面向用户的功能，数据库管理系统提供数据操纵语言对数据库中的数据对象进行各种操作，如数据的查询、插入、修改和删除等数据操作。

（3）数据库运行管理功能

这是数据库管理系统的核心部分，也是数据库管理系统对数据库的保护功能。它包括并发控制、安全性控制、完整性约束、数据库内部维护与恢复等。所有数据库的操作都要在这些控制程序的统一管理和控制下进行。

（4）数据库维护功能

数据维护功能包括数据库数据的导入功能、转储功能、恢复功能、重新组织功能、性能监视和分析功能等，这些功能通常由数据库管理系统中的实用程序提供给数据库管理员。

2. 数据库管理系统的组成

为了提供上述四个方面的功能，数据库管理系统通常由以下四个部分组成：

（1）数据定义语言及其翻译处理程序

DBMS 一般都提供数据定义语言（Data Definition Language，DDL）供用户定义数据库中的各种要素，其翻译处理程序则将用户定义的要素转换成机器识别的目标模式。

（2）数据操纵语言及其编译（或解释）程序

DBMS 提供了数据操纵语言（Data Manipulation Language，DML）实现对数据库的检索、插入、修改、删除等基本操作，并提供对相应操作的编译程序。

（3）数据库运行控制程序

DBMS 提供一些负责数据库运行过程中的控制与管理的系统运行控制程序，包括系统初启程序、事务管理程序、安全性控制程序、并发控制程序等，它们在数据库运行过程中监视着对数据库的所有操作，控制管理数据库资源，处理多个用户的并发操作等。

（4）实用程序

DBMS 提供的一些实用程序，包括数据转储程序、数据库恢复程序、数据转换程序等。数据库管理员可以利用这些实用程序完成数据库的维护与管理。

3. 数据库管理系统的特点

（1）结构化

数据有组织的存放。

（2）共享性

可以多用户同时使用。

（3）独立性

数据与应用程序分离。

（4）完整性

数据保持一致与完整。

（5）安全性

设置不同的用户权限。

## 四、数据库分类及特点

目前常用的数据库有层次数据库、网状数据库和关系数据库。其中层次数据库和网状数据库统称为非关系数据库。数据库的分类以数据模型为依据。

1. 层次数据库

层次模型是数据库系统中最早出现的数据模型，它用树形结构表示各类实体以及实体间的联系。层次模型数据库系统的典型代表是 IBM 公司的数据库管理系统（Information Management System），这是一个最早推出的数据库管理系统。层次模型用树形结构来表示各类实体以及实体间的联系，每一结点表示一个记录类型（实体型），每个记录类型包含若干个字段（实体的属性），节点层次从根开始定义，根为第一层，根的“孩子”称为第二层，如图 1—1—2 所示。满足以下两个条件的数据模型称为层次模型：

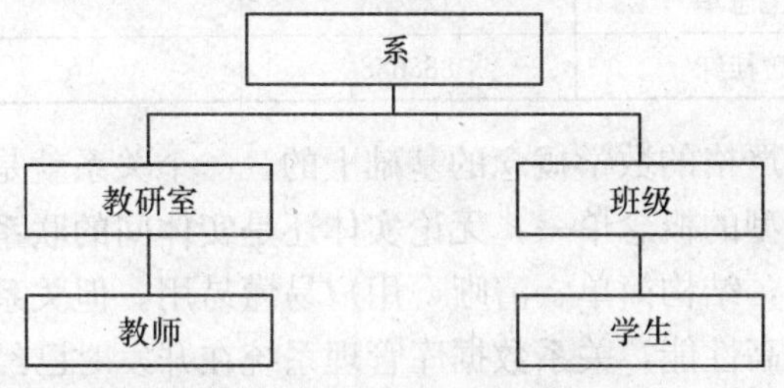


图 1—1—2 简单的层次模型

（1）有且仅有一个节点无双亲，这个节点称为根节点。

（2）其他节点有且仅有一个双亲。

层次模型对具有一对多的层次关系的描述非常直观、容易理解，这是层次数据库的突出优点。用层次模型表示多对多的联系，必须首先将其分解成一对多联系。层次模型的缺点是：不适合于表示非层次性的联系。

2. 网状数据库

典型代表是 DBTG 系统，它是 20 世纪 70 年代数据系统语言研究会下属的数据库任务组提出的一个数据模型方案。若用图表示，网状模型就是一个网络，图 1—1—3 给出了一个抽象的简单的网状模型。在数据库，对满足以下两个条件的数据模型称为网状模型。

（1）允许一个以上的节点无双亲。

（2）一个节点可以有多于一个的双亲。

3. 关系数据库

关系模型是目前应用最广泛的一种数据模型，20 世纪 80 年代以来，计算机厂商新推出的数据库管理系统几乎都支持关系模型，当前数据库领域的研究工作都是以关系方法为基础

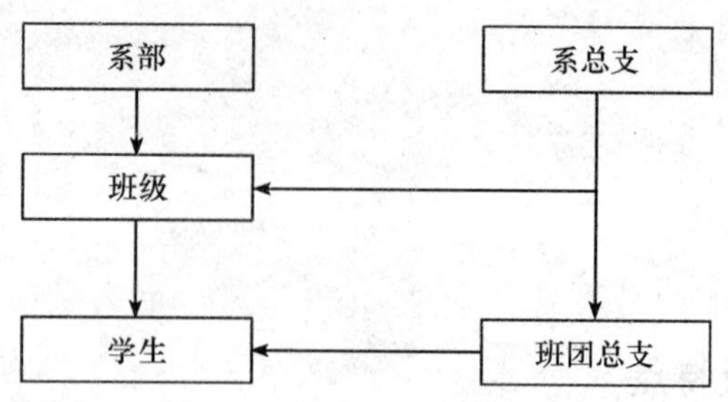


图 1—1—3　简单的网状模型

的。SQL Server 和 Oracle 数据库是典型的关系数据库。

关系数据模型从结构上看就是一张二维表，见表 1—1—1。它把某记录类型的记录集合写成一张表，表中的每行表示一个实体对象，表中的每列对应一个实体属性，这样的一张表称为一个关系。

**表 1—1—1　读者信息表**

| 借书证号 | 姓名 | 密码 | 性别 | 类别编号 |
| --- | --- | --- | --- | --- |
| 8000001 | 李文婷 | 123456 | 女 | S |
| 8000002 | 毛志华 | 123456 | 男 | S |
| 6990001 | 曾桂红 | 888888 | 女 | T |

关系数据库是建立在严格的数学概念的基础上的，一个关系就是数学意义上的一个集合（无序、无重值）。关系模型的概念单一，无论实体还是实体间的联系，都用关系来表示，对数据的检索结果也是关系，结构简单、清晰，用户易懂易用。但关系数据库查询效率不如非关系数据库模型，为了提高性能，关系数据库管理系统在开发时已经考虑了优化用户的查询请求等因素。

## 任务实施

### 一、认识图书馆信息管理系统的工作界面

图 1—1—4 是图书馆信息管理系统的功能主界面。主界面的左边是一个树形结构的功能菜单，展开菜单并单击菜单项可进入相应的功能子界面，用户借助各个功能子界面完成图书馆信息管理的各项内容，包括借书、还书、图书查询、借书证管理等。

例如，图书管理员要为某一读者实现借书的功能，其界面操作步骤如下：

1. 图书管理员输入正确的用户名、密码，登录图书馆信息管理系统，进入图书馆信息管理系统主界面，如图 1—1—4 所示。

2. 在主界面中，点击“借书还书”图标，出现图书流通处理界面，在该界面中输入读者的借书证号（或通过条形码扫描器读入），按回车键，图书馆信息管理系统根据该读者的借书证号，查询读者的基本信息及借阅信息，并将查询结果显示在界面上，如图 1—1—5 所示。

3. 在图 1—1—5 所示界面中，该读者的已借数量＜可借数量，表明该读者还可借阅图

图 1—1—4　图书馆信息管理系统主界面

图 1—1—5　图书流通处理界面

书，在界面输入框中输入待借书的条码（或通过条形码扫描器读入），按回车键，图书馆管理信息系统将产生一条新的借阅记录，并在当前界面上显示出来。

4. 单击界面中“复位”按钮，可继续办理下一个读者的图书借还信息。

## 二、认识图书馆信息管理系统的工作原理

通过上文初步认识和体验图书馆信息管理系统的界面及其功能，以下介绍图书馆信息管理系统如何实现其各项功能。

前文中已经讲到，一个数据库应用系统是由“应用程序”“数据库管理系统”和“数据库”三个部分组成，图书馆信息管理系统作为一个典型的数据库应用系统，其应用程序部分

由用户界面和业务程序组成，数据库管理系统为 SQL Server 2005 数据库管理系统，数据库为用户自定义的图书管理数据库，通过这三个部分的协同工作完成图书馆信息管理功能，其组成结构及工作原理如图 1—1—6 所示，具体工作流程如下：

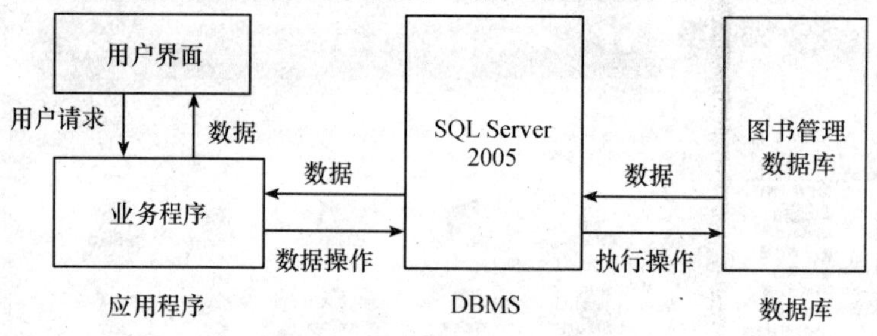


图 1—1—6　图书馆信息管理系统的组成及工作原理

1. 图书馆信息管理系统的用户通过用户界面向应用程序提出数据操作的请求。

2. 业务程序通过数据库连接模块将数据操作的命令传递给 SQL Server 2005 数据库管理系统。

3. SQL Server 2005 数据库管理系统应用数据库技术，对图书管理数据库执行用户操作命令，并将操作结果返回给业务程序。

4. 业务程序将结果数据通过界面显示给用户。

## 三、认识图书馆信息管理系统的各组成部分

1. 认识应用程序部分

图书馆信息管理系统的应用程序部分实际上是一些编写好的网页文件，其中用户界面部分为静态网页文件，业务程序部分则是使用 ASP. NET 等语言编程实现的动态网页程序。关于静态网页制作及编程的内容，请参阅网页制作、ASP. NET 程序设计等相关书籍，本书不作具体介绍，只在模块八中给出部分示例代码，供读者参考。

但是，在业务程序编程中，用户的数据操作命令必须变成标准的 SQL 语句，才能被数据库管理系统执行，这些用来对数据库中数据进行增、删、改、查的 SQL 语句是本书的一个学习重点，它将贯穿在本书的各个模块中，例如在模块二中，将介绍数据库的定义和管理语句；模块三中将介绍数据表的定义和操作语句；模块四中将介绍实现各种查询要求的数据查询语句；模块五中将介绍较复杂的 SQL 服务器端编程，如函数、存储过程等。

2. 认识 SQL Server 2005 数据库管理系统

在图书馆信息管理系统中，SQL Server 2005 数据库管理系统的主要功能体现在两个方面：一方面是响应应用程序的 ADO. NET 组件的连接请求，实现执行应用程序传递过来的 SQL 语句操作命令，并将结果返回给应用程序界面的功能，另一方面则是要为图书管理数据库提供一个物理实现的操作平台，将用户设计的逻辑数据库转变成计算机存储的物理数据库，并对该数据库进行各种管理和维护。由此可见，SQL Server 2005 数据库管理系统在图书馆信息管理系统中起着至关重要的枢纽作用，SQL Server 2005 数据库管理系统的使用是本书的重要内容。本书模块二中将介绍 SQL Server 2005 的安装与配置；模块三、模块四中将介绍在 SQL Server 2005 服务平台上如何进行数据库的创建与管理、数据表的创建和管

理；模块六将介绍数据库安全管理；模块七将介绍数据库的维护方法。

SQL Server 2005 数据库管理系统在计算机中成功安装后，用户主要通过 SQL Server Management Studio 管理工具中的菜单栏、工具栏实现数据库的创建、管理与维护，其工作主界面如图 1—1—7 所示。

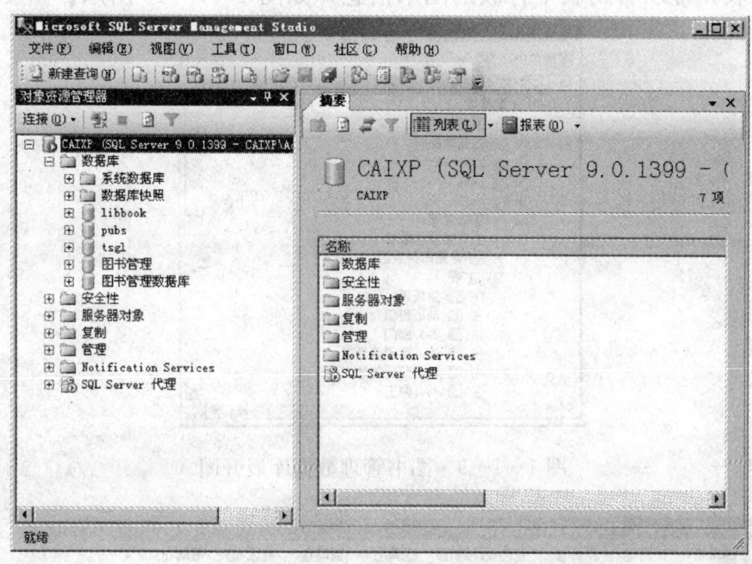


图 1—1—7　SQL Server Management Studio 工作界面

此外，在 SQL Server Management Studio 管理工具中还提供了一个可直接使用 SQL 语句进行数据库的创建、管理与维护的工具查询分析器，当用户在查询分析器中输入 SQL 语句，单击“执行”后，查询分析器会将操作的结果显示在界面上。如图 1—1—8 所示就是执行查询图书管理数据库中所有图书的 SQL 语句后的结果。

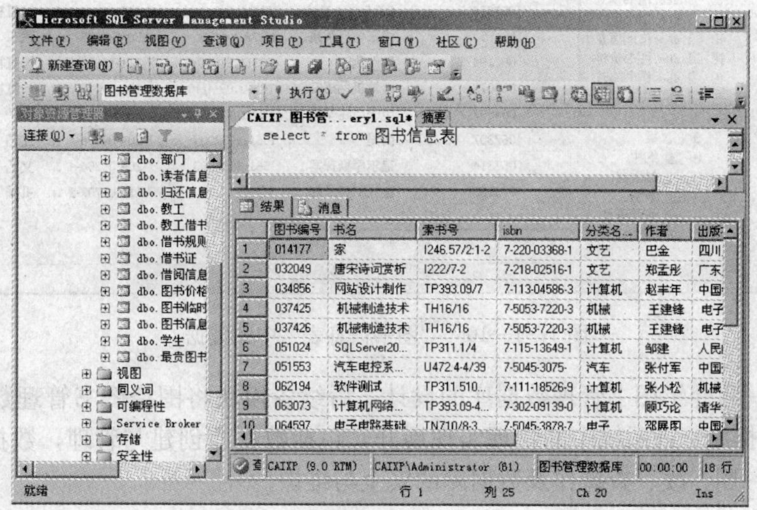


图 1—1—8　查询分析器执行 SQL 语句

3. 认识图书管理数据库

图书管理数据库用于存放图书馆信息管理系统中的数据信息，图 1—1—9 是在 SQL Server Management Studio 中已经创建好的图书管理数据库，其中包含有多个数据表，打开“图书信息表”表，可以看到表中存放的图书信息，如图 1—1—10 所示。

图 1—1—9　图书管理数据库展开图

图 1—1—10　“图书信息表”中的数据

本书模块一将介绍图书管理数据库的设计，后续各模块将围绕图书管理数据库在 SQL Server 2005 数据库管理系统中的物理实现展开，包括数据库创建与管理，数据表创建与管理，数据的增、删、改、查操作及数据库的安全与维护。

**思考与练习**

**一、思考题**

1. 什么是数据?
2. 简述数据库、数据库管理系统、数据库应用系统的区别和联系。
3. 什么是关系数据库，它具备哪些特点?

**二、论述题**

分小组讨论图书馆信息管理系统的工作原理及使用流程。

# 课题二　数据库系统的设计

数据库应用系统设计包括总体功能设计、数据库设计、代码（编程）设计、界面设计、模块设计等内容，但关键内容是系统总体功能设计和数据库设计，本课题中将重点学习这两部分的内容。

系统总体功能设计是通过对用户的需求进行分析，得出系统的总体功能结构模型，为后续的数据库设计定义一个框架。

数据库设计是指对于给定的硬件、软件环境，针对应用问题，设计一个较为优化的数据模型，依据此模型建立数据库中表、视图等结构，并以此为基础构建数据库信息管理应用系统。为了分析方便，通常将设计数据模型的这一过程分为两个阶段，一个阶段是概念结构设计阶段，它将现实世界抽象为一个信息世界，这种信息结构不依赖于具体的计算机实现，不依赖于某个 DBMS 支持的数据模型语言，而是一个概念型的描述，这样的模型称作概念数据模型，简称概念模型或信息模型；另一个阶段是逻辑结构设计阶段，它设计的是直接面向数据库中数据的逻辑结构，称之为基本数据模型或结构数据模型，简称为结构模型。

## 任务 1　图书馆信息管理系统的功能设计

**教学目标**

- 掌握信息系统需求分析的任务、方法及内容
- 掌握信息系统的功能设计方法
- 掌握绘制信息系统功能结构图

**任务引入**

在课题一中，已简要介绍了图书馆信息管理系统的功能，如图书借阅、图书查询等，创

建初期这些功能不是凭空想象出来的，而是系统开发人员在对原有手工管理图书馆的业务过程进行需求分析后分类归纳形成的，以下将具体介绍如何进行图书馆信息管理系统的需求分析，及一个完整的图书馆信息管理系统包括哪些功能。

## 任务分析

数据库应用系统的功能设计是对用户需求进行分析的结果，它将直接影响到以后各阶段的设计。只有分析好用户的需求才能设计出用户满意的系统。要通过需求分析设计出图书馆信息管理系统的功能，就要先了解需求分析的概念和方法。

## 相关知识

### 一、数据库设计方法

要使数据库设计更加合理，就需要有有效的指导原则，这种原则就称为数据库设计方法。多年来人们经过不断的努力和探索，提出了各种数据库设计方法，这些方法结合了软件工程的思想和方法，形成了各种设计准则和规范，进一步形成规范化设计方法。

数据库设计方法中比较著名的是新奥尔良（New Orlean）方法，这种方法将数据库设计分为四个阶段，即需求分析、概念结构设计、逻辑结构设计、物理结构设计阶段，如图1—2—1所示。

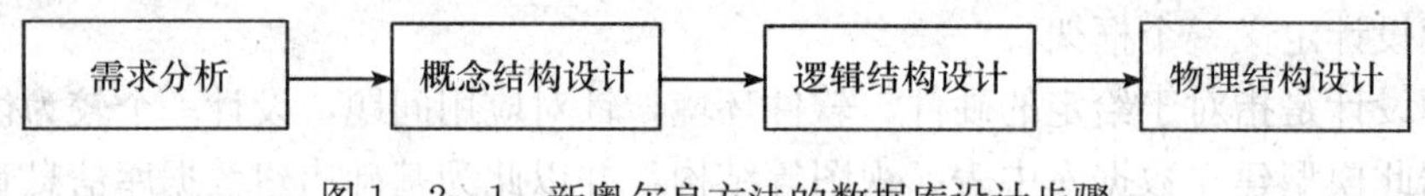


图 1—2—1 新奥尔良方法的数据库设计步骤

1. 需求分析阶段

主要是收集信息并对信息进行分析和整理，是整个设计过程中最困难、最重要的阶段。

2. 概念结构设计阶段

对需求分析的结果进行综合、归纳，从而形成一个独立于具体数据库管理系统的概念数据模型，它是整个数据库设计的关键。在本课题任务 2 中将进行图书馆管理数据库的概念结构设计。

3. 逻辑结构设计阶段

此阶段将概念结构设计的结果转换为某个具体的数据库管理系统所支持的数据模型，并对其进行优化。在本课题任务 3 中将进行图书管理数据库的逻辑结构设计。

4. 物理结构设计阶段

数据库的物理结构设计是利用已确定的逻辑结构以及数据库管理系统提供的方法、技术，以较优的存储结构、较好的数据存储路径、合理的数据存储位置以及存储分配，设计出一个高效的、可实现的物理数据库结构。本书将在关系型数据库管理系统 SQL Server 2005 中来实现图书管理数据库的物理结构设计。

### 二、需求分析的概念

需求分析就是分析用户的要求，主要是收集系统相关信息并对信息进行分析和整理，从

而为后续的各个阶段提供充足的信息。它是数据库设计的起点，需求分析的结果将直接影响到数据库系统开发。

## 三、需求分析的任务

需求分析阶段的主要任务是通过详细调查，充分了解原系统的手工工作概况，明确用户的各种需求，收集支持系统目标的基础数据及其处理方法，在此基础上确定新系统的功能。

需求分析的重点是调查、收集与分析用户在数据管理中的信息需求、处理需求、安全性与完整性要求。

1. 信息需求

指了解要在数据库中存储哪些数据，对这些数据做哪些处理，同时还要描述数据间的联系。

2. 处理需求

指用户要完成什么处理功能，用户需求的响应时间以及处理的方式。

3. 安全性与完整性要求

安全性要求描述系统中不同用户使用和操作数据库的情况，完整性要求描述数据之间的关联以及数据的取值范围要求。

## 四、需求分析的方法

需求分析首先要调查清楚用户的实际需求并对调查结果进行初步分析，与用户达成共识后，再进一步分析与表达这些需求。常用的调查方法有以下几种：跟班作业、开调查会、业务询问、问卷调查、查阅资料。需求调查时，还要有用户的积极参与和配合，设计人员应与用户建立良好的关系，互相帮助，共同解决问题。

需求分析的方法包括自顶向下和自底向上两种，其中自顶向下的结构化分析方法是最简单、最实用、最常用的方法，它从系统组织机构入手，采用逐层分解的方式分析系统。设计人员可将整个系统首先理解成一个大的功能模块，然后将处理功能的具体内容按照某种原则分解为若干个子功能，再将每个子功能继续分解，直到把系统的工作过程表达清楚为止，如图 1—2—2 所示。

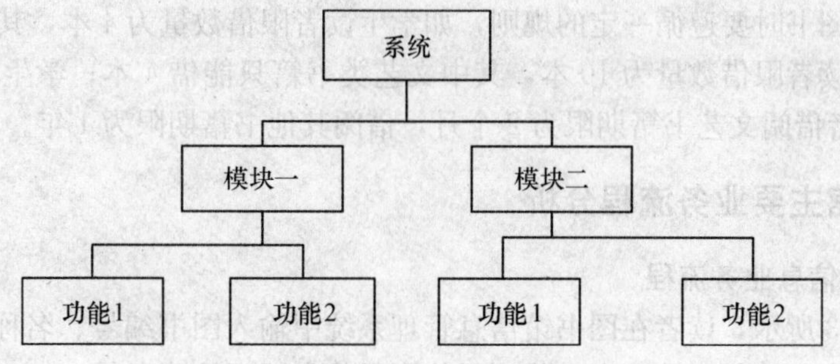


图 1—2—2　自顶向下的需求分析方法

## 五、需求调查内容

1. 业务现状

指业务方针政策、系统的组织机构、业务内容、约束条件及各种业务流程。

2. 信息流

指数据的产生、修改、查询及更新过程和更新频率以及各种数据与业务处理的关系。

3. 外部要求

指对数据保密性的要求，对数据完整性的要求，对查询响应时间的要求，对新系统使用方式的要求，对输入方式的要求，对输出报表的要求，对各种数据精度的要求，对吞吐量的要求，对将来功能、性能及应用范围扩展的要求。

# 任务实施

## 一、用户分析

使用图书馆信息管理系统的用户有：图书馆管理员、读者，其中读者又分为教工读者和学生读者。

## 二、各用户业务需求分析

1. 对于图书管理员来说，需要使用图书管理系统完成如下功能：

（1）图书资料基本管理：包括图书的登记入库、注销、修改、查询。

（2）读者信息资料管理：教工、学生信息的登记、查询、删除和修改。

（3）借书证的办理、注销、查询。

（4）图书流通管理：图书的借阅、续借、归还管理及各种查询。

2. 对于读者来说，需要使用图书管理系统完成如下功能：

（1）能按各种方式（比如书名、编号、作者）查询图书馆的藏书情况。

（2）能够查询自己的基本资料、个人图书借阅情况。

## 三、借阅规则分析

读者在借阅图书时要遵循一定的规则，如学生读者限借数量为 4 本，其中文艺类书籍只能借 2 本；教工读者限借数量为 10 本，其中文艺类书籍只能借 4 本；学生读者借书期限为 2 个月，教工读者借阅文艺书籍期限为 2 个月，借阅其他书籍期限为 1 年。

## 四、图书馆主要业务流程分析

1. 查阅图书信息业务流程

如图 1—2—3 所示，读者在图书馆信息管理系统中输入图书编号、名称或 ISBN 号，系统就会在数据库中查找相应的图书，找到后将图书信息返回给读者。

2. 借书还书流程

如图 1—2—4 所示，读者将借书证和所需书目（或所借的图书）交给图书管理员，图书

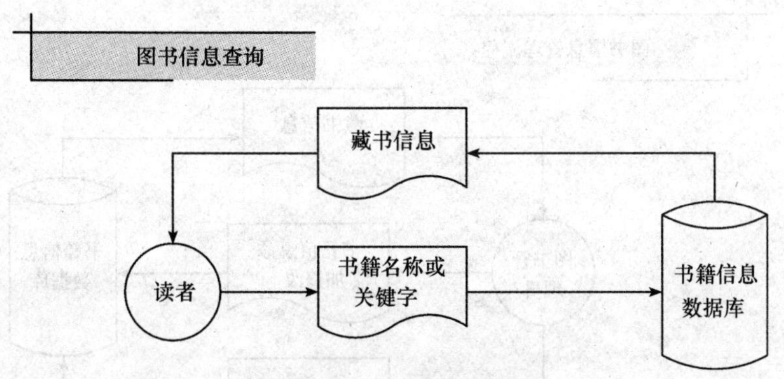


图 1—2—3　图书信息查询流程

管理员先在读者信息数据库验证读者信息，如果为有效读者，对于借书操作，图书管理员就登记借书信息，完成借书操作，对于还书操作，图书管理员就查出其借阅信息，登记还书信息，完成还书操作。

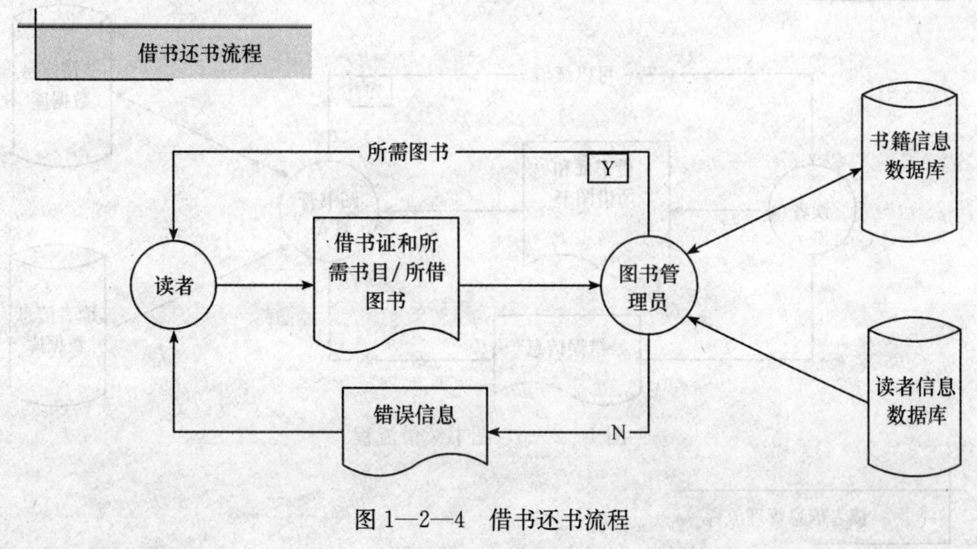


图 1—2—4　借书还书流程

3. 图书信息管理流程

如图 1—2—5 所示，图书管理员向图书馆数据库中管理界面直接进行图书的添加、修改、查询等操作。

4. 图书续借流程

如图 1—2—6 所示，读者将借书证和所借的图书交给图书管理员，图书管理员先在读者信息数据库验证读者信息，如果为有效读者，图书管理员再验证图书的借阅信息，如允许续借，就登记图书续借信息，完成续借操作。

5. 读者信息管理

如图 1—2—7 所示，图书管理员利用图书馆信息管理系统管理界面直接进行读者信息的添加、修改、查询、注销等操作。

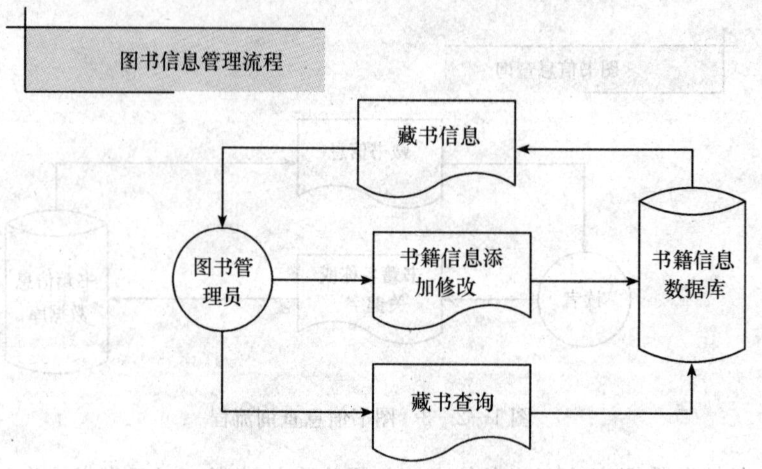


图 1—2—5 图书信息管理流程

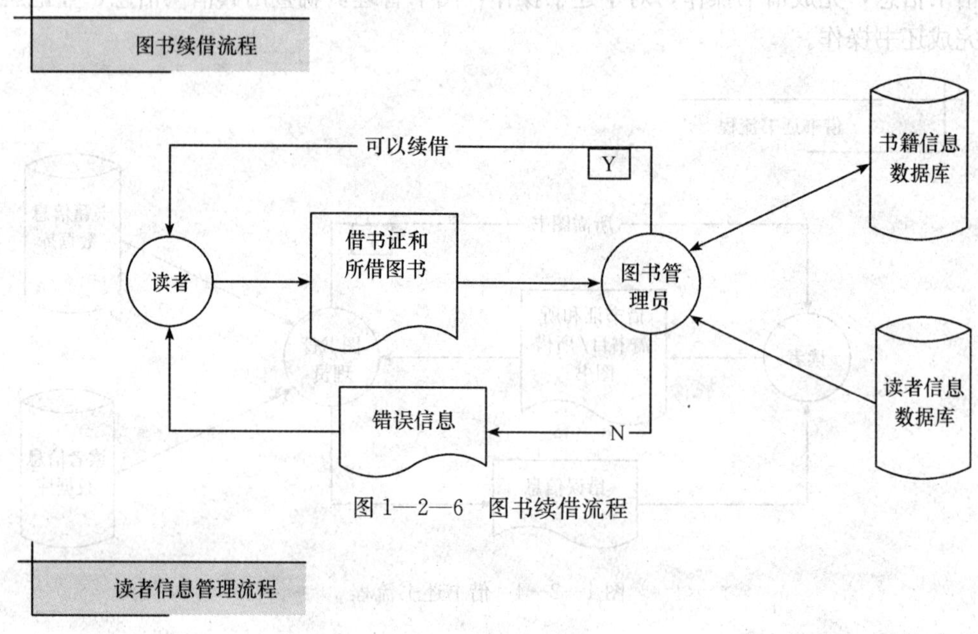


图 1—2—6 图书续借流程

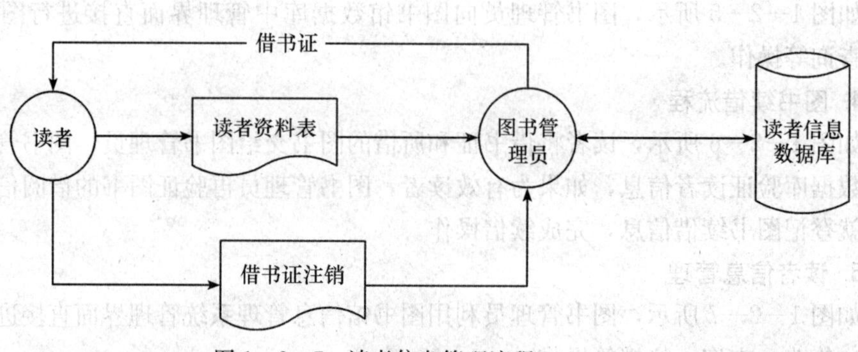


图 1—2—7 读者信息管理流程

## 五、图书馆信息管理系统功能设计

根据上面对图书馆信息管理系统的用户和业务流程分析可知，图书馆信息管理系统可分为图书信息管理、读者信息管理、图书流通管理、基本设置、系统管理五个功能模块，每个功能模块又根据具体业务需要，划分成几个子模块。图书信息管理包含图书登记、注销、查询管理；读者管理包括教工信息管理、学生信息管理、读者信息查询、部门管理、班级管理；借书证管理包括借书证的办理、注销、查询；图书流通管理包括借阅管理、续借管理、归还管理；基本设置包括借书期限设置、限借数量设置、续借数量设置、超期罚款设置；系统管理包括重新登录、退出、数据库备份、用户管理等。图书馆信息管理系统总体功能结构如图 1—2—8 所示。

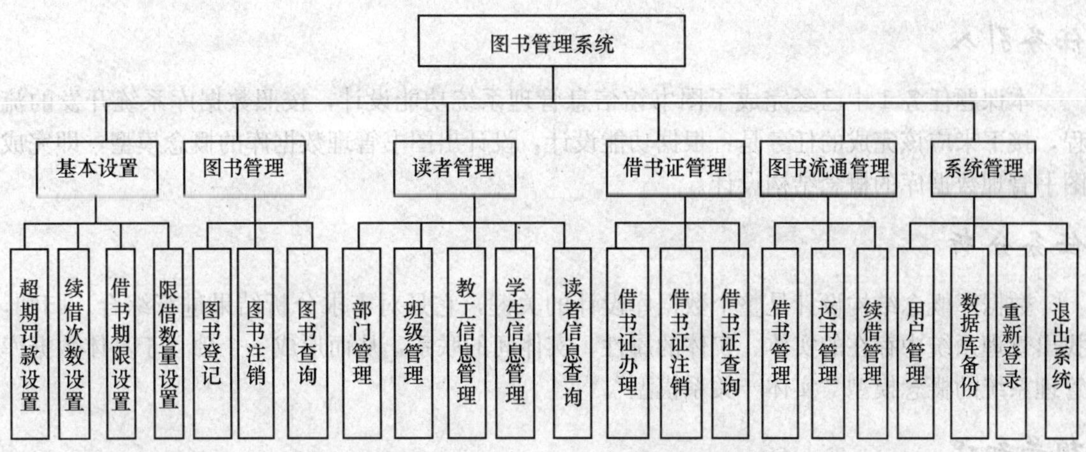


图 1—2—8　图书管理系统功能结构图

## 思考与练习

### 一、思考题

1. 数据库设计分为哪四个阶段？

2. 什么是需求分析？如何进行信息系统开发的需求分析？

### 二、论述题

分小组讨论：图书馆信息管理系统现有的功能划分是否可以改进？要实现这些功能需要存储哪些信息？

# 任务 2　图书管理数据库的概念结构设计

**教学目标**

- ◆ 掌握概念结构设计的方法及步骤
- ◆ 掌握实体、属性、联系的概念及其图形表示
- ◆ 学会找出实体、属性和联系
- ◆ 学会绘制 E—R 图

## 任务引入

本课题任务 1 中已经完成了图书馆信息管理系统功能设计，按照数据库系统开发的流程，接下来应该完成的任务是：根据功能设计，设计出图书管理数据库的概念模型，即完成图书管理数据库的概念结构设计。

## 任务分析

数据库概念结构设计是整个数据库设计的关键，它是对需求分析结果进行综合、归纳，找出管理系统中存在的实体、实体的属性、实体间的联系，从而形成一个独立于具体数据库管理系统的概念模型“实体—关系模型”。

## 相关知识

### 一、概念模型

概念模型是一种独立于计算机系统，用于建立信息世界的数据模型，反映现实系统中有应用价值的信息，它是现实世界的第一层抽象，是用户和数据库设计人员之间进行交流的工具，是整个数据库设计的关键。它对需求分析的结果进行综合、归纳，从而形成一个独立于具体数据库管理系统的概念数据模型，这一模型中最著名的是“实体—联系模型”。

### 二、概念结构设计的策略和步骤

1. 概念结构设计的策略的分类

主要有以下 3 种，其中最常用的策略是自底向上策略，但无论采用哪种设计方法，一般都可以“实体—联系模型”为工具来描述概念结构。

（1）自顶向下

先定义全局概念模型，然后再逐步细化。

（2）自底向上

先定义每个局部的概念结构，然后按一定的规则把它们集成起来，得到全局概念模型。

（3）混合策略

将自顶向下和自底向上方法结合起来使用。先用自顶向下方法设计一个全局概念结构，再以它为框架用自底向上方法设计局部概念结构。

2. 自底向上策略的设计步骤

在上述三种策略中最常用的策略是自底向上策略，其设计步骤如下：

（1）数据抽象与局部 E—R 图设计

概念结构是对现实世界的一种抽象，即对实际的人、物、事和概念进行人为处理，抽取所关心的特性，并把这些特性用各种概念准确地描述出来。自底向上策略首先要根据需求分析的结果对现实世界的数据进行抽象，设计各个局部的 E—R 图。每个实体都设计一个局部的 E—R 图。

（2）集成全局 E—R 图

把局部 E—R 图集成全局 E—R 图时，可以采用一次将所有的 E—R 图集成在一起，也可以用逐步集成、进行累加的方式，当将局部 E—R 图集成为全局 E—R 图时，需要消除局部 E—R 图集成时产生的冲突。

## 三、实体—联系模型（E—R 模型）

1. 实体（Entity）—联系（Relationship）模型

实体—联系模型（简称 E—R 模型）是 P. P. Chen 于 1976 年提出的，广泛适用于软件系统设计过程中的概念设计阶段。它充分反映现实世界，将现实世界的状态以信息结构的形式表示出来，实体—联系模型是通过实体型及其间的联系型来反映现实世界。

2. 实体

实体对应于现实世界中可区别的客观对象或抽象概念。在 E—R 图中用矩形框表示实体，并将实体名写在矩形框内。实体中的每一个具体的记录值，称之为实体的一个实例。如读者是现实世界中的客观对象，即为一个实体，用图形表示如图 1—2—9 所示。

读者

图 1—2—9 读者实体

3. 属性

属性是实体或者联系具有的特征或性质。在 E—R 图中，用椭圆形框表示属性，将属性名写在椭圆形框内，并用连线将属性框与它所描述的实体联系起来。如学生实体有学号、姓名、性别等个性特征，用图形表示如图 1—2—10 所示。

4. 联系

联系是指不同实体之间的关系。在 E—R 图中，用菱形框表示联系，并将联系名写在菱形框内，用连线将联系框与它所描述的实体联系起来。联系也可以有自己的属性。例如在“图书馆信息管理系统”中有读者实体、图书实体，读者和图书之间存在“借阅”的联系，“借阅”联系带有属性借阅时间、归还时间等。其 E—R 模型图，如图 1—2—11 所示。

5. 联系的类型

（1）一对一联系（1∶1）

实体 A 中的每个实例在实体 B 中至多有一个实例与之对应关联，反之亦然。例如，部门和部门经理是一对一的联系。

（2）一对多联系（1∶n）

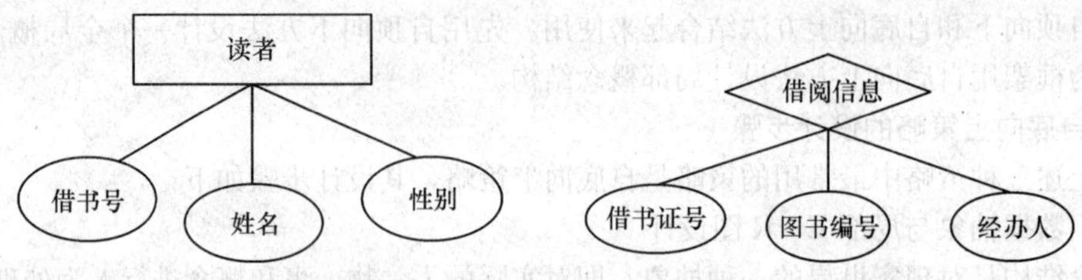


图 1—2—10　读者实体 E—R 图　　　图 1—2—11　借阅联系 E—R 图

实体 A 中的每个实例在实体 B 中至少有一个实例与之对应关联，反之实体 B 中的每个实例在实体 A 中最多有一个实例与之对应关联。例如班级和学生是一对多的关系，一个班级可能有多个学生，一个学生只能属于一个班级。

（3）多对多联系（m：n）

实体 A 中的每个实例在实体 B 中至少有一个实例与之对应关联，反之亦然。

例如读者和图书之间是多对多的关系，一个读者可以借阅多本图书，一本图书可以由多个读者来借阅。

## 任务实施

根据自底向上策略的步骤，先要找出系统中需要存放的实体，画出实体的 E—R 图，然后将实体的 E—R 图遵循从局部到整体组合成系统全局的 E—R 图，从而完成系统概念结构。

### 一、找出图书馆信息管理系统中的需要存储的实体，画出各实体的 E—R 图

从“图书馆信息管理系统”的需求分析中，可以知道，该系统主要涉及的客观对象有教工、部门、学生、班级、借书证、图书、限借期限规则、限借数量规则。那么这些对象就是系统中存在的实体，对每个实体，要找出能反映对象特征的属性，这些属性是在“图书馆信息管理系统”中要使用并需要存储的属性。

教工实体的属性有：工号、姓名、密码、性别、联系电话、是否办证等；部门实体属性有部门名称；学生实体的属性有：学号、姓名、性别、联系电话、是否办证等；班级实体属性有班级名称；借书证实体的属性有借书证号、办证日期、有效日期等；图书实体的属性有：图书编号、索书号、ISBN、书名、作者、出版社、出版日期、入库日期、页数等；对于借书规则实体，其属性有借书证类型、一般书借期、文艺书借期、限借总数、文艺书数量。

根据 E—R 图的表现规则，用矩形表示实体，用椭圆表示实体的属性，实体的 E—R 模型图如图 1—2—12 至图 1—2—18 所示。

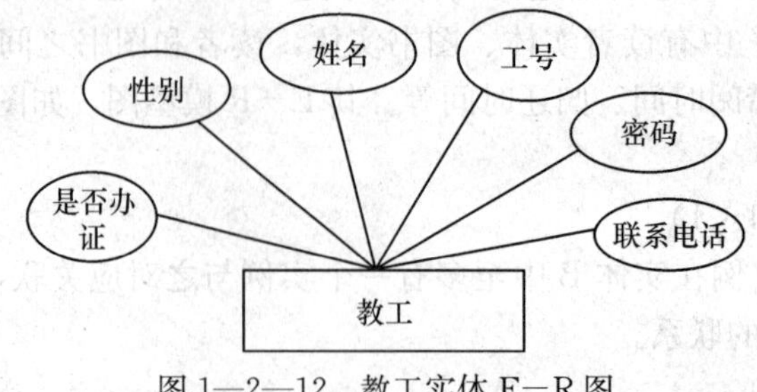


图 1—2—12　教工实体 E—R 图

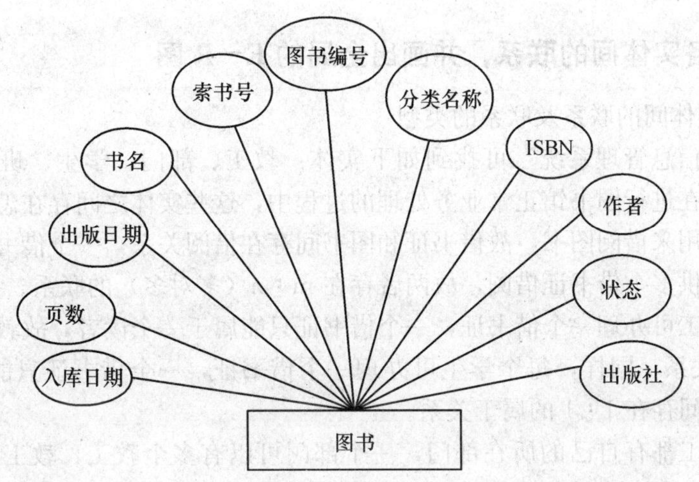


图 1—2—13　图书实体 E—R 图

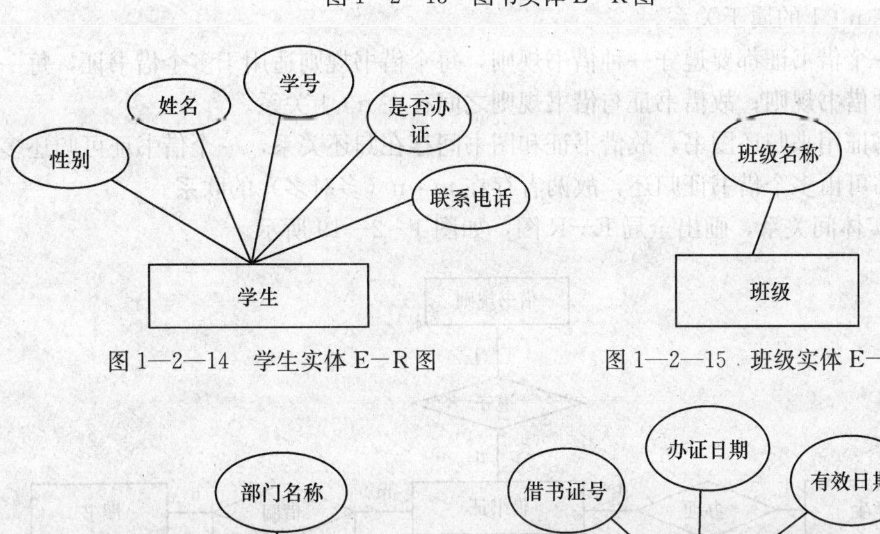


图 1—2—14　学生实体 E—R 图　　图 1—2—15　班级实体 E—R 图

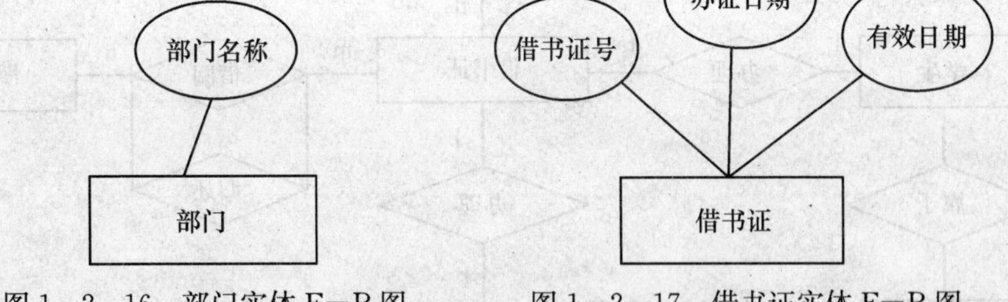


图 1—2—16　部门实体 E—R 图　　图 1—2—17　借书证实体 E—R 图

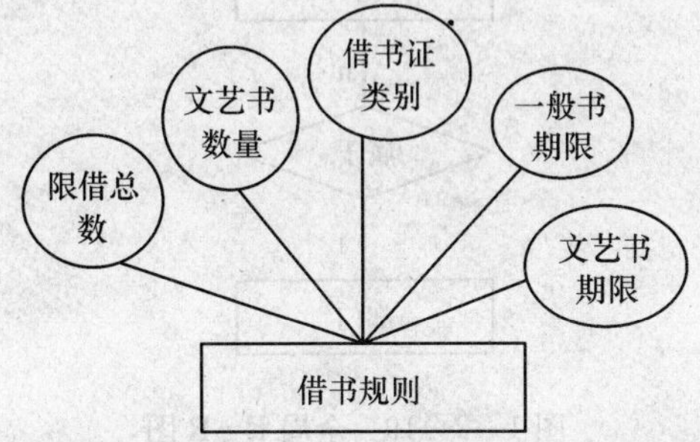


图 1—2—18　借书规则实体 E—R 图

## 二、找出各实体间的联系，并画出全局的 E—R 图

1. 找出各实体间的联系及联系的类型

在“图书馆信息管理系统”可找到如下实体：教工、部门、学生、班级、借书证、图书、借书规则，在进行图书馆正常业务处理的过程中，这些实体之间存在怎样的联系呢？

（1）借书证用来借阅图书，故借书证和图书间存在借阅关系，一个借书证可借阅多本图书，一本图书可供多个借书证借阅，故两者存在 m∶n（多对多）的联系。

（2）每个教工可办理一个借书证，一个借书证只能属于一个读者，故教工和借书证间存在 1∶1 的属于关系；同样，每个学生可办理一个借书证，一个借书证只能属于一个学生，故学生和借书证间存在 1∶1 的属于关系。

（3）每个教工都有自己的所在部门，一个部门可以有多个教工，教工与部门之间存在 n∶1 的属于关系；同样每个学生都有自己的所在班级，一个班级可以有多个学生，学生与班级之间存在 n∶1 的属于关系。

（4）每一个借书证都要遵守一种借书规则，每个借书规则适用于多个借书证，每一个借书证遵守一种借书规则；故借书证与借书规则之间存在 n∶1 关系。

（5）借书证用来归还图书，故借书证和图书间存在归还关系，一个借书证可归还多本图书，一本图书可由多个借书证归还，故两者存在 m∶n（多对多）的联系。

2. 根据实体间关系，画出全局 E—R 图，如图 1—2—19 所示。

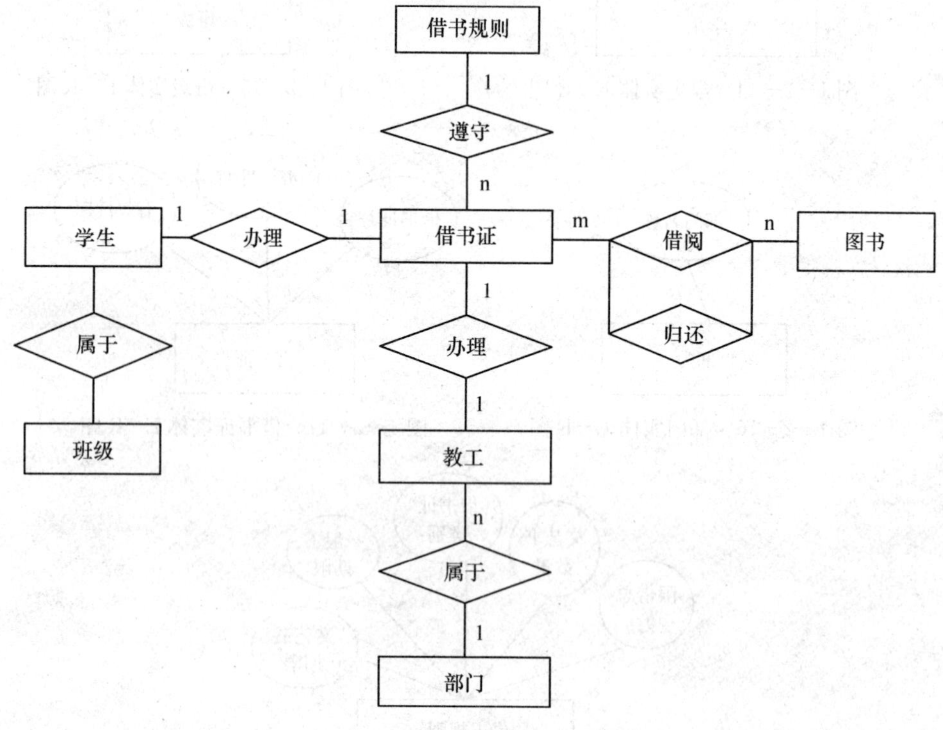


图 1—2—19　全局 E—R 图

## 思考与练习

### 一、思考题

1. 什么是实体，实体的属性及联系是什么？
2. E—R 模型中实体和实体的属性分别如何表示？

### 二、操作题

1. 某学校使用“教学成绩管理系统”来实现教师对学生课程成绩的录入、统计、打印报表的功能，找出教学成绩管理系统中的实体，并画出该系统的 E—R 模型图。
2. 在上题画出的 E—R 模型图中标出各个实体间联系的类型。

# 任务 3 图书管理数据库的逻辑结构设计

**教学目标**

- ◆ 掌握数据模型、数据库分类等概念
- ◆ 掌握 E—R 模型转化成关系模型的原则
- ◆ 掌握关系规范化过程
- ◆ 掌握 E—R 模型转化为关系模型的方法

## 任务引入

有了“图书管理数据库”的概念模型，还要将它转变成便于在计算机上实现，适合于机器世界的模型，本任务将根据数据库设计方法，在“图书管理数据库”的概念模型的基础上，继续完成“图书管理数据库”的逻辑结构设计。

## 任务分析

图书管理数据库的逻辑结构设计就是将概念结构设计中产生的概念模型，以最广泛应用的关系数据库为基础，转换成关系型数据库管理系统 SQL Server 2005 所支持的数据模型，即将上一任务中 E—R 模型转化为关系数据模型。其转换过程一般分为两个步骤：

1. 将 E—R 图转换为初始的关系数据库模式。
2. 对关系模式进行规范化处理。

## 相关知识

### 一、关系数据库的基本概念

在数据库中有两套标准术语，一套是关系数据库理论中的关系、元组、属性、码、域；

一套是相对应的关系数据库技术中的表、行（记录）、列（字段）、主键（关键字）、列取值范围。

1. 关系（Relation）

一个关系就是一张二维表，每个关系有一个关系名，关系名就是表的表名。

2. 元组（Tuple）

表中的一行称为一个元组，也称为一条记录。元组可表示一个实体或实体之间的联系。

3. 属性（Attribute）

表中的一个列称为关系的一个属性，也称为记录的一个字段。属性有属性名、属性类型、属性值域和属性值之分。其中属性名就是表中的列名，属性类型是指属性的数据类型，属性域是指属性的取值范围。

4. 主码（Key）

表中的一个属性或几个属性的组合，其值能唯一地标识表中的一个元组，也称为主关键字或者主键。关键字属性不能取空值。

5. 外码（Forgien Key）

在一个关系中含有的与另一个关系的关键字相对应的属性组称为该关系的外码，也称为外部关键字。外部关键字取空值或为外部表中对应的关键字值。

6. 关系模式

对一个关系的描述。每个描述包括关系名、属性和关键字等。关系模式的描述格式为：

关系名（属性 1，属性 2，…，属性 n）关键字（关键字属性名）

以图 1—2—20 所示的“学生信息表”为例，图中的二维表就是关系，该关系的名称是“学生信息表”；图中的每一行数据就是一条记录或表示一个学生实体；表中的每一个列名就是关系的属性，则表中的属性有“学号”“姓名”“性别”“年龄”“班级编号”，每一个列中的取值就是属性的值，它的取值必须符合实际的需要，即具有一定的数据类型和取值范围，如“年龄”列的取值就必须是数字，而且一般来说是 0～100 之间的数字；在这些属性中只有“学号”列是不允许有重复数据值出现的，故“学号”列为主码或主键；在学生信息表中，“班级编号”是另一个关系表“班级信息表”的主键，在此表中称为外键。关系模式是在关系理论中对关系的描述方法，对于图中的“学生信息表”其关系模式为：

学生信息表（学号，姓名，性别，年龄，班级）班级编号

## 二、关系模型

关系模型是在概念数据模型的基础上建立的结构数据模型，是用二维表来表示实体及属性间的关系以及实体间联系的形式化模型，它将用户数据的逻辑结构归纳为满足一定条件的二维表的形式。

1. 关系模型的数据结构

一个关系数据模型用二维表格结构来存放实体信息，它由行和列组成。表中的每行数据称为一个元组，也称为一个记录；表中的每一列是一个属性值，也称为记录的一个字段；用来唯一标识表中每一条记录的属性称为关系的主码，也称为主键。

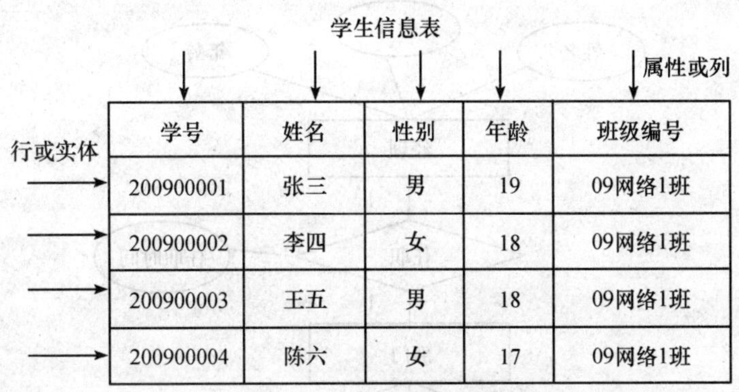


| 学号 | 姓名 | 性别 | 年龄 | 班级编号 |
|---|---|---|---|---|
| 200900001 | 张三 | 男 | 19 | 09网络1班 |
| 200900002 | 李四 | 女 | 18 | 09网络1班 |
| 200900003 | 王五 | 男 | 18 | 09网络1班 |
| 200900004 | 陈六 | 女 | 17 | 09网络1班 |

图 1—2—20 关系术语示例

2. 关系模型的数据操作

关系数据库模型的操作主要包括查询、插入、删除和更新数据。这些操作必须满足关系的完整性约束条件。

3. 关系模型的完整性约束

关系的完整性约束条件包括四大类：实体完整性、域完整性、参照完整性和用户定义完整性。关于完整性约束的内容将在后面章节中介绍。

## 三、将 E—R 图转换为初始关系数据库模式的原则

关系模型的逻辑结构是一组关系模式的集合。E—R 图是由实体、实体的属性和实体之间的联系组成的。所以将 E—R 图转换为关系模型实际上就是要实体、实体的属性和实体之间的联系转换为关系模式，这种转换应遵循如下原则：

1. 一个实体型转换为一个模式，实体的属性就是关系模式的属性，实体的键即为关系模式的键。

2. 对于实体间的联系，就要视 1∶1，1∶n，m∶n 三种不同情况做不同的处理。

(1) 一个 1∶1 的联系，可以转换为一个独立的关系模式，也可以与任意一端对应的关系模式合并。如果转换为一个独立的关系模式，则与该联系下连的各实体的键以及联系本身的属性均转换为关系的属性，每个实体的键均是该关系的键。如果是与某一端实体对应的关系模式合并，则需要在该关系模式的属性中加入另一个关系模式的键和联系本身的属性。

例如：部门与经理之间存在 1∶1 的联系，其 E—R 图如图 1—2—21 所示，转换关系模式如下：

1)“任职”联系转换为一个独立的关系模式：

部门（部门名称，部门编号，电话）

经理（姓名，年龄，性别）

任职（部门编号，姓名（经理姓名），任职年月）

2)“任职”联系与“部门”实体合并：

部门（部门名称，部门编号，电话，姓名，任职年月）

经理（姓名，年龄，性别）

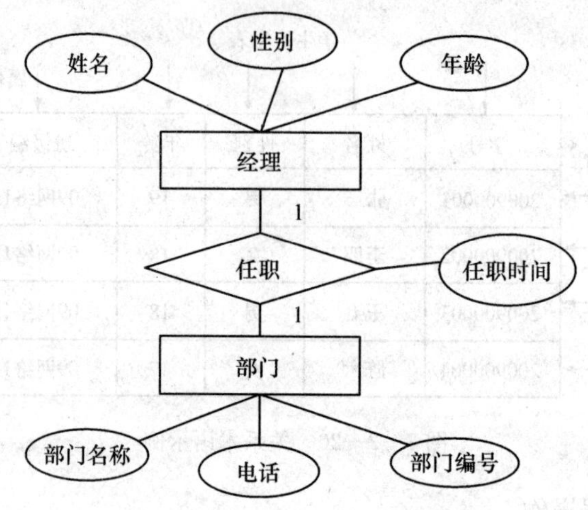


图 1—2—21　1∶1 联系 E—R 图

（2）一个 1∶n 的联系，可以转换为一个独立的关系模式，也可以与 n 端对应的关系模式合并。如果转换为一个独立的关系模式，则与该联系相连的各实体转换成的关系模式的键以及联系本身的属性均转换为关系的属性，而关系的键为 n 端实体对应的关系模式的键。如果与 n 端对应的关系模式合并，则在 n 端实体转换的关系模式中加入 1 端实体转换成的关系模式的键和联系的属性。

例如：教研室与教师间存在 1∶n 的联系，其 E—R 模型如图 1—2—22 所示，转换关系模式如下：

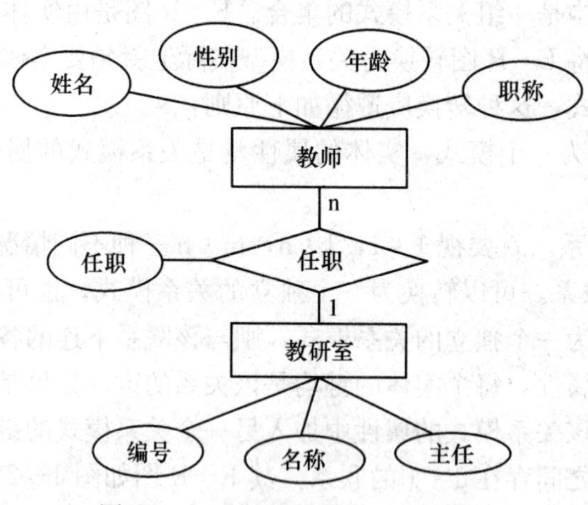


图 1—2—22　1∶n 联系 E—R 模型

1）“任职”联系转换为一个独立的关系模式：

教师（姓名，性别，年龄，职称）

教研室（编号，名称，主任）

任职（编号，姓名，职务）

2）“任职”联系与 n 端实体合并：

教师（姓名，性别，年龄，职称，编号，职务）

教研室（编号，名称，主任）

(3) 一个 m∶n 的联系，则将该联系转换为一个独立的关系模式，其属性为两端实体类型的键加上联系类型的属性，而关系的键为两端实体的键的组合。

例如：学生与课程间存在 m∶n 的联系，其 E—R 图如图 1—2—23 所示，转换为三个关系模式：

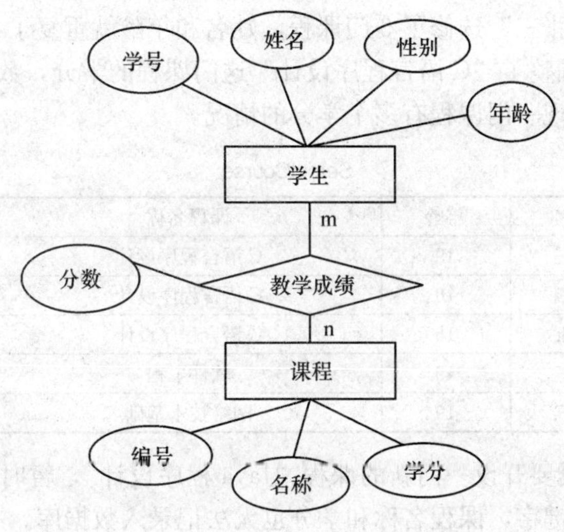


图 1—2—23　m∶n 联系 E—R 图

学生（学号，姓名，性别，年龄）

课程（编号，名称，学分）

教学成绩（学号，编号，分数）

## 四、关系的规范化

1. 进行关系的规范化的原因分析

将实体及实体间的关系转化成关系模式后，还必须对这些关系模式进行一定的优化，使其达到规范化的要求，才能保证数据库管理系统对数据存储、数据操作的正常进行，否则数据库中会出现数据冗余、插入异常、删除异常等现象。

例如，一个“选课关系表”的关系模式为：

SelectCourse（学号，姓名，年龄，课程名称，成绩，学分）

关键字为组合关键字（学号，课程名称），因为主关键字可以唯一确定关系模式中的一条记录，故该关系中存在如下决定关系：

（学号，课程名称）→（姓名，年龄，成绩，学分）

说明：在上面关系式中，符号“→”表示“决定”关系，即该符号前面的属性的值可唯一确定该符号后面的属性的值。也就是说，在“选课关系表”中，如果学号和课程名称的值已经确定了，则其姓名，年龄，成绩，学分的值也就唯一确定。

然而同时，该关系中还存在如下两个决定关系：一个是课程名称属性可以唯一确定学分属性，一个是学号属性可以唯一确定姓名、年龄属性，决定关系表示如下：

（课程名称）→（学分）

(学号)→(姓名，年龄)

如果不对这个关系进行优化处理，直接将该“选课关系”转换为“选课表”，见表 1—2—1，这个“选课表”中会存在如下问题：

1）数据冗余：同一门课程如“C 语言程序设计”有 3 个学生选，则“学分”值重复出现 3 次；同一个学生“张三”选修了 3 门课程，姓名和年龄就重复了 3 次。

2）更新异常：若调整了“C 语言程序设计”这门课程的学分，数据表相应行的“学分”值都要更新，否则会出现一门课程有多个学分的情况。

表 1—2—1 SelectCourse

| 学号 | 姓名 | 年龄 | 课程名称 | 成绩 | 学分 |
|---|---|---|---|---|---|
| 200900001 | 张三 | 19 | C 语言程序设计 | 80 | 2 |
| 200900002 | 李四 | 18 | C 语言程序设计 | 85 | 2 |
| 200900003 | 王五 | 18 | C 语言程序设计 | 78 | 2 |
| 200900001 | 张三 | 19 | 软件工程 | 76 | 4 |
| 200900001 | 张三 | 19 | 网络技术基础 | 90 | 1 |

3）插入异常：假设要开设一门新的课程“Java 程序设计”，暂时还没有人选修。这样，由于还没有“学号”关键字，课程名称和学分也无法记录入数据库。

如果把选课关系表 SelectCourse 改为如下三个表（见表 1—2—2 至表 1—2—4）：

学生：Student（学号，姓名，年龄）学号；

课程：Course（课程名称，学分）课程名称；

选课关系：SelectCourse（学号，课程名称，成绩）（学号，课程名称）。

表 1—2—2 Student 表

| 学号 | 姓名 | 年龄 |
|---|---|---|
| 200900001 | 张三 | 19 |
| 200900002 | 李四 | 18 |
| 200900003 | 王五 | 18 |

表 1—2—3 Course 表

| 课程名称 | 学分 |
|---|---|
| C 语言程序设计 | 2 |
| 软件工程 | 4 |
| 网络技术基础 | 1 |

表 1—2—4 SelectCourse 表

| 学号 | 课程名称 | 成绩 |
|---|---|---|
| 200900001 | C 语言程序设计 | 80 |
| 200900001 | 软件工程 | 76 |
| 200900001 | 网络技术基础 | 90 |
| 200900002 | C 语言程序设计 | 85 |
| 200900003 | C 语言程序设计 | 78 |

这样就使数据库表消除了数据冗余、更新异常、插入异常。

1）消除了数据冗余。同一门课程如“C 语言程序设计”有 3 个学生选，在 SelectCourse 表中不会重复出现 3 次“学分”值；同一个学生“张三”选修了 3 门课程，在 SelectCourse 表中不会重复出现 3 次“姓名”和“年龄”的值。

2）消除了更新异常。若调整了“C 语言程序设计”这门课程的学分，在 Course 表中更新一行数据即可。

3）消除了插入异常。假设要开设一门新的课程“Java 程序设计”，暂时还没有人选修。可在 Course 表中直接插入。

2. 关系规范化的相关概念

满足不同程度要求的关系模式称为不同的范式。范式有一范式、二范式、三范式等。所谓关系的规范化，是指将一个满足低一级范式要求的关系模式，转化为更高级别范式的关系模式的集合的过程。一个规范化的关系不能只满足一范式或二范式的要求，至少应当满足三范式的要求。

关系规范化的基础思想就是逐步消除数据依赖中不合适的部分，使关系模式达到一定程度的分离，即“一事一地”的模式设计原则，使概念单一化，即让一个关系描述一个概念，一个实体或者实体间的一种关系。

（1）第一范式（1NF）

设 R 是一个关系模式，如果 R 的每一个属性都是不可分离的数据项，则 R 是第一范式。例如表 1—2—2 的数据库表符合第一范式，而表 1—2—1 的数据库表不符合第一范式。也就是说，符合第一范式要求的关系模式，其属性字段都是单一字段，不能出现组合字段。比如有如下两个关系模式：

学生信息表 1（学号，姓名，性别，年龄）学号

学生信息表 2（学号，姓名＋性别，年龄）学号

则学生信息表 1 中每一属性都是单一的、不可分离的数据项，满足第一范式；学生信息表 2 中，因为有一属性为组合项“姓名＋性别”，不满足第一范式，必须将其拆分为如学生信息表 1 中的两个属性才能满足第一范式。

（2）第二范式（2NF）

在关系模式 R 中，假设主属性是由两个或以上属性构成，如果不存在主属性中的任一属性能决定其他非主属性的情况，则称 R 是第二范式。正如上例选课关系表所示，因为存在组合关键字中的字段决定非关键字的情况：（课程名称）→（学分），（学号）→（姓名，年龄），故该选课关系不符合 2NF，需要进行规范化处理。

（3）第三范式（3NF）

如果关系模式 R 是二范式，且它的任何一个非主属性都不传递函数依赖于任何属性，则称 R 是第三范式。所谓传递函数依赖，指的是如果存在“A→B→ C”的决定关系，则 C 传递函数依赖于 A。因此，满足第三范式的数据库表应该不存在如下依赖关系：关键字段→非关键字段 x→非关键字段 y。例如学生关系表为：

Student（学号，姓名，年龄，所在学院，学院地点，学院电话）学号

关键字为单一关键字“学号”，因为存在如下决定关系：

（学号）→（姓名，年龄，所在学院，学院地点，学院电话）

这个数据表是符合 2NF 的，但是不符合 3NF，因为存在如下决定关系：

（学号）→（所在学院）→（学院地点，学院电话）

即存在非关键字段“学院地点”“学院电话”对关键字段“学号”的传递函数依赖。它也会存在数据冗余、更新异常、插入异常和删除异常的情况，读者可自行分析得知。把学生关系表分为如下两个表：

学生：（学号，姓名，年龄，所在学院）学号；

学院：（学院，地点，电话）学院。

这样的数据库表是符合第三范式的，消除了数据冗余、更新异常、插入异常和删除异常。

关系模型、关系的规范化和关系数据库是建立在严格的关系代数的基础上的，感兴趣的读者可以参阅关系代数的相关书籍。

## 任务实施

### 一、将“图书管理数据库”的 E－R 图转换为关系数据库模式

1. 将实体型转换为一个关系模式，实体的属性就是关系模式的属性，实体的键即为关系模式的键。

“图书馆信息管理系统”中存在着如下实体：教工、部门、学生、班级、借书证、图书、借书规则，依据其 E－R 图中的属性，转换为如下关系：

图书（图书编号，书名，索书号，ISBN，分类名称，作者，出版社，出版日期，入库日期，页数，定价，状态），其中图书编号为主键。

借书证（借书证号，办证日期，有效日期），其中借书证号为主键。

教工（工号，姓名，性别，密码，是否办证，联系电话，是否管理员），其中工号为主键。

学生（学号，姓名，性别，密码，是否办证，联系电话），其中学号为主键。

部门（部门名称），其中部门名称为主键。

班级（班级名称），其中班级名称为主键。

借书规则（借书证类别，一般期限，文艺书期限，限借总数，文艺书数量），其中借书证类别为主键。

2. 将实体间的联系转换为关系模式，按照联系的类型分别进行转换。

借书证与图书之间存在 m∶n 的借阅关系，转换为关系模式如下：

借阅信息（借书证号，图书编号，借书日期，应还日期，借阅状态，经办人），其中主键为（借书证号，图书编号）。

借书证与书籍之间存在 m∶n 的归还关系，转换为关系模式如下：

归还信息（借书证号，图书编号，归还日期，归还状态，罚款），其中主键为（借书证号，图书编号）。

教工与部门之间是 n∶1 的关系，将部门主键并入教工关系模式中，教工关系模式为：

教工（工号，姓名，性别，密码，部门，是否办证，联系电话，是否管理员），其中工号为主键，部门为外键。

学生与班级之间是 n：1 的关系，将班级主键并入学生关系模式中，学生关系模式为：

学生（学号，姓名，性别，密码，班级，是否办证，联系电话），其中学号为主键，班级为外键。

借书证与借书规则之间是 n：1 的关系，转换关系模式时将借书证类别主键并入借书证关系模式中，同时借书证与教工（学生）之间存在 1：1 的关系，转换关系模式时将工（学）号并入借书证的实体关系中，故借书证关系模式为：

借书证（借书证号，工（学）号、借书证类别、办证日期，有效日期），其中借书证号为主键，借书证类别、工（学）号为外键。

## 二、将“图书管理数据库”的关系模式进行规范化处理

1. 在“图书管理数据库”的各数据库表中，没有出现组合列名的情况，每一表中的列都是不可分的，故满足第一范式。

2. 在“图书管理数据库”的各数据库表中，不存在非主属性完全函数依赖于组合关键字中的字段，故满足第二范式。

3. 在“图书管理数据库”的各数据库表中，不存在非主属性对主属性的传递函数依赖，故满足第三范式。

## 三、“图书管理数据库”逻辑结构设计

逻辑结构设计就是将上述各关系模式转换成关系表，确定表中各列的列名、列数据类型、列约束条件及是否允许为空。各列数据类型的确定，是根据该列在实际应用中的意义，如：姓名列，一般都是文本；生效日期列，其数据类型是日期。关于约束条件等相关知识，在后面内容中再作介绍。

根据“图书馆信息管理系统”的关系模型，图书信息管理系统中共有 7 个实体关系模式，分别为教工、部门、学生、班级、借书证、图书、借书规则；2 个由实体间联系转换成的关系模式，分别为借阅信息和归还信息；将上述关系模式转换为关系表，共有 9 个关系表，分别为借书证信息表（见表 1—2—5）、教工表（见表 1—2—6）、学生表（见表 1—2—7）、班级表（见表 1—2—8）、部门表（见表 1—2—9）、借书规则表（见表 1—2—10）、图书信息表（见表 1—2—11）、借阅信息表（见表 1—2—12）、归还信息表（见表 1—2—13）。

表 1—2—5　　借书证信息表

| 字段名 | 类型 | 空值 | 约束条件 |
| --- | --- | --- | --- |
| 借书证号 | 文本 | 非空 | 主键 |
| 工（学）号 | 文本 | 非空 | 外键 |
| 姓名 | 文本 | 非空 | |
| 借书证类别 | 文本 | 非空 | 外键 |
| 办证日期 | 日期 | | |
| 有效日期 | 日期 | | |

表 1—2—6　　教工表

| 字段名 | 类型 | 空值 | 约束条件 |
| --- | --- | --- | --- |
| 工号 | 文本 | 非空 | |
| 姓名 | 文本 | 非空 | |
| 密码 | | | |
| 性别 | 文本 | 非空 | 男或女 |
| 联系电话 | 文本 | | |
| 部门 | 文本 | | 外键 |
| 是否办证 | 文本 | | 默认否 |
| 是否管理员 | 文本 | | |

表 1—2—7　　学生表

| 字段名 | 类型 | 空值 | 约束条件 |
| --- | --- | --- | --- |
| 学号 | 文本 | 非空 | |
| 姓名 | 文本 | 非空 | |
| 密码 | | | |
| 性别 | 文本 | 非空 | 男或女 |
| 联系电话 | 文本 | | |
| 班级 | 文本 | | 外键 |
| 是否办证 | 文本 | | 默认否 |

表 1—2—8　　班级表

| 字段名 | 类型 | 空值 | 约束条件 |
| --- | --- | --- | --- |
| 班级名称 | 文本 | 非空 | 主键 |

表 1—2—9　　部门表

| 字段名 | 类型 | 空值 | 约束条件 |
| --- | --- | --- | --- |
| 部门名称 | 文本 | 非空 | 主键 |

表 1—2—10　　借书规则表

| 字段名 | 类型 | 空值 | 约束条件 |
| --- | --- | --- | --- |
| 借书证类别 | 文本 | | 主键 |
| 限借总数 | 整数 | | |
| 文艺书数量 | 整数 | | |
| 一般期限 | 整数 | | |
| 文艺书期限 | 整数 | | |

表 1—2—11 图书信息表

| 字段名 | 类型 | 空值 | 约束条件 |
| --- | --- | --- | --- |
| 图书编号 | 文本 | 非空 | 主键 |
| 书名 | 文本 | | |
| 索书号 | 文本 | | |
| ISBN | 文本 | 非空 | |
| 分类名称 | 文本 | | 计算机、机械、电子、汽车 |
| 作者 | 文本 | 非空 | |
| 出版社 | 文本 | | |
| 出版日期 | 日期 | | |
| 入库时间 | 日期 | 非空 | |
| 页数 | 整数 | | |
| 定价 | 小数 | | |
| 是否在馆 | 文本 | | Y，N |

表 1—2—12 借阅信息表

| 字段名 | 类型 | 空值 | 约束条件 |
| --- | --- | --- | --- |
| 借书证号 | 文本 | 非空 | 主键 |
| 图书编号 | 文本 | 非空 | |
| 借书日期 | 日期 | | |
| 应还日期 | 文本 | | |
| 借阅状态 | | | 正常借、续借 1、续借 2 |
| 经办人 | 文本 | | 有效的工作号 |

表 1—2—13 归还信息表

| 字段名 | 类型 | 空值 | 约束条件 |
| --- | --- | --- | --- |
| 借书证号 | 文本 | 非空 | 主键 |
| 图书编号 | 文本 | 非空 | |
| 还书日期 | 日期 | | |
| 归还状态 | 文本 | | 正常、超期、损坏、丢失 |
| 经办人 | 文本 | | 有效的工作号 |
| 罚款 | | | |

## 思考与练习

### 一、思考题

1. 什么是数据模型?
2. 数据库的分类有哪几种？各有哪些优缺点?
3. 将 E－R 图转换为关系数据库模式的原则是什么?

### 二、操作题

动手完成教学成绩管理系统的逻辑结构设计。

# 模块二 创建和管理数据库

在完成了“图书管理数据库”的逻辑结构设计之后，接下来就要选择一个关系型的数据库管理系统，利用它提供的方法、技术，以较优的存储结构、较好的数据存取路径、合理的数据存储位置以及存储分配，设计出一个高效、可实现的物理数据库结构。

## 课题一 SQL Server 2005 数据库服务器安装与配置

数据库技术出现于 20 世纪 60 年代，主要用来满足管理信息系统对数据管理的要求。40 多年来，数据库技术在理论和实现上都有了很大的发展，已经成为绝大多数 IT 解决方案的基础。数据库系统支持的数据模型由层次型、网状型发展到目前较流行的关系型。SQL Server 2005 数据库管理系统是一个运行在网络环境下的关系型数据库管理系统（RDBMS）。它具有强大的数据管理和应用系统支持功能，能满足“图书管理数据库”的物理设计与实现的需要。

### 任务 1 SQL Server 2005 数据库服务器的安装

**教学目标**

- 了解 SQL Server 2005 数据库服务器的版本及其特性
- 掌握 SQL Server 2005 数据库服务器安装的硬件条件和操作系统条件
- 理解 SQL Server 2005 的身份验证模式
- 能正确安装 SQL Server 2005 数据库服务器

#### 任务引入

一台安装了 SQL Server 2005 数据库管理系统的计算机称为 SQL Server 2005 数据库服务器，数据库服务器是创建和管理信息系统中数据库的平台，正确安装数据库管理系统是使

用数据库技术的前提，本任务将在 Windows Server 2003 操作系统上完成 SQL Server 2005 数据库服务器的安装。

## 任务分析

安装 SQL Server 2005 数据库服务器，必须首先了解它的特性，明确不同版本的安装对系统的需求条件。安装的过程一般是在系统向导的帮助下，选择默认值和［下一步］按钮，对于 SQL Server 2005 安装时选项的含义，先有一个初步的认识，通过后续的学习，再逐步加深对其的理解和掌握。

## 相关知识

### 一、SQL Server 2005 版本及其特性

SQL Server 2005 是美国 Microsoft 公司历时 5 年开发出来的用于大规模联机事务处理（OLTP）、数据仓库和电子商务应用的数据库和数据分析平台，它在 SQL Server 2000 的基础上改进并增加了许多新的系统功能，增强了信息数据的易管理性、可用性、可伸缩性及安全性，使部署、管理和优化信息数据以及分析应用程序变得更加简单。

#### 1. SQL Server 2005 的版本

SQL Server 2005 包括企业版、标准版、工作组版、开发版和简易版 5 个版本，用户可以根据自己的需要和软硬件环境选择相应的产品。

（1）SQL Server 2005 企业版主要用于支持最大型的联机事务处理（OLTP），高度复杂的数据分析，数据仓储系统和 Web 站点。

（2）SQL Server 2005 标准版包括电子商务、数据仓库和解决方案所需的基本功能，主要为中小企业提供的数据管理和分析平台。

（3）SQL Server 2005 工作组版适用于对规模和用户数量不设限制的小型企业数据管理解决方案，能服务于企业的部门或分支机构，或作为一个前端 Web 服务器。

（4）SQL Server 2005 开发版使开发人员能够在 32 位和 64 位平台的基础上建立和测试任意一种基于 SQL Server 2005 的应用系统。它包含了企业版的所有功能，但只被授权用于开发和测试系统，不能作为生产服务器。本书采用该版本作为学习对象，从而能够比较全面地掌握 SQL Server 2005 的应用技术。

（5）SQL Server 2005 简易版是轻量级版本，用于处理较小的数据集，可以免费重复安装，可供初学者学习使用。

#### 2. SQL Server 2005 的特性

表 2—1—1 列出了 SQL Server 2005 的特性。

### 二、数据库服务器实例

数据库实例名是数据库管理系统用于和操作系统进行联系的标识，也就是数据库管理系统在 Windows 操作系统上使用的名称，在安装好 SQL Server 2005 数据库管理系统后，实例名将显示在 SQL Server Management Studio 管理工具的对象资源管理器中，如图 2—1—1

表 2—1—1　　SQL Server 2005 的特性

| | | |
|---|---|---|
| 企业数据管理 | 高可用性 | SQL Server 2005 通过失败转移集群和数据库镜像技术确保应用系统的高可靠和可用性 |
| | 管理工具 | SQL Server 2005 通过引进一套集成的管理工具和管理应用编程接口，实现系统的易用性、可管理性及对大型 SQL Server 配置的支持 |
| | 安全性增强 | SQL Server 2005 通过数据库加密、更加安全的默认设置、加强的密码政策、细化许可控制及加强的安全模型等，为企业数据提供最高级别的安全性 |
| | 可伸缩性 | SQL Server 2005 通过采用表格分区、增强复制能力及提供 64 位的支持来提高系统的可伸缩性 |
| 人员生产力开发 | Common Language Runtime 集成 | SQL Server 2005 引入了使用 Microsoft. NET 语言来开发数据库的性能 |
| | 深入的 XML 集成 | 提供一种新的 XML 数据类型，实现 XML 片段或文件在 SQL Server 2005 数据库中的存储 |
| | Transact－SQL 增强 | SQL Server 2005 增加了新的查询类型及在交易过程中使用错误码处理的功能，为开发人员在数据库查询开发方面提供了更高的灵活性和控制力 |
| | SQL 服务代理 | SQL Server 2005 通过 SQL 服务代理为各个级别的可伸缩性提供一种创新的、分发的、异步的应用系统体系结构 |
| 商务智能 | 分析服务 | SQL Server 2005 通过分析服务实现对数据仓库、商务智能和商务营运（line－of－Business）解决方案的可伸缩性、可管理性、可靠性、可用性及可规划性提供扩展 |
| | 数据转换服务（DTS） | SQL Server 2005 对 DTS 结构和工具全部进行了重新设计，为开发人员和数据库管理员提供了更强的灵活性和可管理性 |
| | 报表服务 | SQL Server 2005 提供的报表服务是一种新的报表服务器和工具箱，用于创建、管理和配置企业报告 |
| | 数据挖掘 | SQL Server 2005 通过 4 种新的运算法则、改进的数据模型和处理工具增强数据挖掘的功能 |

所示，名称“CAIXP”即为该 SQL Server 2005 的实例名。

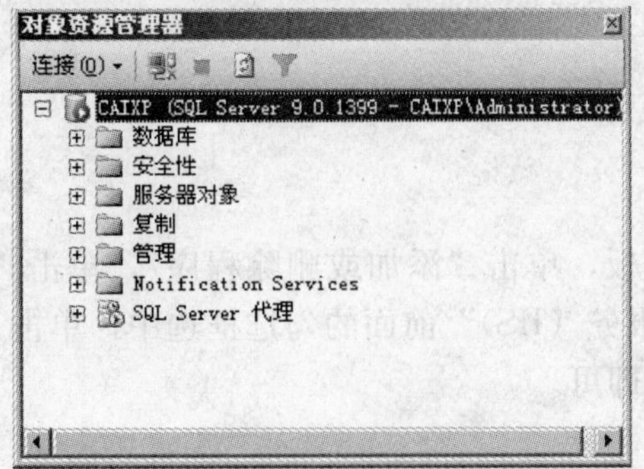


图 2—1—1　SQL Server 服务器的实例名称

SQL Server 2005 支持在同一个服务器上安装多个 SQL Server 2005 实例，即可以安装多个虚拟的 SQL Server 2005 服务器，安装时用户可选择创建“默认实例”或者是“命名实例”，默认实例的名称是本台计算机的名称，故一台计算机只能存在一个默认实例。命名实例的名称为“计算机名称\实例名称”，可根据用户的需要创建一个或多个。

在 SQL Server 2005 中，每一个实例都有一套自己的程序文件和数据文件，以及一套在计算机上的所有实例之间共享的公共文件，用户可以相互独立的使用 SQL Server 2005 的实例。

### 三、SQL Server 2005 的身份验证模式

数据库身份验证模式也称为安全模式，SQL Server 2005 有两种安全模式，即仅 Windows 身份验证模式和混合验证模式。仅 Windows 身份验证模式是指只采用 Windows 验证机制，而混合验证模式是指可采用 Windows 验证和 SQL Server 验证两种验证机制。

1. Windows 验证机制

Windows 验证机制是指用户对 SQL Server 2005 实例的访问控制通过 Windows 操作系统完成，当进行连接时，用户不需要提供 SQL Server 2005 实例的登录账户，但是 SQL Server 2005 系统管理员必须指定 Windows 账户或工作组作为有效的 SQL Server 登录名。

2. SQL Server 2005 混合验证模式

SQL Server 2005 系统管理员必须定义 SQL Server 登录账户和密码，当用户要连接到 SQL Server 2005 实例时，必须提供 SQL Server 2005 登录账户和密码。

### 四、IIS 信息服务管理器简介

信息服务管理器 IIS（Internet Information Server）是在 Windows 2000 以上版本的操作系统中自带的一款服务器软件，它的主要作用是用来创建站点，发布网页，解释执行网页中的动态脚本程序（如 VBscript、Javascript），图书馆信息管理系统要能在机器上正常运行，操作系统中必须先装好 IIS 服务器组件，然后将图书馆信息管理系统的应用程序部分发布到该服务器的站点下，用户才可以通过浏览器访问和使用该数据库应用系统的功能。

SQL Server 2005 数据库管理系统作为一种网络数据库，它增强了与 Windows 平台上网络服务的对接与应用，其安装过程需要 IIS 的支持。

## 任务实施

### 一、安装前准备

安装 IIS，打开控制面板，单击“添加或删除程序”，单击“添加/删除 Windows 组件(A)”，把“Internet 信息服务（IIS)”前面的勾选框选中，单击“下一步”，然后一直单击“确认”按钮直至完成安装即可。

### 二、开始安装

根据开发“图书管理数据库”的应用要求，本处选择在 Windows Server 2003 上安装

SQL Server 2005 Developer Edition，其他版本安装过程与其类似。

1. 将 SQL Server 2005 的安装光盘插入光驱，自动运行安装程序，这时出现图 2—1—2 所示界面，单击“服务器组件、工具、联机丛书和示例（C）”来安装一个服务器实例。

2. 选择“我接受许可条款和条件”，如图 2—1—3 所示。下一个画面如图 2—1—4 所示，显示的是安装程序要提前安装的一些程序。.NET 框架 2.0 是这里的关键。如果决定在同一台服务器上安装 SQL Server 2005 以及其他应用程序，那就要确保它们都能够使用这个框架。单击“安装（Install)”按钮来安装这些项目。在这些项目安装完毕后，单击“下一步”按钮。这些项目都是使用 SQL Server 2005 所必需的。

图 2—1—2 安装开始界面

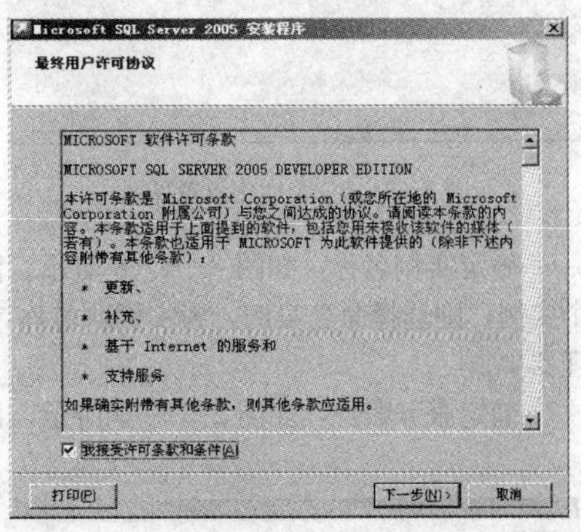


图 2—1—3 用户许可协议界面

3. 系统配置检查。如图 2—1—5 所示，此步骤很重要，14 个项目里面如果有 1 项有错误或者警告，整个 SQL Server 2005 都将不正常。

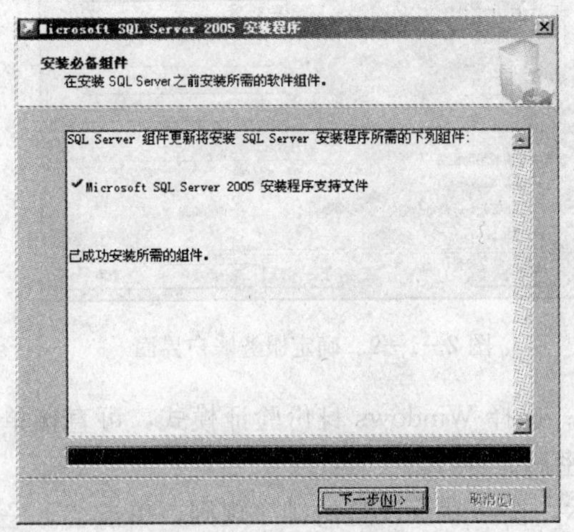


图 2—1—4 安装所需的软件组件界面

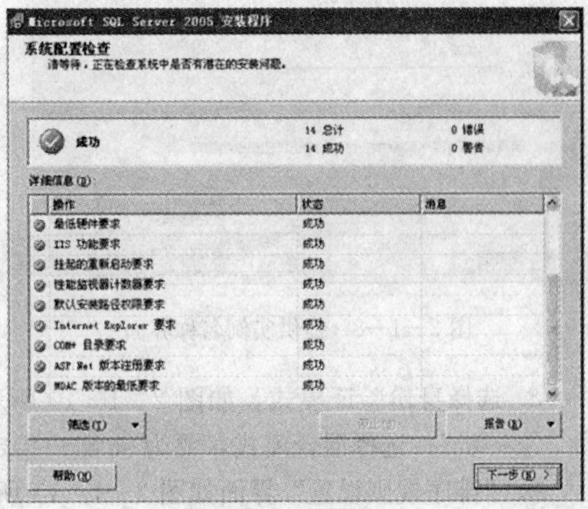


图 2—1—5 系统配置检查界面

4. 个性化设置，如图 2—1—6 所示，填写用户姓名和公司名称。

5. 选择安装的组件，如图 2—1—7 所示。

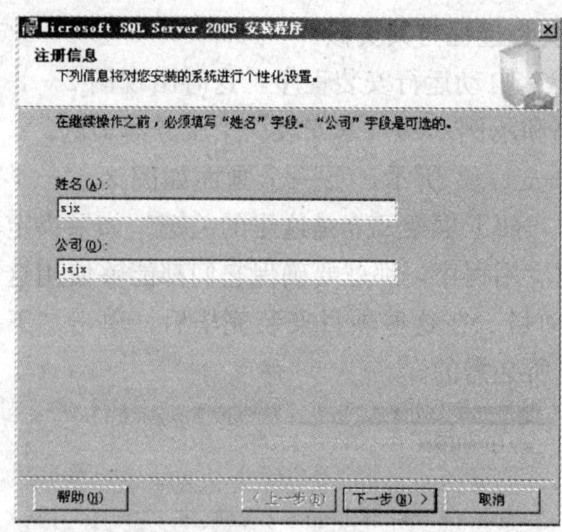

图 2—1—6 个性化设置界面

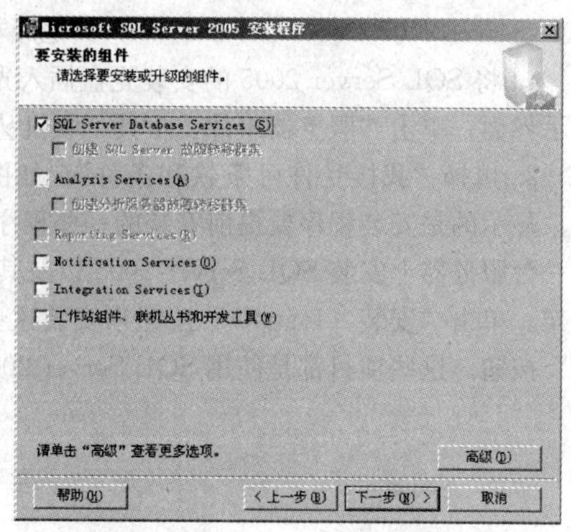


图 2—1—7 选择要安装的组件界面

6. 确定实例名称，如图 2—1—8 所示，默认情况下，选择默认实例，如若系统要安装多个实例，则选择命名实例，为实例取名称，该名称会显示在 SQL Server 服务器对象资源管理器中。

7. 确定服务账户，如图 2—1—9 所示，内置账户是本地账户，域账户是域中的管理账户。

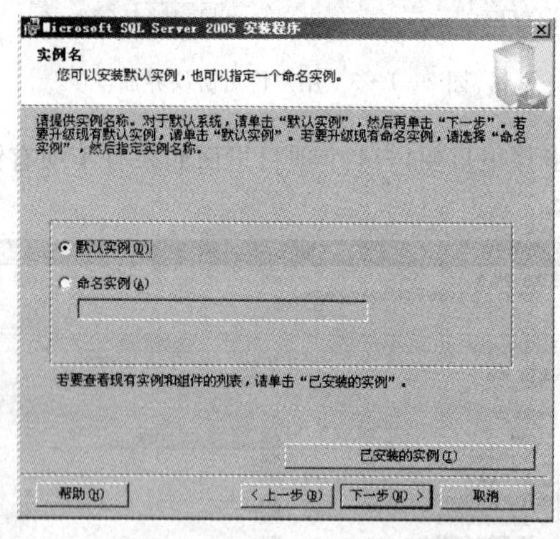


图 2—1—8 提供实例名称界面

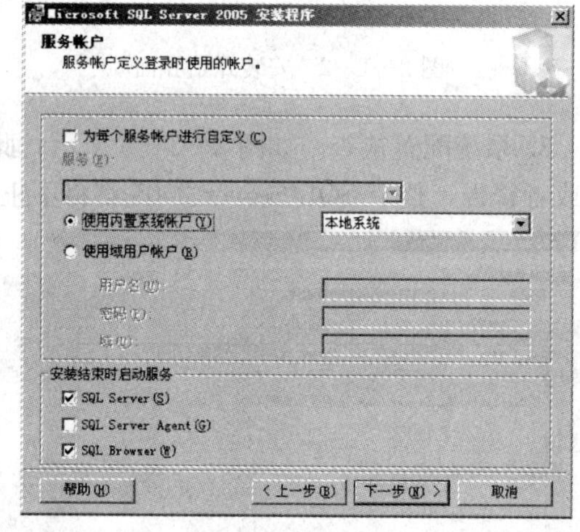


图 2—1—9 确定服务账户界面

8. 选择身份验证模式，如图 2—1—10 所示。选择 Windows 身份验证模式，可直接单击“下一步”；选择混合模式，要为 sa 账户指定密码。

9. “排序规则设置”界面如图 2—1—11 所示，按照默认设置的排序规则，单击“下一步”按钮，出现错误报告方式选择界面，如图 2—1—12 所示。

10. 出现如图 2—1—13 所示安装程序就绪界面，表示可以开始安装，单击“下一步”，出现如图 2—1—14 所示安装进度界面。

11. 安装完成界面，如图 2—1—15 所示。

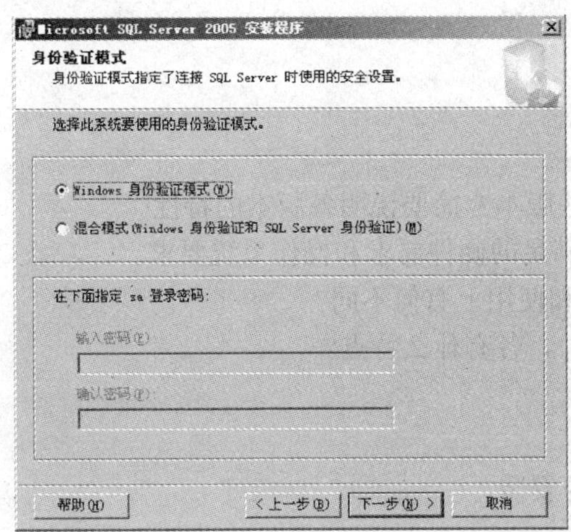


图 2—1—10　选择身份验证模式界面

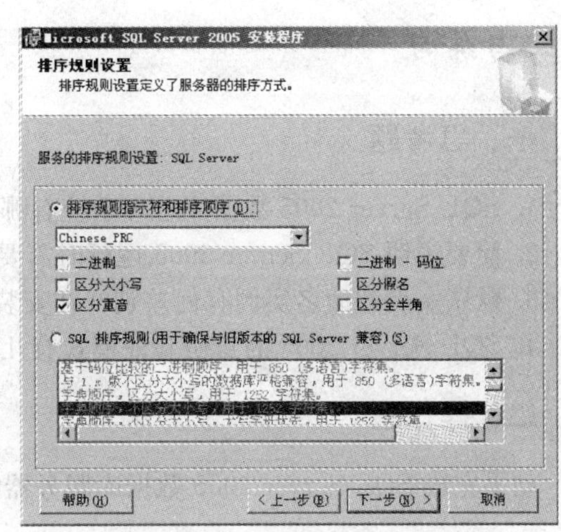


图 2—1—11　排序规则设置界面

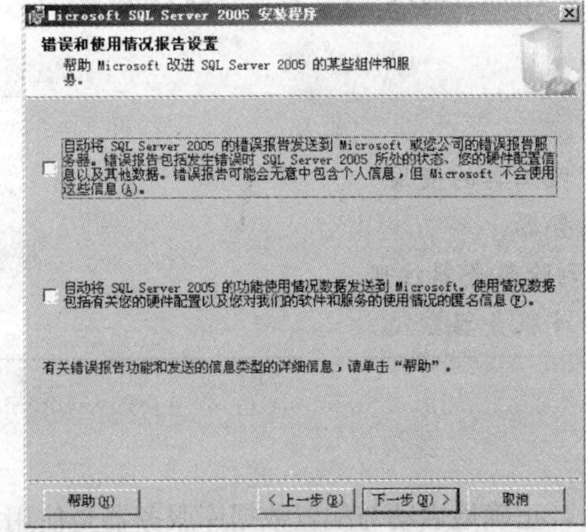


图 2—1—12　错误和使用情况报告界面

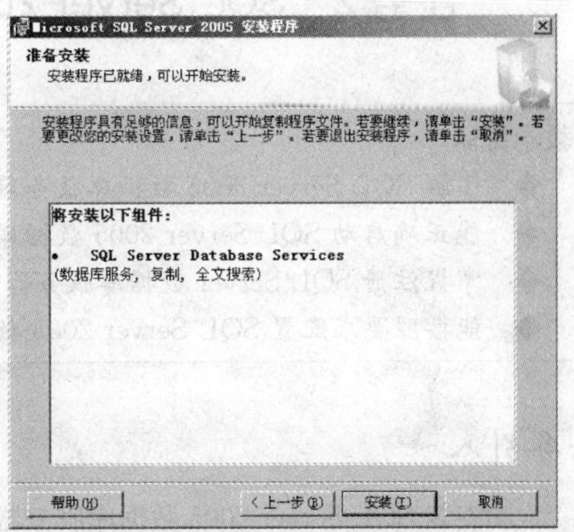


图 2—1—13　安装程序就绪界面

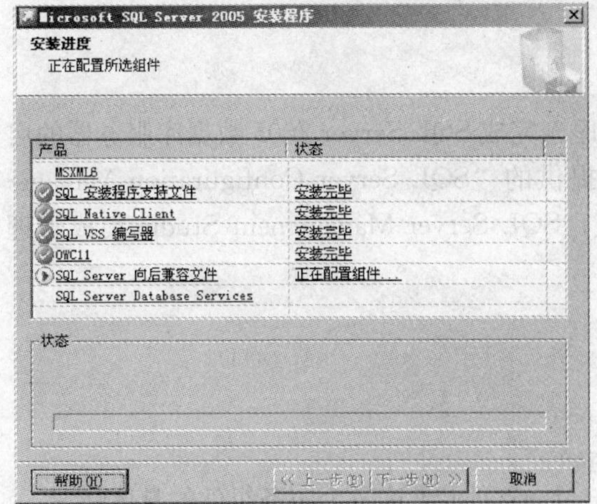


图 2—1—14　安装进度界面

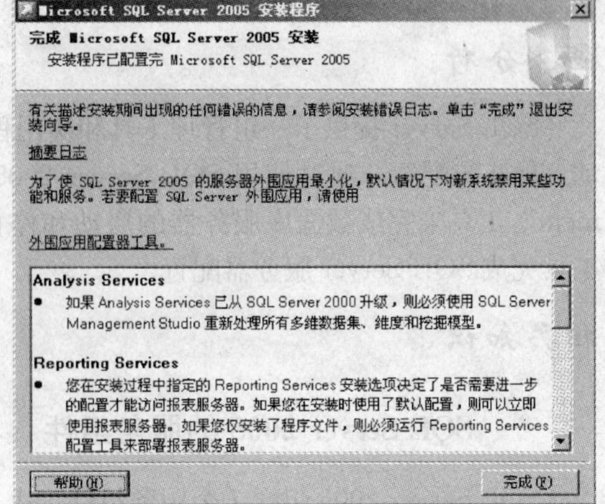


图 2—1—15　安装完成界面

## 思考与练习

### 一、思考题

1. SQL Server 2005 数据库管理系统有哪些版本？简要说明各版本的特性。
2. 简要说明 SQL Server 2005 运行时需要满足的硬件要求和操作系统要求。
3. 默认实例和命名实例有何差别？在安装和使用上有何不同？
4. SQL Server 2005 的身份验证模式有几种，各有什么特点？

### 二、操作题

动手完成 SQL Server 2005 数据库服务器的安装。

# 任务 2　SQL Server 2005 的启动、停止与配置

**教学目标**

- ◆ 了解 SQL Server 2005 数据库服务器管理工具的使用
- ◆ 能正确启动 SQL Server 2005 数据库服务器
- ◆ 掌握注册 SQL Server 数据库服务器和删除服务器注册
- ◆ 能按照要求配置 SQL Server 2005 数据库服务器

## 任务引入

成功安装 SQL Server 2005 数据库服务器后，正确地启动与配置数据库服务器是使用它的前提，本任务将介绍如何正确启动数据库服务器，将数据库服务器配置成用户所需要状态，及如何正确停止数据库服务器。

## 任务分析

SQL Server 提供了一组管理工具和实用程序来完成 SQL Server 2005 数据库服务器的启动、停止与配置。通过使用 SQL Server 2005 提供的“SQL Server Configuration Management”工具来完成数据库服务器的启动和停止；SQL Server Management Studio 集成管理工具完成 SQL Server 服务器配置。

## 相关知识

### 一、SQL Server 2005 的服务组件

SQL Server 2005 包含 7 个服务组件，表 2—1—2 列出了这 7 个服务组件的具体情况。

表 2—1—2　　SQL Server 服务组件

| 服务器组件 | 说明 |
| --- | --- |
| SQL Server 服务 | SQL Server 服务是数据库引擎，作为核心服务，它管理 SQL Server 实例拥有的数据库的所有文件，处理所有发自 SQL Server 客户端应用程序的 Transact－SQL 语句，在多个并发用户之间有效地分配计算机资源，确保数据的一致性，防止发生逻辑上的故障 |
| SQL Server Agent 服务 | SQL Server Agent 服务依赖于 SQL Server 服务，它通过创建操作员作业、警报来执行和管理可调度的任务、监视 SQL Server、激发警报等常规管理工作 |
| SQL Server Integration 服务 | SQL Server Integration 服务是一组图形工具和可编程对象，用于移动、复制和转换数据 |
| SQL Server Full Text Search 服务 | SQL Server Full Text Search 服务是全文搜索引擎，能够生成和维护全文索引，提高对字符型数据的查询效率 |
| SQL Server Reporting 服务 | SQL Server Reporting 服务用于创建、管理和部署表格报表、矩阵报表、图形报表，以及自由格式报表的服务器和客户端组件。Reporting 服务还是一个可用于开发报表应用程序的可扩展平台 |
| SQL Server Aanlysis 服务 | SQL Server Aanlysis 服务包括用于创建和管理联机分析处理（OLAP）以及数据挖掘应用程序的工具 |
| SQL Server Browser 服务 | SQL Server Browser 服务向客户机提供 SQL Server 2005 连接信息的名称解析服务。多个 SQL Server 实例和集成服务实例共享此服务 |

## 二、SQL Server 2005 的管理工具及实用程序

SQL Server 2005 安装完成后，就可以通过其管理工具、实用程序管理使用 SQL Server 2005。这些工具都可以在图形界面下运行、操作。同时，SQL Server 2005 也提供了一些以命令行形式运行的实用程序，如 Notification Services 命令提示。在系统的 SQL Server 2005 程序组中可以见到所安装的 SQL Server 2005 管理工具，如图 2—1—16 所示，本书中只介绍其中最重要也是最常用的两个管理工具，其他的工具和实用程序的学习请参见 SQL Server 2005 联机帮助。

图 2—1—16　SQL Server 2005 的管理工具

### 1. SQL Server Management Studio 管理工具

SQL Server Management Studio（SSMS）是 Microsoft SQL Server 2005 中的新组件，这是一个用于访问、配置、管理和开发 SQL Server 所有组件的集成环境。SSMS 将 SQL

Server 早期版本中包含的企业管理器、查询分析器和分析管理器的功能组合到单一环境中，为不同层次的开发人员和管理员提供 SQL Server 访问能力。

(1) 运行 SQL Server Management Studio 管理工具的步骤如下：从桌面打开“开始”→“所有程序”→“Microsoft SQL Server 2005”→“SQL Server Management Studio”，出现“连接到服务器”对话框，如图 2—1—17 所示。在“服务器类型”下拉框选择数据库引擎，在“服务器名称”下拉框选择实例名称，在“身份验证”下拉框选择 Windows 身份验证，然后在“用户名”和“密码”文本框输入安装时设置的登录名和密码（此处因为在本机进行连接，故此项不需输入），单击“连接”按钮。

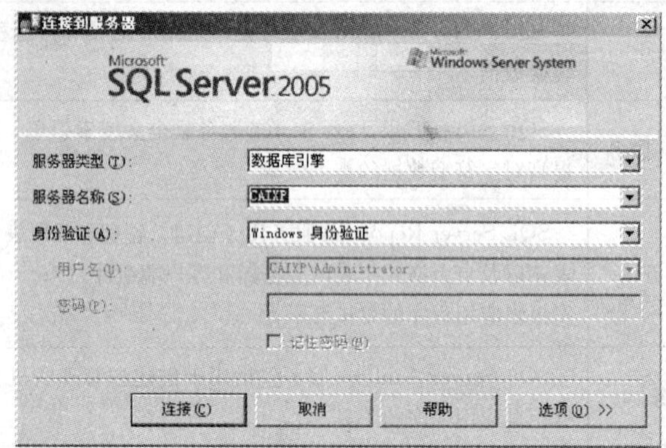


图 2—1—17 连接服务器界面

成功连接后进入“SQL Server Management Studio”管理界面，如图 2—1—18 所示。

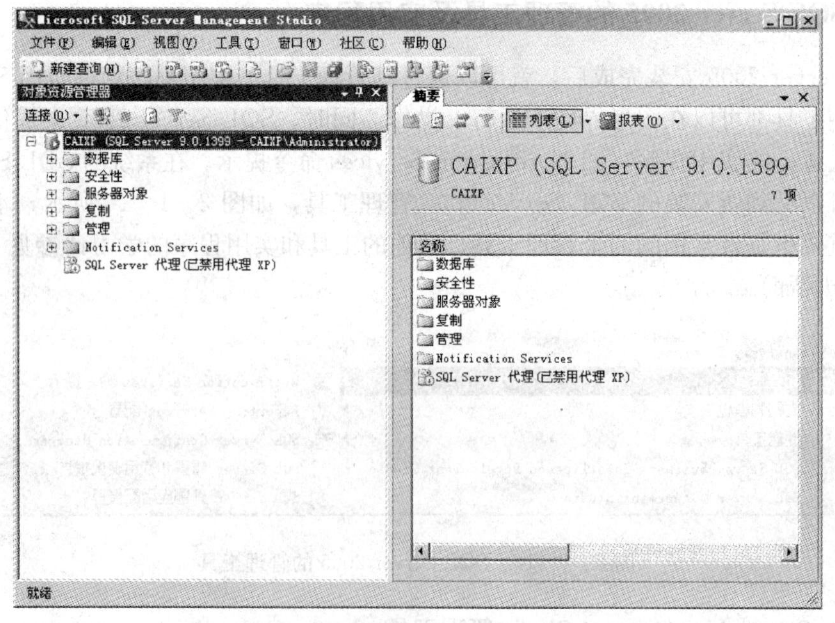


图 2—1—18 Microsoft SQL Server Management Studio

(2) 对象资源管理器。对象资源管理器是 SQL Server Management Studio 的一个组件，

位于图 SQL Server Management Studio 集成管理界面的左边，它提供了服务器中所有对象的视图，并具有可用于管理这些对象的用户界面。单击对象资源管理器中任一选项，其内容就会显示在右边的界面中，选择某一选项，单击鼠标右键，使用弹出菜单可实现对各对象的操作、管理。

2. SQL Server 配置管理器

SQL Server 配置管理器（SQL Server Configuration Manager）是 SQL Server 2000 中的服务器网络实用工具、客户端网络实用工具和服务器管理器的集合，它可以用来管理与 SQL Server 相关联的服务，可以用来配置 SQL Server 所使用的网络协议，也可以用来配置客户端计算机的网络连接。

单击“开始”→“所有程序”→“Microsoft SQL Server 2005”→“配置工具”，选择“SQL Server Configuration Manager”，打开 SQL Server 配置管理器。图 2—1—19 是 SQL Server 配置管理器的界面，提供了 3 个选项，分别是“SQL Server 2005 服务”“SQL Server 2005 网络配置”“SQL Native Client 配置”。其中“SQL Server 2005 服务”选项用于管理 SQL Server 2005 各个服务组件的“启动”“停止”“暂停”或“重新启动”；“SQL Server 2005 网络配置”选项用于管理和配置 SQL Server 2005 服务器的网络协议；“SQL Native Client 配置”选项用于对客户端协议进行管理和配置。

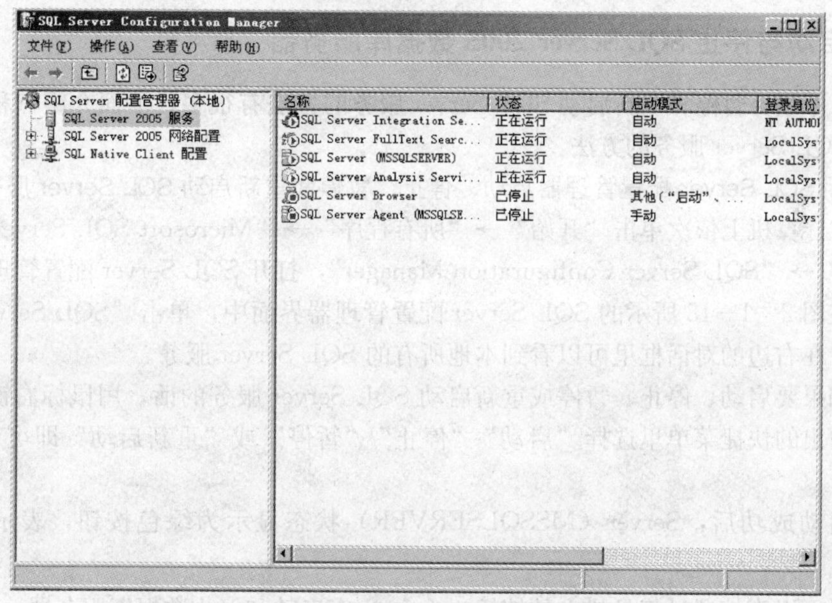


图 2—1—19　SQL Server Configuration Manager 界面

3. SQL Server 2005 支持的网络协议配置

（1）Shared Memory 协议

共享内存协议，是一种最简单的协议，没有什么可以配置的设置。因为在网络上不同的计算机是不能共享内存的，所以使用共享内存协议的客户端计算机仅可以连接到同一台计算机运行 SQL Server 实例，这就意味着共享内存协议对大多数网络数据库操作而言，是没有什么作用的。只有在其他协议配置有误时，才用它来进行测试以及故障排除。

(2) Named Pipes 协议

命名管道是一个专门指定的单向或双向通道，用于管道服务器与一个或多个管道客户端之间的通信。在默认情况下，对于默认实例来说，SQL Server 2005 侦听“\\.\pipe\sql\query”管道。对于命名实例来说，SQL Server 2005 侦听的是“\\.\pipe\MSSQL$实例名\sql\query”管道。在局域网里，使用命名管道的速度比较快。

(3) TCP/IP 协议

TCP/IP 协议是包括 TCP 协议和 IP 协议，UDP（User Datagram Protocol）协议、ICMP（Internet Control Message Protocol）协议和其他一些协议的协议组。它是在 Internet 中使用最广泛的通信协议，也是目前在商业中最常用的协议，它可以与互联网络中的各种不同操作系统、不同硬件结构的计算机进行通信，并且能提供高效安全的功能。一般来说，在广域网上 SQL Server 服务器端与客户端都使用 TCP/IP 协议通信。

(4) VIA 协议

虚拟接口适配器协议，采用网卡的物理地址和端口号来配置 SQL Server 服务，一般和 VIA 网卡一同使用，多用于局域网连接。

## 任务实施

### 一、启动与停止 SQL Server 2005 数据库服务器

启动、停止、暂停和重新启动 SQL Server 服务的方法有很多，下面介绍三种常用的启动和停止 SQL Server 服务的方法。

1. 利用 SQL Server 配置管理器启动、停止、暂停和重新启动 SQL Server 服务

(1) 在计算机上依次单击“开始”→“所有程序”→“Microsoft SQL Server 2005”→“配置工具”→“SQL Server Configuration Manager”，打开 SQL Server 配置管理器。

(2) 在图 2—1—18 所示的 SQL Server 配置管理器界面中，单击“SQL Server 2005 服务”选项，在右边的对话框里可以看到本地所有的 SQL Server 服务。

(3) 如果要启动、停止、暂停或重新启动 SQL Server 服务的话，用鼠标右键单击服务名称，在弹出的快捷菜单里选择“启动”“停止”“暂停”或“重新启动”即可，如图 2—1—20 所示。

(4) 启动成功后，Server (MSSQLSERVER) 状态显示为绿色按钮，表示“正在运行”。

(5) 也可以直接通过工具栏上的按钮 来启动和停止数据库服务器。

2. 使用 SQL Server Management Studio 完成启动、停止、暂停和重新启动 SQL Server 服务

(1) 启动“SQL Server Management Studio”，连接到 SQL Server 数据器上。

(2) 如图 2—1—21 所示，用鼠标右键单击服务器名，在弹出的快捷菜单里选择“启动”“停止”“暂停”或“重新启动”即可。

3. 使用“服务”对话框启动、停止、暂停和重新启动 SQL Server 服务

由于 SQL Server 服务是以“服务”的方式在后台运行的，所以可以在“服务”对话框

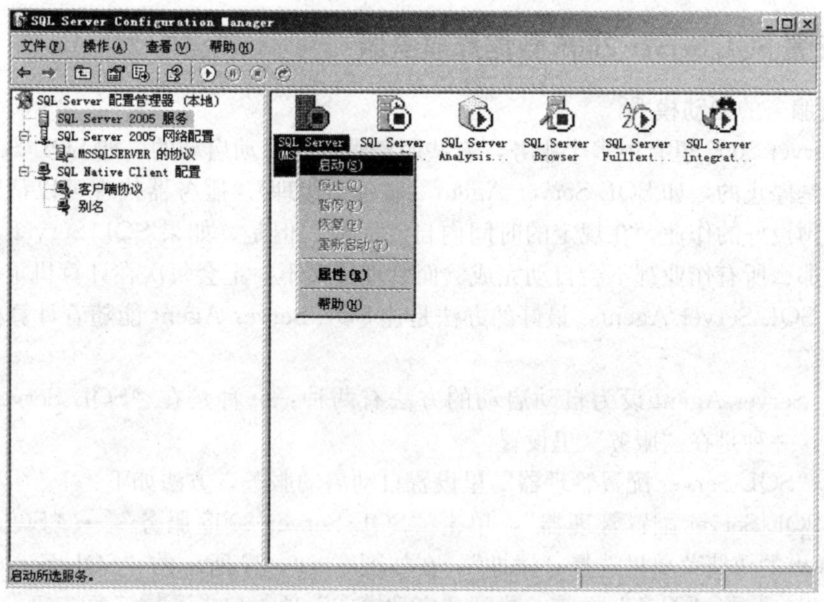


图 2—1—20　配置管理器服务启动菜单

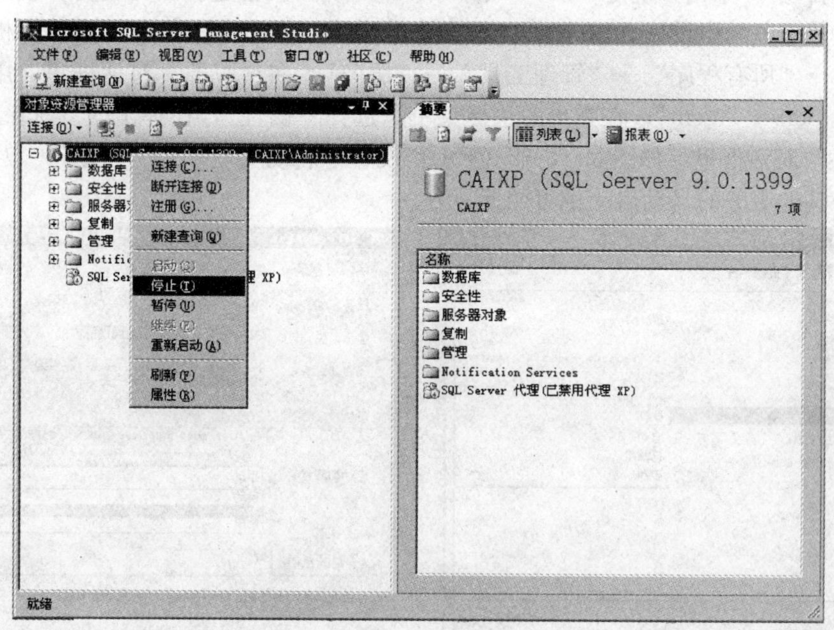


图 2—1—21　SQL Server Management Studio 启动和停止服务

中对其进行启动、停止、暂停和重新启动的操作，步骤如下：

在计算机上依次单击“开始”→“所有程序”→“管理工具”→“服务”，在“服务”对话框里，用鼠标右键单击“SQL Server（MSSQLSERVER)”，在弹出的快捷菜单里选择“启动”“停止”“暂停”或“重新启动”即可。

## 二、配置 SQL Server 2005 数据库服务器

1. 配置服务的启动模式

SQL Server 2005 里有很多个服务，有些服务默认是自动启动的，如 SQL Server。而有些服务默认是停止的，如 SQL Server Agent（服务器代理）。服务器代理可以帮助管理员完成很多事先预设好的作业，在规定的时间内自动完成。但是，如果 SQL Server Agent 没有启动的话，那么所有作业都不会自动完成。而管理员又不一定会每次在计算机重启时都会记得手动启动 SQL Server Agent，最好的办法是让 SQL Server Agent 能随着计算机的启动而启动。

将 SQL Server Agent 设为自动启动的方法有两种：一种是在“SQL Server 配置管理器”里设置，一种是在“服务”里设置。

（1）在“SQL Server 配置管理器”里设置自动启动服务，方法如下：

启动“SQL Server 配置管理器”，单击“SQL Server 2005 服务”→“SQL Server Agent”，在弹出的快捷菜单里选择“属性”。在如图 2—1—22 所示的“SQL Server Agent 属性”对话框里，选择“服务”标签，找到“启动模式”项，单击下拉三角按钮，在下拉列表框里选择“自动”，单击“确定”后，SQL Server Agent 就会随着计算机的启动自动启动。

（2）在“服务”里设置 SQL Server 服务自动启动，设置方法如下：在计算机上依次单击“开始”→“所有程序”→“管理工具”→“服务”，在“服务”对话框里，用鼠标右键单击“SQL Server Agent”，在弹出的快捷菜单里选择“属性”，在弹出的“SQL Server Agent 的属性”对话框里，如图 2—1—23 所示，设置“启动类型”为“自动”，单击“确定”完成设置。其他服务的自动启动也可照此设置。

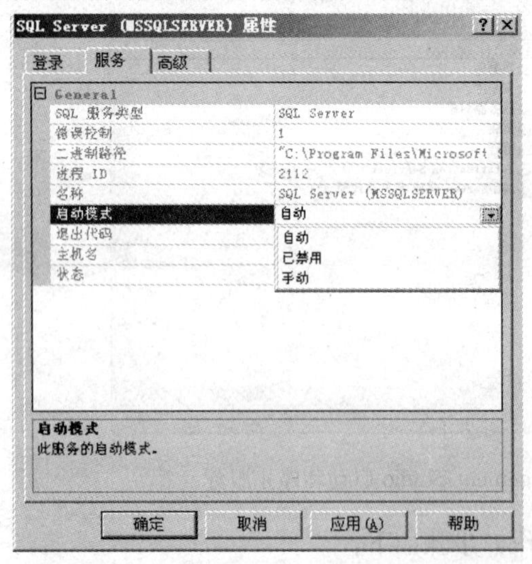


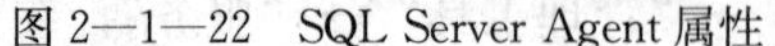
图 2—1—22　SQL Server Agent 属性

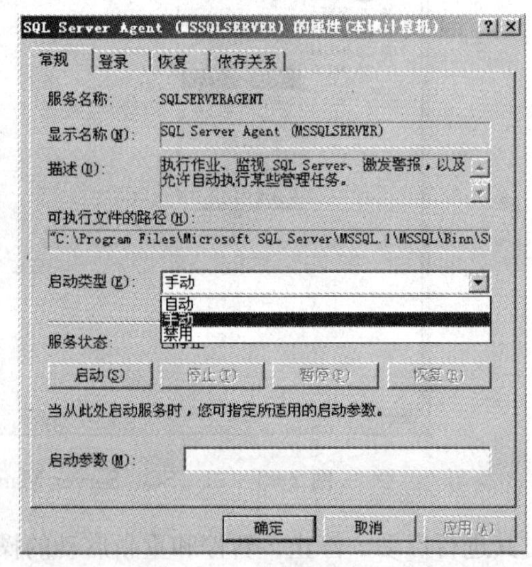


图 2—1—23　SQL Server Agent 的属性

2. 更改登录身份

在安装 SQL Server 2005 时，安装步骤中有一步是设置登录 SQL Server 2005 时使用的账户，在安装完 SQL Server 2005 之后，还可以重新设置这个登录账号。下面以修改“SQL

Server”服务为例，说明如何进行此设置。

(1) 启动“SQL Server 配置管理器”，单击“SQL Server 2005 服务”，用鼠标右键单击“SQL Server”，在弹出的快捷菜单里选择“属性”。

(2) 在如图 2—1—24 所示的“SQL Server 属性”对话框里，可以设置登录身份，在“内置账户”的下拉列表框里，有三个选择项：本地系统、本地服务和网络服务。其中，本地系统是指定本地系统账户为登录的内置账户。指定本地系统之后无须密码就可以连接到同一台计算机上的 SQL Server。本地服务是指定一个特殊账户为内置账户，它与通过身份验证的用户账户类似。本地服务账户与 Windows 中的 Users 组的成员具有相同级别的资源和对象访问权限。与本地服务相似，以网络服务身份运行的服务将使用计算机账户的凭据访问网络资源。

当然，也可以选择“本账户”的登录方式，本账户的登录方式是指定一个使用 Windows 身份验证的本地用户账户或域用户账户来登录 SQL Server。

(3) 设置完毕后单击“确定”按钮。

### 3. SQL Server 2005 支持的网络协议配置

SQL Server 2005 支持的网络协议有四种，分别是 Shared Memory 协议、Named Pipes 协议、TCP/IP 协议、VIA 协议，一般来说，如果服务器端和客户端在同一台计算机中，使用共享内存协议，在局域网中使用管道协议和使用 TCP/IP 协议的区别都不大，在广域网中使用 TCP/IP 协议，VIA 协议是 SQL Server 2005 新支持协议，但是用得很少，下面只介绍 TCP/IP 协议的配置，其他协议配置方式可参照此设置。

(1) 启动“SQL Server 配置管理器”，点开“SQL Server 2005 网络配置”前面的“+”号，双击“MSSQLSERVER 的协议”，选中显示在左边列表框里中的“TCP/IP”，单击鼠标右键，在弹出的快捷菜单里选择“属性”选项。

(2) 在图 2—1—25 所示的“TCP/IP 属性”框中，将“是否启用”改为“是”，单击“确定”按钮。

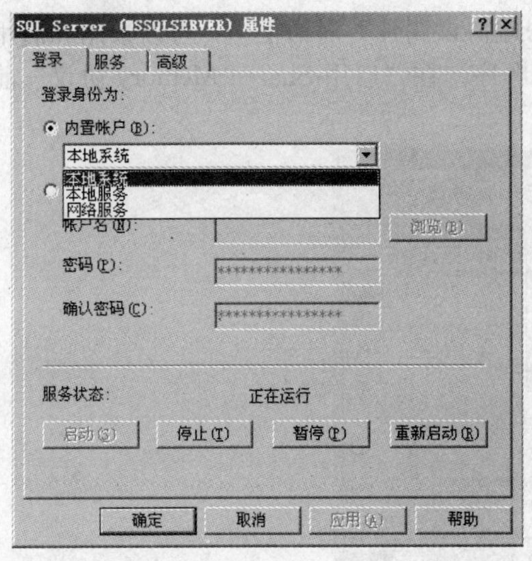


图 2—1—24 SQL Server 属性对话框

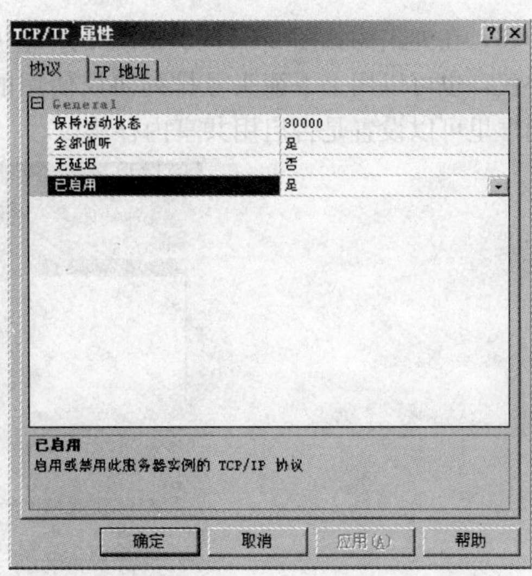


图 2—1—25 TCP/IP 属性

4. 配置客户端网络协议的使用顺序

无论是在服务器端还是在客户端，都可以使用多个网络协议。在客户端连接 SQL Server 服务器时，会先尝试用哪个协议进行连接，取决于网络协议的使用顺序。在客户端设置网络协议使用顺序的办法：

(1) 启动“SQL Server 配置管理器”，展开左边的“SQL Server 配置管理器（本地)”→“SQL Native Client 配置”→“客户端协议”。

(2) 在右边的对话框里，用鼠标右键单击任意一个协议，在弹出的快捷菜单里选择“顺序”选项，如图 2—1—26 所示。

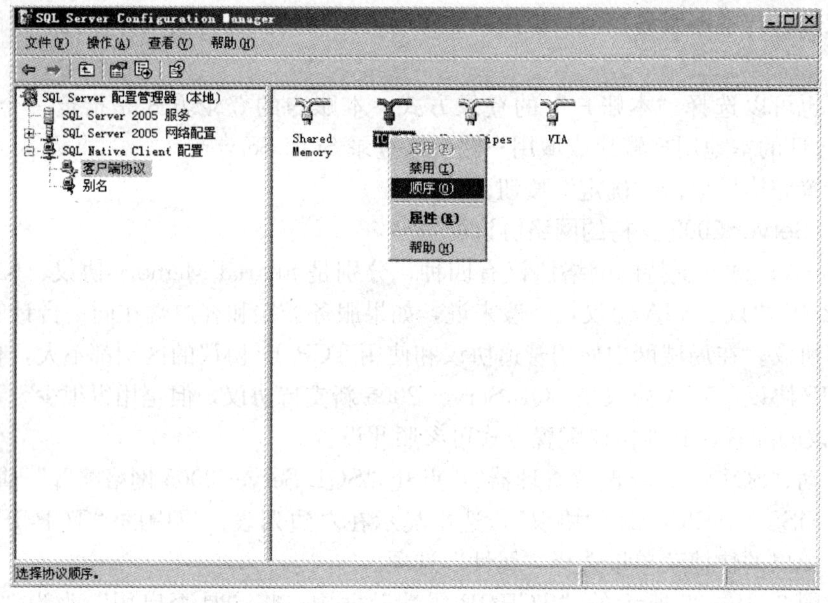


图 2—1—26　顺序菜单

(3) 在弹出的如图 2—1—27 所示的“客户端协议属性”对话框里，可以禁用和启用网络协议，也可以用上下箭头号排列协议使用的顺序。在“启用 Shared Memory 协议”前的复选框里可以设置是否启用共享内存协议。

图 2—1—27　客户端协议属性对话框

（4）单击“确定”按钮完成设置。设置完之后，在“SQL Server 配置管理器”对话框中可以看到所设好的顺序，如图 2—1—28 所示。

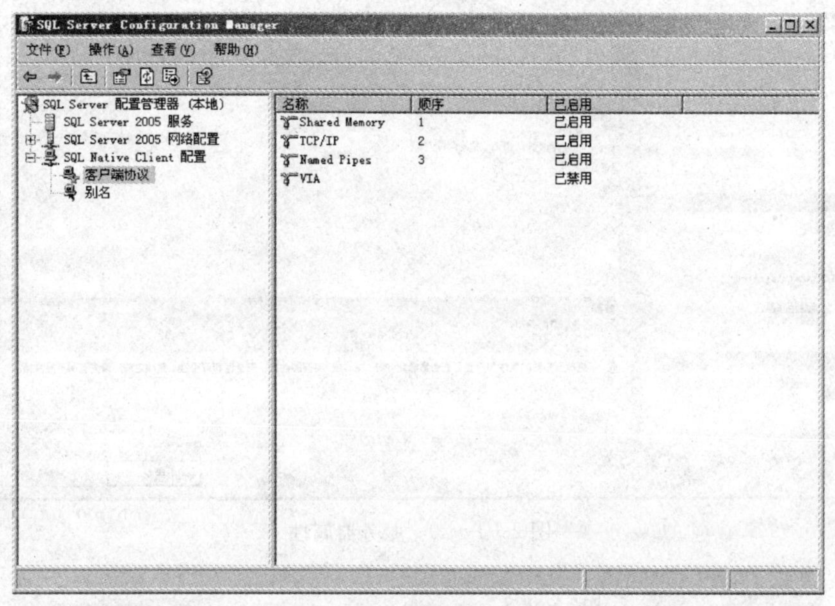


图 2—1—28　设置好的协议顺序

*注意：如果启用了共享内存协议，SQL Server 会自动把它设为第一使用顺序，建议使用顺序为共享内存、TCP/IP、管道。*

5. 设置 SQL Server 2005 数据库服务器身份验证方式为混合验证方式

启动“SQL Server Management Studio”，在“对象资源管理器”窗口中，用鼠标右键单击要配置的服务器名称，在弹出的快捷菜单里选“属性”选项，弹出如图 2—1—29 所示“服务器属性”对话框，在属性对话框中共有 8 个选项，8 个选项的功能如下：

（1）常规

查看服务器的属性，例如服务器名、操作系统、CPU 数等。此处各项只能查看，不能修改。

（2）内存

用来设置最小内存、最大内存、索引内存等选项。

（3）处理器

在此页里可以查看或修改 CPU 选项，一般来说，只有安装了多个处理器才需要配置此项。

（4）安全性

用来查看或修改服务器的安全选项，包括用于更改 SQL Server 2005 服务器的身份验证方式、服务器代理账户、启用 C2 审核跟踪等选项。此处选择“安全性”选项，设置“服务器身份验证模式”为“SQL Server 和 Windows 身份验证模式”，如图 2—1—30 所示，这是数据库开发通常选择的身份认证模式，单击“确定”，完成安全性设置。

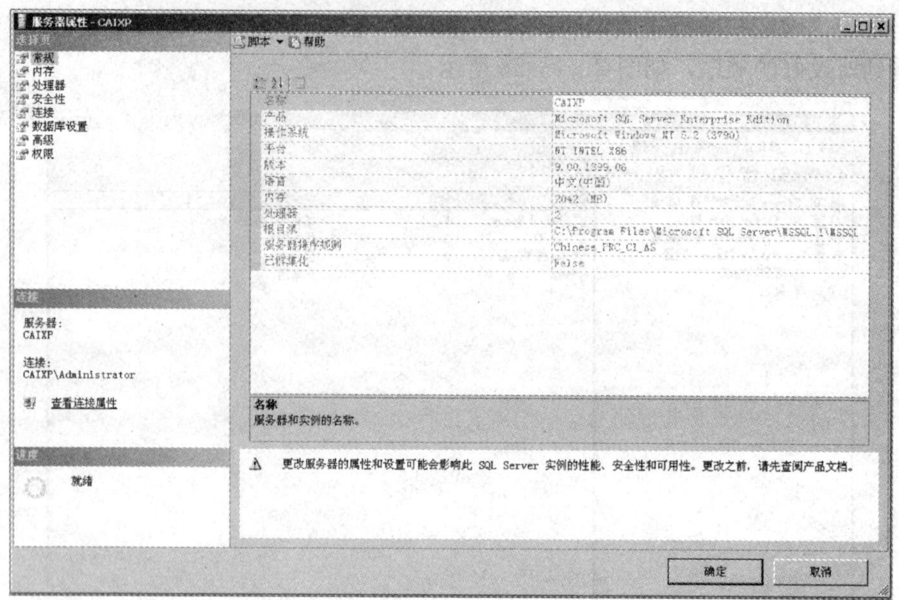


图 2—1—29　服务器属性

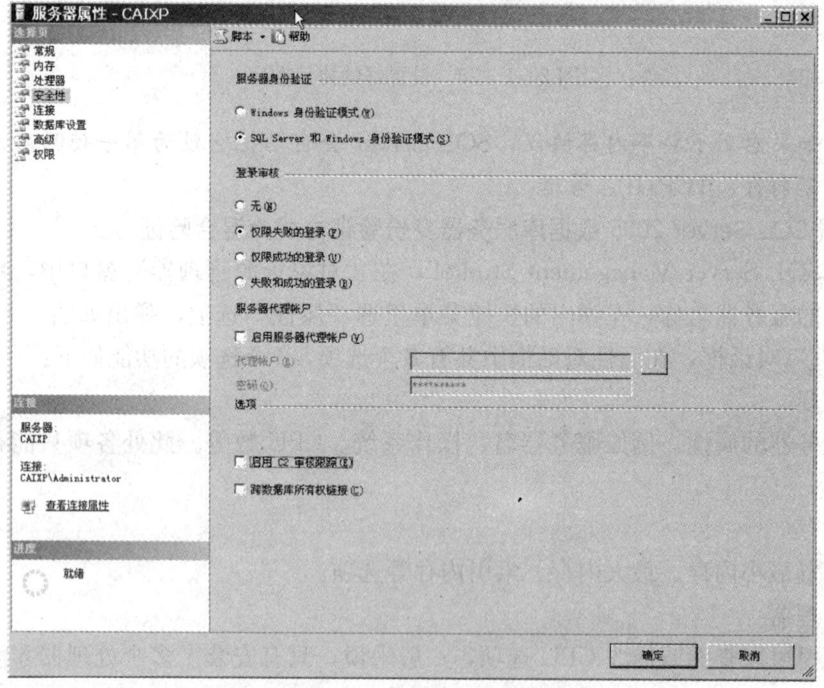


图 2—1—30　设置身份验证方式

(5) 连接

用于设置最大并发连接数、允许远程连接、默认连接选项设置。

(6) 数据库设置

用于设置数据库默认位置、备份、还原和恢复等选项。

(7) 高级

用于设置最大并行度、远程登录超时值、默认语言等选项。

(8) 权限

该选项卡用于授予或撤销账户对服务器的操作权限。

## 思考与练习

### 一、思考题

SQL Server 2005 有哪些主要的服务器组件和实用工具？各有什么用途？

### 二、操作题

1. 练习启动、停止数据库服务器。
2. 配置数据库服务器的网络协议顺序（启用命名管道协议，禁用 TCP/IP 协议）。
3. 配置数据库服务器的身份验证模式为混合验证模式。

# 任务 3　SQL Server 2005 数据库服务器的连接

**教学目标**

- ◆ 掌握 SQL Server 2005 数据库服务器的 C/S 工作模式
- ◆ 掌握 SQL Server 2005 数据库服务器的连接、断开方法
- ◆ 掌握注册服务器的创建、移动、删除

## 任务引入

SQL Server 2005 数据库管理系统是一个网络数据库管理系统，其采用 C/S（Client/Server，客户端/服务器）的工作模式，SQL Server 2005 的客户端负责为用户提供操作界面，通过网络向服务器端传送用户的操作命令，并显示服务端传递过来的操作结果，SQL Server 客户端对计算机硬件配置要求较低。服务器端主要负责执行客户端传送过来的数据库操作命令以及数据的存储和管理任务，对计算机硬件配置要求高。在实际开发时，常需要通过客户端连接 SQL Server 服务器。一台 SQL Server 2005 服务器可支持多个客户端的同时连接使用，以下介绍 SQL Server 如何进行客户端与服务器的连接。

## 任务分析

由于 SQL Server 2005 既允许将服务器端和客户端安装在同一台计算机上，又允许将客户端单独安装在一台计算机上，所以利用 SQL Server 2005 客户端连接 SQL Server 2005 服务器有两种情况，一种连接本地数据库服务器，另一种是连接网络数据库服务器。

SQL Server 2005 数据库服务器提供了三种方式来实现与数据库服务器的连接，第一种

是直接利用 SQL Server Management Studio 工具连接数据库服务器，第二种是利用对象资源管理器进行连接，第三种是利用注册服务器进行连接。

## 相关知识

### 一、SQL Server 2005 数据库服务器的工作模式

SQL Server 2005 是一款基于 C/S（客户机/服务器）模式工作的服务器，在 SQL Server 2005 安装时，选择“SQL Server Database Services 组件及工具”进行安装的计算机将作为数据库服务器，其上同时有客户端和服务器端；而选择安装“SQL Native Client 工作站组件”的计算机是一台客户机，其上只有数据库客户端。

客户端可通过网络连接到多个数据库服务器上，大多数情况下，客户端不需要任何特殊配置便可以与数据库引擎实例连接。客户端通过默认 TCP/IP 协议与服务器进行通信。

### 二、注册服务器

在 SQL Server 数据库中，可利用服务器注册功能将数据库连接信息保存下来，将来需要真正接连到服务器上时，可以利用注册更方便地实现连接。

1. 新建注册

（1）打开“Microsoft SQL Server Management Studio”界面，在界面中单击“视图”→“已注册的服务器”菜单，出现如图 2—1—31 所示“已注册的服务器”窗口。

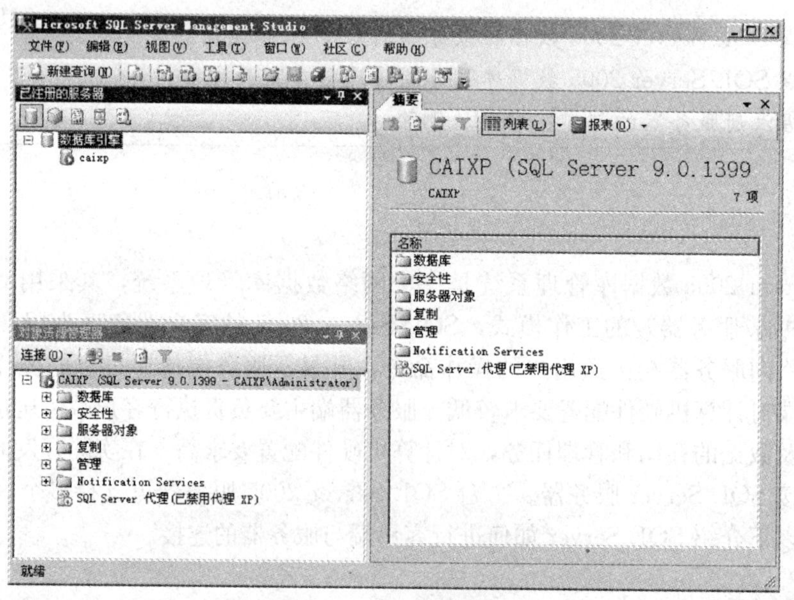


图 2—1—31 “已注册的服务器”窗口

（2）在“已注册的服务器”窗口中，选中“数据库引擎”，单击鼠标右键弹出如图 2—1—32 所示菜单，选择“新建”→“服务器注册”，打开“新建服务器注册”窗口。

（3）在图 2—1—33 所示的“新建服务器注册”窗口中，填写注册服务器名为“caixp”，

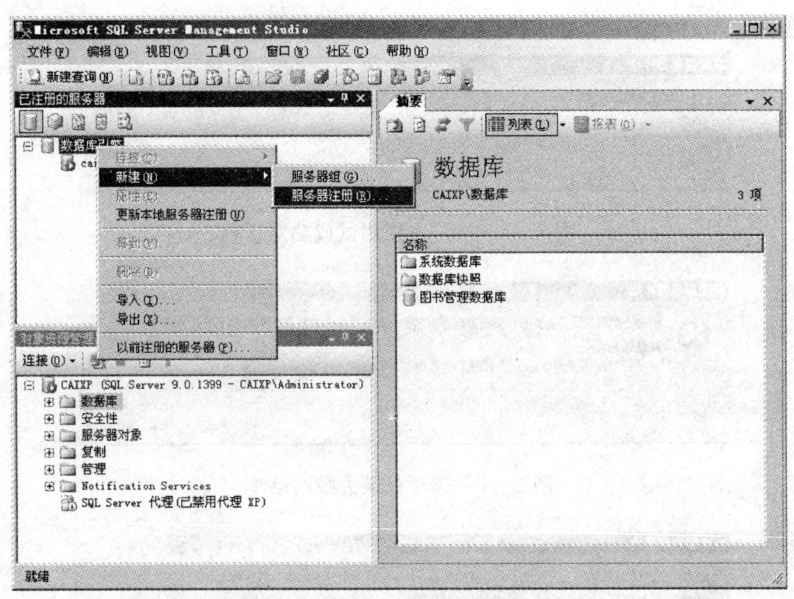


图 2—1—32 服务器注册菜单

身份验证方式为“sql server 身份验证”，登录名为“sa”，密码为“654321”，单击“测试”按钮。

编辑服务器注册属性
常规 | 连接属性
登录
键入服务器名称或从下拉列表中选择服务器名称。
服务器类型(T): 数据库引擎
服务器名称(S): CAIXP
身份验证(A): SQL Server 身份验证
登录名(L): sa
密码(P): ******
记住密码(M)
已注册的服务器
您可以用新名称和服务器说明(可选)替换已注册的服务器名称。
已注册的服务器名称(N): sgj
已注册的服务器说明(D):
测试(E) 保存(V) 取消 帮助

图 2—1—33 新建服务器注册

（4）如果出现如图 2—1—34 所示对话框，则连接成功。如果单击“测试”按钮后出现的是如图 2—1—35 所示对话框，则有可能是身份验证未能通过，检查一下，是不是身份验证方式有误，或者是登录名和密码不正确。如果单击“测试”按钮后出现的是如图 2—1—36 所示对话框，则有可能是服务器名称输入错误，或服务器没能正常运行，或服务器的防

火墙阻止了连接。

图 2—1—34　连接测试成功对话框

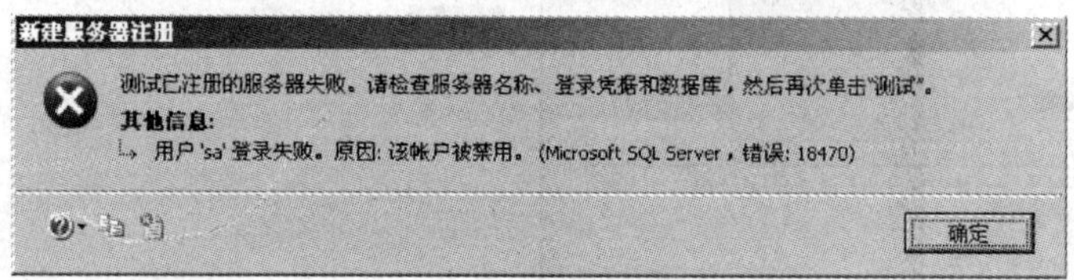


图 2—1—35　登录失败对话框

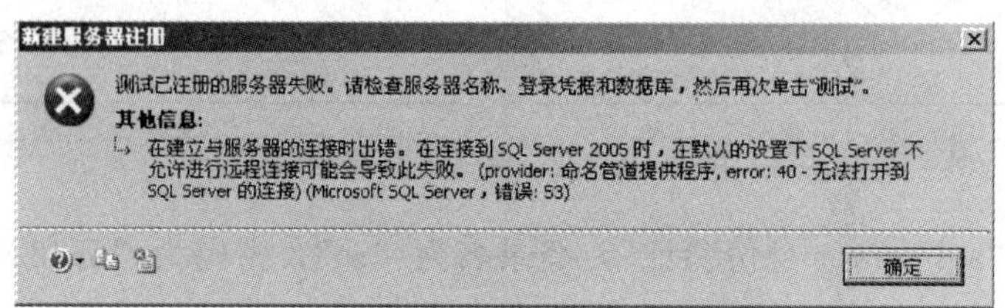


图 2—1—36　注册服务器失败对话框

（5）测试成功后，单击“保存”按钮，在已注册的服务器管理界面中出现注册成功的服务器，如图 2—1—37 所示。

2. 创建服务器组

在 SQL Server 2005 中，在“已注册的服务器”对话框里，可以将不同的 SQL Server 服务器划分在不同的组里面。利用组的划分，可以更方便地管理企业中的 SQL Server 服务器。

（1）在图 2—1—38 所示的“已注册的服务器”对话框中用鼠标右键单击“数据库引擎”，弹出快捷菜单，选择“新建”→“服务器组”选项。

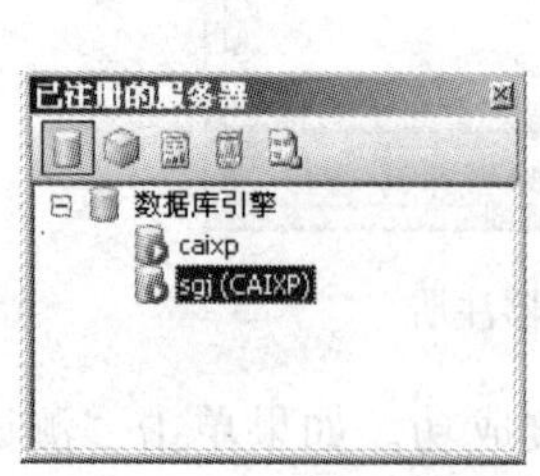


图 2—1—37　注册服务器成功界面

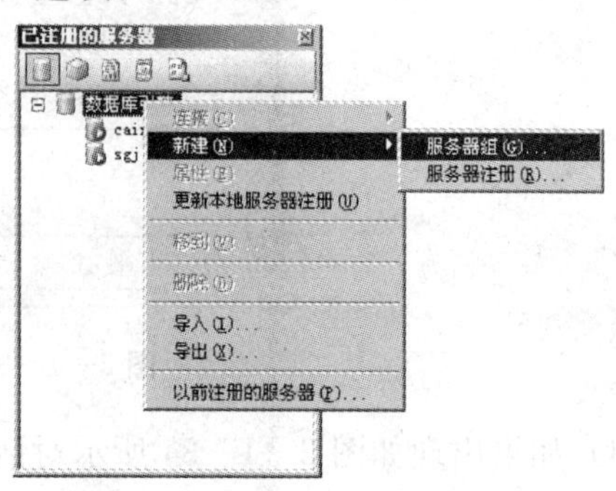


图 2—1—38　新建服务务组菜单

（2）在弹出的图 2—1—39 所示的“新建服务器组”对话框中，填写新建的服务器“组

名”“组说明”，在“选择新服务器组的位置”列表框里，可以选择新建的服务器组所在的位置。

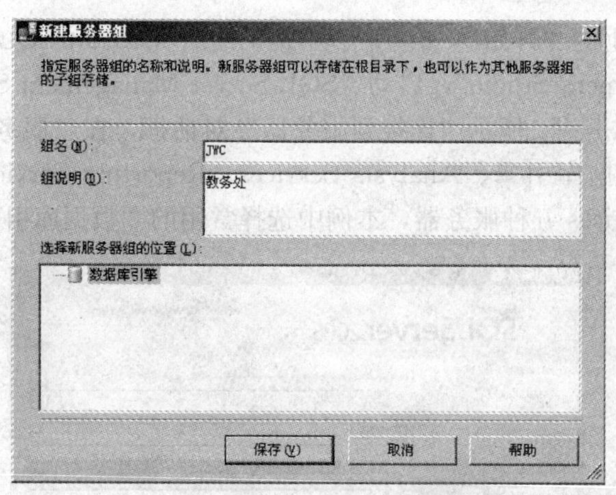


图 2—1—39　新建服务器组对话框

(3) 信息输入完毕之后，单击“保存”按钮，创建新的服务器组，创建完新的服务器组之后，可以在“已注册的服务器”窗口中看到刚才新建的服务器组，如图 2—1—40 所示。

3. 移动注册的服务器

在 SQL Server 2005 中，可以把已经注册的服务器移动到任何服务器组下面，或在不同服务器组中移动，也可以从服务器组中移动出来（不属于任何服务器组）。

(1) 用鼠标右键单击名为“sgj”的服务器，在弹出的快捷菜单里选择“移动”选项。

(2) 在弹出的“移动服务器注册”对话框中，展开服务器组列表，找到“数据库引擎”→“JWC”，然后单击“确定”按钮，就把已经注册的服务器移动到相关服务器组中，如图 2—1—41 所示。

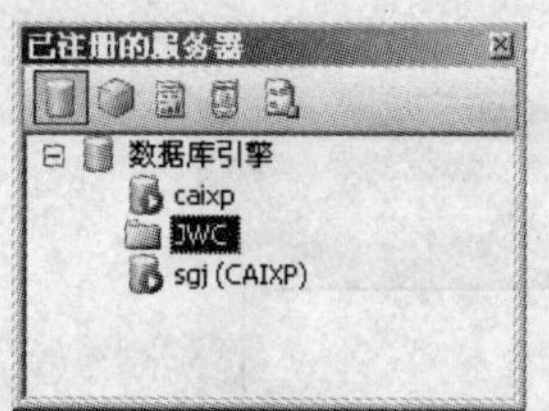


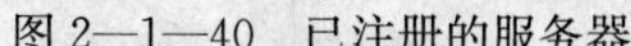

图 2—1—40　已注册的服务器

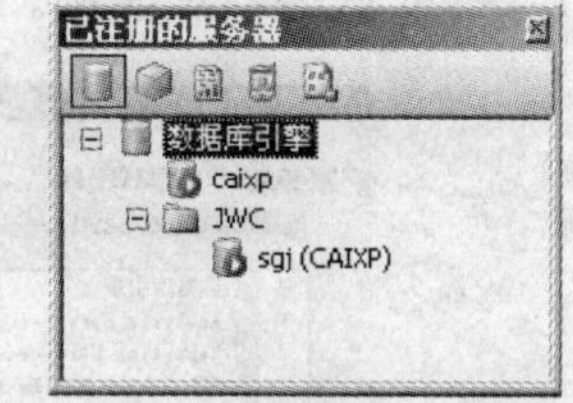


图 2—1—41　移动服务器注册

4. 删除已注册的服务器

删除已注册的服务器和移动服务器的方法类似：用鼠标右键单击要删除的服务器名称，在弹击的快捷菜单中选择“删除”选项，弹出“确认删除”对话框，单击“是”按钮即可删除已注册的服务器。

## 任务实施

使用三种方式实现与 SQL Server 2005 数据库服务器的连接。

## 一、直接利用 SQL Server Management Studio 工具连接数据库服务器

（1）打开计算机上的“开始”→“所有程序”→“Microsoft SQL Server 2005”→选择“SQL Server Management Studio”，启动“SQL Server Management Studio”程序。

（2）出现如图 2—1—42 所示“连接到服务器”对话框，在“服务器类型”下拉框选择中可选的类型有：数据库引擎、Analysis Services、Reporting Services、SQL Server Mobile、Integration Services 五种服务器，本例中选择常用的“数据库引擎”。

图 2—1—42　连接到服务器

（3）在“服务器名称”下拉列表框里显示的是本机的 SQL Server 服务器名，在这里也可以输入其他服务器的名称。如果要连接的是命名实例的话，用“服务器名\实例名”来连接。如果在“服务器名称”下拉列表框里没有找到所要连接的服务器，可以选择“＜浏览更多…＞”，在弹出如图 2—1—43 所示的“查找服务器”对话框中，在“本地服务器”选项卡里可以选择要连接的服务器类型和服务器名称及实例名称。在“网络服务器”选项卡里可以选择网络上的 SQL Sever 服务器和实例。

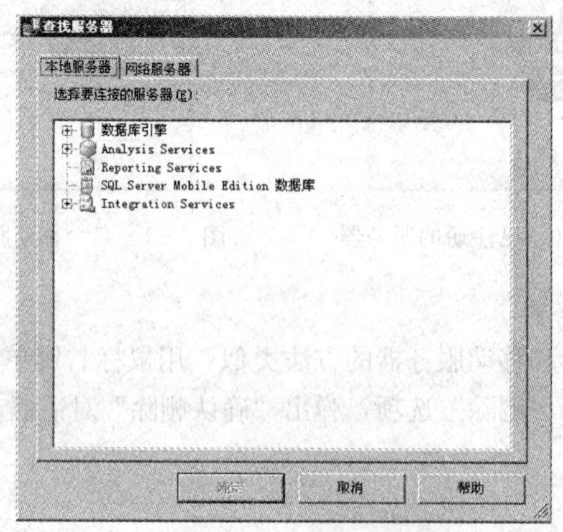


图 2—1—43　查找服务器

（4）选择完毕后，单击“确定”按钮，回到如图 2—1—42 所示对话框。在“身份验证”下拉列表框里可选“Windows 身份验证”和“SQL Server 身份验证”两种方式，如果选择“SQL Server 身份验证”方式的话，要输入用户名和密码。

（5）单击“选项”按钮，出现如图 2—1—44 所示的“连接属性”选项卡。在“连接到数据库”下拉列表框中可以选择用户登录服务器后的默认数据库。在“网络协议”下拉列表框中可选项有“Shared Memory”“TCP/IP”和“Named Pipes”三种协议。在“网络数据包大小”微调框中可以输入要发送的网络数据包的大小，默认为 4 096 字节。在“连接超时值”微调框中可以输入 SQL Server 客户端和服务器建立连接超时之前等待建立的秒数，如果网络较慢的话，值可以设得稍大一点，默认值是 15 s。在“执行超时值”微调框中可以输入在服务器上完成任务执行之前等待的秒数，默认为零秒，即无超时限制。如果选中“加密连接”前的复选框，则强制对连接进行加密。需要注意的是，SQL Server 2005 客户端和服务器端都必须安装数字证书后才能使用“加密连接”。

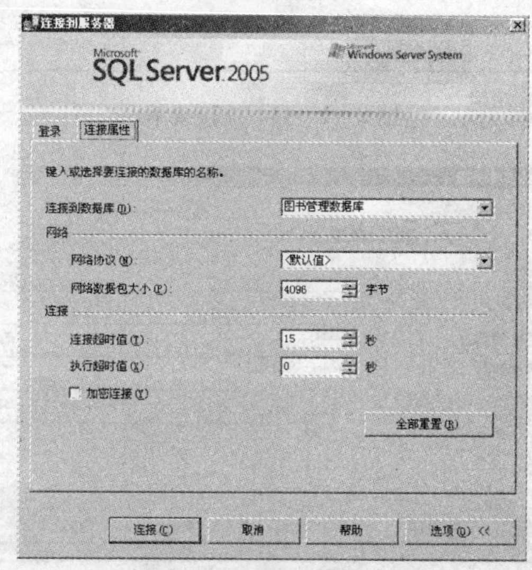


图 2—1—44 “连接属性”选项卡

（6）设置完毕后，单击“连接”按钮，连接到数据库服务器上。一般来说，没有特殊原因，采用默认的选项值就可以连接到数据库服务器。这时只要在图 2—1—42 所示对话框单击“连接”按钮，就可连接到数据库服务器上。

## 二、利用对象资源管理器连接数据库服务器

在对象资源管理器中，单击其上的下拉列表“连接”，可实现与数据库引擎实例、Analysis Services、Integration Services、Reporting Services 和 SQL Server Mobile 等服务的连接功能，如图 2—1—45 所示。

单击“数据库引擎”，打开如图 2—1—46 所示连接对话框，选择身份验证方式，单击“连接”，连接成功后在“对象资源管理器”中出现连接成功的“数据库引擎”服务。

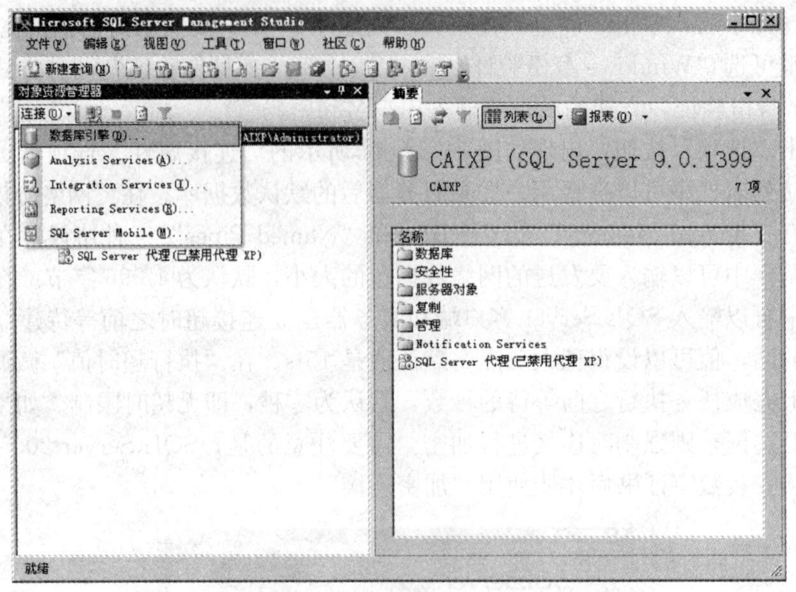


图 2—1—45　连接菜单

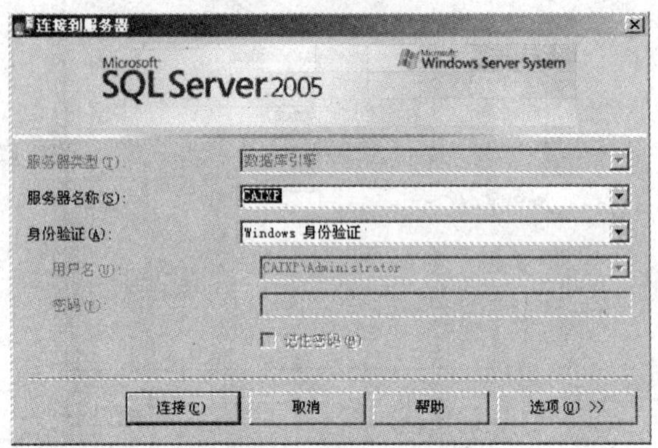


图 2—1—46　连接对话框

## 三、利用注册服务器进行连接

在 SQL Server 数据库中，可利用服务器注册功能将数据库连接信息保存下来，这样可以更方便地连接到服务器上。连接方式有两种：

（1）在“已注册的服务器”对话框中，双击要连接的服务器名，如果在添加服务器注册信息时选择的是“Windows 身份验证”或选择“SQL Server 身份验证”时选中了“记住密码”前的复选框，那么在“对象资源管理器”窗口里将会直接现出该服务器的连接，否则会弹出“连接到服务器”的对话框，提示输入用户名和密码。

（2）在“已注册的服务器”对话框，用鼠标右键单击要连接的服务器名，在弹出的快捷菜单里选择“连接”→“对象资源管理器”选项，也可以连接到服务器，并在“对象资源管理器”窗口里添加相应的连接。

## 四、断开与数据库服务器的连接

1. 在对象资源管理器中，选中已经建立连接的服务，单击鼠标右键，在弹出的菜单中选择“断开连接”，如图 2—1—47 所示，实现断开客户端与服务器的连接。

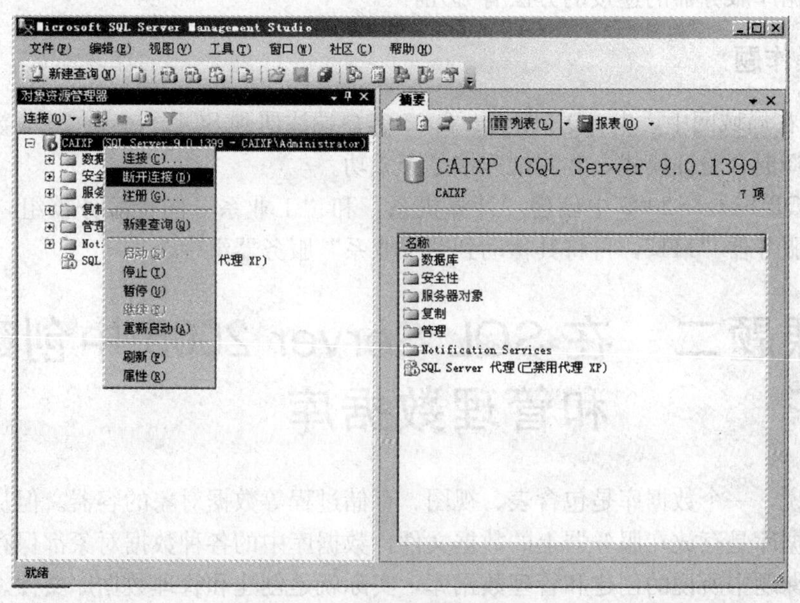


图 2—1—47 断开连接菜单

2. 断开连接后，对象资源管理器中将移去连接内容，如图 2—1—48 所示。

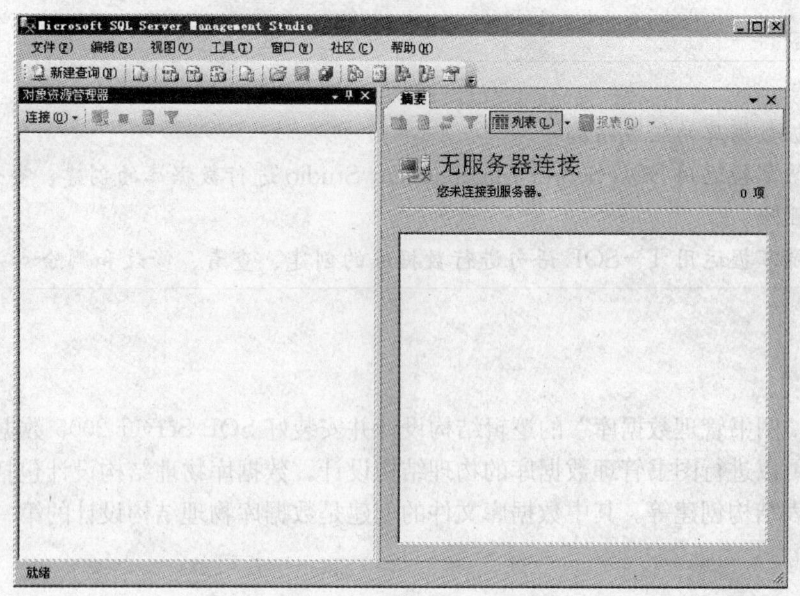


图 2—1—48 断开连接结果

**思考与练习**

### 一、思考题

进行数据库服务器的连接的方法有哪几种?

### 二、操作题

1. 练习在局域网中，由 SQL Server 2005 客户端注册到 SQL Server 2005 数据库服务器中，要求选择混合验证模式，并测试连接是否成功。

2. 在 SQL Server 2005 中创建“计算机系”和“工业系”两个服务器组，为“计算机系”组注册服务器“111”，再将其移动到“工业系”服务器组中。

# 课题二　在 SQL Server 2005 中创建和管理数据库

抽象地说，一个数据库是包含表、视图、存储过程等数据对象的容器。但从物理实现层面而言，数据库是存放在服务器上的数据文件，数据库中的各种数据对象都保存在这个数据文件中。本课题中所说的创建和管理数据库，实际就是创建和管理数据库文件。

## 任务 1　创建数据库文件

**教学目标**

- ◆ 掌握数据库的组成结构
- ◆ 熟练掌握运用 SQL Server Management Studio 进行数据库的创建、查看、修改和删除
- ◆ 熟练掌握运用 T—SQL 语句进行数据库的创建、查看、修改和删除

**任务引入**

在完成“图书管理数据库”的逻辑结构设计并安装好 SQL Server 2005 数据库管理系统后，接下来可以进行图书管理数据库的物理结构设计。数据库物理结构设计包括数据库文件创建、数据表结构创建等。其中数据库文件的创建是数据库物理结构设计的第一步。

**任务分析**

如前所述，本任务要使用 SQL Server 2005 创建一组数据库文件。在 SQL Server 2005 数据库中，提供了两种创建数据库的方法，一个是使用 SQL Server Management Studio 提

供的图形用户界面工具，另一个是使用标准的SQL语句。

**相关知识**

## 一、数据库文件

数据库SQL Server 2005使用文件映射数据库，数据库中的所有数据和对象都存储在文件中，SQL Server 2005有以下三种类型的数据库文件：

1. 主数据文件（Primary File）

主数据文件是数据库的起点，指向数据库文件的其他部分，同时也用来存放用户数据。每个数据库有且仅有一个主数据文件，主数据文件的推荐文件扩展名是.mdf。

2. 辅助数据文件

辅助数据文件专门用来存放数据。某些数据库可能不含有任何辅助数据文件，而有些数据库则含有多个辅助数据文件。辅助数据文件的推荐文件扩展名是.ndf。

使用辅助数据文件可以扩大数据库的存储空间。如果数据库只有主数据文件，那么该数据库的最大容量受整个磁盘空间的限制，使用辅助数据文件，可以将该文件建立在不同的磁盘上，这样可使数据库的容量不再受一个磁盘空间的限制。

3. 事务日志文件

事务日志文件存放恢复数据库所需的所有信息，当数据库遭受破坏时，可以利用事务日志文件恢复数据库的内容，每个数据库都至少有一个事务日志文件，推荐事务日志文件扩展名为.ldf。

注意：在默认方式下，创建的数据库都包含一个主数据文件和一个事务日志，根据需要，可以包含辅助数据文件和多个事务日志文件。这些文件的默认存放位置是c:\ProgramFiles\Microsoft SQL Server\MSSQL.1\MSSQL\Data文件夹，不同的SQL Server 2005实例存放在不同的默认文件夹。用户创建数据库时，可更改数据文件和日志文件的路径。

## 二、数据库文件组

为便于分配和管理，可以将数据库文件分成不同的文件组。数据库的文件组有以下两种类型。

1. 主文件组

包含主数据文件和任何没有明确分配给其他文件组的其他文件。系统表的所有页均分配在主文件组中。

2. 用户定义文件组

用户定义文件组是通过在CREATE DATABASE或ALTER DATABASE语句中使用FILEGROUP关键字指定的任何文件组。

注意：在SQL Server 2005中，每个数据库只有一个文件组是默认文件组。默认情况下，主文件组同时也是默认文件组。当创建表或索引时，如果没有指定文件组，则将从默认的主文件组中为它分配页。因此许多系统不需要指定用户定义的文件组。在这种情况下，所有文件都包含在主文件组中，而且数据库系统可以在数据库内的任何位置分配空间。

## 三、系统数据库及其表

SQL Server 2005 使用系统数据库来记录系统信息和管理系统运行。在进行 SQL Server 2005 安装时，程序自动安装了 5 个系统数据库，包括 master、model、msdb、tempdb 和 mssqlsystemresource，下面对这 5 个系统数据库分别进行介绍。

1. master 数据库

master 数据库记录 SQL Server 2005 的所有系统级信息，包括实例管理下的所有元数据(例如登录账户)、端点、连接服务器和系统配置设置等。同时，master 数据库还记录了所有其他数据库的存在、数据库文件的位置以及 SQL Server 的初始化信息。如果 master 数据库不可用，也就无法启动 SQL Server 2005。因此，在执行会修改到 master 数据库的操作前，应尽量备份 master 数据库。

2. model 数据库

model 数据库是 SQL Server 2005 中所有用户数据库和 tempdb 的模板数据库。当用户创建一个数据库时，model 数据库的内容会自动复制到该数据库中。但是，每个表及其他数据库对象的内容反映的是新建数据库的信息。

3. msdb 数据库

用于存储作业、报警以及操作员信息，SQL Server 2005 代理服务通过这些信息调度作业、监视数据库系统的错误触发报警，并将作业或报警的消息传递给操作员。

4. tempdb 数据库

tempdb 数据库保存所有的临时表和临时存储过程，以及其他的临时存储空间。tempdb 数据库在 SQL Server 2005 每次启动时都重新建立。同时，tempdb 是系统中负担最重的数据库，几乎所有的查询都需要使用它，当它的空间不够时，系统会自动扩展它的大小。

5. mssqlsystemresource 数据库

mssqlsystemresource 数据库也称 resource 数据库，是一个只读数据库，存储可执行对象，包括 SQL Server 2005 系统的存储过程和函数。resource 数据库是一个隐藏数据库，没有出现在 SQL Server Management Studio 对象资源管理器面板的系统数据库树中。

## 四、T－SQL 语言

SQL 语言是结构化查询语言（Structure Query Language）的英文缩写，是一种数据库查询和程序设计语言，用于存取数据以及查询、更新和管理关系型数据库系统。1992 年，国际标准化组织（ISO）和国际电工委员会（IEC）发布了 SQL 的国际标准，称为 SQL－92。美国国家标准局（ANSI）随之发布的相应标准是 ANSI SQL－92，也称为 ANSI SQL。由于各大公司都对标准的 SQL 语言规范进行了扩展，不同的关系型数据库使用的 SQL 版本是不同的，具体要依据数据库管理系统而定，MS SQL Server 使用的是 Transact－SQL（简称 T－SQL），Oracle 使用的则是 PL－SQL。

T－SQL 是标准 SQL 程序设计语言的增强版，用来让应用程序与 SQL Server 沟通。T－SQL 提供标准 SQL 的数据定义语言 DDL、数据操纵语言 DML、数据控制语言 DCL，加上延伸的函数、系统预存程序以及程序设计结构（例如 IF 和 WHILE），可以独立完成数

据库生命周期中的全部活动。

1. 数据定义语言（Data Definition Language，DDL）

主要定义基本表、视图和索引等数据库对象，各命令及其功能见表 2—2—1。

表 2—2—1 DDL 的命令及功能

| 命令 | 功能 |
| --- | --- |
| CREATE | 创建一个数据库对象 |
| ALTER | 修改一个数据库对象 |
| DROP | 删除一个数据库对象 |

2. 数据操纵语言（Data Manipulation Language，DML）

包括数据检索和数据更新两大类操作，其中数据更新包括插入、删除和修改三种操作，各命令及其功能见表 2—2—2。

表 2—2—2 DML 的命令及功能

| 命令 | 功能 |
| --- | --- |
| SELECT | 从数据库表（视图）中检索数据行和列 |
| INSERT | 向数据库表添加新数据行 |
| DELETE | 从数据库表中删除数据行 |
| UPDATE | 更新数据库表中的数据 |

3. 数据控制语言（Data Control Language，DCL）

包括基本表和视图等对象的授权、完整性规则的描述以及事务开始和结束等控制语句，各命令及其功能见表 2—2—3。

表 2—2—3 DCL 的命令及功能

| 命令 | 功能 |
| --- | --- |
| GRANT | 授予用户访问权限 |
| DENY | 拒绝用户访问 |
| REVOKE | 解除用户访问权限 |
| COMMIT | 提交当前事务 |
| ROLLBACK | 回滚当前事务 |
| SET TRANSACTION | 定义当前事务数据访问特征 |

上述标准 SQL 数据定义语言、数据操纵语言、数据控制语言在定义、操纵、控制不同的数据库对象时，其语法格式是不同的，具体格式参见各模块任务。

T－SQL 语言中延伸的函数、存储过程以及程序设计结构（例如 IF 和 WHILE）等应用编程的内容，将在本书的模块五数据库编程中介绍。

4. 嵌入式 SQL 语言

SQL 是一种双重式语言，它既是一种用于查询和更新的交互式数据库语言，又是一种应用程序进行数据库访问时所采用的编程式数据库语言。SQL 语言在这两种方式中的语法是基本相同的。在编写访问数据库的程序时，必须从普通的编程语言开始（如 C 语言），再把 SQL 加入到程序中。SQL 语句负责对数据库中的数据进行提取及操作，它所提取的数据逐行提交给程序，程序中其他语句负责数据的处理和传递。SQL 语句嵌入的语言称为宿主语言，例 PASCAL、Fortran、C。宿主语言中使用的 SQL 结构称为嵌入式 SQL。

## 五、SQL Server 2005 中的 SQL 语句执行工具

在 SQL Server Management Studio 集成管理界面中，提供了一款用于执行 SQL 语句的工具，数据库管理员借助该工具可以实现使用 SQL 语句来管理和维护数据库，其使用方法如下：

1. 在 SQL Server Management Studio 管理界面中单击工具栏上的“新建查询”，打开“连接到数据库引擎”对话框，单击“连接”后，在 SQL Server Management Studio 管理界面右边出现如图 2—2—1 所示查询设计器窗口。

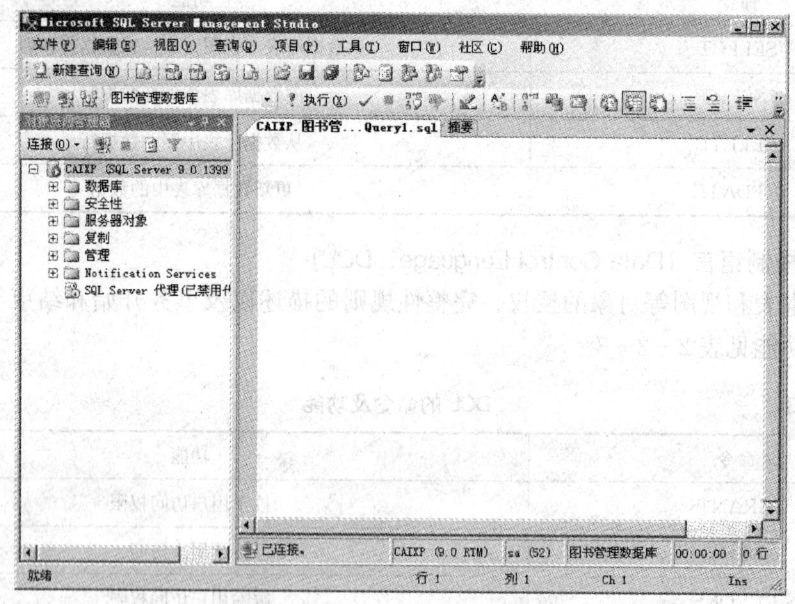


图 2—2—1 查询设计器窗口

2. 在窗口中输入 SQL 语句，单击工具栏上的 ✓ 按钮，检查 SQL 语句语法是否正确。例如在查询设计器窗口中输入查询语句：SELECT * FROM 图书信息表，单击检查语法按钮，结果如图 2—2—2 所示。

如果 SQL 语句语法有误，将在窗口下方给出提示，如图 2—2—3 所示。

3. SQL 语句语法检查正确后，在查询设计器窗口中单击工具栏上的 ! 执行(X) 按钮，数据库服务器将执行 SQL 语句，并将执行结果或提示显示在界面上，如图 2—2—4 所示。

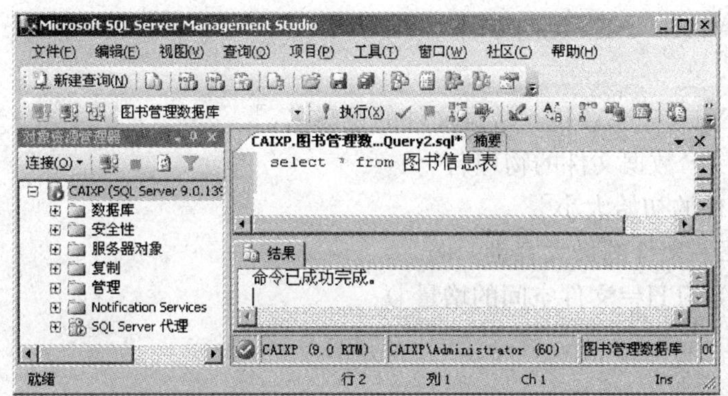


图 2—2—2　SQL 语句检查语法

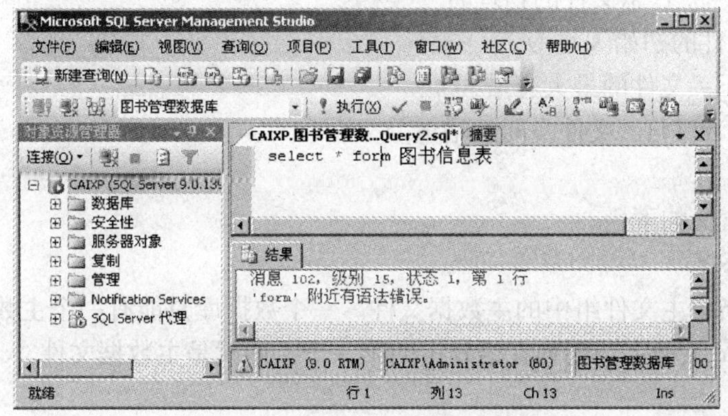


图 2—2—3　SQL 语句语法错误提示

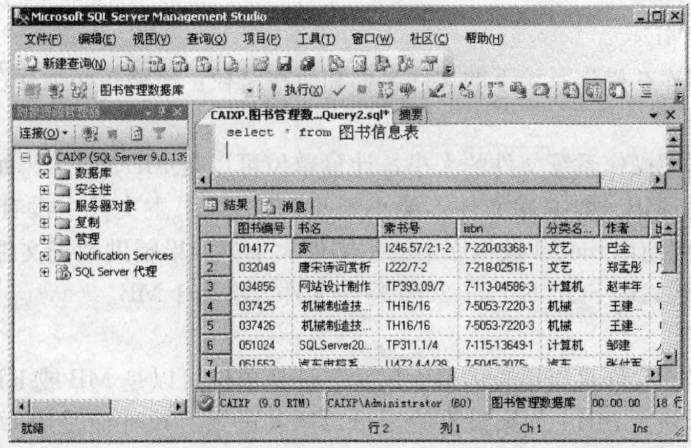


图 2—2—4　SQL 语句执行结果示例

## 六、创建数据库的基本语法

CREATE DATABASE 命令用来创建一个新数据库和存储该数据库的文件，其语法格式如下：

```
CREATE DATABASE 数据库名
[ON
{[PRIMARY]([NAME=数据文件的逻辑名,]
FILENAME='数据文件的物理名'
[,SIZE=文件的初始大小]
[,MAXSIZE=文件的最大容量]
[,FILEGROWTH=文件空间的增量])
}[,…n]]
[LOG ON
{([NAME=日志文件的逻辑名,]
FILENAME='日志文件的物理名'
[,SIZE=文件的初始大小])
[,MAXSIZE=文件的最大容量]
[,FILEGROWTH=文件空间的增量])
}[,…n]]
```

其中各项的含义如下：

(1) PRIMARY

该选项用于指定主文件组中的主数据文件。一个数据库只能有一个主数据文件。如果没有使用 PRIMARY 关键字，则列在语句中的第一个文件就是主数据文件。

(2) NAME

用于指定数据库文件的逻辑名，在 SQL Server 2005 中可以使用该名称来访问相应的文件。

(3) FILENAME

用于指定数据库在操作系统下的文件名称和所在路径，该路径必须存在。

(4) SIZE

用于指定数据库操作系统文件的大小，计量单位可以是 MB 或 KB。如果没有指定计量单位，系统默认为 MB。数据库文件不能小于 1 MB。如果主文件中没有提供 SIZE 参数，SQL Server 2005 将使用 model 数据库中的主文件大小。如果辅助数据文件或事务日志文件没有指定 SIZE 参数，则 SQL Server 2005 将使文件大小为 1 MB。

(5) MAXSIZE

指定数据库操作文件可以增长的最大尺寸。计量单位可以是 MB 或 KB，如果没有指定计量单位，系统默认为 MB。如果没有给出可以增长的最大尺寸而是用 UNLIMITED 关键字，则文件的增长没有限制，可以占满整个磁盘空间。

(6) FILEGROWTH

用于指定文件的增量，该选项指定的数据值为零时，表示文件不能增长。该选项可以使用 MB、KB 或百分比指定。

注意：SQL 语句在书写时不区分大小写，为了清晰起见，本书用大写表示系统保留字，用小写表示用户自定义的名称。一条语句可以写在多行上，但是不能将多条语句写在一行上。

## 任务实施

### 一、使用 SQL Server Management Studio 在图形界面下创建数据库

1. 由桌面打开“开始”→“所有程序”→“Microsoft SQL Server 2005”→“Microsoft SQL Server Management Studio”→“对象资源管理器”。

2. 在“对象资源管理器”的树形界面中，展开服务器 caixp，选中“数据库”，单击鼠标右键，弹出如图 2—2—5 所示的快捷菜单。

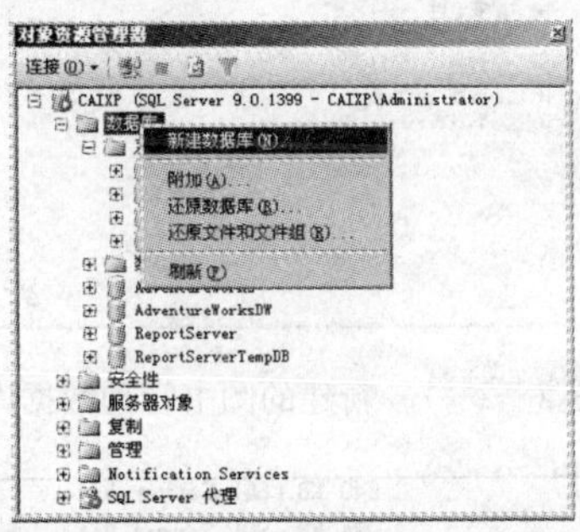


图 2—2—5　对象资源管理器中启动创建数据库过程

3. 选择“新建数据库”，出现如图 2—2—6 所示的“新建数据库”对话框，在“常规”标签中输入要创建的数据库名称“图书管理数据库”，系统自动在“数据库文件”选项中添加逻辑名称、文件类型、文件组、初始大小以及路径等信息，用户可根据需要修改数据库文件的逻辑名称、路径和初始大小。

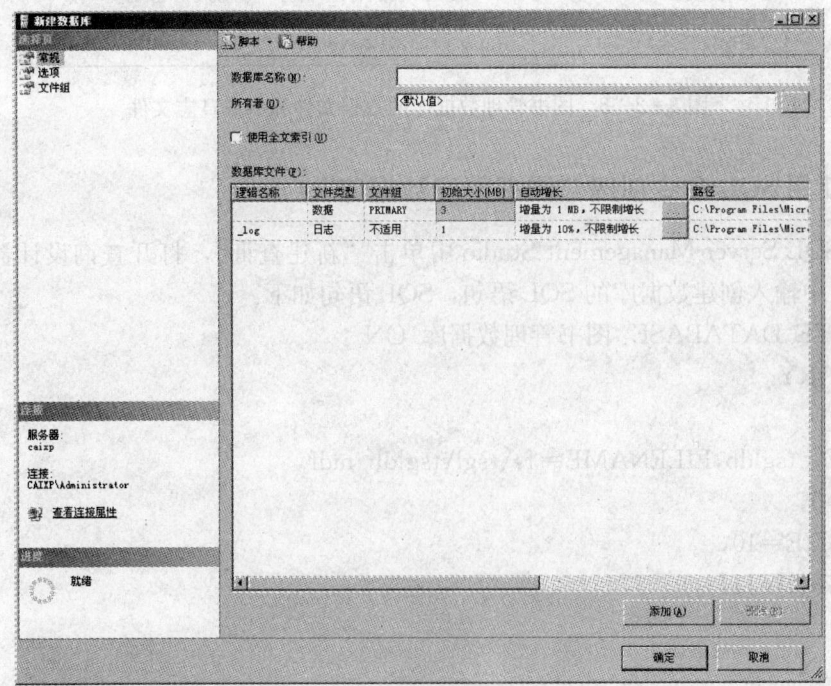


图 2—2—6　新建数据库对话框

4. 单击“确定”按钮，关闭“新建数据库”对话框，此时，在对象资源管理器中可以看到新创建的数据库“图书管理数据库”，如图 2—2—7 所示。在当前数据库服务器实例的默认数据库文件目录下，可以看到“图书管理数据库”的数据文件和事务日志文件，如图 2—2—8 所示。

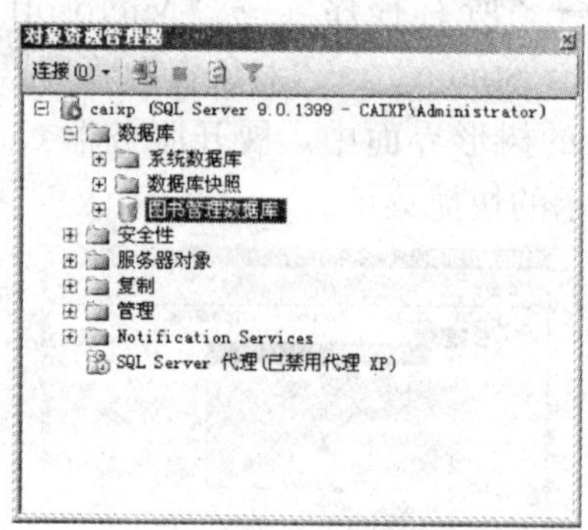


图 2—2—7　新建的图书管理数据库

| | | | | |
|---|---|---|---|---|
| model.mdf | 2,240 KB | SQL Server Data... | 2009-8-8 11:21 | A |
| modellog.ldf | 1,024 KB | SQL Server Data... | 2009-8-8 11:21 | A |
| msdbdata.mdf | 5,568 KB | SQL Server Data... | 2009-8-8 11:21 | A |
| msdblog.ldf | 2,048 KB | SQL Server Data... | 2009-8-8 11:21 | A |
| mssqlsystemresource.ldf | 512 KB | SQL Server Data... | 2005-10-14 0:56 | A |
| mssqlsystemresource.mdf | 38,976 KB | SQL Server Data... | 2005-10-14 0:56 | A |
| ReportServer.mdf | 3,264 KB | SQL Server Data... | 2009-7-18 16:49 | A |
| ReportServer_log.LDF | 832 KB | SQL Server Data... | 2009-8-8 11:21 | A |
| ReportServerTempDB.mdf | 2,240 KB | SQL Server Data... | 2009-8-8 11:21 | A |
| ReportServerTempDB_log.LDF | 832 KB | SQL Server Data... | 2009-8-8 11:21 | A |
| tempdb.mdf | 8,192 KB | SQL Server Data... | 2009-8-8 15:49 | A |
| templog.ldf | 768 KB | SQL Server Data... | 2009-8-8 16:49 | A |
| 图书管理系统.mdf | 3,072 KB | SQL Server Data... | 2009-8-8 17:14 | A |
| 图书管理系统_log.ldf | 1,024 KB | SQL Server Data... | 2009-8-8 17:14 | A |

图 2—2—8　图书管理数据库的数据文件和事务日志文件

## 二、使用 SQL 命令创建“图书管理数据库”

1. 在 SQL Server Management Studio 中单击“新建查询”，打开查询设计器的编辑窗口，在窗口中输入创建数据库的 SQL 语句，SQL 语句如下：

```
CREATE DATABASE 图书管理数据库 ON
PRIMARY
(
NAME=tsgldb,FILENAME='f:\tsgl\tsgldb.mdf',
SIZE=5,
MAXSIZE=10,
FILEGROWTH=1
)
LOG ON
(
```

```
NAME=tsgldb_log,FILENAME='f:\tsgl\tsgldb_log.mdf',
SIZE=1,
FILEGROWTH=10%
)
```

2. 在查询设计器窗口中，单击工具栏中的按钮 ! 执行(X)，执行上述 SQL 语句，SQL 查询设计器中的结果窗口中显示“命令已成功完成”提示信息，执行结果如图 2—2—9 所示。

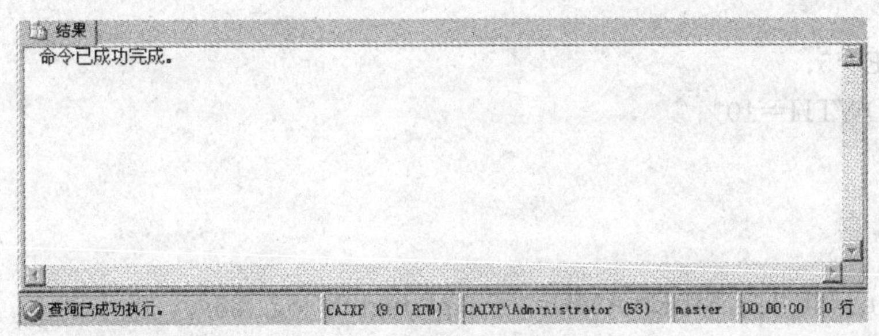


图 2—2—9　使用 SQL 语句创建图书管理数据库

3. 在“对象资源管理器”中，依次展开“服务器名称 CAIXP”→“数据库”，可以看到已创建成功的“图书管理数据库”，如图 2—2—10 所示。

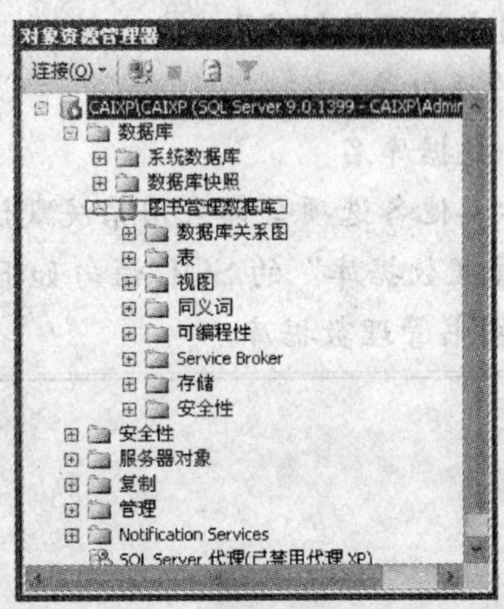


图 2—2—10　成功创建图书管理数据库

## 三、为“图书管理数据库”增加辅助数据文件

在对象资源管理器中将先前建立的数据库删除，然后单击“新建查询”，在查询设计器的编辑窗口中输入 SQL 语句，实现增加数据辅助文件，逻辑名称为“tsgl01”，物理名称为“tsgl01.mdf”，初始容量为 1 MB，最大容量为 5 MB，每次增量为 10%。

在查询设计器中重新创建图书管理数据库的 SQL 语句如下：

```
CREATE DATABASE 图书管理数据库 ON
PRIMARY
(
```

```
NAME=tsgldb,FILENAME='f:\tsgl\tsgldb.mdf',
SIZE=5,
MAXSIZE=10,
FILEGROWTH=1
),
(
NAME=tsgl01,FILENAME='f:\tsgl\tsgl01.mdf',
SIZE=1,
MAXSIZE=5,
FILEGROWTH=10%
)
LOG ON
(
NAME=tsgldb_log,FILENAME='f:\tsgl\tsgldb_log.mdf',
SIZE=1,
FILEGROWTH=10%
)
```

任务拓展：最简单地创建“图书管理数据库”

1. 最简单的创建数据库的语句是：

CREATE DATABASE 数据库名

没有带有任何选项，表示其他各选项全部采用系统默认方式创建。

2. 最简单地创建“图书管理数据库”的SQL语句如下：

CREATE DATABASE 图书管理数据库

## 思考与练习

### 一、思考题

1. 在SQL Server 2005中数据库文件有哪三类？各有什么作用？

2. SQL Server 2005中数据文件是如何存储的？

3. 安装SQL Server 2005时，系统自动提供的5个系统数据库分别是什么？各起什么作用？

### 二、操作题

分别利用图形用户界面和SQL语句两种方式，创建如下数据库：数据库名称为“教学成绩管理数据库”，包含一个主数据文件和一个事务日志文件。主数据文件的逻辑名为“stuDBdata”，物理文件名为“stuDBdata.mdf”，初始容量为1 MB，最大容量为5 MB，每次的增量为10%。事务日志文件的逻辑名为stuDBlog，物理文件名为“stuDBlog.ldf”，初

始容量为 1 MB，最大容量为 5 MB，每次的增量为 1 MB。

## 任务 2　管理与维护数据库文件

**教学目标**

- ◆ 掌握系统存储过程的概念和使用
- ◆ 掌握数据库修改、删除操作
- ◆ 掌握数据库名称的更改

### 任务引入

创建了“图书管理数据库”后，随着存放数据的不断增加以及使用情况的变化，数据库管理员需要对数据库进行管理与维护，主要包括：通过查看数据库的属性，了解数据库当前状态；通过修改数据库的属性，设置数据库的状态；如出现数据库空间不足，就要根据实际情况对其空间进行调整；根据用户要求对数据库进行重命名等。本任务将在“图书管理数据库”中完成如下工作：

1. 查看图书管理数据库的属性，了解数据库的设置状态。

2. 根据需求调整数据库空间：①将初始空间增大为 8 M，最大空间增大为 100 M。②再收缩数据库空间至 4 M。

3. 更改数据库的名称，由“图书管理数据库”改为“图书管理”。

### 任务分析

SQL Server 2005 提供了图形界面操作和 SQL 命令两种方式对数据库的定义进行管理和维护，其中图形界面操作是由系统工具 SQL Server Management Studio 提供的相关菜单完成，SQL 命令方法则主要借助系统存储过程和数据库定义语句完成。

### 相关知识

#### 一、管理数据库的系统存储过程

存储过程是一组编译在单个执行计划中的 T－SQL 语句，它将一些固定的操作集中起来交给 SQL Server 2005 数据库服务器完成，以实现某个任务。在 SQL Server 中存储过程分为两类：系统提供的存储过程和用户自定义存储过程。用户自定义存储过程的创建及使用将在模块五中介绍，此处主要介绍系统存储过程。

SQL Server 2005 中的许多管理活动都是通过一种特殊的存储过程执行的，这种存储过程被称为系统存储过程，从物理意义上讲，系统存储过程存储在源数据库中，并且带有sp_前缀，在任何数据库中都可以调用，在调用时不必在存储过程名前加上数据库名。而且在创建一个新数据库时，一些系统存储过程会在新数据库中被自动创建。用来管理数据库的系统

存储过程有如下几种：

1. 用存储过程查询数据库信息

语法格式：sp _ helpdb [数据库名]

功能：查询名称为 [] 中名字的数据库的信息，如果省略数据库名，则查看系统中所有数据库的定义信息。

2. 利用存储过程设置数据库信息

语法格式：sp _ dboption [数据库名，选项名，{TRUE | FALSE}]

功能：用来查看和设置数据库的选项。

3. 重命名数据库

语法格式：sp _ rename 旧名，新名

功能：修改数据库的名字。

### 二、增加或收缩数据库空间的 SQL 语句

1. 增加数据库空间

语法格式如下：

ALTER DATABSE 数据库名

MODIFY FILE

(NAME＝逻辑文件名，

SIZE＝文件大小，

MAXSIZE＝增长限制)

功能：增加数据库空间到指定的大小

2. 收缩数据库空间

SQL 语句，语法格式如下：

DBCC SHRINKDATABASE (数据库名 [，新的大小])

功能：实现收缩数据库空间到指定的大小。

## 任务实施

### 一、用 SQL Server Management Studio 提供的图形界面来管理和维护“图书管理数据库”

1. 查看数据库信息

(1) 在对象资源管理器中，选择“数据库”节点，用鼠标右键单击“图书管理数据库”，在弹出的菜单中，单击“属性”选项，如图 2—2—11 所示。

(2) 在打开的“数据库属性”对话框中，可以看到常规、文件、文件组、选项、权限、扩展属性、镜像、事务日志传送八个选项，用户可单击选项名称来了解数据库当前的大小、存放位置等属性。如图 2—2—12 所示。

2. 增加图书管理数据库的空间大小

要增加数据库空间的大小，必须先设置数据库的访问模式为单用户模式，并将数据库设

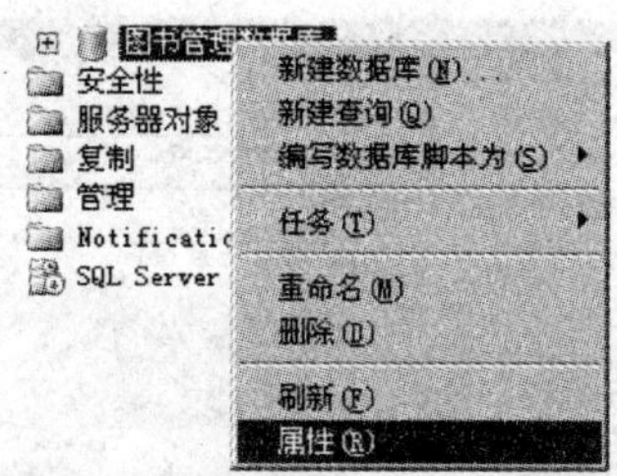


图 2—2—11　打开数据库属性

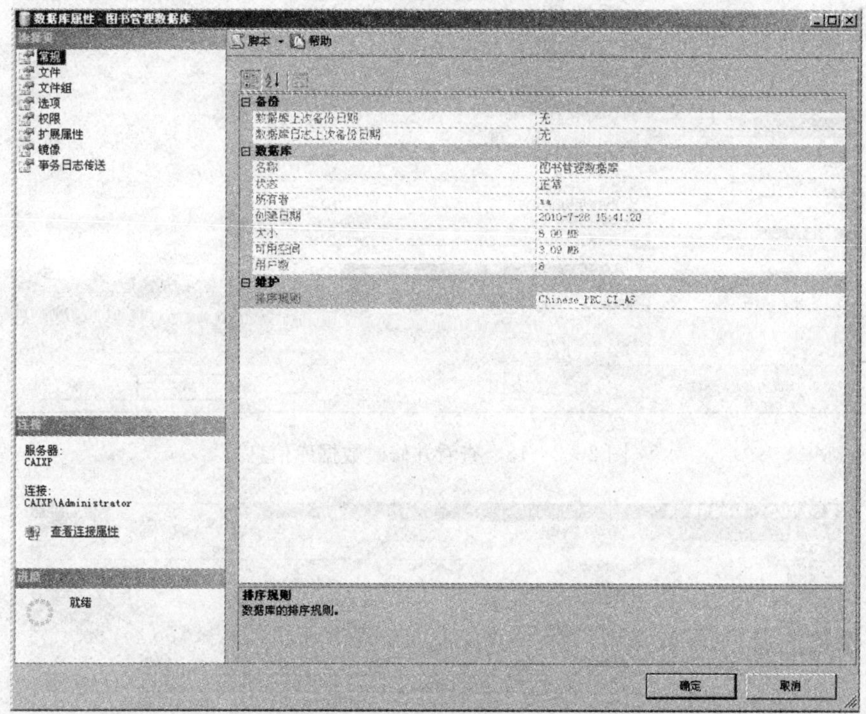


图 2—2—12　数据库属性

置成可写属性，然后才能进行数据库空间的增大或缩减。

（1）修改数据库的设置

在图 2—2—12 所示的数据库属性中，选择“选项”标签，将“限制访问”设置为单用户方式“Single”，将“数据库为只读”设置为“False”，单击“确定”按钮。设置结果如图 2—2—13 所示。

（2）将初始大小增大为 8 MB

在“数据库属性”对话框中，选择“文件”标签，在数据库文件中，修改“初始大小”为 8 MB，如图 2—2—14 所示，单击“确定”按钮。

（3）将最大空间增大为 100 M

在“数据库属性”对话框中，选择“文件”标签，在数据库文件中，单击“自动增长”中的按钮，如图 2—2—15 所示，弹出如图 2—2—16 所示设置界面，修改“最大文件大小”中的“限制文件增长”为 100 MB，单击“确定”按钮。

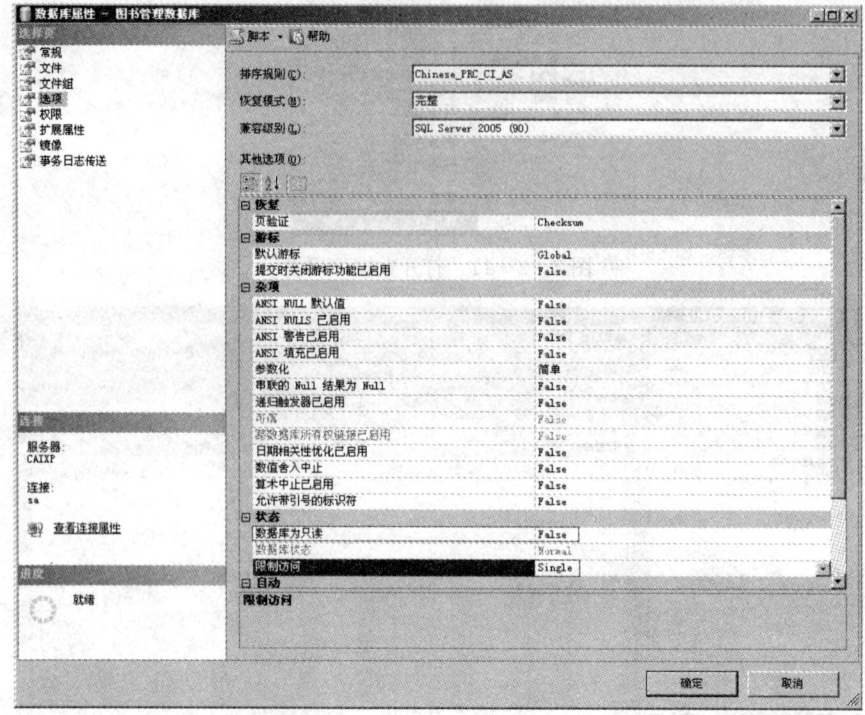


图 2—2—13　查看并修改数据库信息

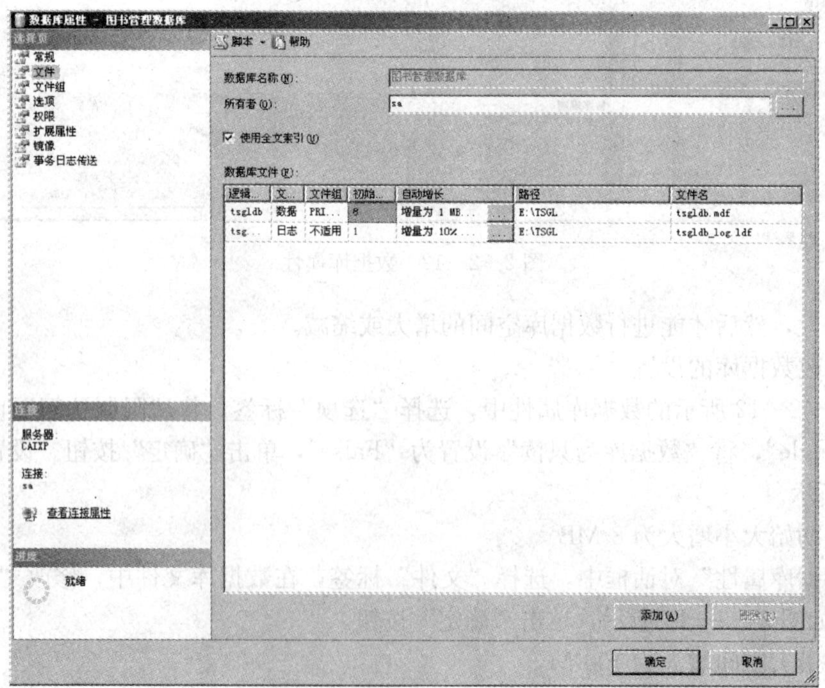


图 2—2—14　修改初始大小

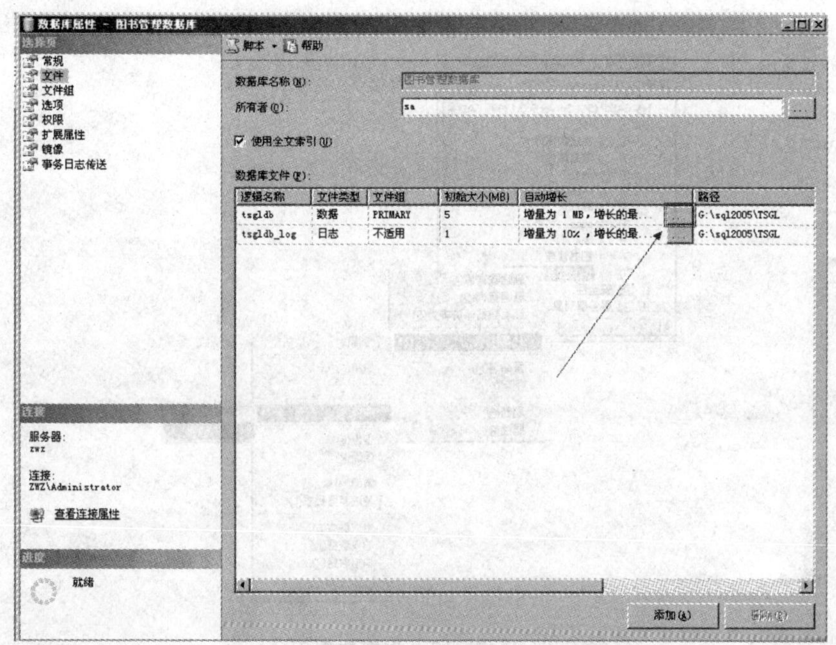


图 2—2—15　“自动增长”中的按钮

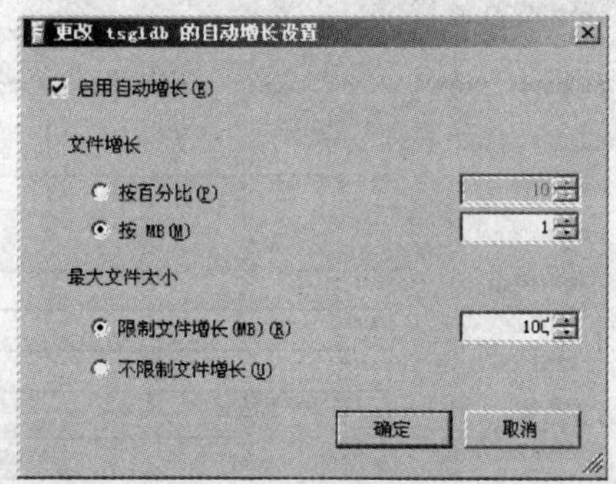


图 2—2—16　更改最大文件大小

3. 收缩数据库空间

SQL Server 2005 允许用户通过收缩数据库把未使用的空间释放出来。操作方法：

（1）选择“图书管理数据库”，单击鼠标右键，在如图 2—2—17 所示菜单中，选择“任务”→“收缩”→“文件”，打开“收缩数据库”对话框。

（2）在图 2—2—18 所示对话框中，选择“在释放未使用的空间前重新组织文件”复选框，输入收缩最大空间为 4 MB，单击“确定”按钮，完成数据库空间收缩。

4. 更改“图书管理数据库”名称为“图书管理”

（1）在对象资源管理器中，选择“数据库”节点，用鼠标右键单击“图书管理数据库”，弹出如图 2—2—19 所示菜单。

（2）在菜单中选择“重命名”项，在原数据库名称位置填写“图书管理”，回车确定，则数据库名改为“图书管理”。

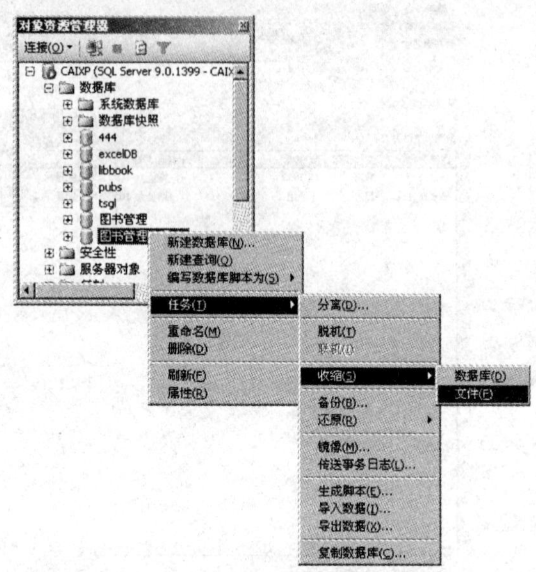


图 2—2—17　收缩数据库

图 2—2—18　收缩数据库对话框

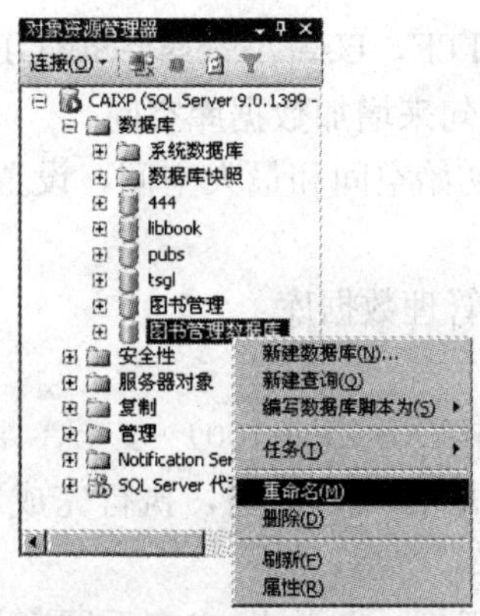


图 2—2—19 重命名数据库

## 二、应用 SQL 命令来管理和维护“图书管理数据库”

1. 查看“图书管理数据库”的属性信息

(1) 在 SQL Server Management Studio 管理工具中打开查询设计器窗口。

(2) 在查询设计器窗口中写入查询数据库属性的 SQL 语句：

EXECUTE sp_helpdb 图书管理数据库

(3) 执行 SQL 语句，结果如图 2—2—20 所示，从结果中可以了解到图书管理数据库的各属性值，其中 status 属性值中包含了当前数据库的用户访问方式和读写模式的设置：

Updateability＝READ _ WRITE，UserAccess＝MULTI _ USER

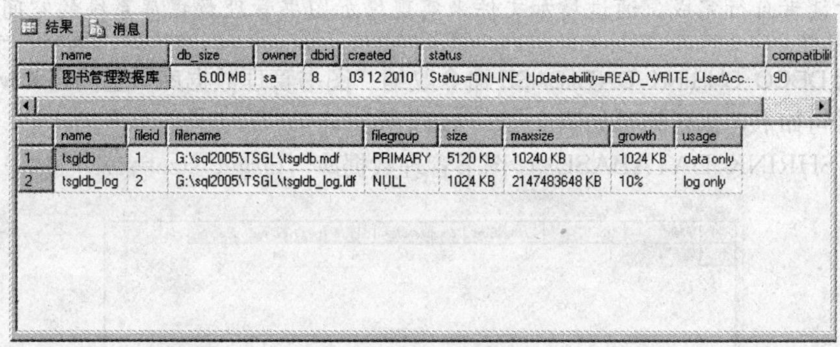

结果 | 消息

| | name | db_size | owner | dbid | created | status | compatibili |
|---|---|---|---|---|---|---|---|
| 1 | 图书管理数据库 | 6.00 MB | sa | 8 | 03 12 2010 | Status=ONLINE, Updateability=READ_WRITE, UserAcc... | 90 |

| | name | fileid | filename | filegroup | size | maxsize | growth | usage |
|---|---|---|---|---|---|---|---|---|
| 1 | tsgldb | 1 | G:\sql2005\TSGL\tsgldb.mdf | PRIMARY | 5120 KB | 10240 KB | 1024 KB | data only |
| 2 | tsgldb_log | 2 | G:\sql2005\TSGL\tsgldb_log.ldf | NULL | 1024 KB | 2147483648 KB | 10% | log only |

图 2—2—20 查看图书管理数据库信息的运行结果

2. 修改“图书管理数据库”的属性信息

利用存储过程 sp _ dboption 设置图书管理数据库为“单用户”“可写”访问方式，在查询设计器窗口中输入如下 SQL 语句：

```
EXEC sp_dboption 图书管理数据库,'single user',TRUE
EXEC sp_dboption 图书管理数据库,'read only',FALSE
```

单击“执行”，查询设计器输出“命令已成功执行”提示信息。

执行成功后，再应用存储过程 sp _ helpdb 来查看图书管理数据库的“status”值，其值变成如下：

Updateability=READ _ WRITE，UserAccess=SINGLE _ USER

3. 利用 ALTER DATABSE 语句来增加数据库空间

实现增加图书管理数据库的初始空间和最大空间，设置初始空间为 8 MB，最大空间为 100 MB，SQL 语句如下：

```
ALTER DATABASE  图书管理数据库
MODIFY FILE
(NAME=tsgldb,SIZE=8,MAXSIZE=100)
```

在查询设计器窗口中输入并执行 SQL 语句，执行完成后，界面中输出“命令已成功执行”提示信息。

执行完成后，再调用存储过程 sp _ helpdb 来查看图书管理数据库，可观察到其空间已成功增加。

任务拓展：增加空间的其他方式

1. 还可以通过增加文件数量的方式增加数据库空间，SQL 语句语法格式如下：

```
ALTER DATABSE 数据库名
ADD FILE | ADD LOG FILE
(NAME=逻辑文件名,
FILENAME=物理文件名
SIZE=文件大小,
MAXSIZE=增长限制)
```

2. 请读者自行完成，通过增加文件来实现增加图书管理数据库系统的空间。

4. 应用 DBCC SHRINK DATABASE 命令收缩“图书管理数据库”空间至 4 M

SQL 语句如下，执行结果如图 2—2—21 所示。

```
DBCC SHRINK DATABASE ("图书管理数据库",target_size=4)
```

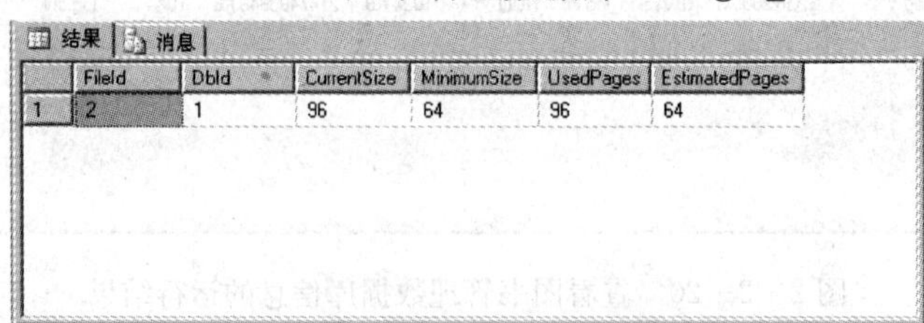

| | FileId | DbId | CurrentSize | MinimumSize | UsedPages | EstimatedPages |
|---|---|---|---|---|---|---|
| 1 | 2 | 1 | 96 | 64 | 96 | 64 |

图 2—2—21 收缩数据库

执行完成后，再调用存储过程 sp _ helpdb 来查看图书管理数据库，可观察到其空间已成功收缩。

注意：在缩减之前，同样必须将“图书管理数据库”设置为单用户模式，缩减完成后再恢复。

任务拓展：删除数据库

对于不再需要的数据库，可以将其删除，以释放所占用的空间。

1. 利用 SQL Server Management Studio 的操作方式删除数据库：打开对象资源管理器，选择要删除的数据库，单击鼠标右键，在弹出的菜单中，选择“删除”命令，弹出“删除对象”对话框，单击“确定”按钮，该数据库被删除。

2. 利用 SQL 删除语句进行操作，语法格式如下：

DROP DATABASE　数据库名[，…n]

注意：在用 DROP DATABASE 命令删除时不再出现提示信息，一经删除就不能恢复。

请读者自行完成删除“图书管理数据库”。

5. 应用存储过程 sp _ rename 重命名数据库

实现更改数据库名称“图书管理”为“图书管理数据库”，SQL 语句如下：

```
EXEC sp_renamedb 图书管理,图书管理数据库
```

执行结果如图 2　2　22 所示。

图 2—2—22　更改数据库名

## 思考与练习

### 一、思考题

什么是存储过程，如何使用系统存储过程？

### 二、操作题

1. 使用 SQL Server Management Studio 图形界面查看上节练习中创建的“教学成绩管理”数据库的信息，增加和缩减其空间大小，并更名为“成绩管理”数据库，最后删除“成绩管理”数据库。

2. 使用 SQL 命令查看上节练习中创建的“教学成绩管理”数据库的信息，增加和缩减其空间大小，并更名为“成绩管理”数据库，最后删除“成绩管理”数据库。

# 模块三 创建和管理数据表

本书在模块一中，已演示了如何将图书管理数据库逻辑结构模型表现为一张张二维数据表的形式，可以说表是对现实世界的抽象描述中，将概念数据模型转换成逻辑数据模型的产物，是关系模型的主要元素。在数据库中，表是由数据按一定的顺序和格式构成的数据集合，是数据库的主要对象。本模块主要内容包括表的创建和管理、操作表中的数据、使用约束来保证表中数据的完整性。

## 课题一 创建和管理数据表

创建和管理数据表包括创建、查看、修改数据表的表结构以及在数据表中插入、修改、删除数据。

### 任务1 创建“图书管理数据库”中的数据表

**教学目标**

- ◆ 掌握数据表的基本概念
- ◆ 认识和正确使用 SQL Server 2005 中的各种数据类型
- ◆ 运用 SQL Server Management Studio 图形界面和 SQL 语言创建数据表

**任务引入**

本书在模块一中完成了“图书管理数据库”中各数据表的逻辑结构设计，现在要在具体的数据库管理系统 SQL Server 2005 中实现这些表结构的创建，以便于用户存放数据。

“图书管理数据库”中共包含实体表 9 个，分别为借书证信息表（见表 1—2—5）、教工表（见表 1—2—6）、学生表（见表 1—2—7）、班级表（见表 1—2—8）、部门表（见表 1—2—9）、借书规则表（见表 1—2—10）、图书信息表（见表 1—2—11）、借阅信息表（见表 1—2—12）、归还信息表（见表 1—2—13），本任务将以“借书证信息表”“教工表”的创建为例，其他表的创建由读者课后自己完成。

## 任务分析

表3—1—1、表3—1—2分别是在数据库逻辑结构设计中已经定义好的“借书证信息表”和“教工表”的逻辑结构，要把它转换成SQL Server 2005中用来存放数据的表，一个是要考虑选取适当的数据类型存放各对应数据列，另一个就是定义表中的主键和其他约束条件。本模块将使用“SQL Server Management Studio”图形管理工具和SQL语句两种方式创建“读者信息表”，其中关于约束条件的设置将在本模块课题二中专门讲解。

表3—1—1　借书证表表结构

| 字段名 | 类型 | 空值 | 约束条件 |
|---|---|---|---|
| 借书证号 | 文本 | 非空 | 主键 |
| 工（学）号 | 文本 | 非空 | 外键 |
| 借书证类别 | 文本 | 非空 | 外键 |
| 办证日期 | 日期 | | |
| 有效日期 | 日期 | | |

表3—1—2　教工表表结构

| 字段名 | 类型 | 空值 | 约束条件 |
|---|---|---|---|
| 工号 | 文本 | 非空 | |
| 姓名 | 文本 | 非空 | |
| 密码 | | | |
| 性别 | 文本 | 非空 | 男或女 |
| 联系电话 | 文本 | | |
| 部门 | 文本 | | 外键 |
| 是否办证 | 文本 | | 默认否 |
| 是否管理员 | 文本 | | |

## 相关知识

### 一、数据类型

定义一张数据表必须弄清楚表中各列数据的数据类型，在SQL Server中常用数据类型见表3—1—3。

表3—1—3　SQL常见数据类型表

| 数据类型名称 | 数据类型符号 | 性质说明 |
|---|---|---|
| 整型 | int | $-2^{31}$到$2^{31}-1$ |
| 十进制 | decimal | $-10^{38}$到$10^{38}-1$ |
| 日期时间 | datetime | 存储1753.1.1到9999.12.31，精确到3.33 ms |
| 字符型 | char（n） | 固定长度字符 |
| | varchar（n） | 可变长度字符 |
| 二进制 | image | 可变长度的二进制数据 |

各种数据类型的选用，要结合数据表中数据的实际意义。如在“教工表”中，读者姓名列是由多个中文字符组成，例如“张三”，表示一个人的名字，名字长度通常小于 10，故该列的数据类型一般就选择为“字符型 char（10）”。借书证表中“办证日期”列是指借书证有效的具体时间，该列当然就定义为“日期时间”数据类型 datetime，该类型由系统自动指定长度。如果要在数据库中存放“图片”，就要选择可以存放二进制数据的 image 类型。

## 二、数据表的键和空值约束

在关系模型中，一个表可以通过一列或几列数据的组合来唯一地标识表中的一条记录。这种用来标识表中记录的列或列的组合称为关键字，也称为键。在 SQL Server 2005 中有主键、唯一键和外键之分。

1. 主键

用来唯一标识表中的每一条记录，可以由一个或多个列组成。每个表中只能有一个主键，主键值不能为空，但也不能重复。Image 和 text 类型的列不能做主键。

2. 唯一键

唯一键是表中没有被选为主键的关键字，一个表中可以有多个唯一键，唯一键的值可以为空，但只能有一个为空。

3. 外键

当一个表中的主键在另一个表中出现时，称为外键，用来建立数据库中多个表之间的关联。

在数据表中存在一种空值约束，这种约束就是根据列的意义，确定列值是否能为空，如果不可以为空，则标上“not null”约束。如教工姓名列，是不允许其列值为空的，故加上“not null”约束。表中的主键列，会自动被系统强制为“not null”列。

确定了列的取值类型、主键和非空约束后，“借书证信息表”“教工表”的完整定义见表 3—1—4 和表 3—1—5。

表 3—1—4　　借书证表表结构

| 字段名 | 类型 | 空值 | 约束条件 |
|---|---|---|---|
| 借书证号 | char（8） | 非空 | 主键 |
| 工（学）号 | char（10） | 非空 | 外键 |
| 类别 | char（6） | 非空 | 外键 |
| 办证日期 | datetime | | |
| 有效日期 | datetime | | |

表 3—1—5　　教工表表结构

| 字段名 | 类型 | 空值 | 约束条件 |
|---|---|---|---|
| 工号 | char（10） | 非空 | 主键 |
| 姓名 | char（10） | 非空 | |
| 密码 | char（10） | | |

续表

| 字段名 | 类型 | 空值 | 约束条件 |
| --- | --- | --- | --- |
| 性别 | char (2) | 非空 | 男或女 |
| 联系电话 | char (12) | | |
| 部门 | char (40) | | 外键 |
| 是否办证 | char (1) | | 默认否 |
| 是否管理员 | char (1) | | 默认否 |

## 三、创建表的SQL语句

创建表使用CREATE TABLE关键字，其语法格式如下：

CREATE TABLE 表名(列名 列属性 列约束)［，…n］

其中列属性的格式为：

数据类型［（长度）］［NULL | NOT NULL］［IDENTITY（初始值，步长）］

列约束的格式为：

［CONSTRAINT 约束名］PRIMARY KEY［(列名)］：指定主键

说明：

(1)［NULL | NOT NULL］：指列值是否允许为空。

(2)［IDENTITY（初始值，步长）］：指列值的自动增长方式。

(3)［］号中的内容为可选内容，可省略不写。

(4)［，…n］表示可有多列。

(5)本处只学习主键约束的格式，其他格式将在后面模块中讨论。

例：使用CREATE TABLE语句创建借书证表，创建语句如下：

```
/*表名为借书证*/
CREATE TABLE 借书证
/*第一列列名为借书证号,列数据类型为char,长度,列约束为主键*/
(
借书证号 CHAR(8) PRIMARY KEY,        /*定义主键*/
/*第二列列名为[工(学)号],列数据类型为char,长度*/
[工(学)号] CHAR(10),
/*第三列列名为[姓名],列数据类型为char,长度,列值不能为空*/
类别 CHAR(6),
办证日期 DATETIME,
有效日期 DATETIME
)
```

## 任务实施

### 一、使用 SQL Server Management Studio 在图形界面下创建“借书证”表的结构

1. 由“开始”→“程序”→“SQL Server Management Studio”→“对象资源管理器”，在对象资源管理器中依次单击“+”展开到“图书管理数据库”，展开界面，如图 3—1—1 所示。

图 3—1—1　对象资源管理器

2. 用鼠标右键单击“表”，弹出如图 3—1—2 所示菜单。

图 3—1—2　表菜单

3. 选择新建表，弹出如图 3—1—3 所示表定义的界面。

4. 在图 3—1—3 所示界面中，依照“借书证”表的逻辑结构，在列名中第一行输入“借书证号”列名，在数据类型中通过下拉表单，输入数据类型及其宽度为 char (8)，不选择允许空。同理依次输入第二列、第三列信息，输入完成后如图 3—1—4 所示。

5. 选择“借书证号”所在的行，单击鼠标右键，出现如图 3—1—5 所示菜单。

6. 单击“设置主键”，该列被设置为主键列，在其所在行前加上主键标记，如图 3—1—6 所示。

7. 单击“保存”按钮，出现如图 3—1—7 所示界面，输入表名“借书证”，单击“确定”按钮，完成借书证表的表结构的创建。

8. 在对象资源管理器中，单击“图书管理数据库”中的“借书证”表，单击鼠标右键，出现如图 3—1—8 所示菜单。

9. 选择打开表，打开刚才创建的“借书证”表，创建成功的表结构如图 3—1—9 所示。

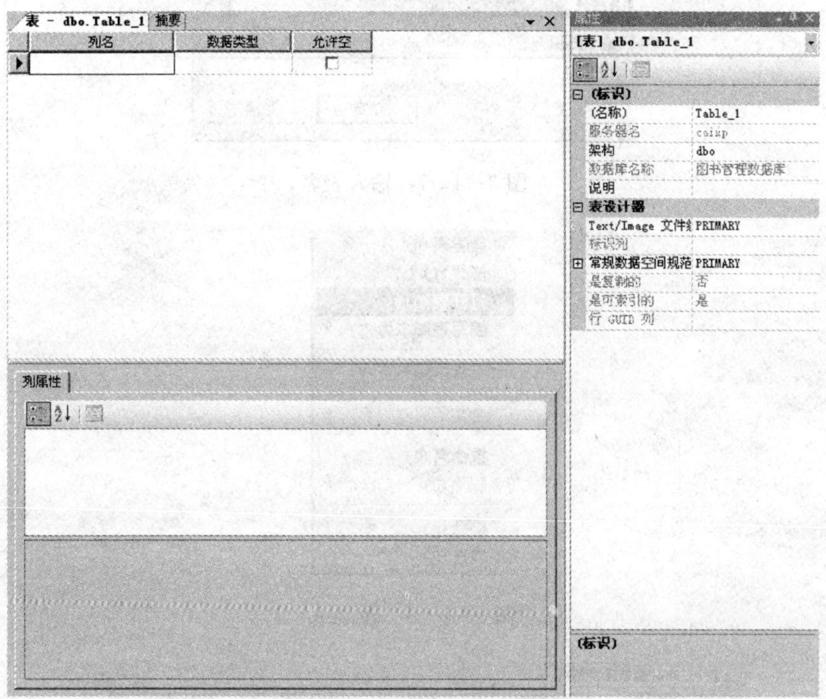


图 3—1—3　新建表界面

表 - dbo.借书证　摘要

| 列名 | 数据类型 | 允许空 |
| --- | --- | --- |
| 借书证号 | char(8) | ☐ |
| [工(学)号] | char(10) | ☑ |
| 类别 | char(6) | ☑ |
| 办证日期 | datetime | ☑ |
| 有效日期 | datetime | ☑ |

图 3—1—4　定义表结构

设置主键(Y)
插入列(M)
删除列(N)
关系(H)...
索引/键(I)...
全文本索引(F)...
XML 索引(X)...
CHECK 约束(O)...
生成更改脚本(S)...

图 3—1—5　定义主键

图 3—1—6　主键列

图 3—1—7　输入表名

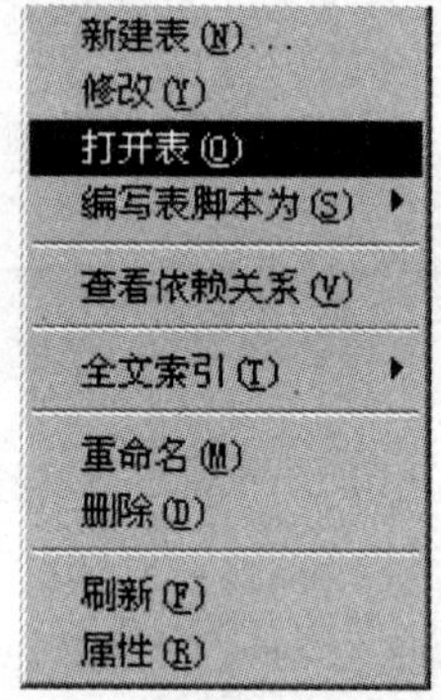


图 3—1—8　表菜单

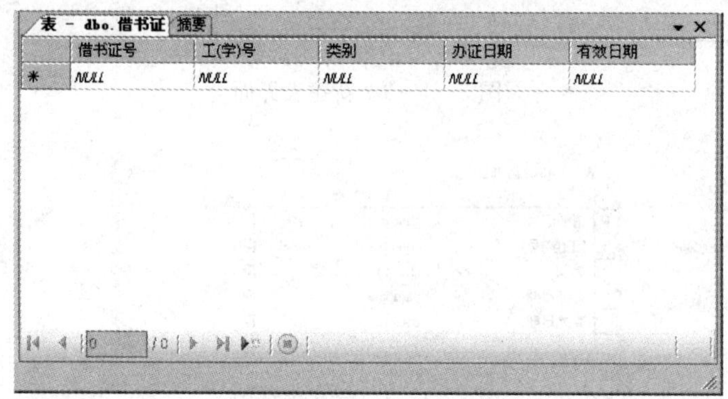


图 3—1—9　打开表界面

## 二、使用 SQL 语句创建教工表

1. 写出实现创建“教工”表的 SQL 语句如下。

```
/＊表名为教工＊/
CREATE TABLE 教工
(
/＊第一列列名为工号,数据类型为 char,长度为 10,列约束为主键＊/
工号 CHAR(10) PRIMARY KEY,                /＊定义主键＊/
/＊第二列列名为姓名,数据类型为 char,长度为 20,列值不能为空＊/
姓名 CHAR(20) NOT NULL,                   /＊非空属性＊/
密码 CHAR(10),
```

```
性别 CHAR(2) NOT NULL,
联系电话 CHAR(20),
部门 CHAR(100),
是否办证 CHAR(1),
是否管理员 CHAR(1)
)
```

2. 在查询设计器中，输入 SQL 语句，单击 ! 执行(X) 按钮，执行结果如图 3—1—10 所示，完成教工表表结构的创建。

图 3—1—10　在查询分析器中创建表

3. 在对象资源管理器中，单击刷新按钮，再展开"图书管理数据库"→"表"，可看到"教工表"，选中教工表，单击鼠标右键，从弹出的菜单中选择"打开"，可看到已经创建好的教工表的表结构，如图 3—1—11 所示。

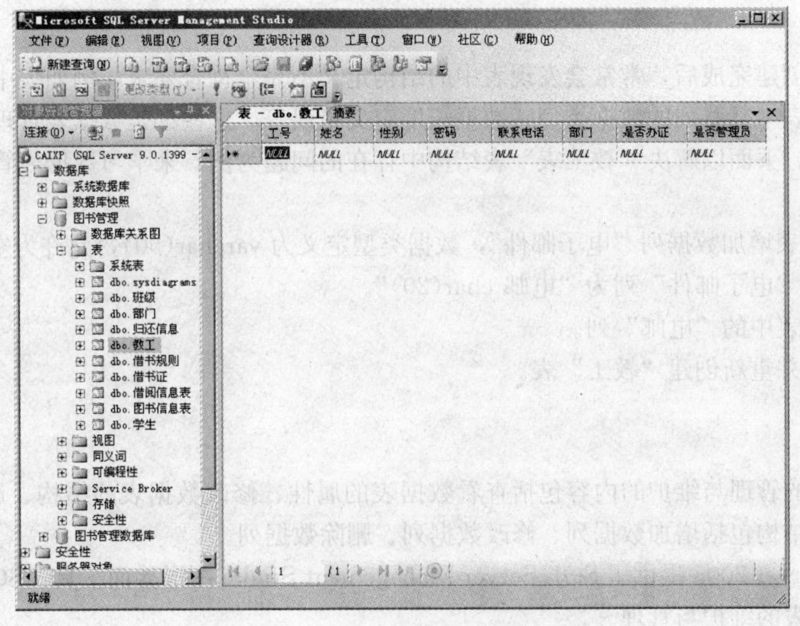


图 3—1—11　创建完成教工表

## 思考与练习

### 一、思考题

1. SQL Server 2005 中常见数据类型有哪些，其表示符号是什么？
2. SQL Server 2005 中的键有哪几类？分别起什么作用？

### 二、操作题

1. 根据你所在班级同学情况，定义一个“学生信息表”表结构，至少包含 6 个数据列，确定每一列的数据类型，并指定主键。
2. 使用图形用户界面及 SQL 命令创建上题中的“学生信息表”。
3. 创建“图书管理数据库”中其他的数据表。

# 任务 2　管理和维护数据表

**教学目标**

- ◆ 掌握用 SQL Server Management Studio 图形界面管理和维护数据表
- ◆ 掌握用 SQL 命令管理和维护数据表

## 任务引入

数据表创建完成后，常常会发现表中的结构定义不完全符合要求，例如表中漏定义了某些数据列、表中某些列的数据类型、数据长度定义错误等，这些都是数据表管理与维护所要解决的问题。下面以解决“教工表”表结构中存在的问题为例，来学习数据表管理与维护的内容。

1. 为该表增加数据列“电子邮件”，数据类型定义为 varchar(50)，允许为空。
2. 修改“电子邮件”列为“电邮 char(20)”。
3. 删除表中的“电邮”列。
4. 删除并重新创建“教工”表。

## 任务分析

数据表的管理与维护的内容包括查看数据表的属性、修改数据表的结构、删除数据表，其中修改表结构包括增加数据列、修改数据列、删除数据列。

SQL Server 2005 提供了 SQL Server Management Studio 图形界面工具、SQL 命令两种方式来进行表的维护与管理。

## 相关知识

### 一、查看数据表的属性

在对数据表进行管理和维护之前，必须了解数据表的一些属性，其查看步骤如下：

1. 在对象资源管理器中依次展开“服务器”→“数据库”，选中要使用的数据库，即“图书管理数据库”。

2. 展开该数据库中的⊞ 表节点，选中“教工”表，单击鼠标右键，从弹出的菜单中选择“属性”命令。

3. 在如图 3—1—12 所示的窗口中，通过选择“常规”选项，可以查看表的名称、所有者、创建日期等属性。

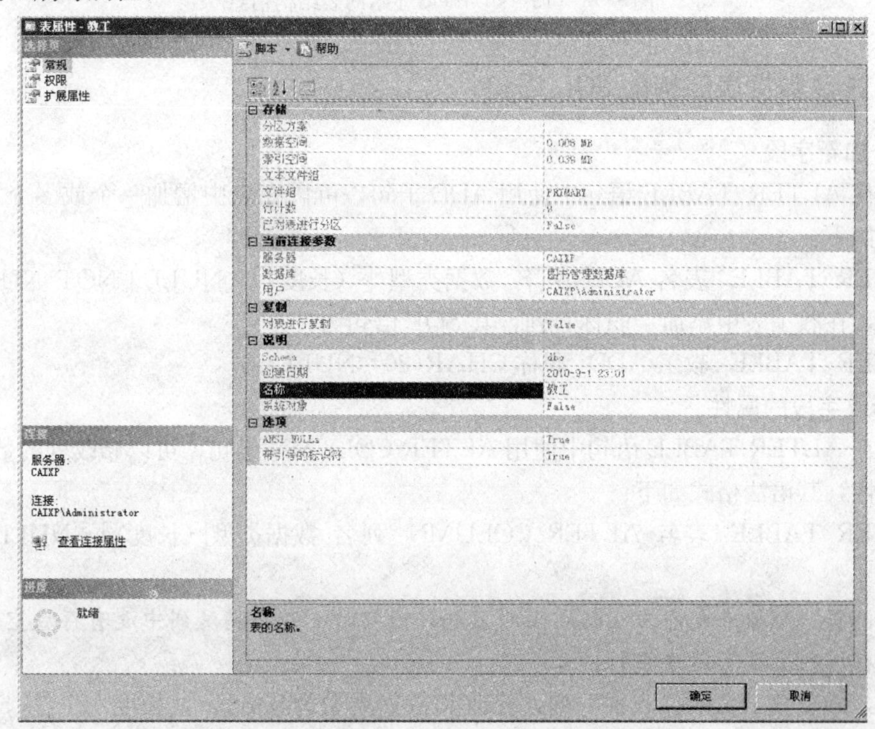

图 3—1—12　“教工”表的属性

当然，也可使用系统提供的存储过程 sp _ help 来查看表结构，其语法格式为：

EXECUTE sp _ help ［表名］

使用存储过程 sp _ help 查看“教工”表，在查询器中输入 SQL 语句：

EXECUTE sp_help 教工

执行结果中将显示教工表的属性信息和结构定义，如图 3—1—13 所示。

注意：如果在 sp _ help 后面省略“表名”，则会显示该数据库中所有表对象的属性信息。

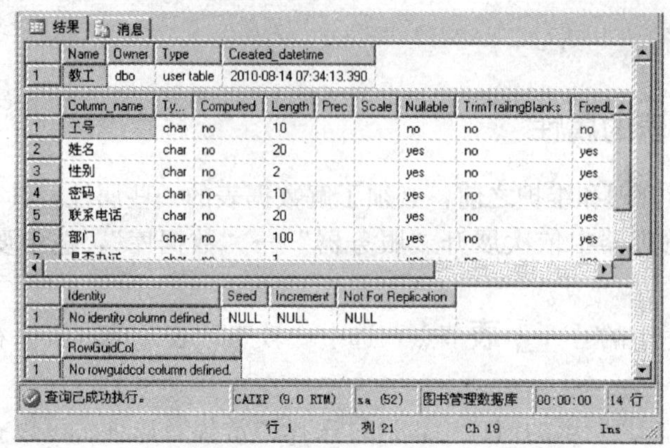

图 3—1—13　sp _ help 显示的表结构信息

## 二、修改数据表结构的 SQL 语句

1. 添加新字段

通过在 ALTER TABLE 语句中使用 ADD 子句，可以在表中增加一个或多个字段，其语法格式如下：

ALTER TABLE 表名 ADD 列名 数据类型 [（长度）] [NULL | NOT NULL]

例如，在教工表中添加“职称”列，其 SQL 语句为：

ALTER TABLE 教工 ADD 职称 CHAR(20) NULL

2. 修改字段的属性

通过在 ALTER TABLE 语句中使用 ALTER COLUMN 子句，可以修改列的数据类型、长度等属性，其语法格式如下：

ALTER TABLE 表名 ALTER COLUMN 列名 数据类型[（长度）] [NULL|NOT NULL]

*注意：将一个原来允许为空的列改为不允许为空时，必须满足列中没有存放空值的记录要求，且在该列上没有创建索引。*

例如，修改教工表中“职称”列，修改其数据类型为 varchar，长度 12，其 SQL 语句为：

ALTER TABLE 教工 ALTER COLUMN 职称 varchar(12)

3. 修改列名

使用存储过程 sp _ rename 可修改列名，语法格式如下：

EXEC sp_rename '表名. 列名','新列名','COLUMN'

例如，修改教工表中“职称”列的列名为“受聘职称”，其 SQL 语句为：

EXEC sp_rename '教工. 职称','受聘职称','COLUMN'

4. 删除字段

通过在 ALTER TABLE 语句中使用 DROP COLUMN 子句，可以删除表中的字段，其语法格式如下：

ALTER TABLE 表名 DROP COLUMN 列名

例如，删除教工表中的“职称”列，SQL 语句如下：

ALTER TABLE 教工 DROP COLUMN 职称

## 三、删除表的 SQL 语句

删除表命令的基本语法如下：

DROP TABLE 表名[，…n]

注意：使用 DROP TABLE 语句不能删除系统表。

例如，删除“教工”表，其 SQL 语句如下：

DROP TABLE 教工

## 任务实施

## 一、使用 SQL Server Management Studio 在图形界面下管理“教工”表

1. 为该表增加数据列“电子邮件”，数据类型定义为 varchar (50)，允许为空

(1) 在对象资源管理器中依次展开“服务器”→“数据库”，选中“图书管理数据库”。

(2) 展开该数据库中的⊞ 表节点，选中“教工”表，单击鼠标右键，从弹出的菜单中选择“修改”命令，打开表设计器窗口，如图 3—1—14 所示，在该窗口中将光标定位到最后一行，增加列名“电子邮件”，选择数据类型为 varchar (50)，选择“允许空”。

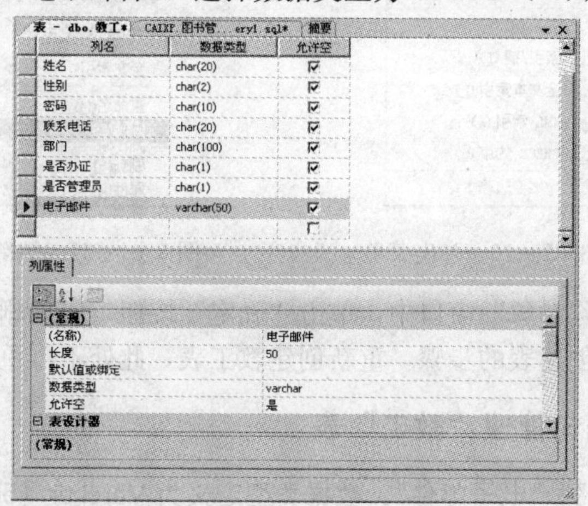


图 3—1—14　增加表中的列

2. 修改“电子邮件 varcha (50)”列为“电邮 char (30)”

在表设计器窗口中选择“电子邮件”所在的行，双击“电子邮件”字段，修改其名称为“电邮”，双击数据类型字段，将 varchar (50) 改为 char (30)，如图 3—1—15 所示。

3. 删除表中的“电邮”列

在表设计器窗口选择“电邮”列，单击鼠标右键，弹出如图 3—1—16 所示的菜单，选择“删除列”菜单项，实现删除教工表中的“电邮”列。

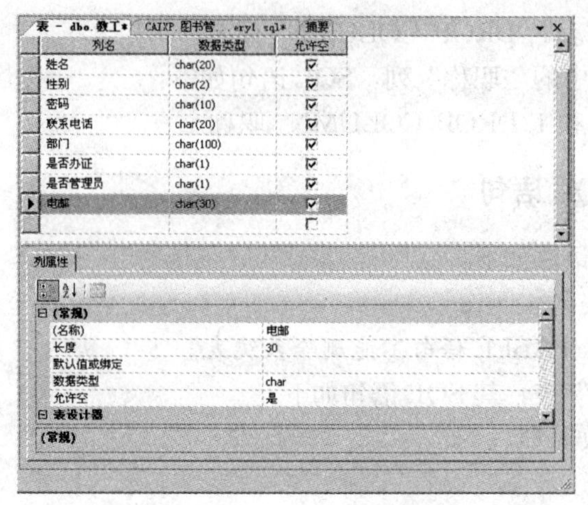


图 3—1—15　修改表中的列

4. 删除并重新创建“教工”表

（1）在对象资源管理器中依次展开到数据库“图书管理数据库”，在该数据库的表中选中要删除的“教工”表。

（2）单击鼠标右键，在弹出的菜单中单击“删除”命令，如图 3—1—17 所示。

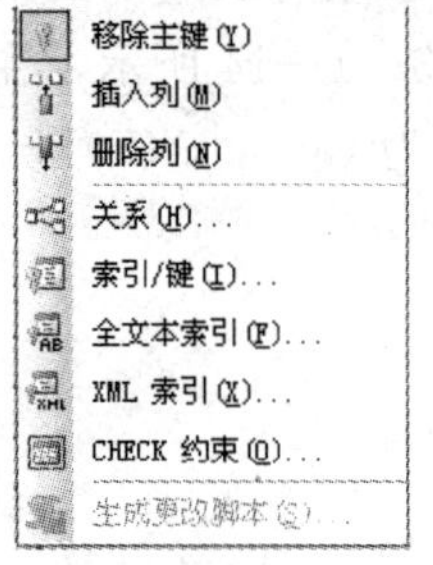


图 3—1—16　弹出菜单

图 3—1—17　删除表

（3）在打开的“删除对象”窗口中，单击“确定”按钮，实现删除“教工”表。

（4）按照任务一中创建表的步骤，重新创建教工表，此处不再重复。

## 二、使用 SQL 语句管理“教工”表

1. 为该表增加数据列“电子邮件”，数据类型定义为 Varchar (50)，允许为空添加新字段“电子邮件”列

（1）使用 ALTER TABLE 语句向表中添加数据列，SQL 语句如下：

ALTER TABLE 教工 ADD 电子邮件 VARCHAR(50) NULL

（2）在查询器中输入上述 SQL 语句，单击“执行”，查询器显示“命令已成功完成”。

（3）使用存储过程 sp _ help 来查看教工表，执行结果如图 3—1—18 所示，图中可以看到“教工”表中已成功添加“电子邮件”列。

2. 修改“电子邮件 varcha (50)”列为“电邮 char (30)”

（1）使用 ALTER TABLE 语句及 ALTER COLUMN 子句，修改表中数据列，SQL

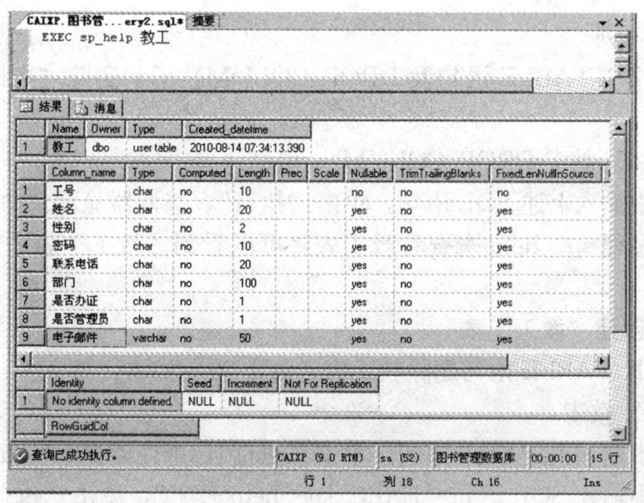


图 3—1—18　查看添加列

语句如下：

ALTER TABLE 教工 ALTER COLUMN 电邮 CHAR(30) NULL

（2）在查询器中输入上述 SQL 语句，单击“执行”，查询器显示“命令已成功完成”。

（3）使用存储过程 sp _ rename 重新命名“电子邮件”列为“电邮”列，SQL 语句如下：

EXEC sp_rename '教工.电子邮件','电邮','COLUMN'

（4）使用存储过程 sp _ help 来查看“教工”表，可以看到“教工”表中“电子邮件”列被修改为“电邮”，如图 3—1—19 所示。

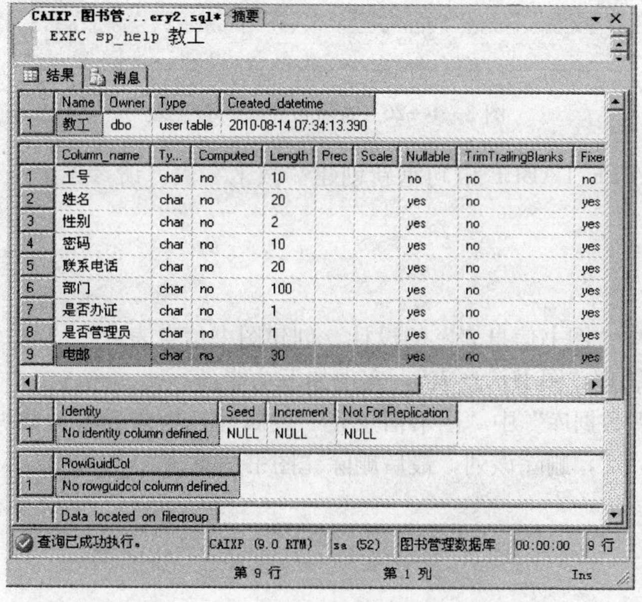


图 3—1—19　查看修改列名及列属性

3. 删除“电邮”列

（1）使用 ALTER TABLE 语句及 DROP COLUMN 子句删除“电邮”列，SQL 语句如下：

ALTER TABLE 教工 DROP COLUMN 电邮

（2）在查询器中输入上述 SQL 语句，单击“执行”，查询器显示“命令已成功完成”。

（3）使用存储过程 sp _ help 来查看教工表，可以看到“教工”表中“电邮”列已被删除。

4. 删除并重新创建“教工”表

（1）使用 DROP TABLE 语句删除教工表，SQL 语句如下：

DROP TABLE 教工

（2）在查询器中输入上述 SQL 语句，单击“执行”，查询器显示“命令已成功完成”。

（3）在查询器中输入 SQL 语句“EXEC sp _ help 教工”，单击“执行”，系统提示，教工表已不存在，如图 3—1—20 所示。

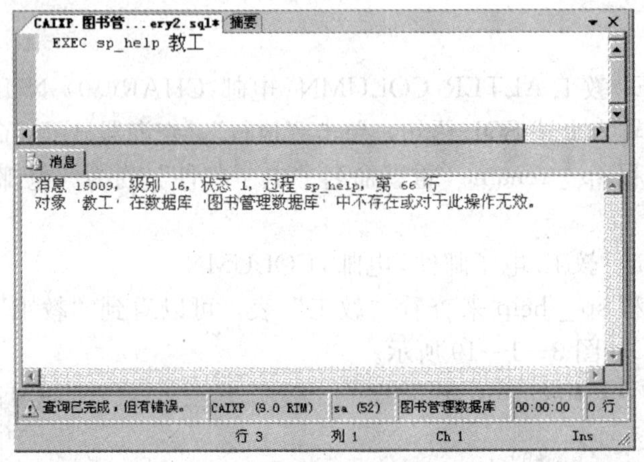


图 3—1—20 查看被删除的教工表

（4）使用 CREATE TABLE 语句重新创建“教工”表，请参见上一任务内容，此处不再重复。

## 思考与练习

1. 根据模块一中“图书信息表”的设计，创建图书信息表。

2. 用两种方式管理“图书信息表”，实现如下功能：

查看“图书管理数据库”中“图书信息表”表属性，为该表增加数据列“版次”，修改“版次”列为“版本号”，删除该列，最后删除“图书信息表”。

# 任务 3　表数据的添加、修改和删除

**教学目标**

- ◆ 掌握 INSERT、UPDATE、DELETE 语句的语法
- ◆ 掌握使用 SQL Server Management Studio 图形界面向数据表添加、修改、删除数据
- ◆ 掌握使用 SQL 语言创建向数据表添加、修改、删除数据

## 任务引入

在前面的任务中，已经完成了“图书管理数据库”中各数据表表结构的创建，在“对象资源管理器”中，选择“图书管理数据库”→“表”→“教工”，单击鼠标右键，在弹出的菜单中选择“打开”，将看到如图 3—1—21 所示的一张空的数据表。向教工表中插入数据，如发现数据有误，应及时进行修改和删除，具体任务如下：

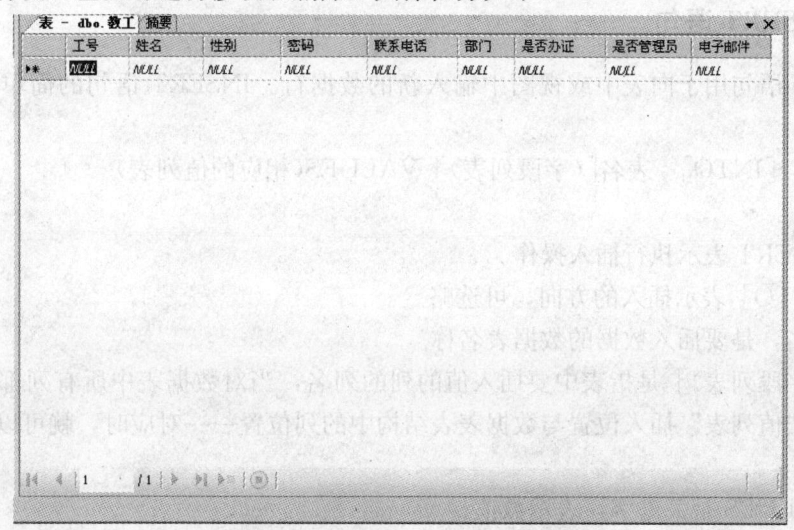


图 3—1—21　一张空的教工表

1. 在教工表中插入表 3—1—6 中的数据。

表 3—1—6　**教工表的数据**

| 工号 | 姓名 | 性别 | 密码 | 联系电话 | 部门 | 是否办证 | 是否管理员 |
|---|---|---|---|---|---|---|---|
| zenggh | 曾桂红 | 女 | 888888 | 13100000000 | 信息技术系 | Y | N |
| yeqd | 叶乔冬 | 男 | 654321 | 13200000000 | 教务处 | Y | Y |
| xiaoqw | 肖启旺 | 男 | 888888 | 13300000000 | 工业设计系 | Y | N |
| wuchl | 吴成龙 | 男 | 888888 | 13400000000 | 信息技术系 | Y | N |

续表

| 工号 | 姓名 | 性别 | 密码 | 联系电话 | 部门 | 是否办证 | 是否管理员 |
|---|---|---|---|---|---|---|---|
| liwj | 李文娟 | 女 | 654321 | 13500000000 | 教务处 | Y | Y |
| linssh | 林颂声 | 男 | 888888 | 13600000000 | 数控系 | Y | N |
| chengym | 陈育苗 | 女 | 888888 | 15700000000 | 工业设计系 | Y | N |
| chengx | 陈雪 | 女 | 654321 | 13800000000 | 教务处 | Y | Y |

2. 修改教工表中的数据，将工号为“liwj”的教工姓名修改为“李文专”。

3. 删除教工表中的数据，将工号为“zenggh”的教工从表中删除。

## 任务分析

新创建的数据表是一张不含数据的空表，向数据表中添加数据以及修改、删除表中的数据是数据表管理中最基础也是最重要的工作，可以使用 SQL Server Management Studio 图形界面和 SQL 语句两种方式来完成插入、修改、删除表中的数据。

## 相关知识

### 一、INSERT 语句

INSERT 语句用于向表中或视图中输入新的数据行。INSERT 语句的简单语法格式如下：

INSERT ［INTO］ 表名［(字段列表)］ VALUES(相应的值列表)

其中：

(1) INSERT 表示执行插入操作。

(2) ［INTO］ 表示插入的方向，可选略。

(3) 表名，是要插入数据的数据表名称。

(4) ［(字段列表)］ 是指表中要插入值的列的列名，当对数据表中所有列都有相应的插入值，并且“值列表”插入位置与数据表表结构中的列位置一一对应时，就可以省略字段列表。

(5) VALUES 是关键字，表示数值。

(6) (相应的值列表) 是指表中每一列对应的取值，应注意的是，VALUES 子句中给出的值的个数必须与［(字段列表)］ 中字段的个数相同，值的数据类型必须和字段的数据类型相对应。

例如，向教工表中插入一行数据：chengxh，陈小红，女，654321，13900000000，教务处，Y，N，SQL 语句如下：

```
INSERT INTO 教工(工号,姓名,性别,密码,联系电话,部门,是否办证,是否管理员)
VALUES('chengxh','陈小红','女','654321','13900000000','教务处','Y','N')
```

此处，对表中所有列都需插入，并且列值的顺序与教工表中列的顺序相同的数据，可省略［(字段列表)］，SQL 可写为：

INSERT INTO 教工
VALUES('chengxh','陈小红','女','654321','13900000000','教务处','Y','N')

## 二、UPDATE 语句

UPDATE 语句用来修改表中已经存在的数据。UPDATE 语句既可以一次修改一行数据，也可以一次修改多行数据。

UPDATE 语句使用 WHERE 子句指定要修改的行，使用 SET 子句给出新的数据。新数据可以是常量，也可以是指定的表达式，还可以是用 FROM 子句调用的来自其他表的数据。其语法格式如下：

UPDATE 表名 SET 列名＝{表达式 | DEFAULT | NULL} [，…n]
[FROM 另一表名 [，…n]]
[WHERE<检索条件表达式>]

其中：

(1) UPDATE 表示执行修改操作，后面跟要修改的数据表名称。

(2) SET 子句用来设置新的值，设置方法为：

列名＝{表达式 | DEFAULT | NULL} [，…n]

(3) [WHERE<检索条件表达式>]：指定要修改的行，如果没有使用 WHERE 子句，那么就对表中所有的行进行修改。

(4) 如果使用 UPDATE 语句修改数据时与数据完整性约束有冲突，应进行修改。

例如，修改教工表中“工号”为 chengx 的记录，修改其密码为“123456”，则 SQL 语句如下：

UPDATE 教工 SET 密码＝'123456' WHERE 工号＝'chengx'

## 三、DELETE 语句

随着数据库的使用和对数据的修改，表中可能存在着一些无用的数据，这些数据不仅占用空间，还会影响修改和查询的速度，所以要及时删除它们。

DELETE 语句用来从表中删除数据，可以一次从表中删除一行或者多行数据。其语法格式如下：

DELETE [FROM] 表名 [WHERE {<检索条件表达式>}]

其中：

(1) UPDATE 表示执行删除操作，后面跟数据表的表名。

(2) [FROM] 表示删除操作的方向，可省略。

(3) [WHERE {<检索条件表达式>}]：用来指定要删除的行，省略时，表示删除表中所有数据。

例如，删除教工表中“工号”为 chengx 的记录，SQL 语句如下：

DELETE 教工 WHERE 工号＝'chengx'

## 四、TRUNCATE 语句

TRUNCATE TABLE 语句可以从表中快速删除所有记录，其功能与不带 WHERE 子句的“DELETE 表名”功能相似，但其删除数据的速度快，删除数据不可恢复。其语法格式如下：

TRUNCATE TABLE 数据表名

# 任务实施

## 一、使用 SQL Server Management Studio 图形界面向教工表中插入、修改、删除数据

1. 向表中添加数据

(1) 在对象资源管理器中，选中要添加数据的“教工”表，单击鼠标右键，在菜单中选择命令“打开表”，显示如图 3—1—22 所示数据录入窗口。

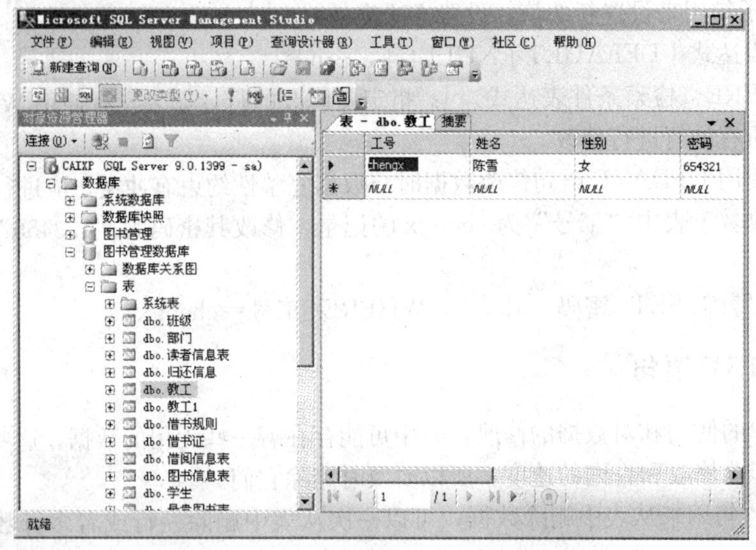

图 3—1—22　数据录入的窗口

(2) 将光标定位在表格中，逐行逐列输入数据信息，输入完毕后，单击保存并关闭窗口，结果如图 3—1—23 所示。

2. 修改教工表中的数据，将工号为“liwj”的教工姓名修改为“李文专”

(1) 在对象资源管理器中，右键单击“教工”，在弹出菜单中选择“打开”，打开教工表。

(2) 将光标定位到工号为“liwj”的教工“姓名”栏中，直接修改表中的姓名为“李文专”，单击“保存”，完成数据的修改。

3. 删除教工表中的数据，将工号为“zenggh”的教工从表中删除

(1) 在对象资源管理器中，用鼠标右键单击“读者信息表”，在弹出菜单中选择“打

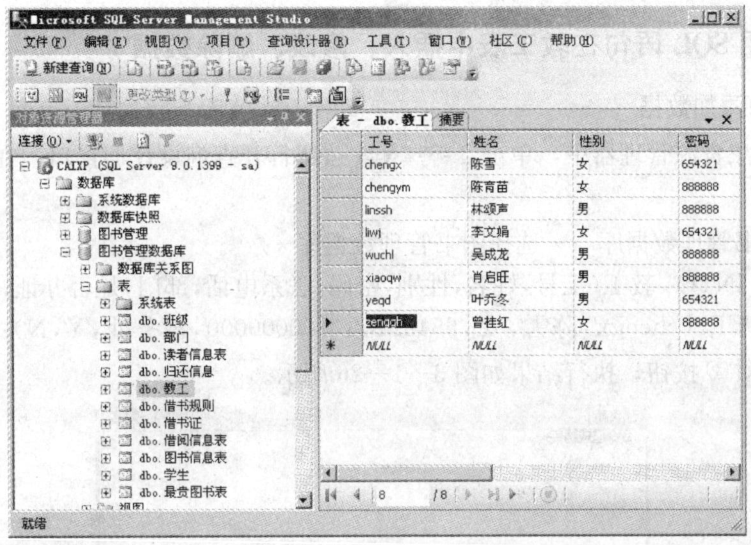


图 3—1—23　数据录入结果

开”，打开教工表。

(2) 选中工号为“zenggh”的数据行，单击鼠标右键，弹出如图 3—1—24 所示菜单，选择“删除”。

图 3—1—24　删除数据菜单

(3) 在图 3—1—25 所示的删除确认提示信息中，单击“是”按钮，即可删除表中被选中行的数据。

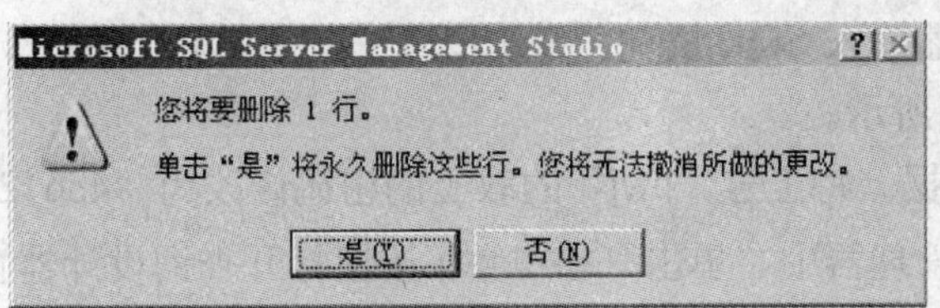


图 3—1—25　删除确认提示信息

## 二、使用 SQL 语句在教工表中插入、修改、删除数据

1. 向表中添加数据

（1）在对象资源管理器中，单击 新建查询(N) 按钮打开查询设计器窗口，在窗口中输入如下 SQL 语句：

```
USE 图书管理数据库 /* 选择图书管理数据库 */
INSERT INTO 教工(工号,姓名,性别,密码,联系电话,部门,是否办证,是否管理员)
    VALUES('chengx','陈雪','女','654321','13800000000','教务处','Y','N')
```

单击 ! 执行(X) 按钮，执行结果如图 3—1—26 所示。

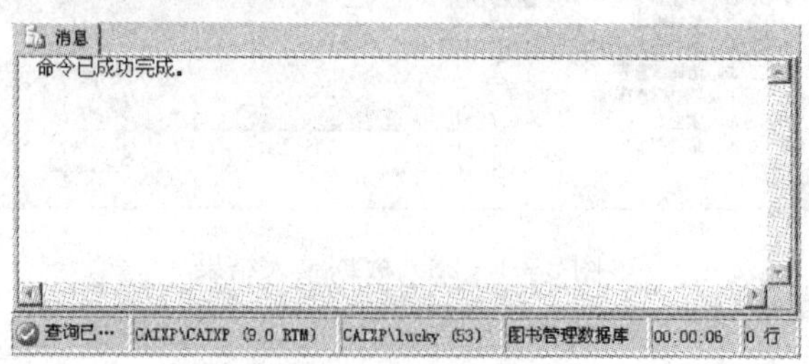


图 3—1—26 添加数据执行成功

（2）在查询设计器中，输入下列 SQL 语句：

```
INSERT INTO 教工
VALUES('chengym','陈育苗','女','888888','15700000000','工业设计系','Y','N')
INSERT INTO
VALUES('linssh','林颂声','男','888888','13600000000','数控系','Y','N')
INSERT INTO
VALUES('liwj','李文娟','女','654321','13500000000','教务处','Y','N')
INSERT INTO
VALUES('wuchl','吴成龙','男','888888','13400000000','信息技术系','Y','N')
INSERT INTO
VALUES('xiaoqw','肖启旺','男','888888','13300000000','工业设计系','Y','N')
INSERT INTO
VALUES('yeqd','叶乔冬','男','654321','13200000000','教务处','Y','N')
```

单击 ! 执行(X) 按钮，完成向数据表中插入所有数据。

（3）在查询设计器输入 SQL 语句“SELECT * FROM 教工”，可以查看刚才输入的数据，如图 3—1—27 所示。

2. 修改表中的数据，将工号“liwj”的教工的密码修改为“456123”

（1）在对象资源管理器中，单击 新建查询(N) 按钮打开查询设计器窗口，在窗口中输入如下 SQL 语句：

```
USE 图书管理数据库
```

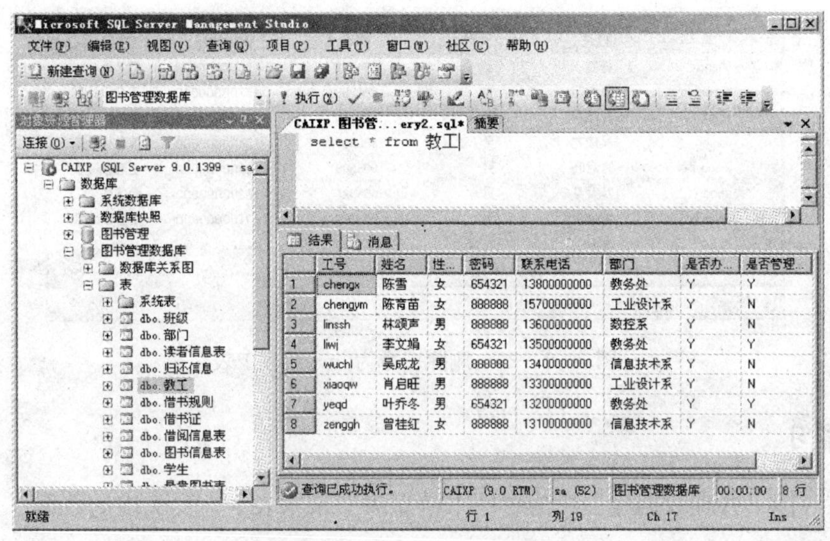


图 3—1—27　查看教工表数据

UPDATE　教工

SET　密码='456123'　WHERE　工号='liwj'

GO

单击 ! 执行(X) 按钮，系统给出“命令已成功执行”提示信息。

(2) 打开“教工表”，可以看到数据已经修改，如图 3—1—28 所示。

表 - dbo.教工　摘要

| 工号 | 姓名 | 性别 | 密码 | 联系电话 |
|---|---|---|---|---|
| chengx | 陈雪 | 女 | 654321 | 13800000000 ... |
| chengym | 陈育苗 | 女 | 888888 | 15700000000 ... |
| linssh | 林颂声 | 男 | 888888 | 13600000000 ... |
| liwj | 李文娟 | 女 | 456123 | 13500000000 ... |
| wuchl | 吴成龙 | 男 | 888888 | 13400000000 ... |
| xiaoqw | 肖启旺 | 男 | 888888 | 13300000000 ... |
| yeqd | 叶乔冬 | 男 | 654321 | 13200000000 ... |
| zenggh | 曾桂洪 | 女 | 888888 | 13100000000 ... |

4　/9

图 3—1—28　教工表中数据已修改

3. 删除表中的数据，将工号为'liwj'的教工信息删除

(1) 在对象资源管理器的查询设计器窗口中输入如下 SQL 语句：

USE　图书管理数据库

DELETE　教工　WHERE　工号='liwj'

单击 ! 执行(X) 按钮，系统给出“命令已成功执行”提示信息。

(2) 打开“教工表”，可以看到数据已经被成功删除，如图 3—1—29 所示。

表 - dbo.教工 | 摘要

| | 工号 | 姓名 | 性别 | 密码 | 联系电话 | 部门 |
|---|---|---|---|---|---|---|
| | chengx | 陈雪 | 女 | 654321 | 13800000000 ... | 教务处 |
| | chengym | 陈育苗 | 女 | 888888 | 15700000000 ... | 工业设计系 |
| | linssh | 林颂声 | 男 | 888888 | 13600000000 ... | 数控系 |
| | wuchl | 吴成龙 | 男 | 888888 | 13400000000 ... | 信息技术系 |
| | xiaoqw | 肖启旺 | 男 | 888888 | 13300000000 ... | 工业设计系 |
| | yeqd | 叶乔冬 | 男 | 654321 | 13200000000 ... | 教务处 |
| | zenggh | 曾桂洪 | 女 | 888888 | 13100000000 ... | 信息技术系 |
| * | NULL | NULL | NULL | NULL | NULL | NULL |

4 /8

图 3—1—29　删除工号为 liwj 的教工表

## 思考与练习

一、在“图书管理数据库”中为“图书信息表”录入表 3—1—7 中的数据。

表 3—1—7　　图书信息表

| 图书编号 | 书名 | isbn | 分类名称 | 作者 | 出版社 | 入库时间 | 页数 | 定价 | 是否在馆 |
|---|---|---|---|---|---|---|---|---|---|
| 014177 | 家 | 7—220—03368—1 | 文艺 | 巴金 | 四川人民 | 2007—1—1 | 410 | 16.5 | n |
| 037425 | 机械制造技术 | 7—5053—7220—3 | 机械 | 王建锋 | 电子工业 | 2003—3—1 | 267 | 22 | y |
| 037426 | 机械制造技术 | 7—5053—7220—3 | 机械 | 王建锋 | 电子工业 | 2003—3—1 | 267 | 22 | y |
| 051024 | SQL Server 2000 开发与管理 | 7—115—13649—1 | 计算机 | 邹建 | 人民邮电 | 2007—1—1 | 497 | 49 | y |
| 062194 | 软件测试 | 7—111—18526—9 | 计算机 | 张小松 | 机械工业 | 2007—1—1 | 254 | 30 | n |
| 064597 | 电子电路基础 | 7—5045—3878—7 | 电子 | 邵展图 | 中国劳动 | 2008—12—12 | 175 | 17 | y |
| 092154 | 机械制造工艺基础 | 7—5045—6172—5 | 机械 | 陈海魁 | 中国劳动 | 2009—4—7 | 268 | 19 | y |
| 092155 | 机械制造工艺基础 | 7—5045—6172—5 | 机械 | 陈海魁 | 中国劳动 | 2009—4—7 | 268 | 19 | y |
| 092239 | 机电传动与控制技术 | 7—5019—4801—1 | 电子 | 姚永刚 | 轻工业 | 2009—4—9 | 263 | 25 | y |
| 092240 | 机电传动与控制技术 | 7—5019—4801—1 | 电子 | 姚永刚 | 轻工业 | 2009—4—9 | 263 | 25 | y |

二、用 SQL 语句修改图书信息表中编号为 092240 的数据，设置其出版社为“轻工业出版社”。

三、删除图书信息表中编号为 092240，出版社为“轻工业出版社”的数据。

# 课题二　数据完整性设计

数据库中的数据是从外界输入的，数据在输入时由于种种原因，会输入无效或错误的信息，SQL Server 2005 提供了多种完整性约束来保证数据库中数据的正确性、一致性和可靠性。

# 任务1　使用主键和外键约束

**教学目标**

- 理解数据完整性的概念
- 掌握主键和外键创建
- 掌握用不合法数据验证主键和外键

## 任务引入

在关系模式中，每一个特定实体的记录是唯一的，转换为关系表时，每一条记录也必须具有唯一性。在关系模式中，存在一个关系的主键，同时也是另一个关系的属性的情况，在转换为关系表时，必须保证在两个表中该列的数据类型和数据取值完全一致。在 SQL Server 2005 中，通过设置主键约束来保证表中行数据的唯一性，设置外键约束来保证两表中对应列数据的一致性。请在“图书管理数据库”中设置各数据表的主键和外键，具体任务如下：

1. 为借书证表、图书信息表、借阅信息表创建主键约束，其他各表的主键约束由读者自己完成。

2. 为借阅信息表创建外键约束。

3. 对借书证表执行插入数据，验证表中主键约束。

4. 对借阅信息表插入一条数据时，验证表中的外键约束。

## 任务分析

约束是指通过限制列中数据、行中数据以及表之间数据取值，从而保证数据完整性的非常有效和简便的方法。每一种数据完整性类型都由不同的约束类型来保障。定义约束可以在创建表的时候进行，也可以在已有表中通过修改表增加约束。

约束包括主键（PRIMARY KEY）约束、唯一键（UNIQUE）约束、检查（CHECK）约束、默认值（DEFAULT）约束、外键约束（FOREIGN KEY）等，使用 SQL Server Management Studio 管理工具或 T－SQL 语句可以定义各种约束，本任务将介绍主键约束和外键约束。

## 相关知识

### 一、数据完整性

数据完整性用于保证数据库中数据的正确性、一致性和可靠性。设计数据库时一个非常重要的步骤就是决定实施保证数据完整性的最好方法。强化数据完整性可确保数据库中的数据质量。

数据完整性有如下 4 种类型：实体完整性、域完整性、参照完整性、用户定义完整性。

1. 实体完整性

实体完整性体现在实体的唯一性，用于保证数据库中数据表的每一个特定实体的记录是唯一的，实体完整性具有下列性质：

（1）一个关系对应现实世界中一个实体集。

（2）现实世界中的实体是可相互区分、识别的，即它们应具有唯一性标识。

（3）在关系模式中，以主键作为唯一性标识。

（4）主键不能取空值，如果主键是多个属性的组合，则所有实体完整性必通过主键（PRIMARY KEY）、唯一（UNIQUE）或标识列（IDENTITY）属性来实现。

2. 域完整性

域完整性是指保证指定列的数据具有正确的数据类型、格式和有效的数据范围，通过为表的列定义数据类型以及通过 FOREIGN KEY 约束、CHECK 约束、DEFAULT 定义、NOT NULL 和规则实现限制数据范围，保证只有在有效范围内的值才能存储到列中。例如，性别为字符数据类型，只能取“男”或“女”；年龄为数值类型，取值范围为 0～120 等。

3. 参照完整性

实体完整性是一个关系内的约束，参照完整性则是指不同关系之间的约束，即定义建立关系之间联系的外部关键字对主关键字引用的约束条件。例如，对于在借阅信息表中的外键“借书证号”的取值，如果都能在借书证表中找到唯一的借书证信息，则称为参照完整，否则称为参照不完整。

当增加、修改或删除数据库表中记录时，可以借助参照完整性来保证相关联表之间数据的一致性，参照完整性基于外键与主键之间或外键与唯一键之间的关系。参照完整性确保同一键值在所有表中一致。这样的一致性要求不能引用主键列不存在的值，如果主键值更改了，那么在整个数据库中，对该键值的所有引用要进行一致的更改。

4. 用户定义完整性

用户自定义完整性则是根据应用环境的要求和实际的需要，对某一具体应用所涉及的数据提出约束性条件。这一约束机制一般不应由应用程序提供，而应由关系模型提供定义并检验。

用户定义完整性是由用户自己定义的，可以定义不属于其他任何完整性分类的特定业务规则。所有的完整性类型都支持用户定义完整性。

5. 数据完整性的实现方式

有两种方式可以实现数据完整性，即声明数据完整性和过程数据完整性。声明数据完整性通过在对象中定义来实现，由系统本身通过自动强制来实现。声明完整性的方式包括使用各种约束、默认和规则。过程完整性通过在脚本语言中定义来实现，系统在执行这些脚本时强制完整性的实现。过程完整性的方式包括使用触发器和存储过程。本模块将介绍声明数据完整性。

## 二、主键（PRIMARY KEY）约束

主键（PRIMARY KEY）约束是在表中定义一个主键，唯一的标识表中的行。每个表

都应有一个主键。主键可以是一列或多列的组合。一个表中只能有一个主键（PRIMARY KEY）约束。

1. 定义主键

(1) 使用 SQL Server Management Studio 管理工具定义主键

启动 SQL Server Management Studio 管理工具，选中要定义主键的数据表“借书证”表，用鼠标右键单击菜单，选择“修改”，打开表设计窗口。

在表设计窗口中，选中“借书证号”列，如果设置的主键为多个列，则按住 ctrl 键再选择相应的列，单击鼠标右键，在弹出菜单中选择“设置主键”，如图 3—2—1 所示。主键设置完成后，在“借书证”列的左边显示一个钥匙符号，如图 3—2—2 所示。

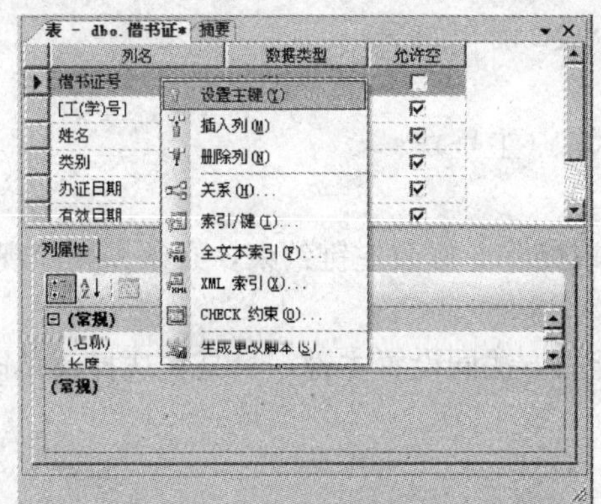


图 3—2—1 设置主键菜单

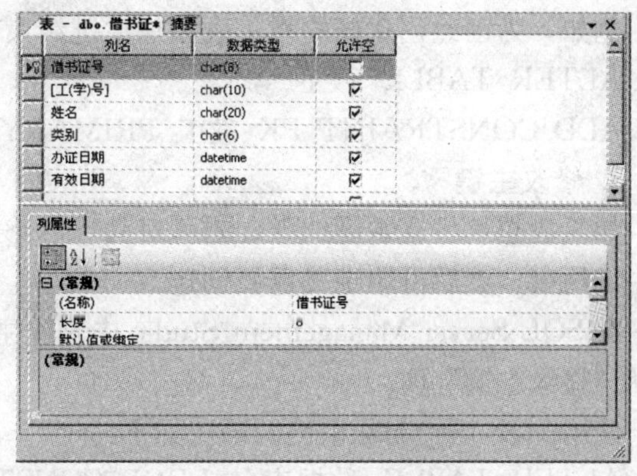


图 3—2—2 设置主键

(2) 用 SQL 语句定义主键

语法格式 1：

CREATE TABLE 数据表名

[列名 数据类型 [CONSTRAIN 约束名] PRIMARY KEY]

语法格式 2：

CREATE TABLE 数据表名

( [CONSTRAIN 约束名] PRIMARY KEY (列名 1，[，…n]))

其中：

(1) [CONSTRAIN 约束名] 可选项，是指给主键约束定义一个名称，可省略。

(2) PRIMARY KEY：定义主键的关键字，语法格式 1 用来定义单列主键，语法格式 2 定义多列组合键。

例如，在创建教工表时定义主键约束，其 SQL 语句如下：

```
CREATE TABLE 教工
(
工号 CHAR(10) PRIMARY KEY,                /*定义主键*/
/*第二列列名为姓名,数据类型为 char,长度为 20,列值不能为空*/
姓名 CHAR(20),
……)
```

2. 添加主键

当向一个已经存在的数据表中添加主键约束时，SQL Server 2005 会检查表中现有的数据，以确保现有数据遵从主键的规则：无空值、无重复值。添加主键有以下两种方法：

(1) 使用 SQL Server Management Studio 添加主键同定义主键，在前文中已介绍过，不再重复。

(2) 使用 SQL 语句添加主键，语法如下：

```
ALTER TABLE 数据表名
ADD CONSTRAINT 主键名 PRIMARY KEY（列名 1，列名 2，…，列名 n）
```

其中主键名为符合标识符定义规则的名称，用户自己定义。

例如，为已经创建好的教工表添加主键约束，SQL 语句如下：

```
ALTER TABLE 教工
ADD CONSTRAINT PK_教工 PRIMARY KEY(工号)
```

3. 修改主键

如果数据表已有主键约束，则可对其进行修改或删除。修改主键约束，必须先删除现有的主键约束，然后再用定义重新创建。

在 SQL Server Management Studio 中删除主键的方法同设置主键，只是在选择菜单时，选择“移除主键”项。

使用 SQL 语句删除主键的语法如下：

```
ALTER TABLE 数据表名 DROP CONSTRAINT 主键名
```

例如，删除教工表中名为“PK _ 教工”的主键约束，SQL 语句如下：

```
ALTER TABLE 教工 DROP CONSTRAINT PK_教工
```

## 三、外键（FOREIGN KEY）约束

外键（FOREIGN KEY）约束是为了强制实现表之间的参照完整性，外键约束可以规定表中的某列参照同一个表或另外一个表中已有的主键约束或唯一约束的列。外键约束不允许为空值。

1. 使用 SQL Server Management Studio 定义外键

(1) 在对象资源管理器中，选择“教工”表，用鼠标右键单击菜单，选择“修改”，进入表设计器。

(2) 在表设计器的网格中任意一处单击鼠标右键，弹出快捷菜单，如图 3—2—3 所示。

(3) 选择“关系”，弹出建立关系的属性窗口，在外键关系对话框中，单击“添加”按钮，结果如图 3—2—4 所示。

(4) 在图 3—2—4 中，单击“表和列规范”后面的浏览按钮，进入表和列对话框，在表和列对话框中，根据实际要求进行外键的设置，这里“教工”表是外键表，其字段“部门”引用了主表“部门”表的“部门名称”字段，设置结果如图 3—2—5 所示。

(5) 单击“确定”完成设置，返回外键关系对话框，如果要求对现有数据进行检验，在外键关系对话框中将“在创建或重新启用时检查现存数据”选择“是”，如图 3—2—6 所示。

(6) 如果要删除已有的外键，在图 3—2—6 中选定外键名称，单击“删除”按钮即可。

图 3—2—3　定义外键菜单

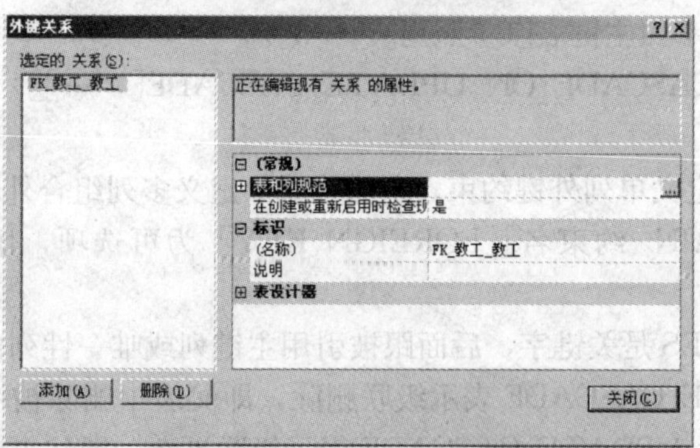


图 3—2—4　外键关系对话框

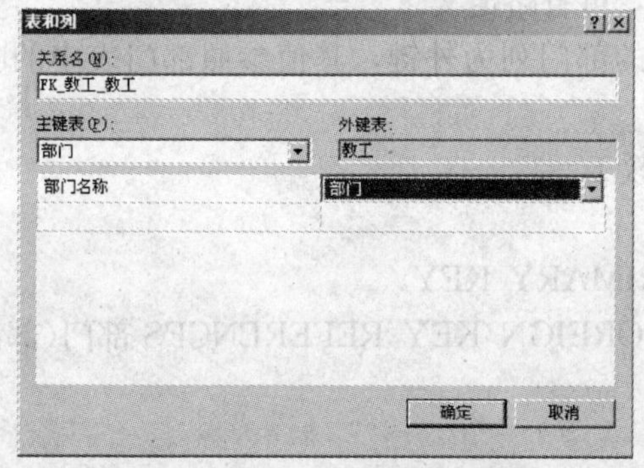


图 3—2—5　选择外键表和列

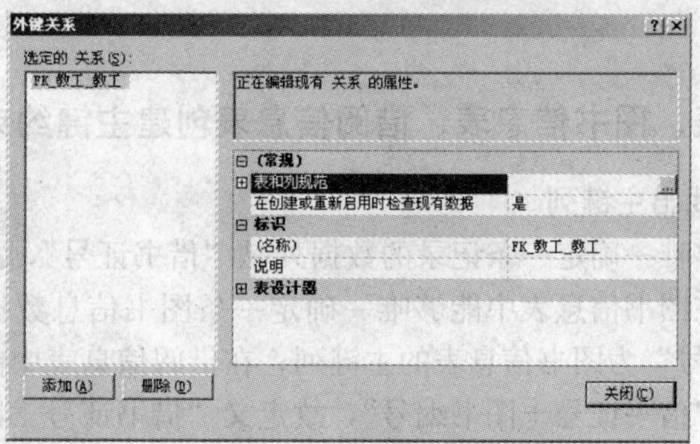


图 3—2—6　外键关系

(7) 单击“关闭”完成外键的设置。

2. 使用 SQL 语句定义外键

语法格式 1：

CREATE TABLE 数据表名
(列名 数据类型 [CONSTRAIN 约束名][FOREIGN KEY]
REFERENCES 参照主键表[(参照列)][ON DELETE CASCADE | ON UPDATE - CASCADE][, …])

S 语法格式 2：

CREATE TABLE 数据表名
([CONSTRAIN 约束名][FOREIGN KEY][(列名[, …n])]
REFERENCES 参照主键表[(参照列[, …n])]
[ON DELETE CASCADE | ON UPDATE CASCADE[, …]])

其中：

(1) 语法格式 1 定义单列外键约束，语法格式 2 定义多列组合外键约束。

(2) [CONSTRAIN 约束名][FOREIGN KEY] 为可选项，用来定义约束名，可省略。

(3) REFERENCES 是关键字，后面跟被引用主键列或唯一性列的表名。

(4) ON DELETE CASCADE 表示级联删除，即父表中删除被引用行时，也将从引用表中删除引用行；ON UPDATE CASCADE 表示级联更新，即父表中更新被引用行时，也将在引用表中更新引用行，可省略定义。

例如，定义教工表中的部门列为外键，其值参照部门表中的唯一取值列“部门名称”，SQL 语句如下：

```
CREATE TABLE 教工
(
工号 CHAR(10) PRIMARY KEY,
部门 CHAR(100) FOREIGN KEY REFERENCES 部门(部门名称)
……
)
```

## 任务实施

### 一、为借书证表、图书信息表、借阅信息表创建主键约束

1. 在三个表中，找出主键列

在借书证表中能够唯一确定一条记录的数据列是“借书证号”，故定义“借书证号”为借书证表的主键列；在图书信息表中能够唯一确定一条图书信息数据的数据列是“图书编号”，故定义“图书编号”为图书信息表的主键列；在借阅信息表中能够唯一确定一条借阅信息数据的数据列是“借书证号＋图书编号”，故定义“借书证号＋图书编号”为借阅信息表的组合主键列。

2. 使用在创建表的同时定义主键的方法来定义借书证表的主键

(1) 在对象资源管理器中，单击“新建查询”，打开查询设计器窗口。

(2) 在窗口中输入下列 SQL 语句：

```
CREATE TABLE 借书证
(
借书证号 CHAR(8) PRIMARY KEY,                    /*定义主键*/
[工(学)号] CHAR(10),
姓名 CHAR(20),
类别 CHAR(6),
办证日期 DATETIME,
有效日期 DATETIME,
)
```

单击“执行”，为“借书证”表成功添加主键约束。

3. 使用为已经定义好的“图书信息表”添加主键的方法来创建“图书信息表”主键

(1) 为“图书信息表”添加主键的 SQL 语句如下：

```
ALTER TABLE 图书信息表 ADD CONSTRAINT pk_图书信息 PRIMARY KEY
(图书编号)
```

(2) 在查询设计器窗口中输入上述 SQL 语句，单击“执行”，为“图书信息表”添加主键约束。

4. 创建“借阅信息表”的同时定义其组合主键“借书证号+图书编号”

(1) 创建“借阅信息表”，定义组合主键的 SQL 语句如下：

```
CREATE TABLE 借阅信息表
(
借书证号 CHAR(10),
图书编号 CHAR(6),
借书日期 DATETIME,
应还日期 DATETIME,
借阅状态 CHAR(10),
经办人 CHAR(10)
CONSTRAINT PK_借阅信息 PRIMARY KEY(借书证号,图书编号)
)
```

(2) 在查询设计器窗口中输入上述 SQL 语句，单击“执行”，为“借阅信息表”添加组合主键约束。

(3) 在表设计器中打开借阅信息表，设置结果如图 3—2—7 所示。

## 二、为“借阅信息表”创建外键约束

1. 使用创建表的同时定义外键的方法，为借阅信息表定义外键

(1)“借阅信息表”中的借书证号与“借书证表”中的借书证号保持一致，“借阅信息

| 列名 | 数据类型 | 允许空 |
| --- | --- | --- |
| 借书证号 | char(10) | ☐ |
| 图书编号 | char(6) | ☐ |
| 借书日期 | datetime | ☑ |
| 应还日期 | datetime | ☑ |
| 经办人 | char(10) | ☑ |
| 借阅状态 | char(10) | ☑ |
| | | ☐ |

图 3—2—7　定义借阅信息表组合主键

表”中的图书编号与“图书信息表”中的图书编号保持一致，故借阅信息表中要为借书证号、图书编号定义外键约束。SQL 语句如下：

```
CREATE TABLE 借阅信息表
(
借书证号 CHAR(10) referencs 借书证(借书证号)ON UPDATE CASCADE,
图书编号 CHAR(6) referencs 图书信息表(图书编号)ON UPDATE CASCADE,
借书日期 DATETIME,
应还日期 DATETIME,
借阅状态 CHAR(10),
经办人 CHAR(10)
CONSTRAINT PK_借阅信息 PRIMARY KEY(借书证号,图书编号)
)
```

（2）在查询设计器窗口中输入上述 SQL 语句，单击“执行”，定义“借阅信息表”的同时成功定义两个外键约束。

2. 使用为已经定义好的数据表添加外键的方法，为“借阅借息表”添加外键约束

（1）为借阅信息表的借书证号、图书编号列添加外键约束，SQL 语句如下：

```
ALTER TABLE 借阅信息表
ADD
CONSTRAINT fk_借阅信息表_借书证 FOREIGN KEY(借书证号) REFERENCES
借书证(借书证号) ON UPDATE CASCADE
ADD
CONSTRAINT fk_借阅信息表_图书 FOREIGN KEY(图书编号) REFERENCES 图
书信息表(图书编号) ON UPDATE CASCADE
```

（2）在查询设计器窗口中输入上述 SQL 语句，单击“执行”，为“借阅信息表”成功添加外键约束。

## 三、应用插入数据表中的数据验证主键的唯一性

1. 在教工表插入一条数据（chengx，陈雪，女，888888，13800000000，信息技术系），验证主键约束的唯一性。

（1）实现插入数据的 SQL 语句如下：

```
INSERT INTO 教工
```

VALUES('chengx','陈雪','女','888888','13800000000','信息技术系','Y','N')

(2) 在查询设计器中写入上述 SQL 语句，单击“执行”按钮，插入结果如图 3—2—8 所示。因为教工表中已经存在一条工号为“chengx”的记录，工号列又为教工表的主键，故不能再插入相同工号的另一条记录，插入操作失败。

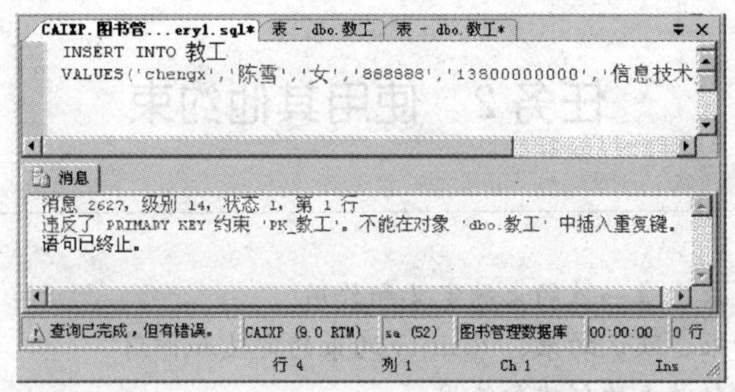


图 3—2—8　插入与表中主键列值相同的数据时，插入失败

## 四、对借阅信息表插入一条数据时，验证外键数据的一致性

(1) 假设有一借书证号为 6990001 的读者，借阅图书馆中编号为“014177”的图书，图书管理员在借阅时将借书证号输入为 69900001，完成插入数据的 SQL 语句如下：

INSERT INTO 借阅信息表

VALUES('69900001','014177','2009－9－5','2009－11－5','李文娟','借阅')

(2) 在查询设计器中写入上述 SQL 语句，单击“执行”按钮，查询结果如图 3—2—9 所示。因为借阅信息表中的借书证号定义为外键，其取值必须是借书证表已经存在的借书证号，借书证号 69900001 不是借书证表中的数据，故插入操作失败。

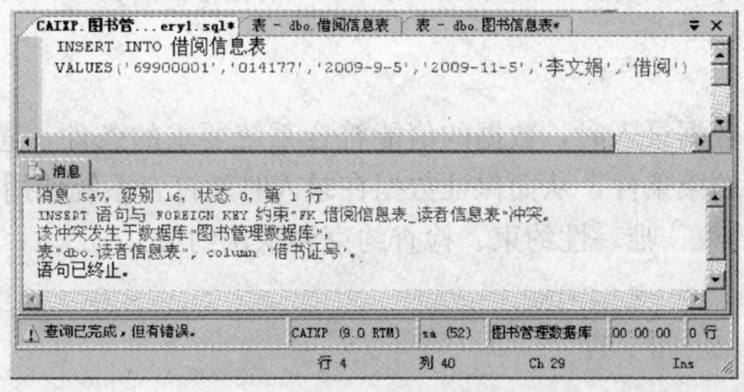


图 3—2—9　插入的数据不符合外键约束时，操作失败

## 思考与练习

### 一、思考题

1. 什么是数据完整性？
2. 什么是主键约束？它的作用是什么？
3. 什么是外键约束？它的作用是什么？

## 二、操作题

1. 在图书管理数据库中，完成各表中主键创建，并验证主键数据的唯一性。
2. 在图书管理数据库中，完成各表中外键的创建，并验证外键数据的一致性。

# 任务 2　使用其他约束

**教学目标**

- ◆ 理解非空约束、唯一性约束的定义和作用
- ◆ 理解检查约束、默认约束、identity 约束的定义和作用
- ◆ 掌握上述各种约束的创建和使用

## 任务引入

在设计“图书管理数据库”时，需要规定表中数据的取值类型和取值范围，以防用户输入不合法数据。请按照要求完成如下设置：

1. 设置“教工”表中“姓名”列数据不允许为空。
2. 设置“部门”表中“部门名称”取值唯一。
3. 设置“教工”表中“性别”列取值范围为“男或女”。
4. 设置“教工”表中“密码”列默认值为“888888”
5. 为“教工”表设置标识列，列名为“序号”，数据类型为 int，初值为 1，每次递增 1。

## 任务分析

为保证数据表中数据录入时，数据的值能符合系统要求的条件，通常在数据表定义时，给表中各列数据一个约束条件，从而保证数据在录入时就符合系统使用要求。常用的数据约束条件有：[非] 空约束、唯一性约束、检查约束和默认约束。

## 相关知识

### 一、[非] 空（[NOT] NULL）约束

#### 1. [非] 空（[NOT] NULL）约束概念

表中列可以定义为允许或不允许空值。如果允许某列可以不输入数据，则应当在该列加上 NULL 约束，如果某个列必须输入数据，则应当在该列加上 NOT NULL 约束。默认情况下，创建表列允许空值。

在数据库中 NULL 是特殊值，一个列中出现 NULL 值，意味着用户还没有为该列输入值。NULL 既不等价于数值型数据 0，也不等价于字符型数据空串，只表明该列是未知的。

如果表中某列原先设计为允许空，现要修改为不允许为空，则只有当现有列不存在空值

及该列不存在索引时，才可以进行。

2. 定义［非］空约束的 SQL 语句

```
CREATE TABLE 数据表名
(列名 数据类型［CONSTRAIN 约束名］NULL | NOT NULL
［，…］)
```

其中：

(1)［CONSTRAIN 约束名］：定义一个约束名，可省略。

(2) NULL | NOT NULL：允许空或不允许空，默认为允许空。

(3) 此语法格式为在创建表的同时指定列为空或不为空。

例，创建"教工"表时，指定密码列不允许为空，SQL 语句如下：

```
CREATE TABLE 教工
(
工号 CHAR(10) PRIMARY KEY，
密码 CHAR(10) NOT NULL      /*定义不为空*/
……)
```

## 二、唯一性（UNIQUE）约束

1. 唯一性约束的概念

可使用 UNIQUE 约束确保在非主键列中不输入重复值。在允许空值的列上保证唯一性时，应使用 UNIQUE 约束而不是 PRIMARY KEY 约束，不过在该列中只允许有一个 NULL 值。一个表中可以定义多个 UNIQUE 约束，但只能定义一个 PRIMARY KEY 约束。

2. 定义唯一性约束的 SQL 语句

语法格式 1：

```
CREATE TABLE 数据表名
(列名 数据类型［CONSTRAIN 约束名］UNIQUE［，…］)
```

语法格式 2：

```
CREATE TABLE 数据表名
(［CONSTRAIN 约束名］UNIQUE(列名 1［，…n］)［，…］)
```

其中：

(1) UNIQUE 是定义唯一性约束的关键字。

(2) 语法格式 1 定义单列唯一约束，语法格式 2 定义多列组合唯一约束。

## 三、检查（CHECK）约束

1. 检查约束的概念

检查约束是限制用户输入某一列的数据取值，即该列只能输入一定范围的数据。检查约束可以作为表定义的一部分在创建表时创建，也可以添加到现有表中，表和列可以包含多个检查约束，允许修改或删除现有的检查约束。

在现有表中添加检查约束时，该约束可以仅作用于新数据，也可以同时作用于已有的数据。默认设置为检查约束同时作用于已有数据和新数据。如希望现在数据维持不变，则使用约束仅作用于新数据选项。可以为每列指定多个检查约束。

2. 定义检查（check）约束的 SQL 语句

CREATE TABLE 数据表名

（[列名 数据类型][CONSTRAINT 约束名] CHECK（逻辑表达式）[，…]）

其中：

（1）[CONSTRAINT 约束名] 定义约束名，可省略。

（2）CHECK：定义检查约束，后面跟逻辑表达式，如（性别 in（'男'，'女'））。

（3）与其他约束不同的是，CHECK 约束可以通过 NOCHECK 和 CHECK 关键字设置为无效或重新有效，语法格式如下：

ALTER TABLE 表名

NOCHECK CONSTRAINT 约束名 1 CHECK CONSTRAINT 约束名

## 四、默认（DEFAULT）约束

1. 默认约束的概念

默认约束是指在用户未提供某些列的数据时，数据库系统为用户提供的默认值。从而简化应用程序代码并提高系统性能。

表的每一列都可包含一个 DEFAULT 定义，可以修改现有的 DEFAULT 定义，但必须首先删除已有的 DEFAULT 定义，然后通过新定义重新创建。

Timestamp 数据类型和 IDENTITY 列不能定义 DEFAULT 约束。默认值必须与所约束列的数据类型相一致，每一列只能定义一个默认值。

2. 定义默认性约束的 SQL 语句

语法格式 1：

CREATE TABLE 数据表名

（列名 数据类型[CONSTRAINT 约束名]DEFAULT 默认值[，…]）

语法格式 2：

CREATE TABLE 数据表名

（[CONSTRAINT 约束名]DEFAULT 默认值 FOR 列[，…]）

其中：

（1）DEFAULT 为定义默认约束的关键字。

（2）格式 1 为定义单列默认值，格式 2 为定义多列默认值。

## 五、标识列 IDENTITY

1. 标识列的概念

表中的主键和唯一键都可以起到标识表中记录的作用，有时为了方便可以让计算机为表中的记录按照要求自动地生成标识字段的值，通常该字段的值在现实生活中并没有直接的意义。这样的字段可以用表的标识列来实现。用标识列可以实现数据的完整性。在建立表时，

使用 IDENTITY 属性建立标识列，建立标识列时，要确定标识列的初值（Seed：种子属性）和增量（Increment：增量属性），以便系统自动生成标识列的值，两者的默认值均为 1。

一个表只能有一列定为标识属性，而该列必须以 decimal、int、numeric、smallint、bigint 或 tinyint 数据类型定义。标识列不允许出现空值，也不能有默认值的约束或对象。

标识列的形成是按照用户确定的初值和增量进行的，如果在经常进行删除操作的表中定义了标识列，那么在标识值之间就会产生不连续现象。如果要求不能出现这种不连续的值，那么就不能使用标识列属性。或者通过 SET IDENTITY _ INSERT ON 来显式地输入标识值，以填补断续的标识列值，但是采用这种方法要求先对标识值进行计算，否则会产生错误。总之，经常会进行删除操作的表最好不要使用标识列。

2. 创建标识列的 SQL 语句

CREATE TABLE 数据表名

(列名 数据类型 IDENTITY [（种子，增量）] [，…])

其中：

(1) IDENTITY 是标识列关键字，种子为标识列的初值，增量为每次递增的值。

(2) 也可以使用 IDENTITY 函数产生标识列，只用在带有 INTO table 子句的 SELECT 语句中，才可以插入标识列到新表中。其语法格式为：

IDENTITY(数据类型 [，种子，递增量]) AS 列名

例，在“教工”表中使用 IDENTITY 函数插入标识列，SQL 语句如下：

SELECT IDENTITY(int,1,1) AS 序号,工号,姓名 INTO 教工序号

FROM 教工

## 任务实施

### 一、设置“教工”表中“姓名”列数据不允许为空

1. 在 SQL Server Management Studio 的对象资源管理器中，选中“教工”表，单击鼠标右键，在右键菜单中，选择“修改”，打开表设计器窗口，将“姓名”行中的“允许空”的勾选符号去掉（按鼠标左键），设置结果如图 3—2—10 所示。

表 - dbo.教工*　摘要

| 列名 | 数据类型 | 允许空 |
|---|---|---|
| 序号 | int | ☐ |
| 工号 | char(10) | ☐ |
| 姓名 | char(20) | ☐ |
| 性别 | char(2) | ☐ |
| 密码 | char(10) | ☑ |
| 联系电话 | char(20) | ☑ |
| 部门 | char(100) | ☐ |
| 是否办证 | char(1) | ☑ |
| 是否管理员 | char(1) | ☑ |

图 3—2—10　“姓名”列不允许为空设置

2. 使用 SQL 语句实现设置“不为空”约束

(1) 在创建教工表时直接定义姓名列不允许为空，SQL 语句如下：

CREATE TABLE 教工

```
(
工号 CHAR(10) PRIMARY KEY,          /*定义主键*/
姓名 CHAR(10) NOT NULL,    /*定义不允许为空*/
密码 CHAR(10),
……)
```

(2) 在创建了“教工”表后，为“教工”表的姓名列添加“不为空”约束，SQL 语句如下：

```
ALTER TABLE 教工
ALTER COLUMN 姓名 CHAR(10) NOT NULL
```

## 二、设置“部门”表中“部门名称”取值唯一

1. 使用 SQL Server Management Studio 管理工具设置唯一性约束

(1) 在对象资源管理器中选中要创建唯一性约束的“部门”表，打开表设计窗口，在表设计窗口的任意位置，单击鼠标右键，在快捷菜单中选择“索引/键”，如图 3—2—11 所示。

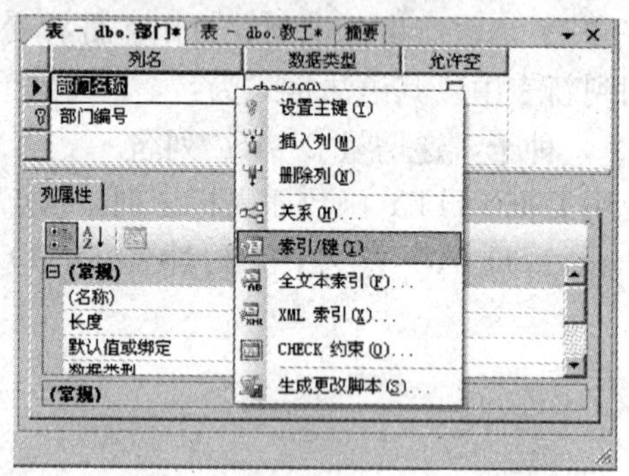


图 3—2—11 索引/键菜单

(2) 在图 3—2—12 所示的“索引/键”窗口中，添加唯一键约束，在常规选项中，设置类型为“唯一键”，指定列名为“部门名称”，单击“关闭”按钮，完成设置。

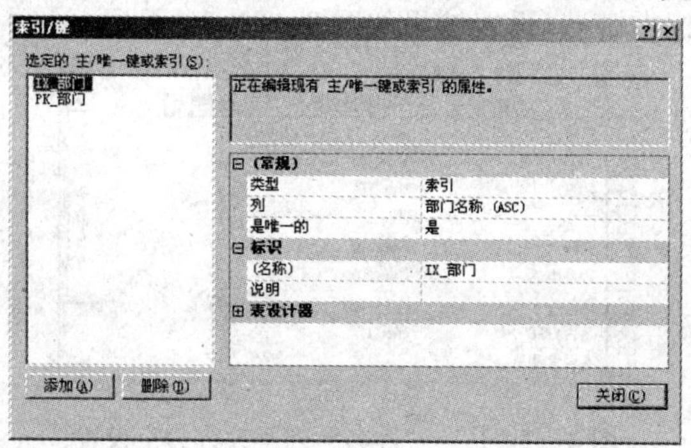


图 3—2—12 添加唯一键

2. 使用 SQL 语句设置唯一性约束

(1) 在创建“部门”表时为“部门名称”列设置唯一性约束，SQL 语句如下：

```
CREATE TABLE 部门
(
部门编号 CHAR(10) PRIMARY KEY,                    /*定义主键*/
部门名称 CHAR(100) NOT NULL UNIQUE    /*定义不允许为空、唯一约束*/
)
```

(2) 在已经创建的“部门”表的“部门名称”列上，添加上唯一约束。SQL 语句如下：

```
ALTER TABLE 部门
ADD CONSTRAINT uq_名称 UNIQUE(部门名称)
```

## 三、设置“教工”表中“性别”列取值范围为“男或女”

### 1. 使用 SQL Server Management Studio 管理工具设置检查约束

(1) 在对象资源管理器中选中要创建检查约束的表，打开表设计窗口，在表设计窗口的任意位置，单击鼠标右键，在快捷菜单中选择“CHECK 约束”，如图 3—2—13 所示。

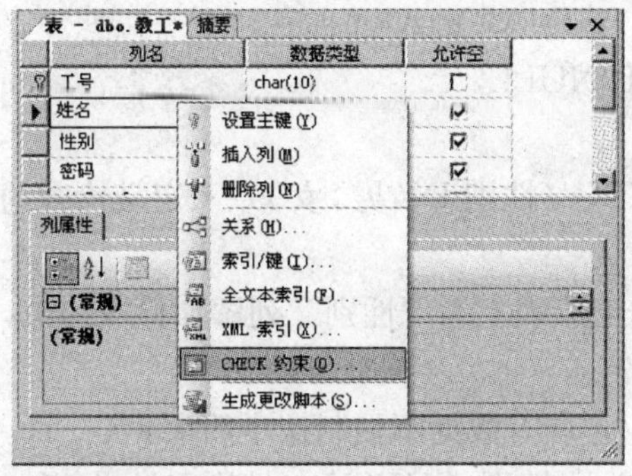


图 3—2—13　检查约束菜单

(2) 在打开的 CHECK 约束窗口中，单击“添加”按钮，在“常规”选项中，单击“表达式”后面的按钮，在弹出的 CHECK 约束表达式对话框中输入约束条件，如图 3—2—14 所示。

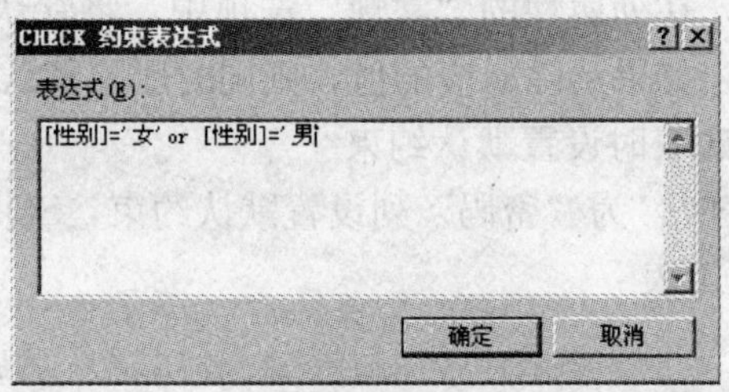


图 3—2—14　CHECK 约束表达式设置

(3) 单击“确定”按钮，返回到 CHECK 约束窗口，如图 3—2—15 所示，单击“关闭”按钮，完成 CHECK 约束设置。

### 2. 使用 SQL 语句设置检查约束

(1) 在创建“教工”表时为“性别”列定义检查约束，SQL 语句如下：

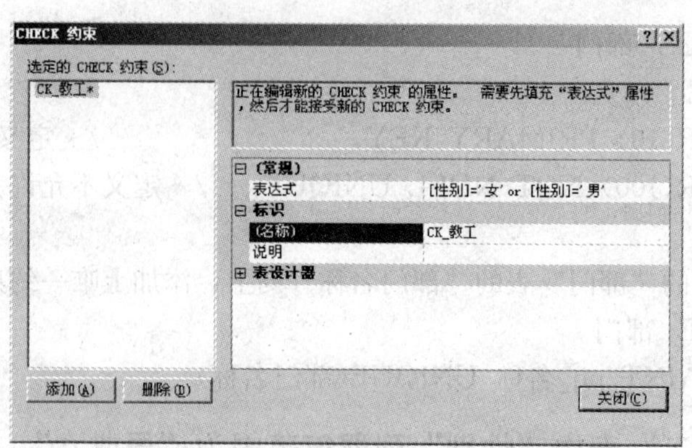


图 3—2—15 CHECK 约束窗口

```
CREATE TABLE 教工
(
借书证号 CHAR(10) PRIMARY KEY,                /*定义主键*/
姓名 CHAR(10) NOT NULL,
密码 CHAR(10),
性别 CHAR(2) CHECK (性别 IN('男','女'))/*定义检查约束*/
……)
```

(2) 在已经创建的“教工”表上为“性别”列添加检查约束，SQL 语句如下：

```
ALTER TABLE 教工
WITH NOCHECK   /*现有数据不强制这个约束*/
ADD CONSTRAINT  ck_性别 CHECK (性别 IN('男','女'))
```

## 四、设置“教工”表中“密码”列默认值为“888888”

1. 使用 SQL Server Management Studio 管理工具设置默认约束

在对象资源管理器中，选中要创建默认值的“教工”表，打开表设计窗口，选中要建立默认值约束的列名“密码”，在列属性的“常规”选项中，将默认值或绑定栏中添上要定义的值，如图 3—2—16 所示，如果清除对应的值，则同时删除默认值约束。

2. 使用 SQL 语句在创建表时设置默认约束

(1) 在创建“教工”表时，为“密码”列设置默认约束，SQL 语句如下：

```
CREATE TABLE 教工表
(
借书证号 CHAR(10) PRIMARY KEY,                /*定义主键*/
姓名 CHAR(10) NOT NULL,
密码 CHAR(10) DEFAULT '888888',
性别 CHAR(2) CHECK (性别 IN('男','女'))/*定义检查约束*/
……)
```

(2) 在已经创建的“教工”表上，为“密码”列添加默认约束，SQL 语句如下：

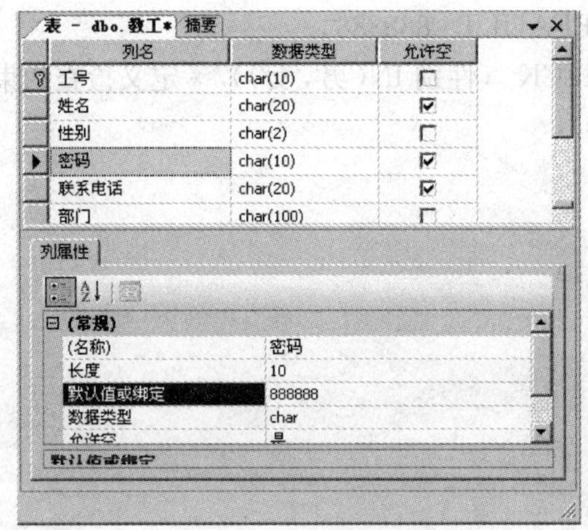


图 3—2—16 建立默认值约束

```
ALTER TABLE 教工
ADD CONSTRAINT def_密码 DEFAULT '888888' for 密码
```

## 五、为“教工”表设置标识列，列名为“序号”，数据类型为 int，初值为 1，每次递增 1

1. 使用 SQL Server Management Studio 管理工具设置标识列

在对象资源管理器中，选中要创建标识列的“教工”表，打开表设计窗口，选中要作为标识列的列名“序号”，在列属性的“表设计器”选项中，设置“是标识”为“是”，相应的设置［标识种子］为 1，［标识增量］为 1，如图 3—2—17 所示，单击“保存”，完成设置。

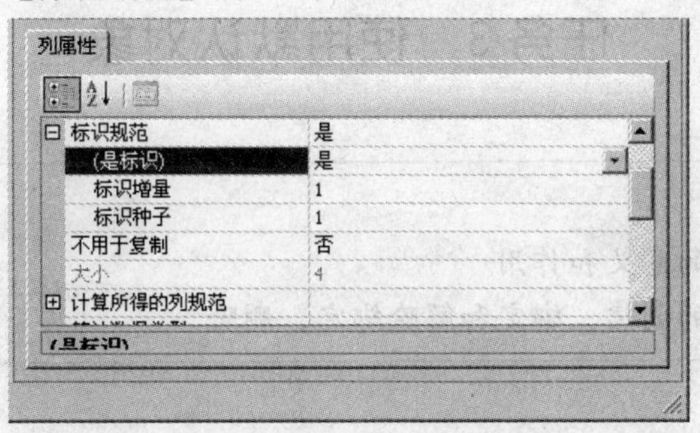


图 3—2—17 标识列设置

2. 使用 SQL 语句在创建表时设置标识列

SQL 语句如下：

```
CREATE TABLE 教工
(
序号 INT IDENTITY(1,1),
借书证号 CHAR(10) PRIMARY KEY,                /*定义主键*/
姓名 CHAR(10) NOT NULL,
```

```
密码 CHAR(10) DEFAULT '888888',
性别 CHAR(2) CHECK (性别 IN('男','女'))/ * 定义检查约束 * /
联系电话 CHAR(20),
部门 CHAR(100),
是否办证 CHAR(1),
是否管理员 CHAR(1)
)
```

## 思考与练习

### 一、思考题

1. 什么是非空约束和唯一约束?
2. 什么是默认和检查约束?
3. 什么 identity 列约束?

### 二、操作题

1. 为图书管理数据库中各表补充完成非空约束和唯一约束。
2. 为教工表中“联系电话”列补充检查约束，取值为 6 位 0～9 的数字。
3. 为学生表中的密码列设置默认值为“123456”。
4. 为借阅信息表创建 identity 列。

# 任务 3　使用默认对象

**教学目标**

- 理解默认对象的意义和作用
- 掌握默认对象的创建、绑定和解除绑定、删除

## 任务引入

在数据库中，有时会存在多个表中数据具有相同的默认值的情况，比如在学生表和教工表中都存在“密码”列，在对两个表进行数据插入时，密码列初值可设为统一的值。SQL Server 中提供了“默认对象”来实现一次创建默认对象，多处使用该对象的功能。请在“图书管理数据库”中使用默认对象完成如下任务：

1. 为“图书管理数据库”创建默认对象 Default _ Password，默认值为“000000”。
2. 将默认对象 Default _ Password 绑定到“教工表”和“学生表”的“密码”列。
3. 检验默认对象的绑定是否成功。

4. 解除默认对象的绑定。

5. 删除默认对象。

**任务分析**

默认对象的使用和 Default 约束的功能类似，但默认对象在数据库范围内创建，并可被绑定到不同数据表的列上，多次使用；而 default 约束不需要创建，只需要指定到相关列上，只对该列值有效，不能重复使用。

**相关知识**

## 一、默认对象的概念

默认对象是一种数据库对象，可以绑定到一个或多个列上，还可以绑定到用户自定义类型上。默认对象被创建后，可以反复使用。当向表中插入数据时，如果绑定有默认对象的列或者数据类型没有明确提供值，那么就插入默认对象指定的数据。默认对象的值必须与所绑定列的数据类型一致，不能违背列的相关规则。

默认对象的执行与前面所讲的 DEFAULT 约束功能相同，DEFAULT 约束的定义和表存储在一起，当除去表时，将自动除去 DEFAULT 约束，DEFAULT 约束是限制列数据的首选并且是标准的方法。然而，当在多个列，特别是在不同表的列中多次使用默认值时，适合采用默认技术。

要使用默认对象，首先要创建默认对象，然后将其绑定到指定列或数据类型上，当取消默认对象时，可以解除绑定，在默认对象不再有用时可以将其删除。

## 二、创建默认对象的 SQL 语句

语法格式：

CREATE DEFAULT 默认名称 AS 常数表达式

其中：

(1) 默认名称必须符合标识符的规则。

(2) 常数表达式是指只包含常量值的表达式，不能包含任何列或其他数据库对象的名称。字符和日期常量用单引号引起来，货币、整数和浮点常量不需要使用引号。

## 三、绑定默认的 SQL 语句

语法格式：

sp_bindefault'默认名称','对象名'[,'futureonly_flag']

其中：

(1) 默认名称为已创建的默认对象的名称。

(2) 对象名是指要绑定默认值的列名，以“表名．列名”的格式指定。

(3) futureonly _ flag 仅在将默认对象绑定到用户定义的数据类型时才使用，它的默认值为 NULL。

## 四、解除绑定默认的 SQL 语句

语法格式：

sp_unbindefault'对象名'[,'futureonly_flag']

其中：

（1）对象名是指已绑定默认值的列名，以“表名．列名”的格式指定。

（2）在解除绑定时不必指出默认名称，因为在指定的对象上只有一个默认值存在。

## 五、删除默认的 SQL 语句

语法格式：

DROP DEFAULT 默认对象名[,…n]

其中使用 DROP DEFAULT 从当前数据库中删除一个或多个默认对象。

# 任务实施

## 一、为“图书管理数据库”创建默认对象“Default _ Password”，默认值为“000000”

1. 使用 CREATE DEFAULT 语句创建默认值对象 Default _ Password，SQL 语句如下：

```
CREATE DEFAULT Default_Password
AS '000000'
```

2. 在查询设计器中执行上述 SQL 语句，成功后在对象资源管理器中可查看到结果，如图 3—2—18 所示。

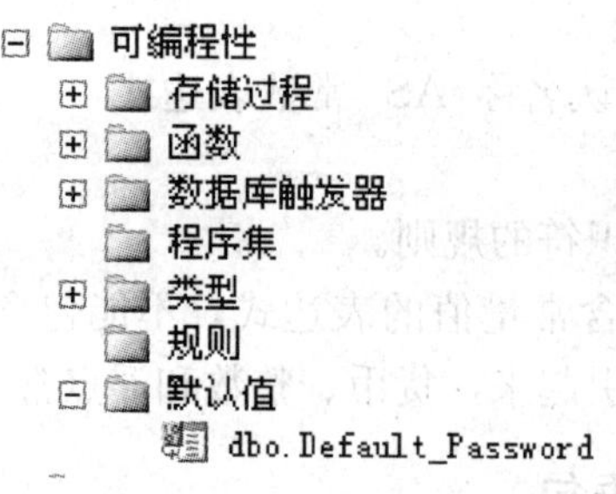


图 3—2—18　创建默认对象

## 二、绑定默认对象“Default _ Password”到“教工”表的“密码”列

1. 使用存储过程 sp _ bindefault 绑定“Default _ Password”到“教工”表的密码列和“学生”表的密码列，SQL 语句如下：

```
sp_bindefault' Default_Password','教工.密码'
sp_bindefault' Default_Password','学生.密码'
```

2. 在查询设计器中执行上述 SQL 语句，执行成功后，在对象资源管理器中可查看到结果（以“教工”表为例），如图 3—2—19 所示。

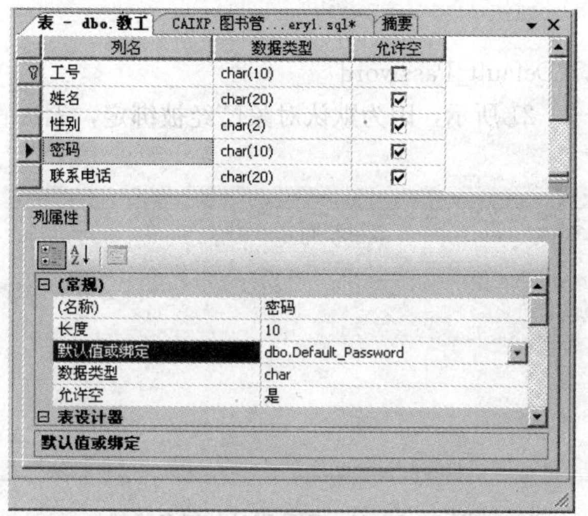


图 3—2—19　绑定默认值到指定列

## 三、检验默认对象的绑定是否成功

1. 为了测试绑定操作是否成功，为“教工”表插入一条记录。SQL 语句如下：

INSERT INTO 教工(工号,姓名,性别,联系电话,所在部门,是否办证,是否管理员)
VALUES('nuy','吕燕','女','13900000000','信息技术系','Y','N')

2. 在查询分析器中执行上述语句，成功执行后，再执行查询语句：select * from 教工，执行结果如图 3—2—20 所示，由图可见，插入记录时没有在密码列插入任何数据，但表中自动插入了默认值。

| | 工号 | 姓名 | 性... | 密码 | 联系电话 | 部门 | 是否办... | 是否管理员 |
|---|---|---|---|---|---|---|---|---|
| 1 | chengx | 陈雪 | 女 | 654321 | 13800000000 | 教务处 | Y | Y |
| 2 | chengym | 陈育苗 | 女 | 888888 | 15700000000 | 工业设计系 | Y | N |
| 3 | linssh | 林颂声 | 男 | 888888 | 13600000000 | 数控系 | Y | N |
| 4 | liwj | 李文娟 | 女 | 654321 | 13500000000 | 教务处 | Y | Y |
| 5 | nuy | 吕燕 | 女 | 000000 | 13900000000 | 信息技术系 | Y | N |
| 6 | wuchl | 吴成龙 | 男 | 888888 | 13400000000 | 信息技术系 | Y | N |
| 7 | xiaoqw | 肖启旺 | 男 | 888888 | 13300000000 | 工业设计系 | Y | N |
| 8 | yeqd | 叶乔冬 | 男 | 654321 | 13200000000 | 教务处 | Y | Y |
| 9 | zenggh | 曾桂红 | 女 | 888888 | 13100000000 | 信息技术系 | Y | N |



图 3—2—20　测试绑定

## 四、删除默认对象“Default _ Password”

SQL 语句如下：

```
IF EXISTS(SELECT name FROM sys. objects
WHERE name='Default_Password'
AND type='D')
DROP DEFAULT Default_Password
```

操作结果如图 3—2—21 所示，因为默认对象已经被绑定，无法直接删除，给出错误提示。

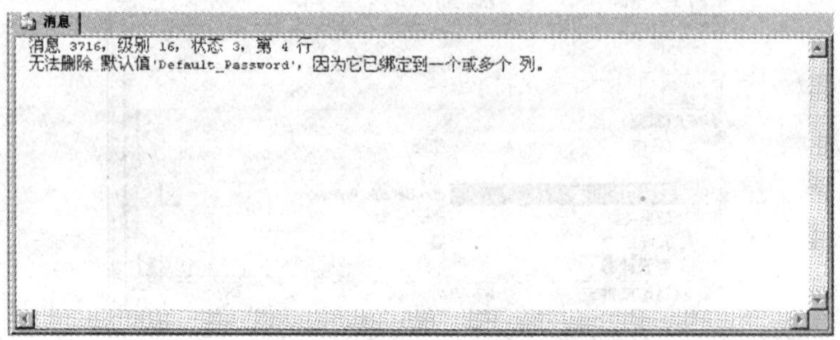
消息 3716，级别 16，状态 3，第 4 行
无法删除 默认值'Default_Password'，因为它已绑定到一个或多个 列。

图 3—2—21　删除默认值对象出错

## 五、解除绑定

SQL 语句如下：

```
sp_unbindefault '教工.密码'
```

操作结果如图 3—2—22 所示。

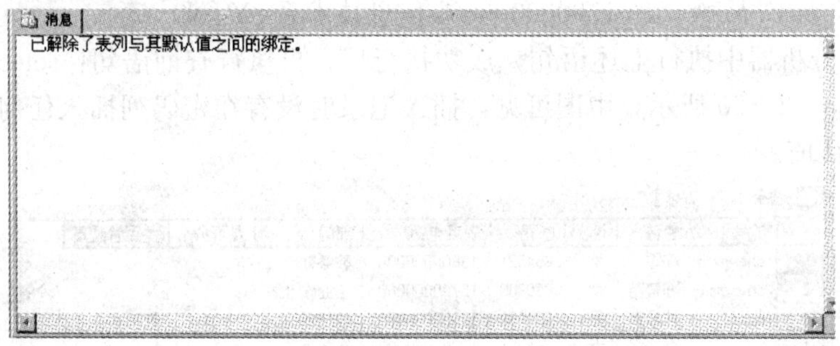
已解除了表列与其默认值之间的绑定。

图 3—2—22　解除绑定列

## 六、再次删除默认值对象

SQL 语句同步骤四：

```
IF EXISTS(SELECT name FROM sys. objects
WHERE name='Default_Password'
AND type='D')
DROP DEFAULT Default_Password
```

SQL 语句成功执行，默认对象被删除。

## 思考与练习

### 一、思考题

什么是默认对象？默认对象与默认值有什么不同？

### 二、操作题

1. 为“图书管理数据库”创建默认对象 Default _ Status。
2. 将默认对象 Default _ Status 绑定到“读者信息表”的“借书证状态”列。
3. 检验默认对象的绑定是否成功。
4. 解除默认对象的绑定。
5. 删除默认对象。

# 任务 4　使用规则对象

**教学目标**

- ◆ 理解规则对象的作用和意义
- ◆ 掌握规则对象的创建、绑定和解除绑定、删除

## 任务引入

在数据库中，存在多个表中数据具有相同的检查约束的情况，比如在“教工”表和“学生”表中都存在“性别”列，该列的取值范围都是‘男’或‘女’，这时可使用规则对象来实现一次创建多处使用。请在“图书管理数据库”中使用规则对象完成如下任务：

1. 在“图书管理数据库”创建规则对象 PasswordLength _ rule。
2. 将规则对象 PasswordLength _ rule 绑定到“教工”表、“学生”表的“密码”列。
3. 检验规则对象的绑定是否成功。
4. 解除规则对象的绑定。
5. 删除规则对象。

## 任务分析

规则对象的使用和 check 约束的功能类似，但规则对象在数据库范围内创建，并可被绑定到不同数据表的列上，多次使用；而 check 约束不需要创建，只需要指定到相关列上，只对该列值有效。

## 相关知识

### 一、规则对象的概念

规则是保证域完整性的主要手段，它类似于check约束。与check约束相比，其执行的功能相同。规则是一种数据库对象，可以绑定到一列或多个列上，还可以绑定到用户自定义类型上，规则定义后可反复使用。

列或用户自定义数据类型只能有一个绑定的规则，但是，列可以同时具有规则和多个check约束。

规则作为独立的对象，使用它要首先定义，然后绑定到列或用户自定义类型，不需要时可以解除绑定和删除。

### 二、创建规则对象的SQL语句

语法格式：

CREATE RULE 规则名 AS 条件表达式

其中：

（1）规则名应符合标识符定义法则。

（2）条件表达式应符合SQL语法定义规则。

### 三、绑定规则对象的SQL语句

语法格式：

sp_bindrule'规则名','对象名'[,'futureonly_flag']

其中：

（1）规则名应符合标识符定义法则。

（2）对象名是以“表名.列名”格式指定。

（3）futureonly_ flag参数仅当将规则绑定到用户定义的数据类型时才使用。

### 四、删除规则对象的SQL

删除规则对象前，首先应使用系统存储过程sp_unbindrule解除被绑定对象与规则对象之间的绑定关系。

解除绑定的语法格式为：

sp_unbindrule'对象名'['futureonly_flag']

解除绑定后，再删除规则，删除规则语法格式为：

DROP RULE 规则名

## 任务实施

### 一、在“图书管理数据库”中创建规则对象PasswordLength _ rule

1. 使用create rule创建规则对象，SQL语句如下：

```
CREATE RULE passwordLength_rule
AS
LEN(@Password)>=6 AND LEN(@Password)<=10
```

2. 在查询设计器中执行上述 SQL 语句，执行成功后，可在对象资源管理器中查看，如图 3—2—23 所示。

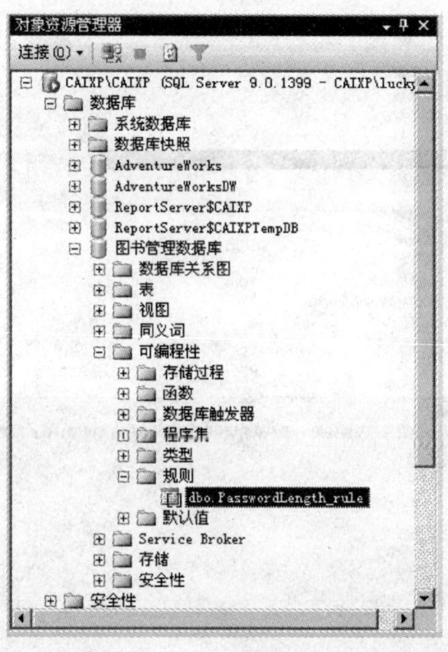


图 3—2—23　创建规则对象

## 二、绑定规则对象到“教工”表、“学生”表的密码列

1. 使用系统存储过程 sp _ bindrule 实现规则对象的绑定，SQL 语句如下：

```
sp_bindrule 'PasswordLength_rule','教工.密码'
sp_bindrule 'PasswordLength_rule','学生.密码'
```

2. 在查询设计器中执行上述语句，执行成功后，查看“教工”表“密码”列属性，如图 3—2—24 所示，可看到规则已绑定（以“教工”表为例查看）。

## 三、检验规则对象的绑定是否成功

为了测试规则对象‘passwordLength _ rule’是否成功绑定到“教工．密码”列上，下面向“教工”表中插入一条记录，其中密码列取值为‘123’，以测试刚才创建的规则是否起作用，SQL 语句如下：

```
INSERT INTO 教工(工号,姓名,密码,性别,联系电话,部门,是否办证,是否管理员)
VALUES('wangxh','王小红','123','女','13000000000','信息技术系','Y','N')
```

在查询设计器中输入 SQL 语句，单击“执行”按钮，结果如图 3—2—25 所示，因密码长度不符合规则对象的要求，插入操作失败，说明规则对象已经绑定。

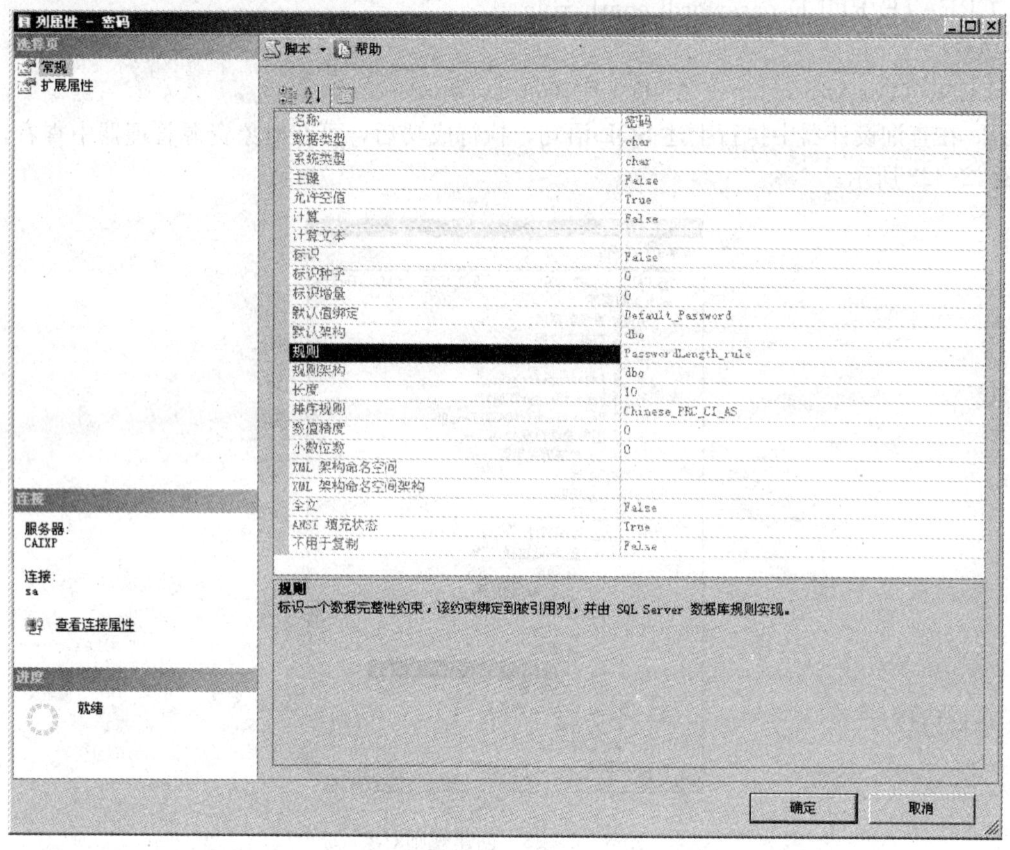

图 3—2—24 绑定规则对象到教工．密码列

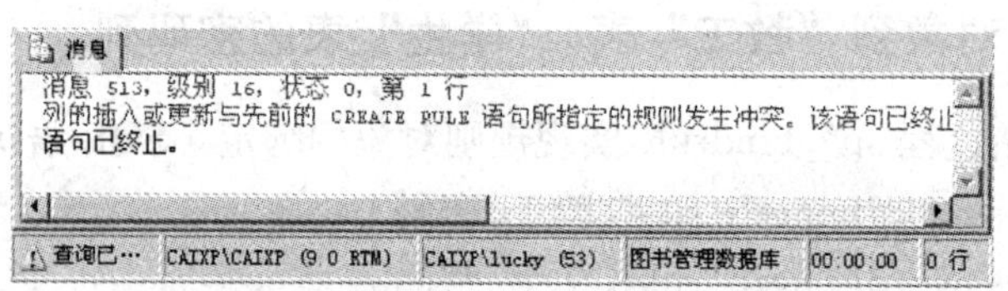


图 3—2—25 测试绑定规则对象

## 四、解除规则对象的绑定

在删除规则对象之前，必须先取消所有对规则对象的绑定，否则无法执行删除。实现对“教工”表的“密码”列解除规则对象的绑定，使用系统存储过程 SP _ UNBINDRULE，SQL 语句如下：

EXEC sp_unbindrule '教工. 密码'

## 五、删除规则对象

实现删除规则对象，应使用 DROP RULE 命令。为保证删除操作的正确执行，在删除之前，必须使用 if 条件语句判断该规则对象是否存在，如果存在，才执行删除操作。SQL

语句如下：

```
IF EXISTS(SELECT name FROM sys.objects
WHERE name='PasswordLength_rule'
AND type='R')
DROP RULE PasswordLength_rule
GO
```

在查询设计器中执行上述 SQL 语句，成功执行后，再次查看图 3—2—23 中的规则对象，发现规则对象已被删除。

## 思考与练习

### 一、思考题

什么是规则对象，它与检查约束有何异同?

### 二、操作题

1. 为“图书管理数据库”创建规则对象 rule_sex。
2. 将规则对象 rule_sex 绑定到“教工”表和“学生”表的“性别”列。
3. 检验规则对象的绑定是否成功。
4. 解除规则对象的绑定。
5. 删除规则对象。

# 数据查询

数据查询就是根据用户提供的限定条件，从可用的数据表或视图中返回用户需要的数据。数据查询既是数据库管理员进行数据库日常管理的重要手段，又是数据库应用系统开发中实现各种查询功能的关键语句。数据查询的实质是在关系数据库中进行关系运算。

数据查询的内容包括简单查询、高级查询、视图和索引查询。简单查询是指在单一数据表按字段查询、按条件查询，并能对查询结果进行排序、分组、汇总等。高级查询是指对多个数据表进行连接查询、分组、合并结果集、汇总计算和子查询等，并能对查询结果排序、分组。视图是关系数据库系统提供给用户以多种角度观察数据库中数据的重要机制，它由数据查询的结果组成，通过它可以对数据表进行查询、修改、删除的数据操作。索引是数据库中用来加快检索表中数据的方法，可以大大减少数据库系统查询数据的时间。

## 课题一 简 单 查 询

### 任务 1 按字段查询

**教学目标**

- 掌握 SELECT 语句的语法
- 掌握选择字段查询、设置字段别名、使用计算列、过滤重复列等查询
- 掌握对查询结果进行排序

#### 任务引入

在数据库中，最简单的查询就是在单一数据表中，按照用户要求查询出数据表中指定的列，也就是字段查询。请在“图书馆管理数据库”完成如下字段查询任务：找出图书信息表中价格最贵的 5 本图书的图书编号、图书名称、ISBN、作者、出版时间。要求：

1. 查询结果中“书名”列改名为“图书名称”。
2. 查询结果中的同一 ISBN 算一本书，按价格由高到低对图书进行排序。

3. 查询结果保存到临时表，表名为“最贵图书表”。

## 任务分析

按字段查询主要是根据用户提供查询字段的限定条件，从可用的数据表返回用户需要的数据。按字段查询的内容包含查询全部字段、查询指定字段、修改字段名、使用计算列、过滤重复记录、选取部分行记录、对查询结果进行排序和保存等。按字段查询的本质是关系代数中进行投影运算的结果。

## 相关知识

### 一、投影运算

SQL Server 数据库是关系型数据库，关系数据库的理论基础是关系代数。关系代数是一种抽象的查询语言，它通过对关系的运算来表达查询，运算结果也是关系。按字段查询的本质是关系代数中进行投影运算的结果。

投影运算是从一个给定关系的所有属性中选择某些指定属性，组成一个新的关系。例：在“教工”表中选择工号、姓名、所属部门、是否办证列，具运算过程如图 4—1—1 所示。

| 工号 | 姓名 | 性别 | 密码 | 联系电话 | 部门 | 是否办证 | 是否管理员 |
|---|---|---|---|---|---|---|---|
| zenggh | 曾桂红 | 女 | 888888 | 13100000000 | 信息技术系 | Y | N |
| yeqd | 叶乔冬 | 男 | 654321 | 13200000000 | 教务处 | Y | N |
| xiaoqw | 肖启旺 | 男 | 888888 | 13300000000 | 工业设计系 | Y | N |
| wuchl | 吴成龙 | 男 | 888888 | 13400000000 | 信息技术系 | Y | N |
| liwj | 李文娟 | 女 | 654321 | 13500000000 | 教务处 | Y | Y |
| linssh | 林颂声 | 男 | 888888 | 13600000000 | 数控系 | Y | N |
| chengym | 陈育苗 | 女 | 888888 | 15700000000 | 工业设计系 | Y | N |
| chengx | 陈雪 | 女 | 654321 | 13800000000 | 教务处 | Y | Y |

| 工号 | 姓名 | 部门 | 是否办证 |
|---|---|---|---|
| zenggh | 曾桂红 | 信息技术系 | Y |
| yeqd | 叶乔冬 | 教务处 | Y |
| xiaoqw | 肖启旺 | 工业设计系 | Y |
| wuchl | 吴成龙 | 信息技术系 | Y |
| liwj | 李文娟 | 教务处 | Y |
| linssh | 林颂声 | 数控系 | Y |
| chengym | 陈育苗 | 工业设计系 | Y |
| chengx | 陈雪 | 教务处 | Y |

图 4—1—1 投影运算示例

### 二、pubs 数据库简介

pubs 数据库是由 Microsoft 公司提供的用于演示数据库各种功能和学习 SQL Server 的一个示例数据库，它是模仿一个图书出版公司建立的数据库模型，有出版者（publishers）、书（titles）、作者（authors）、书店（stores）、员工（employee）等数据表，该数据库各表的数据结构请参见本书附录一，在本模块的相关知识示例中将查询该数据库中的数据。

默认情况下，Microsoft SQL Server 2005 中不安装 pubs 示例数据库。可以从 Microsoft

网站下载 SQL2000SampleDb. msi，下载后双击 SQL2000SampleDb. msi 解压缩示例数据库脚本。SQL2000SampleDb. msi 将数据库脚本和自述文件解压缩到此默认文件夹中：C:\SQL Server 2000 Sample Databases，双击 instnwnd. sql，instpubs. sql 两个文件，在 SQL2005 中打开后，用鼠标右键单击“执行”按钮，就会添加到数据库中。

## 三、SELECT 语句的语法格式

SELECT 列名的列表
[INTO 新表名]
[FROM 表名与视图名列表]
[WHERE 条件表达式]
[GROUP BY 列名的列表]
[HAVING 条件表达式]
[ORDER BY 列名 1[ASC|DESC],列名 2[ASC|DESC],…列名 n[ASC|DESC]]

其中：

（1）SELECT 列名的列表

用于指定查询的输出字段，各字段间用逗号分隔，例如“SELECT 学号，姓名，性别”。

（2）INTO 新表名

用于将查询到的结果数据按照原来的数据类型保存到一个新建的表中，是可选子句，可省略。

（3）FROM 表名与视图名列表

用于指定要查询的表或列，即数据的来源，是可选子句，可省略。

（4）WHERE 条件表达式

用于指定记录的查询条件，是可选子句，可省略。

（5）ORDER BY 列名 1，列名 2

用于将查询的结果按指定的列排序，是可选子句，可省略。

（6）ASC | DESC

ASC 指按升序排序，DESC 是降序排序，是可选子句，可省略。

（7）GROUP BY 列名的列表

用于按指定的列进行分组，即列值相同的分为一组，是可选子句，可省略。

（8）HAVING 条件表达式

用于指定对分组记录的过滤条件，是可选子句，可省略，只能与 GROUP BY 子句一起使用。

## 四、SELECT 子句：选取字段和记录

SELECT 语句最基本的使用形式是：

SELECT 列名 1[,…列名 n] FROM 表名

在这个基本形式的基础上，可选择加上不同的可选项，以达到不同的目的。

1. 选取指定字段

例如，在 pubs 数据库的 titles 表中，查询 title _ id、title、type、pub _ id、price 字段，SQL 语句如下：

```
SELECT title_id,title,type,pub_id,price FROM titles
```

在查询设计器中执行 SQL 语句，查询结果如图 4—1—2 所示。

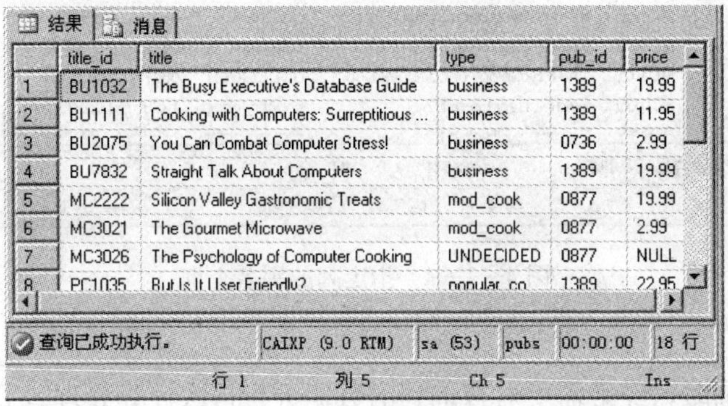

结果 | 消息

| | title_id | title | type | pub_id | price |
|---|---|---|---|---|---|
| 1 | BU1032 | The Busy Executive's Database Guide | business | 1389 | 19.99 |
| 2 | BU1111 | Cooking with Computers: Surreptitious ... | business | 1389 | 11.95 |
| 3 | BU2075 | You Can Combat Computer Stress! | business | 0736 | 2.99 |
| 4 | BU7832 | Straight Talk About Computers | business | 1389 | 19.99 |
| 5 | MC2222 | Silicon Valley Gastronomic Treats | mod_cook | 0877 | 19.99 |
| 6 | MC3021 | The Gourmet Microwave | mod_cook | 0877 | 2.99 |
| 7 | MC3026 | The Psychology of Computer Cooking | UNDECIDED | 0877 | NULL |
| 8 | PC1035 | But Is It User Friendly? | popular_co | 1389 | 22.95 |

查询已成功执行。 CAIXP (9.0 RTM) sa (53) pubs 00:00:00 18 行

行 1 列 5 Ch 5 Ins

图 4—1—2 查询指定的列

2. 选取全部字段

选择全部字段可在 SELECT 后用"＊"号来表示所有字段，服务器会按用户创建表格时声明的顺序来显示所有的列。

例，在 pubs 数据库的 titles 表中，查询所有字段，查询语句如下：

```
SELECT  *  FROM titles
```

执行结果如图 4—1—3 所示。

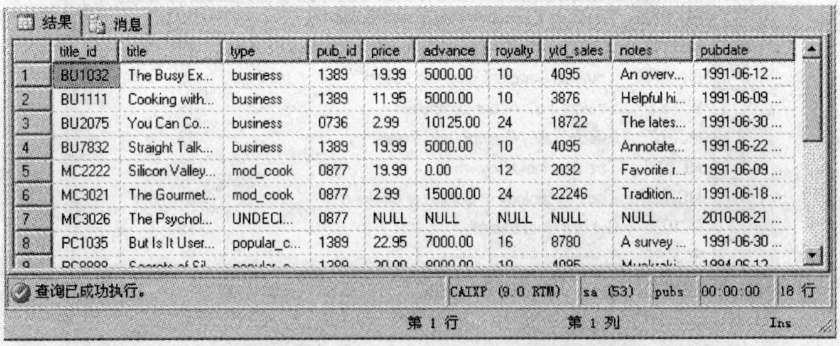

结果 | 消息

| | title_id | title | type | pub_id | price | advance | royalty | ytd_sales | notes | pubdate |
|---|---|---|---|---|---|---|---|---|---|---|
| 1 | BU1032 | The Busy Ex... | business | 1389 | 19.99 | 5000.00 | 10 | 4095 | An overv... | 1991-06-12 ... |
| 2 | BU1111 | Cooking with... | business | 1389 | 11.95 | 5000.00 | 10 | 3876 | Helpful hi... | 1991-06-09 ... |
| 3 | BU2075 | You Can Co... | business | 0736 | 2.99 | 10125.00 | 24 | 18722 | The lates... | 1991-06-30 ... |
| 4 | BU7832 | Straight Talk... | business | 1389 | 19.99 | 5000.00 | 10 | 4095 | Annotate... | 1991-06-22 ... |
| 5 | MC2222 | Silicon Valley... | mod_cook | 0877 | 19.99 | 0.00 | 12 | 2032 | Favorite r... | 1991-06-09 ... |
| 6 | MC3021 | The Gourmet... | mod_cook | 0877 | 2.99 | 15000.00 | 24 | 22246 | Tradition... | 1991-06-18 ... |
| 7 | MC3026 | The Psychol... | UNDECI... | 0877 | NULL | NULL | NULL | NULL | NULL | 2010-08-21 ... |
| 8 | PC1035 | But Is It User... | popular_c... | 1389 | 22.95 | 7000.00 | 16 | 8780 | A survey ... | 1991-06-30 ... |

查询已成功执行。 CAIXP (9.0 RTM) sa (53) pubs 00:00:00 18 行

第 1 行 第 1 列 Ins

图 4—1—3 查询表中所有数据

3. 设置字段别名

用户可根据需要对查询数据的列标题进行修改，或者为没有标题的列加上临时标题。语法格式：

列表达式[as]别名，其中 as 可省略。

例如，在 pubs 数据库的 titles 表中，查询 title _ id、title、type、pub _ id、price 字段，为"title _ id"列指定别名"书编号"，"title"列指定别名为"书名"，查询语句如下：

```
SELECT title_id AS 书编号,title 书名,type,pub_id,price FROM titles
```

执行结果如图 4—1—4 所示。

结果 | 消息

| | 书编号 | 书名 | type | pub_id | price |
|---|---|---|---|---|---|
| 1 | BU1032 | The Busy Executive's Database G... | business | 1389 | 19.99 |
| 2 | BU1111 | Cooking with Computers: Surreptiti... | business | 1389 | 11.95 |
| 3 | BU2075 | You Can Combat Computer Stress! | business | 0736 | 2.99 |
| 4 | BU7832 | Straight Talk About Computers | business | 1389 | 19.99 |
| 5 | MC2222 | Silicon Valley Gastronomic Treats | mod_cook | 0877 | 19.99 |
| 6 | MC3021 | The Gourmet Microwave | mod_cook | 0877 | 2.99 |
| 7 | MC3026 | The Psychology of Computer Coo... | UNDECIDED | 0877 | NULL |
| 8 | PC1035 | But Is It User Friendly? | popular_comp | 1389 | 22.95 |
| 9 | PC8888 | Secrets of Silicon Valley | popular_comp | 1389 | 20.00 |

查询已成功执行。 CAIXP (9.0 RTM) sa (53) pubs 00:00:00 18 行

第 1 行 第 1 列 Ins

图 4—1—4 指定列的别名查询

4. 使用计算列

在进行数据查询时，经常需要对查询到的数据进行再次计算处理。T－SQL 中允许直接在 SELECT 语句中使用计算列。计算列并不存在于表格所存储的数据中，其结果来自对某些列的数据进行演算。

例如，在 pubs 数据库的 titles 表中，计算各图书从发行到现在的年限，查询语句如下：

SELECT title_id AS 书编号,title 书名,DATEDIFF(year,pubdate,GETDATE()) AS 发行年限 FROM titles

执行结果如图 4—1—5 所示。

结果 | 消息

| | 书编号 | 书名 | 发行年限 |
|---|---|---|---|
| 1 | BU1032 | The Busy Executive's Database Guide | 19 |
| 2 | BU1111 | Cooking with Computers: Surreptitious Balance Sheets | 19 |
| 3 | BU2075 | You Can Combat Computer Stress! | 19 |
| 4 | BU7832 | Straight Talk About Computers | 19 |
| 5 | MC2222 | Silicon Valley Gastronomic Treats | 19 |
| 6 | MC3021 | The Gourmet Microwave | 19 |
| 7 | MC3026 | The Psychology of Computer Cooking | 0 |
| 8 | PC1035 | But Is It User Friendly? | 19 |
| 9 | PC8888 | Secrets of Silicon Valley | 16 |

查询已成功执行。 CAIXP (9.0 RTM) sa (53) pubs 00:00:00 18 行

行 4 列 1 Ch 1 Ins

图 4—1—5 使用计算列查询

说明：DATEDIFF()，GETDATE() 函数都是 SQL Server 中提供的日期时间函数，其语法格式如下：

DATEDIFF(格式串，日期 1，日期 2)

功能：返回时间间隔，其单位由参数决定，可为年，月，日。

GETDATE() 不带参数，其功能是从数据库服务器中返回当前日期时间。

此处 DATEDIFF (year，pubdate，GETDATE()) 的功能是计算图书出版日期和当前日期之差的年限。具体函数的概念请参见本书模块五数据库应用编程中函数一节的内容。

5. 过滤重复记录

前面介绍的最基本的查询方式会返回从表格中搜索到的所有行的数据，而不管这些数据是否重复，这常常不是用户所希望看到的。使用 DISTINCT 关键字就能够从返回的结果数据集合中删除重复的行，使返回的结果更简洁。

在使用 DISTINCT 关键字后，如果表中有多个为 NULL 的数据，服务器会把这些数据视为相等。

例如，在 pubs 数据库的 titles 表中，查询书的类别，SQL 语句如下：

SELECT DISTINCT type AS 书类别 FROM titles

执行结果如图 4—1—6 所示。

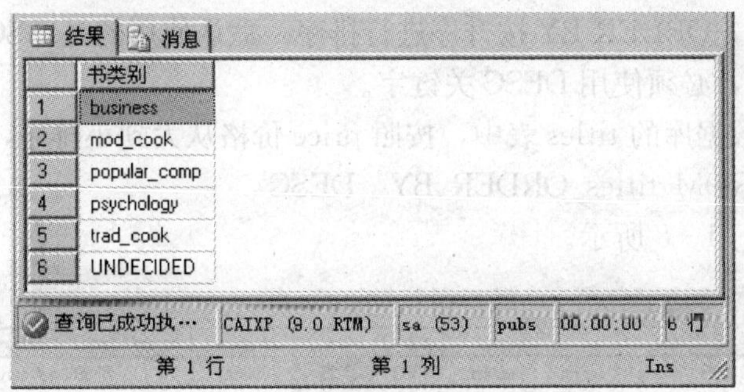


图 4—1—6　DISTINCT 关键字查询

6. 仅返回前面若干条记录

SQL Server 7.0 提供了 TOP 关键字，让用户指定返回前面一定数量的数据。当查询到的数据量非常庞大（例如有 100 万行），且没有必要对所有数据进行浏览时，使用 TOP 关键字查询可以大大减少查询花费的时间。

语法格式如下：

SELECT ［TOP n | TOP n PERCENT］ 列名 1[，列名 2，…列名 n]FROM 表名

其中 TOP n 表示返回最前面的 n 行，n 表示返回的行数。

TOP n PERCENT 表示返回的前面的 n%行。

例如，在 pubs 数据库的 titles 表中，查询表中前面 5 条数据，查询语句如下：

SELECT TOP 5 ＊ FROM titles

查询结果如图 4—1—7 所示。

结果　消息

| | title_id | title | type | pub_id | price | advance | royalty | ytd_sales | notes | pubd... |
|---|---|---|---|---|---|---|---|---|---|---|
| 1 | BU1032 | The Busy Exe... | business | 1389 | 19.99 | 5000.00 | 10 | 4095 | An o... | 1991... |
| 2 | BU1111 | Cooking with ... | business | 1389 | 11.95 | 5000.00 | 10 | 3876 | Help... | 1991... |
| 3 | BU2075 | You Can Com... | business | 0736 | 2.99 | 10125.00 | 24 | 18722 | The l... | 1991... |
| 4 | BU7832 | Straight Talk A... | business | 1389 | 19.99 | 5000.00 | 10 | 4095 | Ann... | 1991... |
| 5 | MC2222 | Silicon Valley ... | mod_c... | 0877 | 19.99 | 0.00 | 12 | 2032 | Favo... | 1991... |

查询已成功执行。　CAIXP (9.0 RTM)　sa (53)　pubs　00:00:00　5 行

第 1 行　第 1 列　Ins

图 4—1—7　TOP 关键字查询

## 五、查询结果排序

对查询结果进行排序，通过使用 ORDER BY 子句实现，语法格式：

ORDER BY 表达式 1[ASC|DESC][,…n]

其中，表达式给出排序依据，即按照表达式的值升序（ASC）或降序（DESC）排列查询结果。多个表达式给出多个排序依据，表达式在 ORDER BY 子句中的顺序决定了这个排序依据的优先级。

注意：不能按 ntext、text 或 image 类型的列排序，因此 ntext、text 或 image 类型的列不允许出现在 ORDER BY 子句中。

在默认的情况下，ORDER BY 按升序进行排序，默认使用的是 ASC 关键字。如果用户特别要求按降序排列，必须使用 DESC 关键字。

例如，在 pubs 数据库的 titles 表中，按照 price 价格从大到小排序，查询语句如下：

SELECT * FROM titles ORDER BY DESC

查询结果如图 4—1—8 所示。

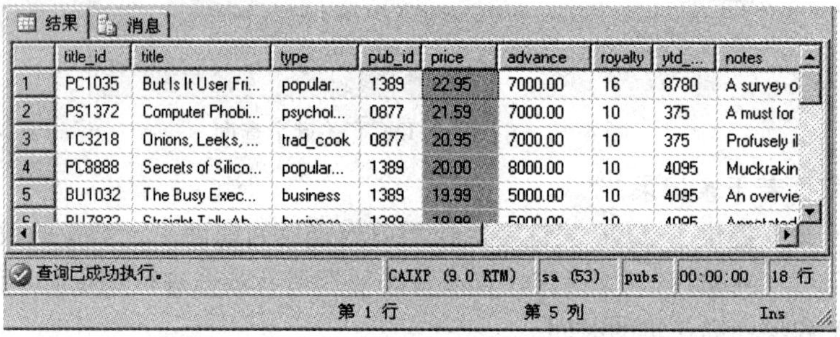

结果 | 消息

| | title_id | title | type | pub_id | price | advance | royalty | ytd_... | notes |
|---|---|---|---|---|---|---|---|---|---|
| 1 | PC1035 | But Is It User Fri... | popular... | 1389 | 22.95 | 7000.00 | 16 | 8780 | A survey o |
| 2 | PS1372 | Computer Phobi... | psychol... | 0877 | 21.59 | 7000.00 | 10 | 375 | A must for |
| 3 | TC3218 | Onions, Leeks, ... | trad_cook | 0877 | 20.95 | 7000.00 | 10 | 375 | Profusely il |
| 4 | PC8888 | Secrets of Silico... | popular... | 1389 | 20.00 | 8000.00 | 10 | 4095 | Muckrakin |
| 5 | BU1032 | The Busy Exec... | business | 1389 | 19.99 | 5000.00 | 10 | 4095 | An overvie |

查询已成功执行。 CAIXP (9.0 RTM) sa (53) pubs 00:00:00 18 行

第 1 行 第 5 列 Ins

图 4—1—8 ORDER BY 查询结果排序

## 六、查询结果保存

在 SELECT 语句中，使用 INTO 子句：

INTO 目标数据表

可以将查询的结果存放到一个新建的数据库表中或临时表中，如果要将查询结果存放到临时表，则在临时表名前要加“#”号。

例如，在 pubs 数据库的 titles 表中，查询价格最贵的 5 本书，保存名为“最贵 5 本书”表，查询语句如下：

SELECT TOP 5 * INTO 最贵 5 本书 FROM titles ORDER BY price DESC

SELECT * FROM 最贵 5 本书

执行成功后，表“最贵 5 本书”创建成功。查询“最贵 5 本书”表，查询结果如图 4—1—9 所示。

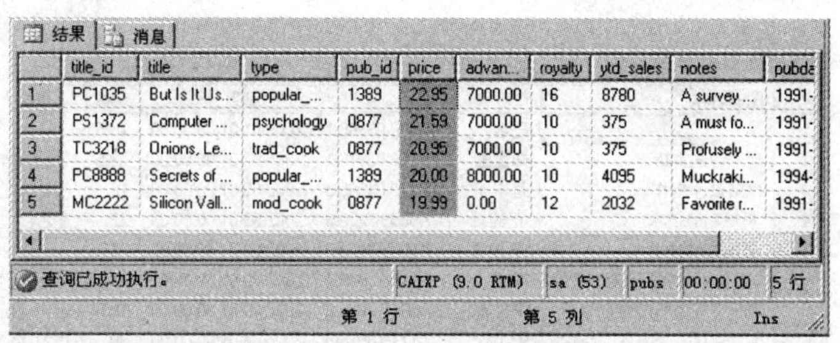

|  | title_id | title | type | pub_id | price | advan... | royalty | ytd_sales | notes | pubda |
|---|---|---|---|---|---|---|---|---|---|---|
| 1 | PC1035 | But Is It Us... | popular_... | 1389 | 22.95 | 7000.00 | 16 | 8780 | A survey ... | 1991- |
| 2 | PS1372 | Computer ... | psychology | 0877 | 21.59 | 7000.00 | 10 | 375 | A must fo... | 1991- |
| 3 | TC3218 | Onions, Le... | trad_cook | 0877 | 20.95 | 7000.00 | 10 | 375 | Profusely ... | 1991- |
| 4 | PC8888 | Secrets of ... | popular_... | 1389 | 20.00 | 8000.00 | 10 | 4095 | Muckraki... | 1994- |
| 5 | MC2222 | Silicon Vall... | mod_cook | 0877 | 19.99 | 0.00 | 12 | 2032 | Favorite r... | 1991- |

查询已成功执行。 CAIXP (9.0 RTM) sa (53) pubs 00:00:00 5 行

第 1 行　第 5 列　Ins

图 4—1—9　查询结果保存

## 任务实施

### 一、应用"查找指定列"的 SQL 语句查询"图书信息表"中所有图书的书名、作者、isbn、出版日期，定价列

SQL 语句如下：

SELECT 书名,作者,isbn,出版日期,定价 FROM　图书信息表

执行结果如图 4—1—10 所示。

|  | 书名 | 作者 | isbn | 出版日期 | 定价 |
|---|---|---|---|---|---|
| 1 | 家 | 巴金 | 7-220-03368-1 | 2002-01-01 00:00:00 | 16.5 |
| 2 | 唐宋诗词赏析 | 郑孟彤 | 7-218-02516-1 | 1985-02-01 00:00:00 | 23.5 |
| 3 | 网站设计制作 | 赵丰年 | 7-113-04586-3 | 2002-03-01 00:00:00 | 16 |
| 4 | 机械制造技术 | 王建锋 | 7-5053-7220-3 | 2002-03-01 00:00:00 | 22 |
| 5 | 机械制造技术 | 王建锋 | 7-5053-7220-3 | 2002-03-01 00:00:00 | 22 |
| 6 | SQLServer2000开发与管理 | 邹建 | 7-115-13649-1 | 2005-08-01 00:00:00 | 49 |
| 7 | 汽车电控系统原理与维修 | 张付军 | 7-5045-3075- | 2002-03-01 00:00:00 | 19 |
| 8 | 软件测试 | 张小松 | 7-111-18526-9 | 2006-04-01 00:00:00 | 30 |
| 9 | 计算机网络安全 | 顾巧论 | 7-302-09139-0 | 2004-09-01 00:00:00 | 24 |
| 10 | 电子电路基础 | 邵展图 | 7-5045-3878-7 | 2003-03-01 00:00:00 | 17 |
| 11 | 简爱 | 夏勃朗特 | 7-204-09356-4 | 2007-12-01 00:00:00 | 39.8 |

查询已成功执行。 CAIXP (9.0 RTM) sa (52) 图书管理数据库 00:00:00 18 行

第 1 行　第 1 列　Ins

图 4—1—10　查找指定列

### 二、应用"设置别名"的 SQL 语句将"书名"取别名为"图书名称"

SQL 语句如下：

SELECT 书名 AS　图书名称,作者,isbn,出版日期,定价 FROM　图书信息表

执行结果如图 4—1—11 所示。

### 三、根据出版日期计算书龄

调用函数 DATEDIFF（m，出版日期，GETDATE（））/12 计算出书的书龄，SQL 语句如下：

```
SELECT　书名 as　图书名称,作者,isbn,
DATEDIFF(m,出版日期,GETDATE())/12　AS　书龄,定价
FROM　图书信息表
```

结果 | 消息

| | 图书名称 | 作者 | isbn | 出版日期 | 定价 |
|---|---|---|---|---|---|
| 1 | 家 | 巴金 | 7-220-03368-1 | 2002-01-01 00:00:00 | 16.5 |
| 2 | 唐宋诗词赏析 | 郑孟彤 | 7-218-02516-1 | 1985-02-01 00:00:00 | 23.5 |
| 3 | 网站设计制作 | 赵丰年 | 7-113-04586-3 | 2002-03-01 00:00:00 | 16 |
| 4 | 机械制造技术 | 王建锋 | 7-5053-7220-3 | 2002-03-01 00:00:00 | 22 |
| 5 | 机械制造技术 | 王建锋 | 7-5053-7220-3 | 2002-03-01 00:00:00 | 22 |
| 6 | SQLServer2000开发与管理 | 邹建 | 7-115-13649-1 | 2005-08-01 00:00:00 | 49 |
| 7 | 汽车电控系统原理与维修 | 张付军 | 7-5045-3075- | 2002-03-01 00:00:00 | 19 |
| 8 | 软件测试 | 张小松 | 7-111-18526-9 | 2006-04-01 00:00:00 | 30 |
| 9 | 计算机网络安全 | 顾巧论 | 7-302-09139-0 | 2004-09-01 00:00:00 | 24 |
| 10 | 电子电路基础 | 邵展图 | 7-5045-3878-7 | 2003-03-01 00:00:00 | 17 |
| 11 | 简爱 | 夏勃朗特 | 7-204-09356-4 | 2007-12-01 00:00:00 | 39.8 |

查询已成功执行。 CAIXP (9.0 RTM) sa (52) 图书管理数据库 00:00:00 18 行

行 1 列 13 Ch 11 Ins

图 4—1—11 设置书名列为图书名称

执行结果如图 4—1—12 所示。

结果 | 消息

| | 图书名称 | 作者 | isbn | 书龄 | 定价 |
|---|---|---|---|---|---|
| 1 | 家 | 巴金 | 7-220-03368-1 | 8 | 16.5 |
| 2 | 唐宋诗词赏析 | 郑孟彤 | 7-218-02516-1 | 25 | 23.5 |
| 3 | 网站设计制作 | 赵丰年 | 7-113-04586-3 | 8 | 16 |
| 4 | 机械制造技术 | 王建锋 | 7-5053-7220-3 | 8 | 22 |
| 5 | 机械制造技术 | 王建锋 | 7-5053-7220-3 | 8 | 22 |
| 6 | SQLServer2000开发与管理 | 邹建 | 7-115-13649-1 | 5 | 49 |
| 7 | 汽车电控系统原理与维修 | 张付军 | 7-5045-3075- | 8 | 19 |
| 8 | 软件测试 | 张小松 | 7-111-18526-9 | 4 | 30 |
| 9 | 计算机网络安全 | 顾巧论 | 7-302-09139-0 | 5 | 24 |
| 10 | 电子电路基础 | 邵展图 | 7-5045-3878-7 | 7 | 17 |
| 11 | 简爱 | 夏勃朗特 | 7-204-09356-4 | 2 | 39.8 |

查询已成功执… CAIXP (9.0 RTM) sa (52) 图书管理数据库 00:00:00 18 行

第 1 行 第 1 列 Ins

图 4—1—12 计算书龄

## 四、应用"distinct"关键字过滤图书信息表，将表中 isbn 号相同的书算做一本书

SQL 语句如下：

SELECT DISTINCT isbn,书名 AS 图书名称,作者,DATEDIFF(m,出版日期,GETDATE())/12 AS 书龄,定价 FROM 图书信息表

查询结果如图 4—1—13 所示。

注意：由于使用"DISTINCT"关键字，列名"isbn"必须出现在选择列的第一列上，否则系统报错。

## 五、应用排序关键字"order by"对价格列进行排序

由高到低排序，使用关键字"DESC"，SQL 语句如下：

结果 | 消息

| | isbn | 图书名称 | 作者 | 书龄 | 定价 |
|---|---|---|---|---|---|
| 1 | 7-111-08737-2 | 金属材料及加工工艺 | 何月秋 | 2 | 18 |
| 2 | 7-111-18526-9 | 软件测试 | 张小松 | 4 | 30 |
| 3 | 7-113-04586-3 | 网站设计制作 | 赵丰年 | 8 | 16 |
| 4 | 7-115-13649-1 | SQLServer2000开发与管理 | 邹建 | 5 | 49 |
| 5 | 7-204-09356-4 | 福尔摩斯探案集 | 柯南道尔 | 2 | 39.8 |
| 6 | 7-204-09356-4 | 简爱 | 夏勒朗特 | 2 | 39.8 |
| 7 | 7-218-02516-1 | 唐宋诗词赏析 | 郑孟彤 | 25 | 23.5 |
| 8 | 7-220-03368-1 | 家 | 巴金 | 8 | 16.5 |
| 9 | 7-302-09139-0 | 计算机网络安全 | 顾巧论 | 5 | 24 |
| 10 | 7-5019-4801-1 | 机电传动与控制技术 | 姚永刚 | 5 | 25 |
| 11 | 7-5045-3075- | 汽车电控系统原理与维修 | 张付军 | 8 | 19 |

查询已成功执… | CAIXP (9.0 RTM) | sa (52) | 图书管理数据库 | 00:00:00 | 15 行

第 1 行 第 1 列 Ins

图 4—1—13 过滤重复 isbn

SELECT DISTINCT isbn,书名 AS 图书名称,作者,
DATEDIFF(m,出版日期,GETDATE())/12 as 书龄,
定价 FROM 图书信息表 ORDER BY 定价 DESC

查询结果如图 4—1—14 所示。

结果 | 消息

| | isbn | 图书名称 | 作者 | 书龄 | 定价 |
|---|---|---|---|---|---|
| 1 | 7-115-13649-1 | SQLServer2000开发与管理 | 邹建 | 5 | 49 |
| 2 | 7-204-09356-4 | 福尔摩斯探案集 | 柯南道尔 | 2 | 39.8 |
| 3 | 7-204-09356-4 | 简爱 | 夏勒朗特 | 2 | 39.8 |
| 4 | 7-5045-7768-5 | 汽车底盘构造与维修 | 张浩 | 1 | 37 |
| 5 | 7-111-18526-9 | 软件测试 | 张小松 | 4 | 30 |
| 6 | 7-5019-4801-1 | 机电传动与控制技术 | 姚永刚 | 5 | 25 |
| 7 | 7-302-09139-0 | 计算机网络安全 | 顾巧论 | 5 | 24 |
| 8 | 7-218-02516-1 | 唐宋诗词赏析 | 郑孟彤 | 25 | 23.5 |
| 9 | 7-5053-7220-3 | 机械制造技术 | 王建锋 | 8 | 22 |
| 10 | 7-5045-3075- | 汽车电控系统原理与维修 | 张付军 | 8 | 19 |
| 11 | 7-5045-6172-5 | 机械制造工艺基础 | 陈海魁 | 3 | 19 |

查询已… | CAIXP (9.0 RTM) | sa (52) | 图书管理数据库 | 00:00:00 | 15 行

第 1 行 第 1 列 Ins

图 4—1—14 按定价排序

注意：此处因为使用了“DISTINCT”关键字，当对“定价”列进行排序操作时，定价列必须出现在选择列中，否则系统报错。

## 六、应用 into 子句，将查询结果保存到临时表“图书定价排序表”中

SQL 语句如下：

```
SELECT DISTINCT isbn,书名 AS 图书名称,作者,
    DATEDIFF(m,出版日期,GETDATE()) AS 书龄,定价 into 图书价格排序表
    FROM 图书信息表 ORDER BY 定价 DESC
```

执行成功，在对象资源管理器中查看结果如图 4—1—15 所示。

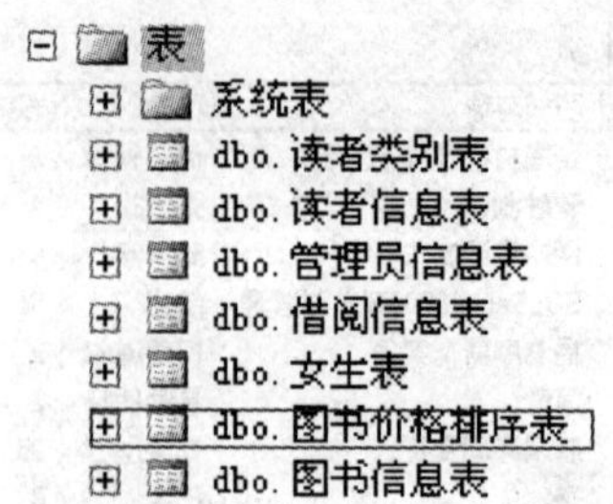


图 4—1—15　创建图书价格排序表

## 七、应用 top 关键字，选出其中最贵的 5 本图书，保存到“最贵图书表”

SQL 语句如下：

SELECT TOP 5 ＊ INTO 最贵图书表 FROM 图书价格排序表

执行成功后，在查询设计器中查询“最贵图书表”，查询语句如下：

SELECT ＊ FROM 最贵图书表

操作结果如图 4—1—16 所示。

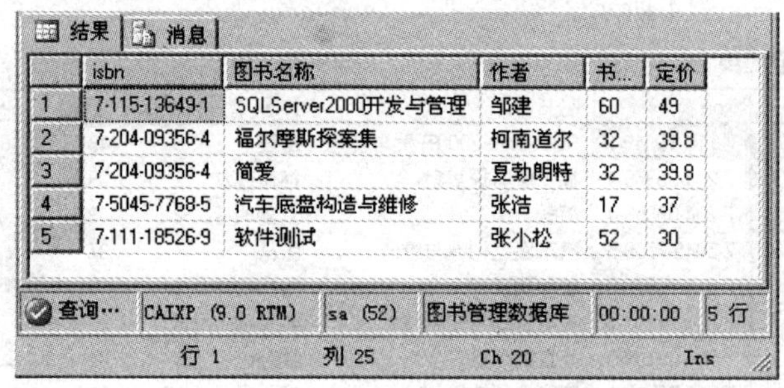

| | isbn | 图书名称 | 作者 | 书... | 定价 |
|---|---|---|---|---|---|
| 1 | 7-115-13649-1 | SQLServer2000开发与管理 | 邹建 | 60 | 49 |
| 2 | 7-204-09356-4 | 福尔摩斯探案集 | 柯南道尔 | 32 | 39.8 |
| 3 | 7-204-09356-4 | 简爱 | 夏勃朗特 | 32 | 39.8 |
| 4 | 7-5045-7768-5 | 汽车底盘构造与维修 | 张浩 | 17 | 37 |
| 5 | 7-111-18526-9 | 软件测试 | 张小松 | 52 | 30 |



图 4—1—16　查看最贵图书表内容

## 思考与练习

### 一、思考题

1. 什么是嵌入式 SQL 语言？
2. 请写出 SELECT 语句的基本语法格式。

### 二、操作题

在“图书馆信息管理数据库”中，完成如下操作：

1. 查询“借书证”表中借书证号、工（学）号、类别、办证日期等列。
2. 根据办证日期、有效日期计算各借书证的证龄。
3. 按照借书证号对读者进行排序。
4. 将上题排序结果的前 10％的行保存到“借书证排序表”中。

# 任务 2　按条件查询

**教学目标**

- ◆ 掌握 SELECT 语句条件查询的语法
- ◆ 掌握单表单条件查询
- ◆ 掌握单表多条件查询

## 任务引入

按照用户给定的条件，在单一数据表中进行条件查询是数据库查询中使用最多的查询。请在“图书管理数据库”中根据给定的条件，完成如下查询：

1. 查询价格在 30 元以上的计算机类图书。
2. 查询价格在 15 元至 40 元的所有图书。
3. 查询价格为 25 元、30 元的所有图书。
4. 查询所有包含“机械”字样的图书，相同 ISBN 号算一本书。

## 任务分析

按条件查询是在实际使用中按照用户要求实现查询，得到用户所需要的结果，这是在数据库使用最多的查询，查询条件可以是准确的各种类型表达式，也可以是模糊匹配查询。条件查询的本质是关系代数中进行选择运算的结果。

## 相关知识

### 一、选择运算

选择运算是从一个关系中选出所有满足条件的元组组成新的关系，其实质是在关系表中选出所有满足条件的行记录。例如：在“教工”表选出所有“是管理员”的教工信息，选择运算过程如图 4—1—17 所示。

| 工号 | 姓名 | 性别 | 部门 | 是否管理员 |
|---|---|---|---|---|
| zenggh | 曾桂红 | 女 | 信息技术系 | N |
| yeqd | 叶乔冬 | 男 | 教务处 | Y |
| xiaoqw | 肖启旺 | 男 | 工业设计系 | N |
| wuchl | 吴成龙 | 男 | 信息技术系 | N |
| liwj | 李文娟 | 女 | 教务处 | Y |
| linssh | 林颂声 | 男 | 数控系 | N |
| chengym | 陈育苗 | 女 | 工业设计系 | N |
| chengx | 陈雪 | 女 | 教务处 | Y |

| 工号 | 姓名 | 性别 | 部门 | 是否管理员 |
|---|---|---|---|---|
| yeqd | 叶乔冬 | 男 | 教务处 | Y |
| liwj | 李文娟 | 女 | 教务处 | Y |
| chengx | 陈雪 | 女 | 教务处 | Y |

图 4—1—17　选择运算示例

## 二、条件查询

条件查询是指在数据表中查询满足某些条件的记录，在 SELECT 语句中使用 WHERE 子句可以达到这一目的，即从数据表中过滤出符合条件的记录。其语法格式如下：

SELECT 列名 1［，…列名 n］FROM 表名 WHERE 条件表达式

使用 WHERE 子句可以限制查询的范围，提高查询效率。在使用时，WHERE 子句必须紧跟在 FROM 子句后面。WHERE 子句中的条件表达式是一个逻辑表达式，SQL Server 对 WHERE 子句中的查询条件的数目没有限制。

### 1. 使用比较表达式作查询条件

使用比较表达式作为搜索条件的一般表达形式是：

表达式　比较运算符　表达式

表达式为常量、变量和列表达式的任意有效组合。

WHERE 子句中允许使用的比较运算符包括：＝（等于）、＜（小于）、＞（大于）、＜＞（不等于）、！＞（不大于）、！＜（不小于）、＞＝（大于等于）、＜＝（小于等于）、！＝（不等于）。

例如：查询 pubs 库的 titles 表中，价格打了 8 折后仍大于 12 美元的书号、种类以及原价，SQL 语句如下：

```
SELECT title_id AS 书号,type AS 种类, AS 原价 FROM titles
WHERE price－price＊0.2＞12
```

查询结果如图 4—1—18 所示。

| | 书号 | 种类 | 原价 |
|---|---|---|---|
| 1 | BU1032 | business | 19.99 |
| 2 | BU7832 | business | 19.99 |
| 3 | MC2222 | mod_cook | 19.99 |
| 4 | PC1035 | popular_comp | 22.95 |
| 5 | PC8888 | popular_comp | 20.00 |
| 6 | PS1372 | psychology | 21.59 |
| 7 | PS3333 | psychology | 19.99 |
| 8 | TC3218 | trad_cook | 20.95 |

查询已成功执行。　CAIXP (9.0 RTM)　sa (52)　pubs　00:00:00　8 行

行 1　列 52　Ch 46　Ins

图 4—1—18　比较表达式作查询条件

### 2. 使用逻辑表达式作查询条件

T－SQL 中的逻辑表达式共有 3 个。分别是：

（1）NOT：非，对表达式的否定。

（2）AND：与，连接多个条件，所有的条件都成立时为真。

（3）OR：或，连接多个条件，只要有一个条件成立就为真。

在 T－SQL 中逻辑表达式共有 3 种可能的结果值，分别是 TRUE，FALSE 和 UNKOWN。UNKOWN 是由值为 NULL 的数据参与逻辑运算得出的结果。

例如：在 pubs 数据库的 publishers 表中，查询所有在美国加利福尼亚州的出版社，

SQL 语句如下：

Select pub_id,pub_name,city AS 城市,state AS 州,country AS 国家 FROM publishers WHERE country='USA' AND state='CA'

查询结果如图 4—1—19 所示。

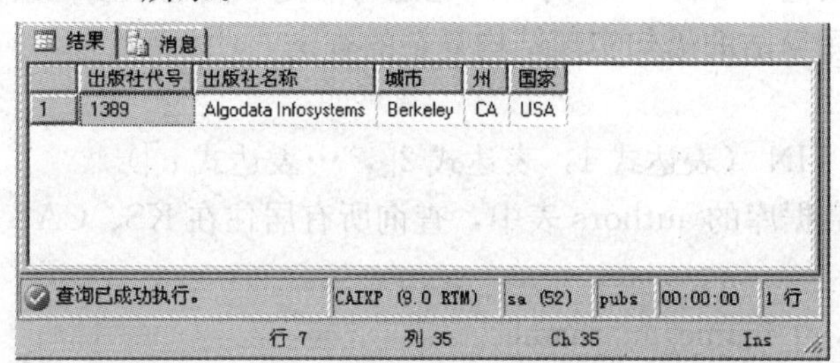

|  | 出版社代号 | 出版社名称 | 城市 | 州 | 国家 |
|---|---|---|---|---|---|
| 1 | 1389 | Algodata Infosystems | Berkeley | CA | USA |

图 4—1—19　逻辑表达式（and）作查询条件

3. 使用 BETWEEN 关键字

使用 BETWEEN 关键字可以更方便地限制查询数据的范围。

语法格式为：

表达式［NOT］BETWEEN　表达式 1　AND　表达式 2

例如：在 pubs 数据库的 titles 表中，查询价格在 15 美元和 20 美元之间的书的书号、种类和价格。SQL 语句如下：

SELECT title_id AS 书号,type AS 种类, AS 原价 FROM titles

WHERE BETWEEN 15 AND 20

查询结果如图 4—1—20 所示。

|  | 书号 | 种类 | 原价 |
|---|---|---|---|
| 1 | BU1032 | business | 19.99 |
| 2 | BU7832 | business | 19.99 |
| 3 | MC2222 | mod_cook | 19.99 |
| 4 | PC8888 | popular_comp | 20.00 |
| 5 | PS3333 | psychology | 19.99 |

查询已成功执行。　CAIXP (9.0 RTM)　sa (52)　pubs　00:00:00　5 行

行 1　列 1　Ch 1　Ins

图 4—1—20　逻辑表达式（BETWEEN）作查询条件

使用 BETWEEN 表达式进行查询的效果完全可以用含有>=和<=的逻辑表达式来代替，使用 NOT BETWEEN 进行查询的效果完全可以用含有>和<的逻辑表达式来代替。

例如，上面的查询语句可以用下面的语句代替：

SELECT title_id AS 书号,type AS 种类,price AS 原价

FROM titles WHERE price >= $15 AND price <= $20

若使用 NOT BETWEEN，查询语句如下：

SELECT title_id 书号,type 种类,price 价格

FROM titles WHERE price NOT BETWEEN $15 AND $20

注意：使用 BETWEEN 限制查询数据范围时同时包括了边界值，而使用 NOT BETWEEN 进行查询时没有包括边界值。

4. 使用 IN 关键字

同 BETWEEN 关键字一样，IN 的引入也是为了更方便地限制检索数据的范围，灵活使用 IN 关键字，可以用简洁的语句实现结构复杂的查询。

语法格式为：

表达式 [NOT] IN (表达式 1，表达式 2[，…表达式 n])

例如：在 pubs 数据库的 authors 表中，查询所有居住在 KS、CA、MI 或 IN 州的作家，SQL 语句如下：

```
SELECT au_id,au_lname,au_fname
FROM authors
WHERE state IN ('CA','KS','MI','IN')
```

查询结果如图 4—1—21 所示。

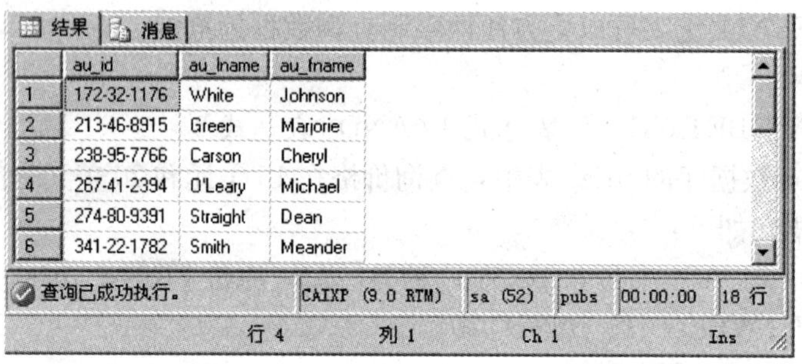


图 4—1—21 逻辑表达式（in）作查询条件

如果不使用 IN 关键字，这些语句可以使用下面的语句代替：

```
SELECT  au_id,au_lname,au_fname
FROM authors
WHERE state='CA' OR state='KS' OR state='MI' OR state='IN'
```

5. 使用 LIKE 关键字（模糊查询）

在实际的应用中，用户不会总是能够给出精确的查询条件，因此，经常需要根据一些并不确切的线索来搜索信息，这就是所谓模糊查询，T－SQL 提供了 LIKE 子句来进行模糊查询。语法格式：表达式 [NOT] LIKE '格式串'

其中格式串通常与通配符配合使用，SQLServer 中提供了以下 4 种通配符供用户灵活实现复杂的查询条件。

(1)%

百分号，匹配包含 0 个或多个符的字符串。

(2) _

下划线，匹配任何单个的字符。

(3) []

排列通配符，匹配任何在范围或集合中的单个字符。例如 [m－o] 匹配的是 m、n、o

单个字符。

（4）［^］

不在范围之内的字符，匹配任何不在范围或集合之内的单个字符，例如［^mno］匹配的是除了 m、n、o 之外的任何字符。

通配符和字符串必须括在单引号中，要查找通配符本身时，需将它们用方括号括起来。

例如：在 pubs 数据库的 authors 表中，查找 Name 字段的值中含有“Smith”字符串的所有记录，SQL 语句如下：

```
SELECT  * FROM authors
WHERE au_lname LIKE '%Smith%'
```

查询结果如图 4—1—22 所示。

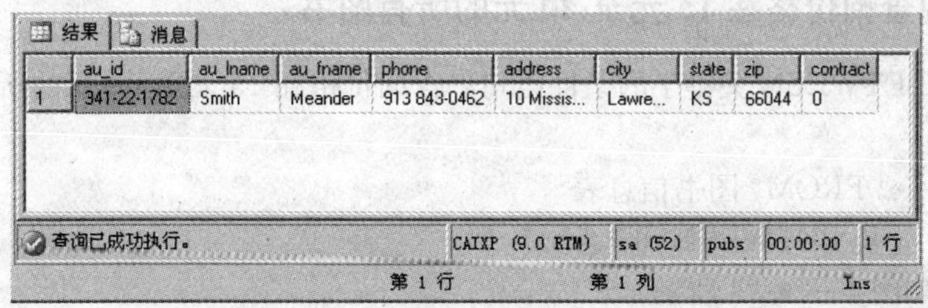



| | au_id | au_lname | au_fname | phone | address | city | state | zip | contract |
|---|---|---|---|---|---|---|---|---|---|
| 1 | 341-22-1782 | Smith | Meander | 913 843-0462 | 10 Missis... | Lawre... | KS | 66044 | 0 |



图 4—1—22　逻辑表达式（like）作查询条件

## 任务实施

### 一、查询价格在 30 元以上的计算机类图书

1. 应用 WHERE 条件语句，查找所有计算机类的图书，SQL 语句如下：

```
SELECT  * FROM 图书信息表
WHERE 分类名称='计算机'
```

查询结果如图 4—1—23 所示。

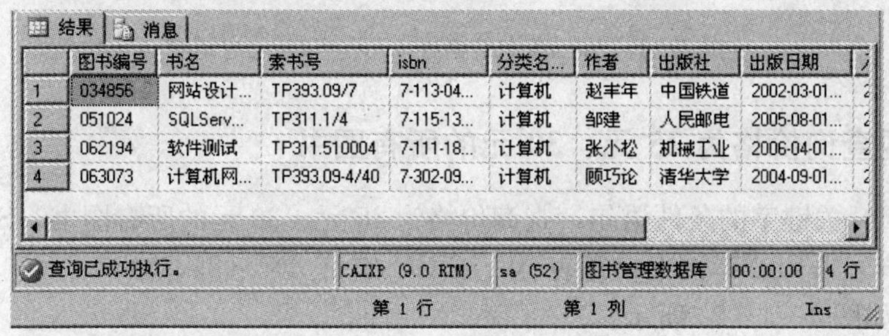



| | 图书编号 | 书名 | 索书号 | isbn | 分类名... | 作者 | 出版社 | 出版日期 |
|---|---|---|---|---|---|---|---|---|
| 1 | 034856 | 网站设计... | TP393.09/7 | 7-113-04... | 计算机 | 赵丰年 | 中国铁道 | 2002-03-01... |
| 2 | 051024 | SQLServ... | TP311.1/4 | 7-115-13... | 计算机 | 邹建 | 人民邮电 | 2005-08-01... |
| 3 | 062194 | 软件测试 | TP311.510004 | 7-111-18... | 计算机 | 张小松 | 机械工业 | 2006-04-01... |
| 4 | 063073 | 计算机网... | TP393.09-4/40 | 7-302-09... | 计算机 | 顾巧论 | 清华大学 | 2004-09-01... |



图 4—1—23　查询计算机类图书

2. 应用带有比较表达式的条件语句，查询价格大于 30 元的计算机类图书，SQL 语句如下：

```
SELECT  * FROM 图书信息表
WHERE 分类名称='计算机' AND 定价>30
```

查询结果如图 4—1—24 所示。

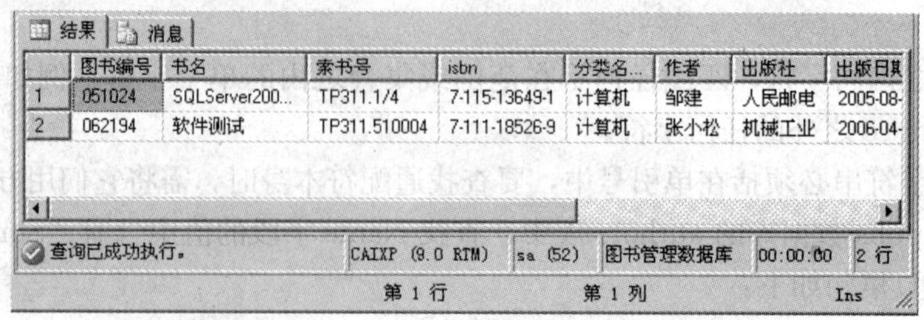

结果 | 消息

| | 图书编号 | 书名 | 索书号 | isbn | 分类名... | 作者 | 出版社 | 出版日其 |
|---|---|---|---|---|---|---|---|---|
| 1 | 051024 | SQLServer200... | TP311.1/4 | 7-115-13649-1 | 计算机 | 邹建 | 人民邮电 | 2005-08- |
| 2 | 062194 | 软件测试 | TP311.510004 | 7-111-18526-9 | 计算机 | 张小松 | 机械工业 | 2006-04- |

查询已成功执行。 CAIXP (9.0 RTM) sa (52) 图书管理数据库 00:00:00 2 行

第 1 行 第 1 列 Ins

图 4—1—24 查询价格大于 30 元的计算机类图书

## 二、实现查询价格在 15 元至 40 元的所有图书

应用带有 BETWEEN 关键字的条件语句，查询价格在 15 元至 40 元的所有图书，SQL 语句如下：

```
SELECT  *  FROM  图书信息表
WHERE  定价 BETWEEN  15 AND  40
```

查询结果如图 4—1—25 所示。

结果 | 消息

| | 图书编号 | 书名 | 索书号 | isbn | 分类名... | 作者 | 出版社 | 出版日 |
|---|---|---|---|---|---|---|---|---|
| 1 | 014177 | 家 | I246.57/2:1-2 | 7-220-03368-1 | 文艺 | 巴金 | 四川人民 | 2002-0 |
| 2 | 032049 | 唐宋诗词赏析 | I222/7-2 | 7-218-02516-1 | 文艺 | 郑孟彤 | 广东人民 | 1985-0 |
| 3 | 034856 | 网站设计制作 | TP393.09/7 | 7-113-04586-3 | 计算机 | 赵丰年 | 中国铁道 | 2002-0 |
| 4 | 037425 | 机械制造技术 | TH16/16 | 7-5053-7220-3 | 机械 | 王建锋 | 电子工业 | 2002-0 |
| 5 | 037426 | 机械制造技术 | TH16/16 | 7-5053-7220-3 | 机械 | 王建锋 | 电子工业 | 2002-0 |
| 6 | 051553 | 汽车电控系... | U472.4-4/39 | 7-5045-3075- | 汽车 | 张付军 | 中国劳动 | 2002-0 |
| 7 | 062194 | 软件测试 | TP311.510... | 7-111-18526-9 | 计算机 | 张小松 | 机械工业 | 2006-0 |
| 8 | 063073 | 计算机网络... | TP393.09-4... | 7-302-09139-0 | 计算机 | 顾巧论 | 清华大学 | 2004-0 |
| 9 | 064597 | 电子电路基础 | TN710/8-3 | 7-5045-3878-7 | 电子 | 邵展图 | 中国劳动 | 2003-0 |
| 10 | 067307 | 简爱 | I561.4432004 | 7-204-09356-4 | 文艺 | 夏勃... | 内蒙古... | 2007-1 |
| 11 | 067314 | 福尔摩斯探... | I561.4534003 | 7-204-09356-4 | 文艺 | 柯南... | 内蒙古... | 2007-1 |

查询已成功执行。 CAIXP (9.0 RTM) sa (52) 图书管理数据库 00:00:00 17 行

第 7 行 第 3 列 Ins

图 4—1—25 查询价格在 15 元至 40 元的图书

## 三、实现查询价格为 25 元、30 元的所有图书

应用带有 IN 关键字的条件语句，查询价格为 25 元、30 元的所有图书，SQL 语句如下：

```
SELECT  *  FROM  图书信息表  WHERE  定价  IN  (25,30)
```

查询结果如图 4—1—26 所示。

## 四、查询所有包含“机械”字样的图书

应用带有 LIKE 关键字的模糊查询语句，查询带有“机械”字样的图书，SQL 语句如下：

```
SELECT  *  FROM  图书信息表  WHERE  书名  LIKE  '%机械%'
```

查询结果如图 4—1—27 所示。

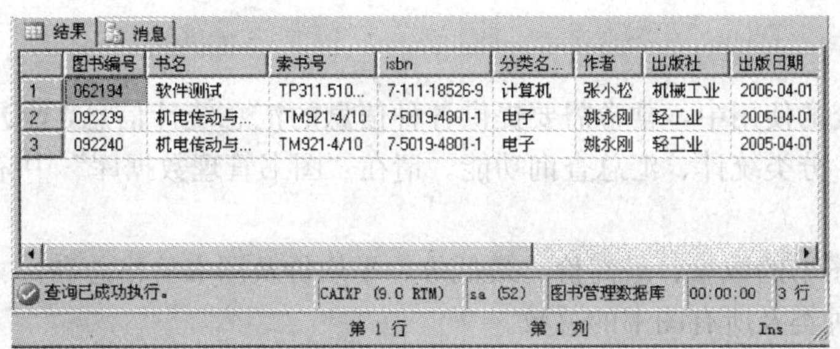

| | 图书编号 | 书名 | 索书号 | isbn | 分类名... | 作者 | 出版社 | 出版日期 |
|---|---|---|---|---|---|---|---|---|
| 1 | 062194 | 软件测试 | TP311.510... | 7-111-18526-9 | 计算机 | 张小松 | 机械工业 | 2006-04-01 |
| 2 | 092239 | 机电传动与... | TM921-4/10 | 7-5019-4801-1 | 电子 | 姚永刚 | 轻工业 | 2005-04-01 |
| 3 | 092240 | 机电传动与... | TM921-4/10 | 7-5019-4801-1 | 电子 | 姚永刚 | 轻工业 | 2005-04-01 |



图 4—1—26 查询价格为 25 元、30 元的图书

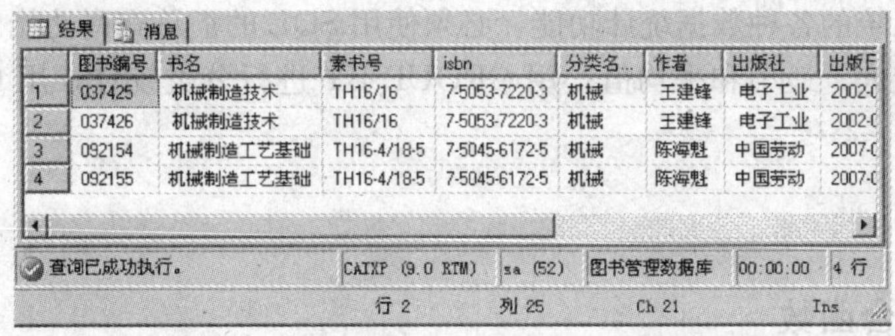

| | 图书编号 | 书名 | 索书号 | isbn | 分类名... | 作者 | 出版社 | 出版日 |
|---|---|---|---|---|---|---|---|---|
| 1 | 037425 | 机械制造技术 | TH16/16 | 7-5053-7220-3 | 机械 | 王建锋 | 电子工业 | 2002-0 |
| 2 | 037426 | 机械制造技术 | TH16/16 | 7-5053-7220-3 | 机械 | 王建锋 | 电子工业 | 2002-0 |
| 3 | 092154 | 机械制造工艺基础 | TH16-4/18-5 | 7-5045-6172-5 | 机械 | 陈海魁 | 中国劳动 | 2007-0 |
| 4 | 092155 | 机械制造工艺基础 | TH16-4/18-5 | 7-5045-6172-5 | 机械 | 陈海魁 | 中国劳动 | 2007-0 |



图 4—1—27 查询包含"机械"字样的图书

## 思考与练习

### 一、思考题

1. 什么是条件查询?
2. 使用 LIKE 模糊查询的通配符有哪几种?分别表示什么意思?

### 二、操作题

在"图书馆管理数据库"中,完成如下操作:
1. 查询"教工"表中性别为"女"的读者信息。
2. 查询属于信息技术系和工业设计系的教工读者信息。
3. 查询借书证号中包含"699"的所有读者信息。

# 任务 3 汇 总 查 询

**教学目标**

- 掌握使用集合函数
- 掌握分组查询
- 掌握汇总查询

## 任务引入

在数据库系统的使用中，常常需要提供各种信息的汇总统计信息，SQL Server 2005 中提供了集合函数、分类统计、汇总查询功能。请在“图书管理数据库”中完成如下统计汇总查询功能：

1. 统计各类图书的数量、最高价、最低价、平均价及图书价格总和。
2. 统计图书种类及所有图书的总数。

## 任务分析

要实现信息系统的各种数据统计功能，必须使用 SQL 的汇总查询功能。在 SQL 语句中使用集合函数求最大、最小和平均值；用 GROUP BY 进行分类统计，用 COMPUTE 进行分类后汇总。

## 相关知识

### 一、使用集合函数

SELECT 语句中的统计功能对查询结果集进行求和、求平均值、求最大最小值等操作。统计的方法是通过集合函数和 GROUP BY 子句、COMPUTE 子句进行组合来实现的。

集合函数是在查询结果记录的列集上进行各种统计计算，运算的结果形成一条汇总记录。在进行这种统计运算时，SELECT 子句的字段列表中不能有列名，只能有集合函数。表 4—1—1 中列出了这些集合函数及其功能。

表 4—1—1　　SQL Server 2005 集合函数及其功能

| 函数名 | 功能 |
| --- | --- |
| sum() | 返回一个数字列或计算列的总和 |
| avg() | 对一个数字列或计算平均值 |
| min() | 返回一个数字列或数字表达式的最小值 |
| max() | 返回一个数字列或数字表达式的最大值 |
| count() | 返回满足 SELECT 语句中指定的条件的记录数目 |
| count( * ) | 返回找到的总行数 |

例如，在 pubs 数据库 titles 表中，查询 pubs 数据库 titles 表中书籍的最高价格、最低价格、平均价格、价格总和及总书数。利用集合函数可实现上述查询要求，SQL 语句如下：

```
SELECT max(price) 最高价格,min(Price) 最低价格,avg(price) 平均价格,
sum(price) 价格总和,count( * ) AS 总人数 FROM titles
```

查询结果如图 4—1—28 所示。

### 二、使用 GROUP BY 子句

在大多数情况下，使用统计函数返回的是所有行数据的统计结果。如果需要按某一列数据的值进行分类，在分类的基础上再进行查询，就要使用 GROUP BY 子句。

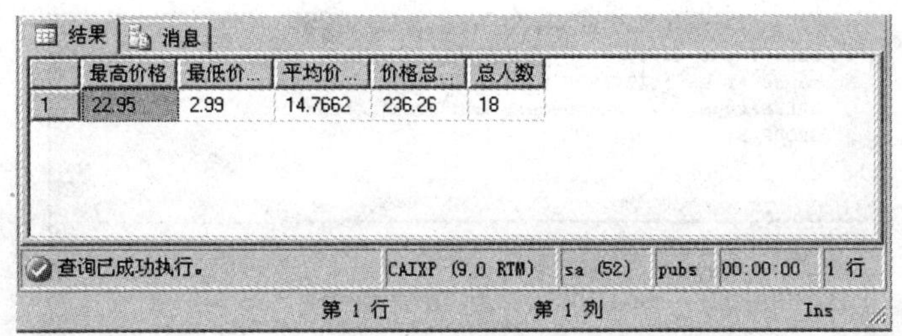

| | 最高价格 | 最低价... | 平均价... | 价格总... | 总人数 |
|---|---|---|---|---|---|
| 1 | 22.95 | 2.99 | 14.7662 | 236.26 | 18 |

查询已成功执行。 CAIXP (9.0 RTM) sa (52) pubs 00:00:00 1 行
第 1 行 第 1 列 Ins

图 4—1—28　使用集合函数查询

分组是按某一列数据的值或某个列组合的值将查询出的行分成若干线，每组在指定列或列组合上具有相同的值。分组可通过使用 GROUP BY 子句来实现。语法格式：

[GROUP BY　分组表达式[，…n][] HAVING 搜索表达式]

1. 简单分组

例如，在 pubs 数据库 titles 表中，按书的种类分类，求出 3 种类型（business、mod _ cook、trad _ cook）书籍的价格总和、平均价格以及各类书籍的数量。SQL 语句如下：

```
SELECT type AS 图书类别,sum(price) 价格总和,avg(price) 平均价格,
count(*) AS 总数 FROM titles
WHERE type IN ('business','mod_cook','trad_cook')
GROUP BY type
```

查询结果如图 4—1—29 所示。

| | 图书类别 | 价格总和 | 平均价格 | 总数 |
|---|---|---|---|---|
| 1 | business | 54.92 | 13.73 | 4 |
| 2 | mod_cook | 22.98 | 11.49 | 2 |
| 3 | trad_cook | 47.89 | 15.9633 | 3 |

查询已成功执行。 CAIXP (9.0 RTM) sa (52) pubs 00:00:00 3 行
第 1 行 第 1 列 Ins

图 4—1—29　简单分组查询结果

通过这个结果可以看出，所有的统计函数都是对查询出的每一行数据进行分类以后再进行统计计算。所以在结果集合中，对所进行分类的列的每一种数据都有一行统计结果值与之对应。

注意：GROUP BY 子句中不支持对列分配的别名，也不支持任何使用了统计函数的集合列。另外，对 SELECT 后面每一列数据除了出现在统计函数中的列以外，都必须在 GROUP BY 子句中应用。

下面的查询是错误的，服务器返回错误信息。查询语句及查询结果如图 4—1—30 所示。

也可以根据多列进行分组，这时统计函数按照这些列的唯一组合来进行统计计算。例如，在 pubs 数据库 titles 表中，按书的种类和出版商代号分类，返回一个平均价格和总价格。SQL 语句如下：

```
SELECT pub_id,type AS 图书类别,sum(price) AS 价格总格,avg(price) AS 平均价格,count(*) AS 总数 FROM titles GROUP BY type,pub_id
```

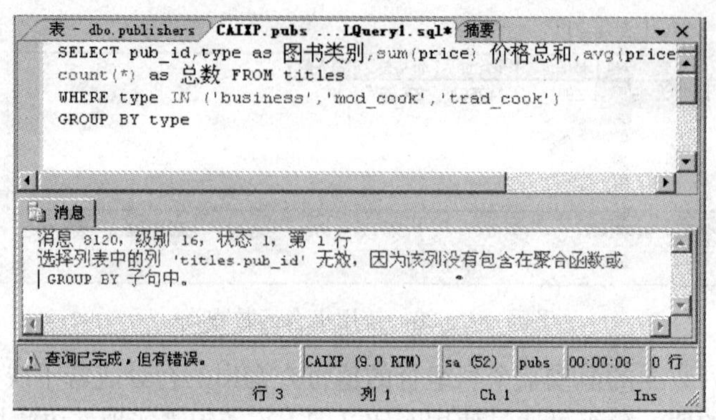


图 4—1—30 服务器错误提示

查询结果如图 4—1—31 所示。

结果 | 消息

| | pub_id | 图书类别 | 价格总和 | 平均价格 | 总数 |
|---|---|---|---|---|---|
| 1 | 0736 | business | 2.99 | 2.99 | 1 |
| 2 | 0877 | mod_cook | 22.98 | 11.49 | 2 |
| 3 | 0877 | trad_cook | 47.89 | 15.9633 | 3 |
| 4 | 1389 | business | 51.93 | 17.31 | 3 |

查询已成功执行。 CAIXP (9.0 RTM) sa (52) pubs 00:00:00 4 行

第 1 行 第 1 列 Ins

图 4—1—31 按多列分组查询

2. 使用 HAVING 筛选结果

若要输出满足一定条件的分组，则需要使用 HAVING 关键字。即当完成数据结果的查询和统计后，可以使用 HAVING 关键字来对查询和统计的结果进行进一步的筛选。

WHERE 与 HAVING 的主要区别是各自的作用对象不同。WHERE 是从基表或视图中检索满足条件的记录。HAVING 是从所有的组中，检索满足条件的组。WHERE 子句在求平均值之前从表中选择所需要的行，HAVING 子句在进行统计计算后产生的结果中选择所需要的行。

例如，在 pubs 数据库 titles 表中，查询所有价格超过 10 美元的书的种类和平均价格，SQL 语句如下：

```
SELECT type AS 图书类别,avg(price) 平均价格
FROM titles
WHERE price>10
GROUP BY type
```

查询结果如图 4—1—32 所示。

例如，在 pubs 数据库 titles 表中，在所有价格超过 10 美元的书中，查询所有平均价格超过 18 美元的书的种类和平均价格。SQL 语句如下：

```
SELECT type AS 图书类别,avg(price) 平均价格
FROM titles
```

```
WHERE price>10
GROUP BY type
HAVING avg(price)>18
```

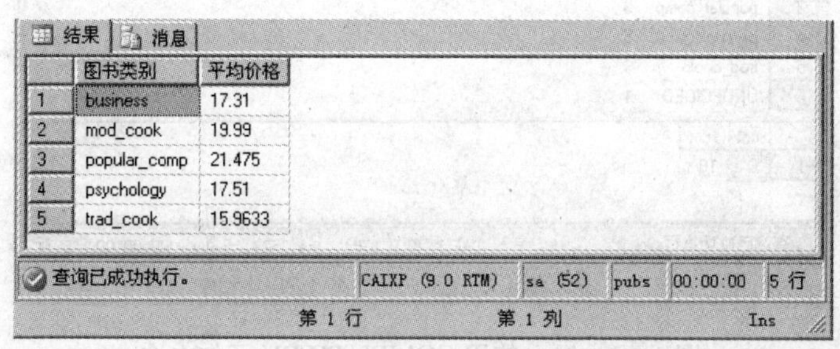

| | 图书类别 | 平均价格 |
|---|---|---|
| 1 | business | 17.31 |
| 2 | mod_cook | 19.99 |
| 3 | popular_comp | 21.475 |
| 4 | psychology | 17.51 |
| 5 | trad_cook | 15.9633 |



图 4—1—32　使用 WHERE 条件分组筛选

查询结果如图 4—1—33 所示。

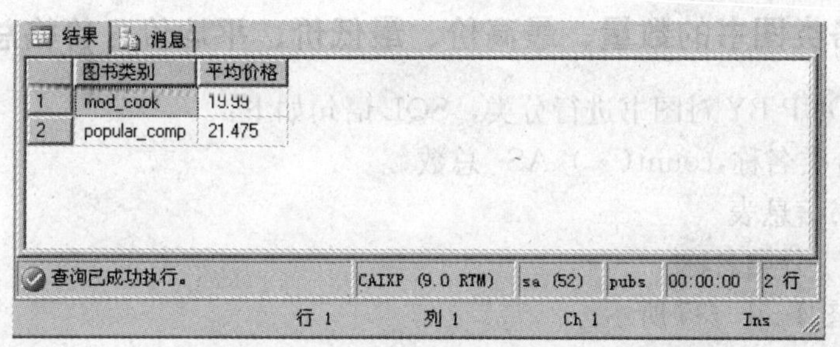

| | 图书类别 | 平均价格 |
|---|---|---|
| 1 | mod_cook | 19.99 |
| 2 | popular_comp | 21.475 |



图 4—1—33　使用 HAVING 条件分组筛选

## 三、使用 COMPUTE BY 子句

如果既需要统计数据又需要统计的明细，就需要使用 COMPUTE BY 子句，它对 BY 后面给出的列进行分组显示，并计算该列的分组小计。使用 COMPUTE BY 子句时必须使用 ORDER BY 对 COMPUTE BY 中指定的列进行排序。语法格式如下：

COMPUTE　集合函数[BY　列名]

注意：COMPUTE 子句中集合函数的列名一定要出现在 SELECT 子句的选择列表中，否则 SQL Server 2005 报错。

例如，在 pubs 数据库的 titles 表中，查询图书种类及其数量，最后求出共有多少种类，多少图书。SQL 语句如下：

```
SELECT type AS 图书类别,count(title) AS 总数
FROM titles
GROUP BY type
COMPUTE count(type),sum(count(title))
```

查询结果如图 4—1—34 所示。

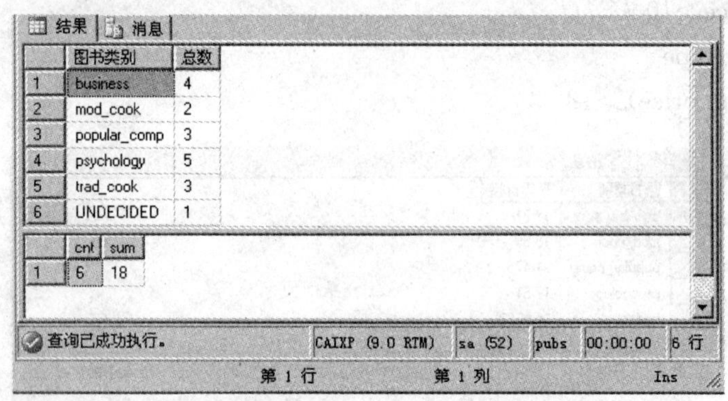

| | 图书类别 | 总数 |
|---|---|---|
| 1 | business | 4 |
| 2 | mod_cook | 2 |
| 3 | popular_comp | 3 |
| 4 | psychology | 5 |
| 5 | trad_cook | 3 |
| 6 | UNDECIDED | 1 |

| | cnt | sum |
|---|---|---|
| 1 | 6 | 18 |



图 4—1—34 使用 COMPUTE BY 子句查询

## 任务实施

### 一、统计各类图书的数量、最高价、最低价、平均价、价格总和

1. 应用 GROUP BY 对图书进行分类，SQL 语句如下：

```
SELECT 分类名称,count(*) AS 总数
FROM 图书信息表
GROUP BY 分类名称
```

执行结果如图 4—1—35 所示。

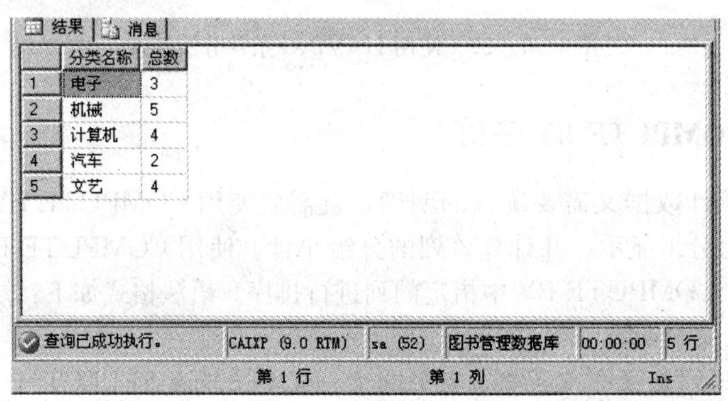

| | 分类名称 | 总数 |
|---|---|---|
| 1 | 电子 | 3 |
| 2 | 机械 | 5 |
| 3 | 计算机 | 4 |
| 4 | 汽车 | 2 |
| 5 | 文艺 | 4 |



图 4—1—35 分组统计各类图书总数

2. 应用集合函数求各类图书的最高价、最低价、平均价、价格总和，SQL 语句如下：

```
SELECT 分类名称,max(定价) 最高价,min(定价) 最低价,avg(定价) 平均价,sum(定价) 总价,count(*) AS 总数
FROM 图书信息表
GROUP BY 分类名称
```

执行结果如图 4—1—36 所示。

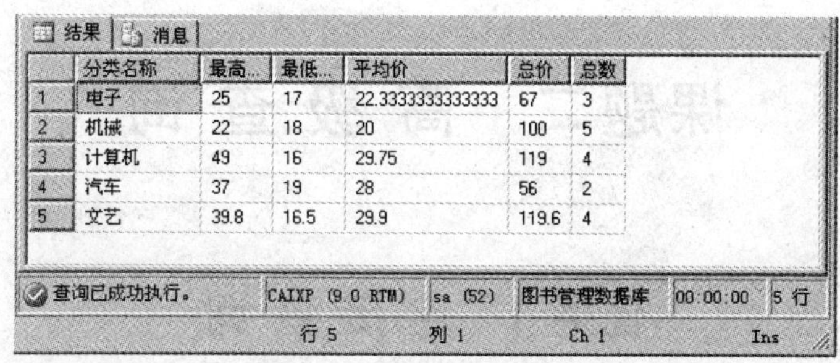

结果 | 消息

| | 分类名称 | 最高... | 最低... | 平均价 | 总价 | 总数 |
|---|---|---|---|---|---|---|
| 1 | 电子 | 25 | 17 | 22.3333333333333 | 67 | 3 |
| 2 | 机械 | 22 | 18 | 20 | 100 | 5 |
| 3 | 计算机 | 49 | 16 | 29.75 | 119 | 4 |
| 4 | 汽车 | 37 | 19 | 28 | 56 | 2 |
| 5 | 文艺 | 39.8 | 16.5 | 29.9 | 119.6 | 4 |

查询已成功执行。　CAIXP (9.0 RTM)　sa (52)　图书管理数据库　00:00:00　5 行

行 5　列 1　Ch 1　Ins

图 4—1—36　应用集合函数分组统计

## 二、统计图书种类及所有图书的总数

应用汇总统计 COMPUTE 求有多少类图书及所有图书的总数，SQL 语句如下：

SELECT　分类名称,max(定价) 最高价,min(定价) 最低价,avg(定价) 平均价,sum(定价) 总价,count(＊) AS　总数

FROM　图书信息表

GROUP　BY　分类名称

COMPUTE count(分类名称),sum(count(＊))

执行结果如图 4—1—37 所示。

结果 | 消息

| | 分类名称 | 最高... | 最低... | 平均价 | 总价 | 总数 |
|---|---|---|---|---|---|---|
| 1 | 电子 | 25 | 17 | 22.3333333333333 | 67 | 3 |
| 2 | 机械 | 22 | 18 | 20 | 100 | 5 |
| 3 | 计算机 | 49 | 16 | 29.75 | 119 | 4 |
| 4 | 汽车 | 37 | 19 | 28 | 56 | 2 |
| 5 | 文艺 | 39.8 | 16.5 | 29.9 | 119.6 | 4 |

| | cnt | sum |
|---|---|---|
| 1 | 5 | 18 |

查询已成功执行。　CAIXP (9.0 RTM)　sa (52)　图书管理数据库　00:00:00　6 行

行 4　列 38　Ch 34　Ins

图 4—1—37　应用 COMPUTE 对分组汇总

## 思考与练习

### 一、思考题

1. 简述分组查询在使用中需要注意的事项。
2. 简述 HAVING 条件与 WHERE 条件的不同。

### 二、操作题

在图书管理数据库的借书证表中完成以下功能：

1. 统计各类别读者的人数。
2. 统计类别总数及总人数。

# 课题二　高级查询

## 任务 1　连接查询

**教学目标**

◆　掌握交叉连接、内连接、外连接和自连接 4 种连接的概念

◆　重点掌握连接查询的内连接和外连接的应用

### 任务引入

在实际应用中，数据查询往往会涉及多个表，例如，图书借阅信息位于“借阅信息表”，其中只有借书证号，如果想知道借阅某本书的读者姓名及其所在单位，就需要同时查询“借阅信息表”“借书证”信息表“教工”表，即需要将多个表连接起来进行查询。请在“图书管理数据库”中应用连接查询实现如下功能：

1. 查询所有有借阅记录的教工读者的工号、姓名、所在部门。

2. 查询所有有借阅记录的教工读者的工号、姓名、所在部门（包含非教工读者），列出所有读者姓名和所有借阅记录，读者姓名与借阅记录能对应的则对应给出，无对应的则在对应的列值填充为 NULL。

3. 列出借阅多本图书的读者借阅信息。

4. 查询所有教工和学生读者的姓名、性别信息。

### 任务分析

连接查询是关系数据库中最主要的查询方式，连接查询的目的是通过加载连接字段条件将多个表连接起来，以便从多个表中检索用户所需要的数据，在 SQL Server 中连接查询类型分为交叉连接、内连接、外连接和自连接 4 种。连接查询的本质是关系代数中进行连接运算的过程。

### 相关知识

#### 一、连接运算

连接运算是二元关系，是从两个关系元组的笛卡尔积中选取属性间满足一定条件的元组，由这些形成连接运算的结果关系。其中条件表达式涉及两个关系中属性的比较，该表达式的取值为逻辑的真或假。

例如，对下面的关系“借书证”表和“教工”表做连接运算，形成“教工借书证”表，

可表示为：教工．工号＝借书证表．[工（学）号]，结果如图 4—2—1 所示。

| 借书证号 | 工(学)号 | 类别 |
| --- | --- | --- |
| 6990001 | chenx | 教工 |
| 6990002 | chengm | 教工 |
| 6990003 | linssh | 教工 |
| 6990004 | liwj | 教工 |
| 6990005 | wuchl | 教工 |
| 6990006 | xiaoqw | 教工 |
| 6990007 | yeqd | 教工 |
| 6990008 | zenggh | 教工 |
| 8000001 | sgj09sk001 | 学生 |
| 8000002 | sgj09sk002 | 学生 |
| 8000003 | sgj09sk003 | 学生 |
| 8000051 | sgj09wl001 | 学生 |
| 8000052 | sgj09wl002 | 学生 |
| 8000053 | sgj09wl003 | 学生 |

| 工号 | 姓名 | 性别 | 部门 |
| --- | --- | --- | --- |
| zenggh | 曾桂红 | 女 | 信息技术系 |
| yeqd | 叶乔冬 | 男 | 教务处 |
| xiaoqw | 肖启旺 | 男 | 工业设计系 |
| wuchl | 吴成龙 | 男 | 信息技术系 |
| liwj | 李文娟 | 女 | 教务处 |
| linssh | 林颂声 | 男 | 数控系 |
| chengym | 陈育苗 | 女 | 工业设计系 |
| chengx | 陈雪 | 女 | 教务处 |

| 借书证号 | 工(学)号 | 类别 | 姓名 | 性别 | 部门 |
| --- | --- | --- | --- | --- | --- |
| 6990001 | chengx | 教工 | 陈雪 | 女 | 教务处 |
| 6990002 | chengym | 教工 | 陈育苗 | 女 | 工业设计系 |
| 6990003 | linssh | 教工 | 林颂声 | 男 | 数控系 |
| 6990004 | liwj | 教工 | 李文娟 | 女 | 教务处 |
| 6990005 | wuchl | 教工 | 吴成龙 | 男 | 信息技术系 |
| 6990006 | xiaoqw | 教工 | 肖启旺 | 男 | 工业设计系 |
| 6990007 | yeqd | 教工 | 叶乔冬 | 男 | 教务处 |
| 6990008 | zenggh | 教工 | 曾桂红 | 女 | 信息技术系 |

图 4—2—1 连接运算示例

## 二、交叉连接

交叉连接也叫非限制连接，它将两个表不加任何约束地组合起来。在数学上，就是两个表的笛卡尔积。交叉连接后得到的结果集的行数是两个被连接表的行数的乘积。在实际应用中使用交叉连接产生的结果集一般没有什么意义，但在数据库的数学模式上有重要的作用。

1. 域

域是一组具有相同数据类型的值的集合，如整数、实数、自然数的集合、性别{‘男’，‘女’}、职称{‘教授’，‘副教授’，‘讲师’，‘助教’} 等都可以称为一个域。

2. 笛卡儿积

给定一组域 D1，D2，…，Dn，则 D1×D2×…Dn＝｛（d1，d2，…，dn）｜di∈Di，i＝1，2，3，…，n｝称为域 D1，D2，…，Dn 的笛卡尔积。其中每个（d1，d2，…，dn）称为一个 n 元组，元组中的每个 di 是 Di 域中的一个值。

例如，设有域：D1 姓名＝{李文婷，毛志华}、D2 性别＝{男，女}、D3 所属部门＝｛计算机系，机械系，电子系}，则笛卡尔积：D1 姓名×D2 性别×D3 所属部门，见表 4—2—1。

3. 交叉连接的语法格式

SELECT 列 FROM 表 1 CROSS JOIN 表 2

或

SELECT 列 FROM 表 1,表 2

例如，在 pubs 数据库 titles 表和 authors 表中，查询书号、书名和所有的作者号、作者名，SQL 语句如下：

**表 4—2—1　　　　笛卡尔积的表**

| D1 姓名 | D2 性别 | D3 所属部门 |
|---|---|---|
| 李文婷 | 男 | 计算机系 |
| 李文婷 | 男 | 机械系 |
| 李文婷 | 男 | 电子系 |
| 李文婷 | 女 | 计算机系 |
| 李文婷 | 女 | 机械系 |
| 李文婷 | 女 | 电子系 |
| 毛志华 | 男 | 计算机系 |
| 毛志华 | 男 | 机械系 |
| 毛志华 | 男 | 电子系 |
| 毛志华 | 女 | 计算机系 |
| 毛志华 | 女 | 机械系 |
| 毛志华 | 女 | 电子系 |

```
SELECT title_id AS 书号,title AS 书名,au_id AS 作者号,au_fname AS 作者名
    FROM titles,authors
```

查询结果如图 4—2—2 所示，结果中的数据是两表中数据行的乘积。

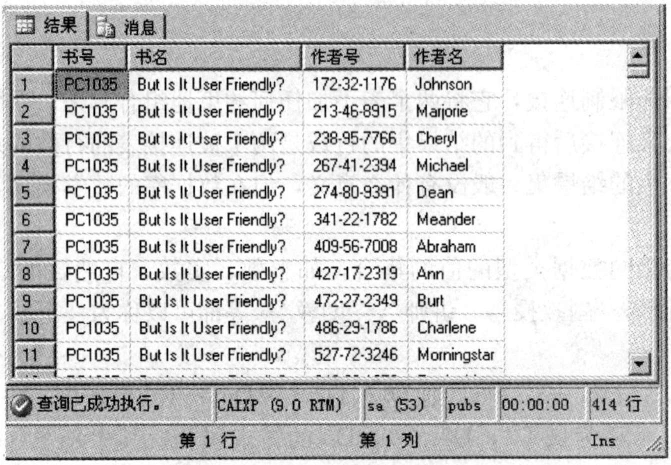

结果 | 消息

| | 书号 | 书名 | 作者号 | 作者名 |
|---|---|---|---|---|
| 1 | PC1035 | But Is It User Friendly? | 172-32-1176 | Johnson |
| 2 | PC1035 | But Is It User Friendly? | 213-46-8915 | Marjorie |
| 3 | PC1035 | But Is It User Friendly? | 238-95-7766 | Cheryl |
| 4 | PC1035 | But Is It User Friendly? | 267-41-2394 | Michael |
| 5 | PC1035 | But Is It User Friendly? | 274-80-9391 | Dean |
| 6 | PC1035 | But Is It User Friendly? | 341-22-1782 | Meander |
| 7 | PC1035 | But Is It User Friendly? | 409-56-7008 | Abraham |
| 8 | PC1035 | But Is It User Friendly? | 427-17-2319 | Ann |
| 9 | PC1035 | But Is It User Friendly? | 472-27-2349 | Burt |
| 10 | PC1035 | But Is It User Friendly? | 486-29-1786 | Charlene |
| 11 | PC1035 | But Is It User Friendly? | 527-72-3246 | Morningstar |

查询已成功执行。 | CAIXP (9.0 RTM) | sa (53) | pubs | 00:00:00 | 414 行

第 1 行　第 1 列　Ins

图 4—2—2　交叉连接查询

## 三、内连接

内连接也叫自然连接，它是组合两个表的常用方法。自然连接将两个表中的列进行比较，将两个表中满足连接条件的行组合起来，作为结果。自然连接有两种形式的语法。自然连接的连接条件是指当两个数据表中具有完全相同的列。

语法一：

SELECT 列 FROM 表 1 ［insert］ JION 表 2 ON 表 1. 列＝表 2. 列

语法二：

SELECT　列名 FROM　表 1，表 2　WHERE　表 1. 列＝表 2. 列

例如，从 pubs 数据库的 titles 和 titleauthor 表中查询书的书号、书名、作者号、类型和价格。SQL 语句如下：

```
SELECT titles.title_id,title,au_id,type,price
FROM titles JOIN titleauthor
ON titles.title_id=titleauthor.title_id
```

查询结果如图 4—2—3 所示。

结果　消息

| | title_id | title | au_id | type | price |
|---|---|---|---|---|---|
| 1 | BU1032 | The Busy Executive's Data... | 213-46-8915 | business | 19.99 |
| 2 | BU1032 | The Busy Executive's Data... | 409-56-7008 | business | 19.99 |
| 3 | BU1111 | Cooking with Computers: S... | 267-41-2394 | business | 11.95 |
| 4 | BU1111 | Cooking with Computers: S... | 724-80-9391 | business | 11.95 |
| 5 | BU2075 | You Can Combat Computer... | 213-46-8915 | business | 2.99 |
| 6 | BU7832 | Straight Talk About Compu... | 274-80-9391 | business | 19.99 |
| 7 | MC2222 | Silicon Valley Gastronomic ... | 712-45-1867 | mod_cook | 19.99 |
| 8 | MC3021 | The Gourmet Microwave | 722-51-5454 | mod_cook | 2.99 |
| 9 | MC3021 | The Gourmet Microwave | 899-46-2035 | mod_cook | 2.99 |
| 10 | PC1035 | But Is It User Friendly? | 238-95-7766 | popular_comp | 22.95 |
| 11 | PC8888 | Secrets of Silicon Valley | 427-17-2319 | popular_comp | 20.00 |

查询已成功执行。　CAIXP (9.0 RTM)　sa (53)　pubs　00:00:00　25 行

第 1 行　第 1 列　Ins

图 4—2—3　内连接查询

因为 titles 和 titleauthor 表中具有完全相同的列 title _ id，因此可将该列值作为连接条件，将两表中该列值相同时的行数据连接成一个新的数据行。通过 title _ id 列进行连接查询，可以在一次查询中从两个表获得数据。两个以上的表也可以进行连接。

例：从 titles、authors 和 titleauthor 表中查询书的书号、书名、作者号和作者名。SQL 语句如下：

```
SELECT titles.title_id,title,authors.au_id,au_fname
FROM titles JOIN titleauthor
ON titles.title_id=titleauthor.title_id
JOIN authors
ON authors.au_id=titleauthor.au_id
```

查询结果如图 4—2—4 所示。

通过上述查询可以将 titles、authors 和 titleauthor 组合起来，把每一本书和它的作者对应。

注意：在从两个或两个以上的表中进行查询时，如果两个表中的列名相同，需要在列名前面加上表名（或表的别名）作为前缀，如上述例子中的 titles. title _ id 与 titleauthor. title _ id。在列名不同时，列名前可以不加表名，但有时也会加上表名，以增强可读性。

结果 | 消息

| | title_id | title | au_id | au_fname |
|---|---|---|---|---|
| 1 | PC1035 | But Is It User Friendly? | 238-95-7766 | Cheryl |
| 2 | PS1372 | Computer Phobic AND ... | 724-80-9391 | Stearns |
| 3 | PS1372 | Computer Phobic AND ... | 756-30-7391 | Livia |
| 4 | BU1111 | Cooking with Computers:... | 267-41-2394 | Michael |
| 5 | BU1111 | Cooking with Computers:... | 724-80-9391 | Stearns |
| 6 | PS7777 | Emotional Security: A Ne... | 486-29-1786 | Charlene |
| 7 | TC4203 | Fifty Years in Buckingha... | 648-92-1872 | Reginald |
| 8 | PS2091 | Is Anger the Enemy? | 899-46-2035 | Anne |
| 9 | PS2091 | Is Anger the Enemy? | 998-72-3567 | Albert |
| 10 | PS2106 | Life Without Fear | 998-72-3567 | Albert |
| 11 | PC9999 | Net Etiquette | 486-29-1786 | Charlene |

查询已成功执行。 CAIXP (9.0 RTM) sa (53) pubs 00:00:00 25 行

第 1 行 第 1 列 Ins

图 4—2—4 三个表内连接查询

## 四、外连接

在自然连接中，只有在两个表中匹配的行才能在结果集中出现。而在外连接中可以只限制一个表，而对另外一个表不加限制（即所有的行都出现在结果集中）。

外连接分为左外连接、右外连接和全外连接。左外连接是对连接条件中左边的表不加限制；右外连接是对右边的表不加限制；全外连接对两个表都不加限制，所有两个表中的行都会包括在结果集中。

左外连接的语法为：

SELECT 列名 FROM 表1 LEFT [OUTER] JOIN 表2ON 表1.列=表2.列

将左表中的所有记录与右表中的每条记录进行组合，结果集中除返回内部连接的记录以外，还在查询结果中返回左表中不符合条件的记录，并在右表的相应列中填上 NULL，由于 bit 类型不允许为 NULL，就以 0 值填充。

例如，从 pubs 数据库的 titles 和 sales 表中，查询书号、书名、商店编号、订单号（包括还没有进入商店的书），SQL 语句如下：

```
SELECT titles.title_id as 书号,title AS 书名,
stor_id AS 商店编号,ord_num AS 订单号
FROM titles LEFT JOIN sales ON titles.title_id=sales.title_id
```

查询结果如图 4—2—5 所示。

在上述的 SQL 语句中，位于连接条件左边的表是 titles 表，根据左外连接定义，titles 表中所有行在结果中都要列出，如果某行 title_id 在 sales 表中没有出现（即存在还没有进入商店的书），则其对应的 stor_id、ord_num 列的值为空。

右外连接的语法为：

SELECT 列名 FROM 表1 RIGHT [OUTER] JOIN 表2ON 表1.列=表2.列

和左外连接类似，右外连接是将左表中的所有记录与右表中的每条记录进行组合，结果集中除返回内部连接的记录以外，还在查询结果中返回右表中不符合条件的记录，并在左表的相应列中填上 NULL，由于 bit 类型不允许为 NULL，就以 0 值填充。

例如，从 pubs 数据库的 stores 和 discounts 表中，查询所有的折扣类型、商店编号、折

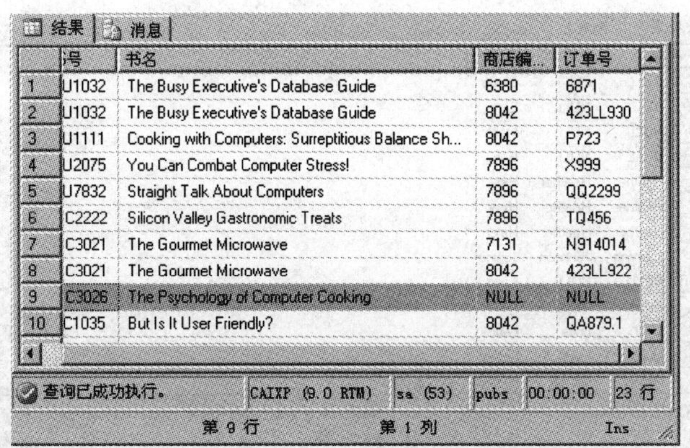

| | 号 | 书名 | 商店编... | 订单号 |
|---|---|---|---|---|
| 1 | U1032 | The Busy Executive's Database Guide | 6380 | 6871 |
| 2 | U1032 | The Busy Executive's Database Guide | 8042 | 423LL930 |
| 3 | U1111 | Cooking with Computers: Surreptitious Balance Sh... | 8042 | P723 |
| 4 | U2075 | You Can Combat Computer Stress! | 7896 | X999 |
| 5 | U7832 | Straight Talk About Computers | 7896 | QQ2299 |
| 6 | C2222 | Silicon Valley Gastronomic Treats | 7896 | TQ456 |
| 7 | C3021 | The Gourmet Microwave | 7131 | N914014 |
| 8 | C3021 | The Gourmet Microwave | 8042 | 423LL922 |
| 9 | C3026 | The Psychology of Computer Cooking | NULL | NULL |
| 10 | C1035 | But Is It User Friendly? | 8042 | QA879.1 |

查询已成功执行。 CAIXP (9.0 RTM) sa (53) pubs 00:00:00 23 行

第 9 行 第 1 列 Ins

图 4—2—5 左外连接查询示例

扣商店名称、订单号（包括还没有实行折扣的商店），SQL 语句如下：

SELECT stores. stor_id AS 商店编号,stor_name AS 商店名称,discounttype AS 订单号,discount AS 折扣 FROM stores RIGHT JOIN discounts

ON stores. stor_id=discounts. stor_id

查询结果如图 4—2—6 所示。

| | 商店编号 | 商店名称 | 订单号 | 折扣 |
|---|---|---|---|---|
| 1 | NULL | NULL | Initial Customer | 10.50 |
| 2 | NULL | NULL | Volume Discount | 6.70 |
| 3 | 8042 | Bookbeat | Customer Discount | 5.00 |

查询已成功执行。 CAIXP (9.0 RTM) sa (54) pubs 00:00:00 3 行

行 4 列 1 Ch 1 Ins

图 4—2—6 右外连接示例

在上述 SQL 语句中，位于连接条件右边的表是 discounts 表，根据右外连接定义，discounts 表中所有行在结果中都要列出，如果某类折扣在 sales 表还没实行，则其对应的 stor_id、ord_num 列的值为空。

全外连接的语法为：

SELECT 列名 FROM 表1 FULL [OUTER] JOIN 表2ON 表1.列=表2.列

全外连接是将左表中的所有记录分别与右表中的每条记录进行组合，结果集中除返回内部连接的记录以外，还在查询结果中返回两个表中不符合条件的记录，并在左表或右表的相应列上 NULL，bit 类型以 0 值填充。

例如，从 pubs 数据库的 authors 和 employee 表中，查询第一个字母相同的名，SQL 语句如下：

SELECT authors. au_fname AS 名,au_fname AS 作者名,fname AS 雇员名

FROM authors FULL JOIN employee

ON left(authors. au_fname,1)=left(employee. fname,1)

查询结果如图 4—2—7 所示。

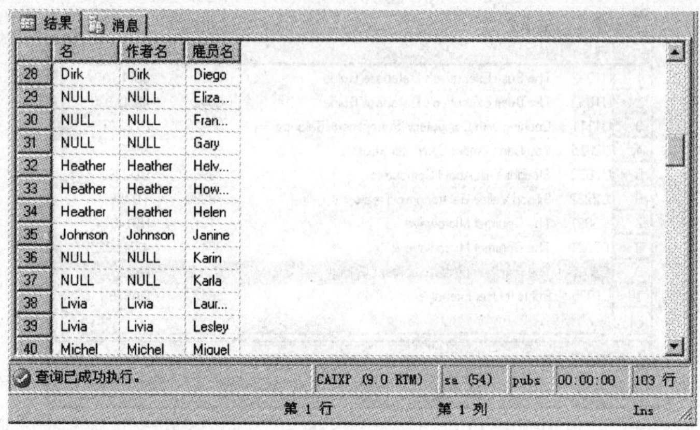

| | 名 | 作者名 | 雇员名 |
|---|---|---|---|
| 28 | Dirk | Dirk | Diego |
| 29 | NULL | NULL | Eliza... |
| 30 | NULL | NULL | Fran... |
| 31 | NULL | NULL | Gary |
| 32 | Heather | Heather | Helv... |
| 33 | Heather | Heather | How... |
| 34 | Heather | Heather | Helen |
| 35 | Johnson | Johnson | Janine |
| 36 | NULL | NULL | Karin |
| 37 | NULL | NULL | Karla |
| 38 | Livia | Livia | Laur... |
| 39 | Livia | Livia | Lesley |
| 40 | Michel | Michel | Miguel |

查询已成功执行。 CAIXP (9.0 RTM) sa (54) pubs 00:00:00 103 行
第 1 行 第 1 列 Ins

图 4—2—7 外连接查询

在上述 SQL 语句中，使用全外连接查询，两个表中的行将都出现在查询结果中，对于一个表中有而另一个表中没有的情况，补上 NULL。若只要查询名的首字母相等的记录，则应使用内连接，SQL 语句应修改如下：

```
SELECT authors.au_fname AS 名,au_fname AS 作者名,fname AS 雇员名
FROM authors JOIN  employee
ON left(authors.au_fname,1)=left(employee.fname,1)
```

结果如图 4—2—8 所示。

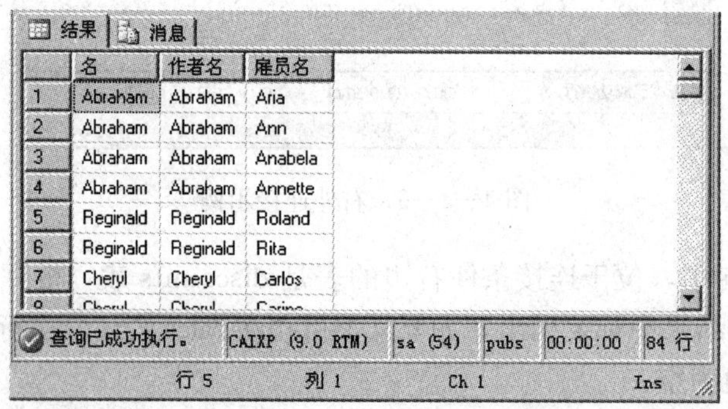

| | 名 | 作者名 | 雇员名 |
|---|---|---|---|
| 1 | Abraham | Abraham | Aria |
| 2 | Abraham | Abraham | Ann |
| 3 | Abraham | Abraham | Anabela |
| 4 | Abraham | Abraham | Annette |
| 5 | Reginald | Reginald | Roland |
| 6 | Reginald | Reginald | Rita |
| 7 | Cheryl | Cheryl | Carlos |

查询已成功执行。 CAIXP (9.0 RTM) sa (54) pubs 00:00:00 84 行
行 5 列 1 Ch 1 Ins

图 4—2—8 内连接查询结果

## 五、自连接

连接操作不仅可以在不同的表上进行，而且在同一张表内可以进行自身连接，即将同一个表的不同行连接起来。自连接可以看做一张表的两个副本之间的连接。在自连接中，必须为表指定两个别名，使之在逻辑上成为两张表。

例如，从 pubs 数据库的 authors 表中，查询同名的作者。SQL 语句如下：

```
SELECT a1.au_fname,a2.au_fname,a1.au_lname
FROM authors a1  JOIN authors a2
ON a1.au_lname=a2.au_lname
```

WHERE a1.au_id <>a2.au_id

查询结果如图 4—2—9 所示，共有两行记录，表明 authors 表同名作者有两个。

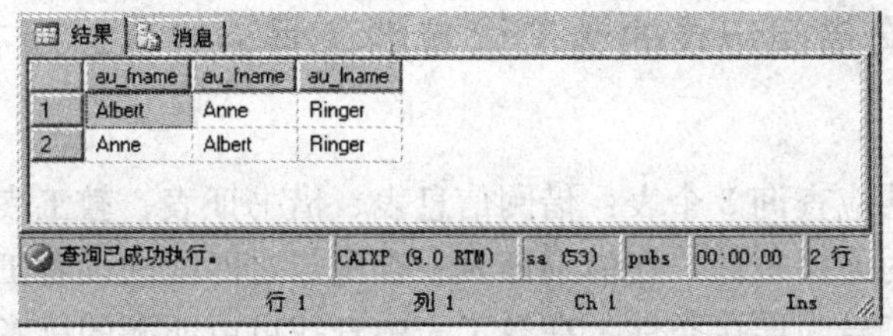

| | au_fname | au_fname | au_lname |
|---|---|---|---|
| 1 | Albert | Anne | Ringer |
| 2 | Anne | Albert | Ringer |



图 4—2—9 自连接查询

## 六、合并结果集

使用 UNION 语句可以把两个或两个以上的查询产生的结果集合并为一个结果集。语法格式如下：

查询语句 1

UNION ［ALL］

查询语句 2

其中：

1. UNION 查询是将两个表（结果集）顺序连接。

2. UNION 中的每一个查询所涉及的列必须具有相同的列数、相同的数据类型，并以相同的顺序出现。

3. 最后结果集中的列名来自第一个 SELECT 语句。

4. 若 UNION 中包含 ORDER BY 子句，则将对最后的结果集排序。

5. 在合并结果集时，默认从最后的结果集中删除重复的行，除非使用 ALL 关键字。

例如：在 pubs 数据库的 authors 表、employee 表中，查询所有人的姓和名，SQL 语句如下：

```
SELECT au_fname AS 名,au_lname AS  姓 FROM authors
UNION
SELECT fname,lname  FROM employee
```

查询结果如图 4—2—10 所示。

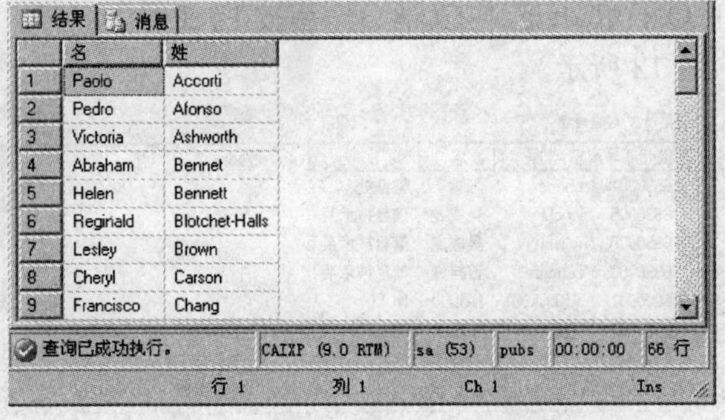

| | 名 | 姓 |
|---|---|---|
| 1 | Paolo | Accorti |
| 2 | Pedro | Afonso |
| 3 | Victoria | Ashworth |
| 4 | Abraham | Bennet |
| 5 | Helen | Bennett |
| 6 | Reginald | Blotchet-Halls |
| 7 | Lesley | Brown |
| 8 | Cheryl | Carson |
| 9 | Francisco | Chang |



图 4—2—10 合并结果集

## 任务实施

### 一、查询所有有借阅记录的教工读者的工号、姓名、所在部门（仅列出教工读者）

要实现该查询，共应查询 3 个表：借阅信息表、借书证表、教工表，执行查询时要以借阅信息表的借书证号为连接条件，在借书证表中查询与之匹配的读者工号，很显然应使用内连接；同样，以读者工号为连接条件，在教工表中查找可以匹配的读者姓名、所有部门，也应使用内连接。SQL 语句如下：

```
SELECT  教工.工号,姓名,部门 FROM  借阅信息表,借书证,教工
WHERE  借阅信息表.借书证号＝借书证.借书证号
AND  借书证.[工(学)号]＝教工.工号
```

执行结果如图 4—2—11 所示。

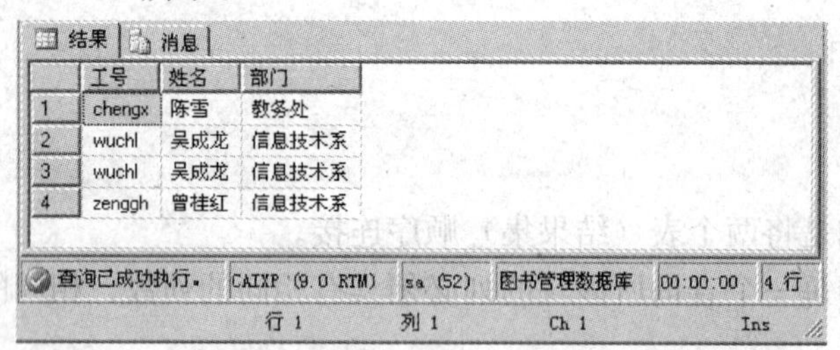

| | 工号 | 姓名 | 部门 |
|---|---|---|---|
| 1 | chengx | 陈雪 | 教务处 |
| 2 | wuchl | 吴成龙 | 信息技术系 |
| 3 | wuchl | 吴成龙 | 信息技术系 |
| 4 | zenggh | 曾桂红 | 信息技术系 |



图 4—2—11　内连接查询有借阅记录的读者信息

### 二、查询所有有借阅记录的教工读者的工号、姓名、所在部门（包含非教工读者）

因为要包含非教工读者，对于教工表中不存在的学生读者要列出为 NULL，因此可使用左外连接方式，SQL 语句如下：

```
SELECT  借书证.借书证号,借书证.[工(学)号],姓名,部门
FROM  借阅信息表
LEFT  JOIN  借书证 ON  借书证.借书证号＝借阅信息表.借书证号
LEFT  JOIN  教工 ON  借书证.[工(学)号]＝教工.工号
```

执行结果如图 4—2—12 所示。

| | 借书证号 | 工(学)号 | 姓名 | 部门 |
|---|---|---|---|---|
| 1 | 6990001 | chengx | 陈雪 | 教务处 |
| 2 | 6990005 | wuchl | 吴成龙 | 信息技术系 |
| 3 | 6990005 | wuchl | 吴成龙 | 信息技术系 |
| 4 | 6990008 | zenggh | 曾桂红 | 信息技术系 |
| 5 | 8000001 | sgj09sk001 | NULL | NULL |
| 6 | 8000001 | sgj09sk001 | NULL | NULL |

查询已成功执行。　CAIXP (9.0 RTM)　sa (52)　图书管理数据库　00:00:00　6 行
行 1　列 1　Ch 1　Ins

图 4—2—12　左外连接查询所有读者姓名

## 三、查询所有教工、学生的姓名和借书证号及其借阅信息

因为包括所有读者的借阅信息、借书证信息，包括未办证读者及无借阅信息的读者，因此应选择全外连接，列出所有读者姓名和所有借阅记录，读者姓名与借阅记录无对应的则在对应的列值填充为 NULL，SQL 语句如下：

```
SELECT  借书证.借书证号,借书证.[工(学)号],图书编号,姓名
FROM  借阅信息表
FULL JOIN  借书证 ON  借书证.借书证号=借阅信息表.借书证号
FULL JOIN  教工 ON  借书证.[工(学)号]=教工.工号
```

查询结果如图 4—2—13 所示。

结果　消息

| | 借书证号 | 工(学)号 | 图书编号 | 姓名 |
|---|---|---|---|---|
| 1 | 6990001 | chengx | 014177 | 陈雪 |
| 2 | 6990005 | wuchl | 032049 | 吴成龙 |
| 3 | 6990005 | wuchl | 092154 | 吴成龙 |
| 4 | 6990008 | zenggh | 034856 | 曾桂红 |
| 5 | 8000001 | sgj09sk001 | 062194 | NULL |
| 6 | 8000001 | sgj09sk001 | 064597 | NULL |
| 7 | 6990002 | chengym | NULL | 陈育苗 |
| 8 | 6990003 | linssh | NULL | 林颂声 |
| 9 | 6990004 | liwj | NULL | 李文娟 |
| 10 | 6990006 | xiaoqw | NULL | 肖启旺 |
| 11 | 6990007 | yeqd | NULL | 叶乔冬 |

查询已成功执…　CAIXP (9.0 RTM)　sa (52)　图书管理数据库　00:00:00　17 行

行 1　列 1　Ch 1　Ins

图 4—2—13　全外连接查询所有读者姓名和所有借阅记录

## 四、列出借阅多本图书的读者借阅信息

通过 a. 借书证号=b. 借书证号进行自连接，列出借阅多本图书的借阅信息，SQL 语句如下：

```
SELECT  a.借书证号,a.图书编号,a.借书日期
FROM  借阅信息表 a  JOIN   借阅信息表 b   ON  a.借书证号=b.借书证号
WHERE  a.图书编号<>b.图书编号
```

执行结果如图 4—2—14 所示。

结果　消息

| | 借书证号 | 图书编... | 借书日期 |
|---|---|---|---|
| 1 | 6990005 | 092154 | 2010-08-28 00:00:00.000 |
| 2 | 6990005 | 032049 | 2010-08-28 00:00:00.000 |
| 3 | 8000001 | 064597 | 2010-09-01 00:00:00.000 |
| 4 | 8000001 | 062194 | 2010-09-01 00:00:00.000 |

查询已成功执行。　CAIXP (9.0 RTM)　sa (52)　图书管理数据库　00:00:00　4 行

行 1　列 1　Ch 1　Ins

图 4—2—14　自连接查出借阅多本图书的读者信息

## 五、查询所有教工和学生读者的姓名、性别信息

将教工、学生表的姓名、性别信息应用 UNION 合并成一个表，SQL 语句如下：

```
SELECT 姓名,性别 FROM 教工
UNION
SELECT 姓名,性别 FROM 学生
```

执行结果如图 4—2—15 所示。

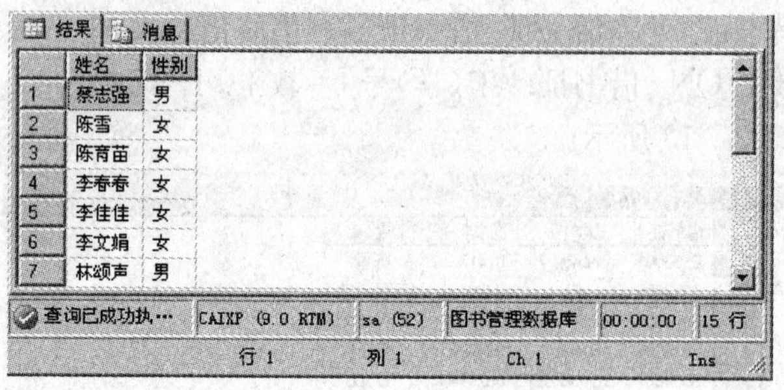

| | 姓名 | 性别 |
|---|---|---|
| 1 | 蔡志强 | 男 |
| 2 | 陈雪 | 女 |
| 3 | 陈青苗 | 女 |
| 4 | 李春春 | 女 |
| 5 | 李佳佳 | 女 |
| 6 | 李文娟 | 女 |
| 7 | 林颂声 | 男 |



图 4—2—15　应用 UNION 合并读者的信息

### 思考与练习

## 一、思考题

什么是交叉连接、内连接、外连接和自连接？

## 二、操作题

1. 查询所有有借阅记录的图书编号、书名、图书类别、isbn、读者姓名。
2. 列出所有图书书名，并对有借阅记录的图书给出借阅信息。
3. 列出所有读者姓名和所有借阅记录。
4. 列出在借图书的图书名称、借书证号、读者姓名。

# 任务2　子　查　询

**教学目标**

- ◆ 掌握子查询的概念
- ◆ 掌握嵌套子查询的方法
- ◆ 掌握对查询结果进行排序的方法

## 任务引入

在使用 SQL 语句进行查询时，当需要使用一个查询语句的执行结果作为另一个查询条件的时候，就可使用 SQL Server 提供的子查询功能。请在“图书管理数据库”中，采用子查询的方法来实现如下功能：

1. 查询借书证号为 6990001 的教工的姓名、部门。
2. 查询有借阅信息的所有读者姓名、性别、所在部门。
3. 查询所有没有借阅信息的读者姓名、性别、所在部门。

## 任务分析

子查询是 SQL Server 提供的一个实现多表连接查询的方法，子查询有几种表现形式，分别用于比较测试、集合成员测试、存在性测试。

## 相关知识

### 一、子查询的概念

子查询是指在 SELECT 语句的 WHERE 或 HAVING 子句中嵌套另一条 SELECT 语句。外层的 SELECT 语句称为外查询，内层的 SELECT 语句称为内查询。子查询必须用括号括起来。子查询分两种：嵌套子查询和相关子查询。

子查询的主要优点：

1. 使查询结构化，将语句的各部分隔离。
2. 提供另一种方法来执行那些需要复杂的连接和联合的操作。

但是，子查询可能导致 RDBMS 负荷过大，大幅降低性能，特别是外部参照的情况，应谨慎使用。大多数情况下，子查询可以转换成连接查询。

### 二、嵌套子查询

嵌套子查询的执行不依赖于外部嵌套。嵌套子查询的执行过程为：首先执行子查询，子查询得到的结果不被显示出来，而是传给外部查询，作为外部查询的条件使用，然后执行外部查询，并显示查询结果。子查询可以多层嵌套。

嵌套子查询的执行顺序：是先内后外，即先执行子查询，然后将子查询的结果作为外层查询的查询条件的值。

嵌套子查询一般也分为两种，子查询返回单个值和子查询返回一个值列表。

1. 返回单个值

返回的单个值被外部查询的比较操作（如：=，! =，<，<=，>，>=）使用，用户必须确切地知道子查询返回的是一个单值，否则数据库服务器将报错。

例如，在 pubs 数据库的 employee 数据表中，显示那些 job _ ID 等于雇员号 PDI47470M 雇员的姓名。查询语句如下：

```
SELECT fname,lname,job_id FROM employee
```

```
WHERE job_id=(
SELECT job_id FROM employee WHERE emp_id='PDI47470M')
```

查询结果如图 4—2—16 所示。

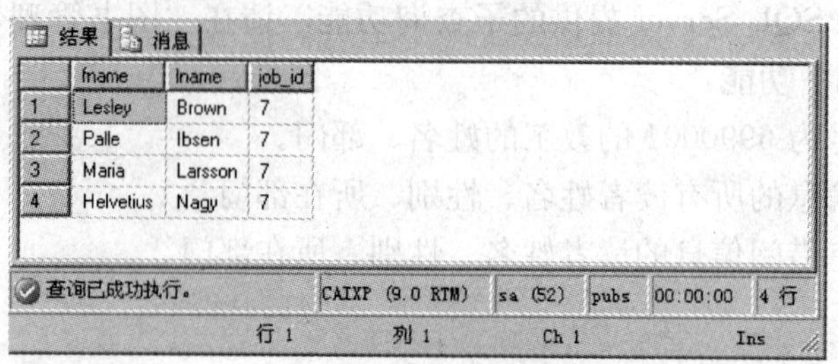

| | fname | lname | job_id |
|---|---|---|---|
| 1 | Lesley | Brown | 7 |
| 2 | Palle | Ibsen | 7 |
| 3 | Maria | Larsson | 7 |
| 4 | Helvetius | Nagy | 7 |



图 4—2—16　返回单个值嵌套子查询

先在子查询中查出 emp _ id 为 PDI47470M 的雇员 job _ id=7，将 job _ id 的值传给外查询，查询 job _ id=7 时雇员的姓名。

2. 返回一个值列表

返回的这个值列表被外部查询的 IN、NOT IN、ANY 或 ALL 比较操作使用。IN 表示属于，即外部查询中用于判断的表达式的值与子查询返回的值列表中的一个值相等。NOT IN 表示不属于。ANY、SOME 和 ALL 用于一个值与一组值的比较，以“>”为例，ANY、SOME 表示大于一组值中的任意一个，ALL 表示大于一组值中的每一个。比如>ANY（1，2，3）表示大于 1；而 ALL（1，2，3）表示大于 3。

例如，在 pubs 数据库的 publisher、titles 数据表中，查询类型为 business 的出版商的相关信息。SQL 语句如下：

```
SELECT pub_name,pub_id FROM publishers
WHERE pub_id IN (SELECT pub_id FROM TITLES WHERE type='business')
```

查询结果如图 4—2—17 所示。

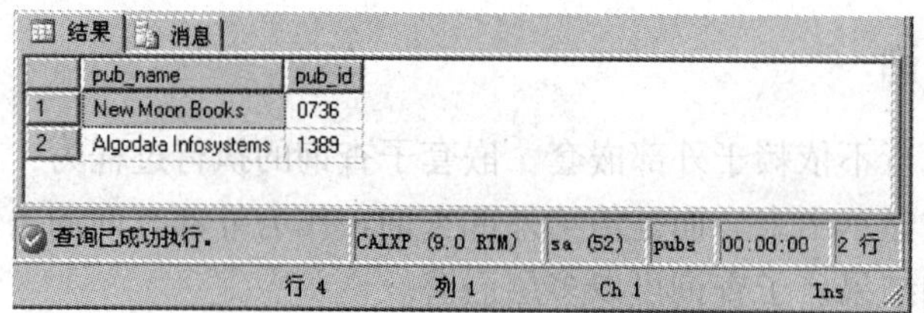

| | pub_name | pub_id |
|---|---|---|
| 1 | New Moon Books | 0736 |
| 2 | Algodata Infosystems | 1389 |



图 4—2—17　返回一个值列表嵌套子查询

先在子查询中查询出 type 值为 business 的所有 pub _ id 的值列表，将值列表作为外查询条件中 IN 集合中的值，再执行外查询。

## 三、相关子查询

所谓相关子查询，是指在子查询的查询条件中引用了外层查询表中的字段值。相关子查询的结果集取决于外部查询当前的数据行，这一点与嵌套子查询不同。相关子查询的执行过程如下。

第一步：子查询为外部查询的每一行执行一次，外部查询将子查询引用的列的值传给子查询。

第二步：如果子查询的任何行与其匹配，则外部查询就返回结果行。

第三步：再回到第一步，直到处理完外部表的每一行。

例如，在 pubs 数据库的 employee、jobs 数据表中，查询那些还没有雇员的工作。SQL 语句如下：

```
SELECT job_id,job_desc FROM jobs
WHERE NOT EXISTS
(SELECT  * FROM employee ee WHERE ee.job_id=jobs.job_id)
```

查询结果如图 4—2—18 所示。

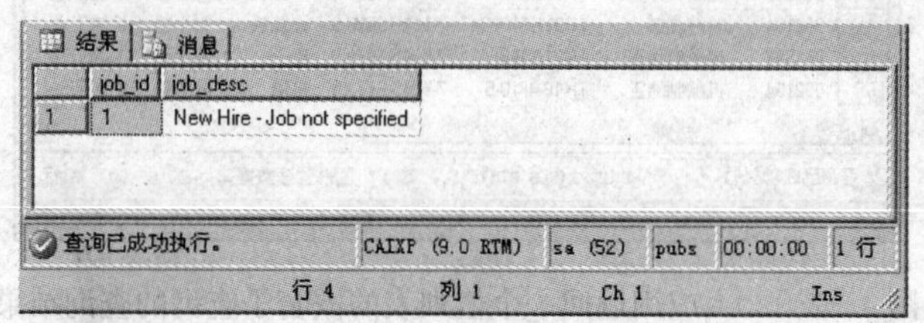


图 4—2—18　相关子查询

先执行外查询，查询出第一行 job _ id，将 job _ id 的值传入子查询，测试子查询的结果为真（对于 NOT EXISTS 来说，子查询的返回结果集为空时，结果为真）时，外查询就返回结果行，再传入第二个 job _ id 到子查询进行测试，直到处理完外查询中的每一行。

## 任务实施

### 一、查询借书证号为 6990001 的教工的姓名、部门

借书证号为 6990001 的教工只有一人，应使用返回单个值的嵌套子查询，子查询查询借书证表中借书证号为 6990001 的教工的工号，外查询根据返回的工号值查询教工表，得到其姓名、部门。SQL 语句如下：

```
SELECT  工号,姓名,部门 FROM  教工 WHERE  工号=
(SELECT ［工(学)号］FROM  借书证 WHERE  借书证号='6990001')
```

查询结果如图 4—2—19 所示。

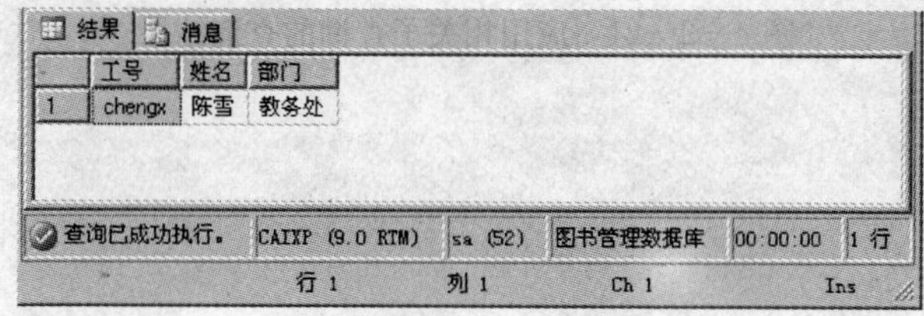


图 4—2—19　应用返回单个值的嵌套子查询查询结果

## 二、查询被借阅的图书信息

被借阅的图书有多本，应使用返回一个值列表的嵌套子查询，子查询查询借阅信息表中被借阅图书的图书编号，外查询根据图书编号查询出图书信息。SQL 语句如下：

```
SELECT  *  FROM  图书信息表 WHERE  图书编号
IN  (SELECT  图书编号 FROM  借阅信息表)
```

查询结果如图 4—2—20 所示。

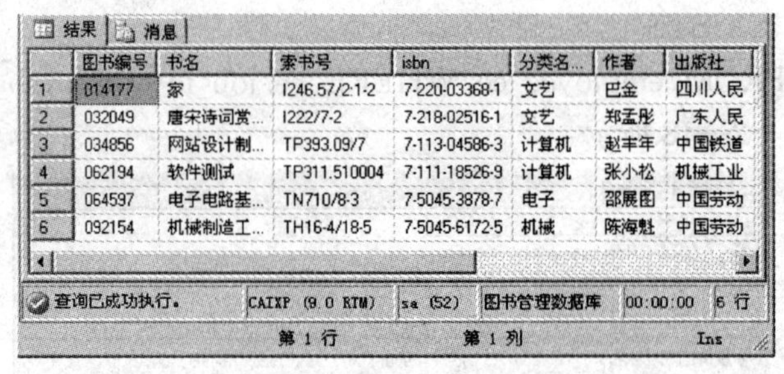

| | 图书编号 | 书名 | 索书号 | isbn | 分类名... | 作者 | 出版社 |
|---|---|---|---|---|---|---|---|
| 1 | 014177 | 家 | I246.57/2:1-2 | 7-220-03368-1 | 文艺 | 巴金 | 四川人民 |
| 2 | 032049 | 唐宋诗词赏... | I222/7-2 | 7-218-02516-1 | 文艺 | 郑孟彤 | 广东人民 |
| 3 | 034856 | 网站设计制... | TP393.09/7 | 7-113-04586-3 | 计算机 | 赵丰年 | 中国铁道 |
| 4 | 062194 | 软件测试 | TP311.510004 | 7-111-18526-9 | 计算机 | 张小松 | 机械工业 |
| 5 | 064597 | 电子电路基... | TN710/8-3 | 7-5045-3878-7 | 电子 | 邵展图 | 中国劳动 |
| 6 | 092154 | 机械制造工... | TH16-4/18-5 | 7-5045-6172-5 | 机械 | 陈海魁 | 中国劳动 |

查询已成功执行。 CAIXP (9.0 RTM) sa (52) 图书管理数据库 00:00:00 6 行
第 1 行 第 1 列 Ins

图 4—2—20　应用返回一个值列表的嵌套子查询的查询结果

## 三、查询没有借阅信息的借书证信息

应用相关子查询，查询所有没有借阅信息的读者姓名、性别、所在部门，SQL 语句如下：

```
SELECT  *  FROM  借书证 a  WHERE
EXISTS(SELECT  借书证号 FROM  借阅信息表 b  WHERE  a.借书证号=b.借书证号)
```

查询结果如图 4—2—21 所示。

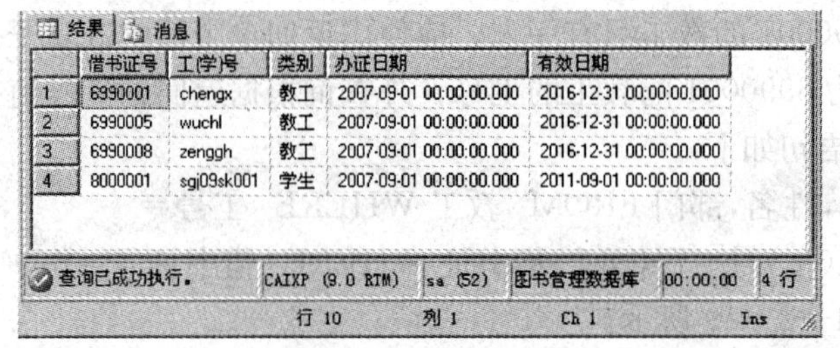

| | 借书证号 | 工(学)号 | 类别 | 办证日期 | 有效日期 |
|---|---|---|---|---|---|
| 1 | 6990001 | chengx | 教工 | 2007-09-01 00:00:00.000 | 2016-12-31 00:00:00.000 |
| 2 | 6990005 | wuchl | 教工 | 2007-09-01 00:00:00.000 | 2016-12-31 00:00:00.000 |
| 3 | 6990008 | zenggh | 教工 | 2007-09-01 00:00:00.000 | 2016-12-31 00:00:00.000 |
| 4 | 8000001 | sgj09sk001 | 学生 | 2007-09-01 00:00:00.000 | 2011-09-01 00:00:00.000 |

查询已成功执行。 CAIXP (9.0 RTM) sa (52) 图书管理数据库 00:00:00 4 行
行 10 列 1 Ch 1 Ins

图 4—2—21　应用相关子查询的查询结果

## 思考与练习

### 一、思考题

1. 什么是子查询?
2. 简述嵌套子查询的查询过程。
3. 简述相关子查询的查询过程。

## 二、操作题

在图书管理数据库中，利用子查询实现如下查询：

1. 查询借阅了图书编号为 062194 的读者的姓名和部门。
2. 查询所有被借阅图书的书名、isbn、出版社。
3. 查询所有没被借阅的图书的书名、isbn、出版社。

# 课题三　视　　图

视图作为一种基本的数据库对象，是查询一个表或多个表的另一种方法，将预先定义好的查询作为一个视图对象存储在数据库中，就可以像使用表一样在查询语句中调用它。

## 任务 1　视图的创建和使用

**教学目标**

- 掌握视图的基本概念
- 掌握视图的创建和管理
- 利用视图进行查询操作
- 利用视图操作数据表中的数据

### 任务引入

在数据库的管理过程中，经常需要重复查询一些信息，如果每次查询都写一次查询语句，重复操作工作效率低。为了能反复使用查询的结果，可利用 SQL Server 2005 中提供的视图功能，写一个查询，将查询的结果作为视图保存下来，在使用时只需调用视图即可。

在“图书管理数据库”中创建视图，实现如下功能：创建视图“教工借书证借阅信息一览表”，查询读者姓名、读者所在部门，图书名称、图书 ISBN、借书时间等数据信息，并利用视图插入、修改、删除表中的数据。

### 任务分析

实现任务引入中要求的功能，可以使用 SQL Server 提供的视图。视图是将预先定义好的查询作为一个对象存储在数据库中，然后就可以像使用表一样在查询语句中调用它，利用它进行表中数据的操作。

## 相关知识

### 一、视图的概念

视图是一种在一个或多个表上观察数据的途径，视图是一个虚拟的表，该表中的记录是由一个查询语句执行后所得到的查询结果所构成。

与表一样，视图也是由字段和记录组成，只是这些字段和记录来源于其他被引用的表或视图，所以视图并不是真实存在的，而是一张虚拟的表，视图中的数据同样也并不是存在于视图当中，而是存在于被引用的数据表当中，当被引用的数据表中的记录内容改变时，视图中的记录内容也会随之改变。

如果经常需要查询相同的字段内容，可以将这个查询的结果集视为一个表，那么这个表就是一个视图。创建完视图之后，如果还要以同样的条件进行查询，只要输入以下代码就可以得到查询结果：

SELECT * FROM 视图名称

视图具备了数据表的一些特性，数据表可以完成的功能，如查询、修改（虽然在修改记录时有些限制）、删除等操作，在视图中都可以完成。同时，视图也和数据表一样能成为另一个视图所引用的表。

使用视图有以下几个优点：

1. 简化查询语句

通过视图可以将复杂的查询语句变得很简单。

2. 增加可读性

由于在视图中可以只显示有用的字段，并且可以使用字段别名，能方便用户浏览查询的结果。

3. 方便程序的维护

如果用应用程序使用视图来存取数据，那么当数据表的结构发生改变时，只需要更改视图存储的查询语句即可，不需要更改程序。

4. 增加数据的安全性和保密性

针对不同的用户，可以创建不同的视图，此时的用户只能查看和修改其所能看到的视图中的数据，而真正的数据表中的数据甚至连数据表都是不可见不可访问的，这样可以限制用户浏览和操作的数据内容。另外视图所引用的表的访问权限与视图的权限设置也是相互不影响的。

注意：视图是个虚拟的表，其存储的是查询语句而不是数据。除非在视图中建立了索引，否则视图中的数据都存储在其引用的数据表中。

### 二、创建视图

创建视图与创建数据表一样，有使用 SQL Server Management Studio 和使用 T－SQL 语句两种方法，下面分别介绍这两种方法：

1. 在 SQL Server Management Studio 中创建视图

（1）启动“SQL Server Management Studio”，连接到本地默认实例，在“对象资源管

理器”窗口里，选择“本地数据库实例”→“数据库”→“pubs”→“视图”。

（2）用鼠标右键单击“视图”，在弹出的快捷菜单里选择“新建视图”选项。

（3）出现如图 4—3—1 所示的视图设计界面，其上有个“添加表”对话框，可以将要引用的表添加到视图设计对话框上。

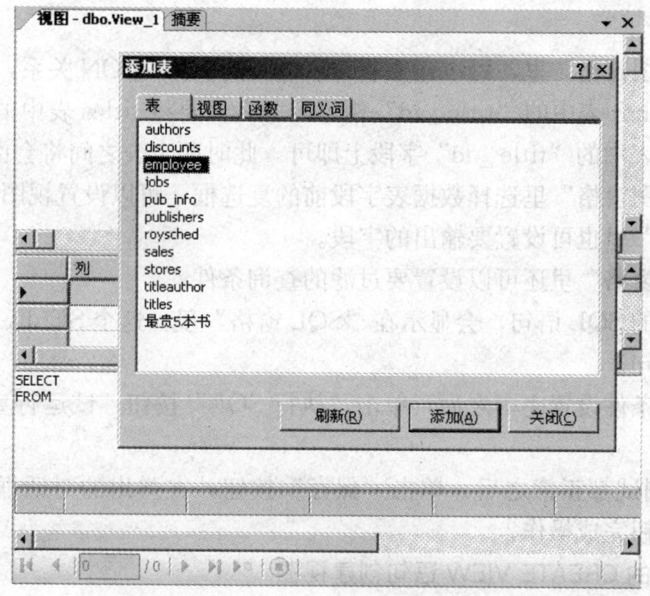


图 4—3—1 视图设计界面

（4）在本例中，添加 authors、titles、titleauthor3 个表之后，单击“关闭”按钮，返回到如图 4—3—2 所示的“视图设计”窗口。如果还要添加新的数据表，可以用鼠标右键单击

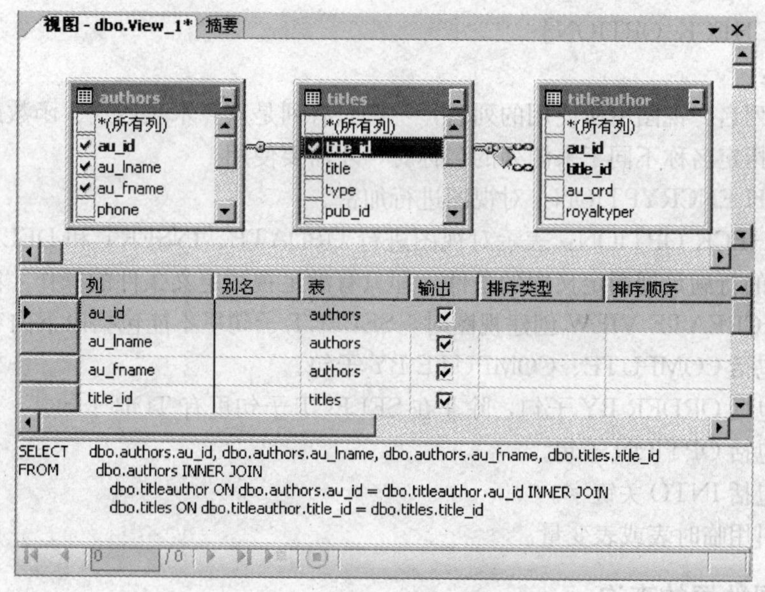


图 4—3—2 视图设计

“关系图窗格”的空白处，在弹出的快捷菜单里选择“添加表”选项，则会弹出如图 4—3—1 中所示的“添加表”对话框，然后继续为视图添加引用表或视图。如果要移除已经添加的数据表或视图，可以用鼠标右键单击在“关系图窗格”里选择要移除的数据表或视图，在弹出的快捷菜单里选择“移除”选项，或选中要移除的数据表或视图后，直接按 Delete 键移除。

（5）在“关系图窗格”里，可以建立表与表之间的 JOIN…ON 关系，如 titles 表的“title_id”与 titleauthor 表中的“title_id”相等，那么只要将 titles 表中的“title_id”字段拖拽到 titleauthor 表中的“title_id”字段上即可。此时两个表之间将会由一根线连着。

（6）在“关系图窗格”里选择数据表字段前的复选框，可以设置视图要输出的字段，同样，在“条件窗格”里也可设置要输出的字段。

（7）在“条件窗格”里还可以设置要过滤的查询条件。

（8）设置完成的 SQL 语句，会显示在“SQL 窗格”里，这个 SELECT 语句也就是视图所要存储的查询语句。

（9）所有查询条件设置完毕之后，单击“执行 SQL”按钮，试运行 SELECT 语句是否正确。

（10）在一切测试都正常之后，单击“保存”按钮，在弹出的对话框里输入视图名称，再单击“确定”按钮完成操作。

**2. 用 T－SQL 的 CREATE VIEW 语句创建视图**

语法为：

CREATE VIEW 视图名[(视图列名 1，视图列名 2，…，视图列名 n)]
[WITH ENCRYPTION]
AS select 语句
[WITH CHECK OPTION]

参数说明：

（1）视图列名。视图中所使用的列名，一般只有列是从算术表达式、函数或常量派生出来的或者列的指定名称不同于来源列的名称时，才需要使用。

（2）WITH ENCRYPTION：对视图进行加密。

WITH CHECK OPTION：表示对视图进行 UPDATE、INSERT 和 DELETE 操作时，要保证所操作的行满足视图定义中的条件，即只有满足视图定义条件的操作才能执行。

（3）在用 CREATE VIEW 创建视图时，SELECT 子句里不能包括以下内容：

1）不能包括 COMPUTE、COMPUTE BY 子句。

2）不能包括 ORDER BY 子句，除非在 SELECT 子句里有 TOP 子句。

3）不能包括 OPTION 子句。

4）不能包括 INTO 关键字。

5）不能引用临时表或表变量。

## 三、视图数据的查询

视图创建后，就可以像对表的查询一样对视图进行查询，语法格式如下：

SELECT * FROM 视图名

对视图进行查询时，首先进行有效性检查，检查通过后，将视图定义中的查询和用户对视图的查询结合起来，转换成对基表的查询。对基表执行的是这个联合查询。

## 四、通过视图修改表数据

由于视图与数据表十分类似，所以对视图的操作与数据表也十分类似，但是要编辑视图中的记录，必须要注意以下几点：

1）Timestamp 和 binary 类型的字段不能编辑。

2）如果字段的值是自动产生的，如带标识字段、计算字段等也不能编辑。

3）经编辑的字段内容必须符合引用表的字段定义。

4）在引用表中可以不用输入内容的字段（如为 NULL 或有默认值的字段），在视图中也可以不输入内容。

5）在视图中修改的字段最好是同一个引用表中的字段，避免出现一些未知的结果。

6）在视图中修改的字段内容，实际上就是在数据表中修改的字段内容。

### 1. 在 SQL Server Management Studio 中操作视图记录

（1）在 SQL Server Management Studio 中，可以像编辑数据表记录内容一样编辑视图里的记录内容。其操作如下：打开视图，找到要修改的记录，在记录上直接修改字段内容，修改完毕之后，只需将光标从该记录上移开，定位到其他记录上，SQL Server 就会将修改的记录保存。

（2）在视图中插入记录的方法与在数据表中插入记录的方法类似：打开视图，定位到最后一条记录下面，有一条所有字段都为 NULL 的记录，在此可以输入新记录的内容。

注意：一般来说，不建议在视图中插入新记录，因为在视图中往往显示的是多个表中的几个字段，而在插入新记录时，除了要指定这些字段的内容之外，还可能要输入其他字段内容才能完成该数据表的记录插入工作。

（3）在 SQL Server Management Studio 中删除视图记录的方法如下：打开视图，用鼠标右键单击要删除的记录，在弹出的快捷菜单里选择“删除”选项，然后在弹出的警告对话框里单击“是”按钮，完成删除操作。

同样，如果在视图中删除记录时，会同时在多个数据表中删除记录，也会失败，因为 SQL Server 无法判断要删除的究竟是哪个数据表里的哪条记录。

### 2. 用 INSERT、UPDATE 和 DELETE 语句操作视图记录

使用 T－SQL 语言中的 INSERT、UPDATE 和 DELETE 语句来操作视图的记录内容，与操作数据表的语句基本相同，只要将原来输入数据表名的地方改为视图名即可。对视图进行的修改操作有以下限制：

（1）若视图的字段来自表达式或常量，则不允许对该视图执行 INSERT 和 UPDATE 操作，但允许执行 DELETE 操作。

（2）若视图的字段来自集合函数，则此视图不允许修改操作。

（3）若视图的字段含有 GROUP BY 子句，则此视图不允许修改操作。

（4）若视图的字段含有 DISTINCT 关键字，则此视图不允许修改操作。

(5) 若视图的定义不允许被修改，则视图不允许修改操作。

## 任务实施

使用 SQL Server Management Studio 创建视图并操作视图中的数据的步骤在相关知识中有详细介绍，读者可参考上述内容，自行完成。本处主要使用 SQL 语句创建视图并操作视图中的数据。

### 一、写出实现查询借书证号为 6990005 的读者借阅信息的查询语句，查出其借书证号、工号、姓名、读者所在部门，图书名称、图书 ISBN、借书时间等数据信息

SQL 语句如下：

```
SELECT  借阅信息表.借书证号,工号,姓名,性别,部门,借阅信息表.图书编号,书名,
isbn,借书日期
FROM  借阅信息表,借书证,教工,图书信息表
WHERE  借阅信息表.借书证号=借书证.借书证号
                AND  借书证.[工(学)号]=教工.工号
                AND  借阅信息表.图书编号=图书信息表.图书编号
```

操作结果如图 4—3—3 所示。

结果 | 消息

| | 借书证号 | 工号 | 姓名 | 性... | 部门 | 图书编... | 书名 | isbn | 借书日期 |
|---|---|---|---|---|---|---|---|---|---|
| 1 | 6990001 | chengx | 陈雪 | 女 | 教务处 | 014177 | 家 | 7-220-03... | 2010-08-05 C |
| 2 | 6990005 | wuchl | 吴成龙 | 男 | 信息技术系 | 032049 | 唐宋诗词赏析 | 7-218-02... | 2010-08-28 C |
| 3 | 6990005 | wuchl | 吴成龙 | 男 | 信息技术系 | 092154 | 机械制造工艺... | 7-5045-6... | 2010-08-28 C |
| 4 | 6990008 | zenggh | 曾桂红 | 女 | 信息技术系 | 034856 | 网站设计制作 | 7-113-04... | 2010-08-30 C |

查询已成功执行。 CAIXP (9.0 RTM) sa (52) 图书管理数据库 00:00:00 4 行

阅信息表.借书证号=借书证.1 第 1 行 第 1 列 Ins

图 4—3—3 执行查询结果

### 二、应用创建视图的 CREATE VIEW 语句，创建视图“借阅信息一览表”

SQL 语句如下：

```
CREATE VIEW  教工借阅信息一览表 AS
SELECT  借阅信息表.借书证号,工号,姓名,性别,部门,借阅信息表.图书编号,书名,
isbn,借书日期
FROM  借阅信息表,借书证,教工,图书信息表
WHERE  借阅信息表.借书证号=借书证.借书证号
AND  借书证.[工(学)号]=教工.工号
AND  借阅信息表.图书编号=图书信息表.图书编号
```

执行成功，在对象资源管理器中可查看操作结果，如图 4—3—4 所示。

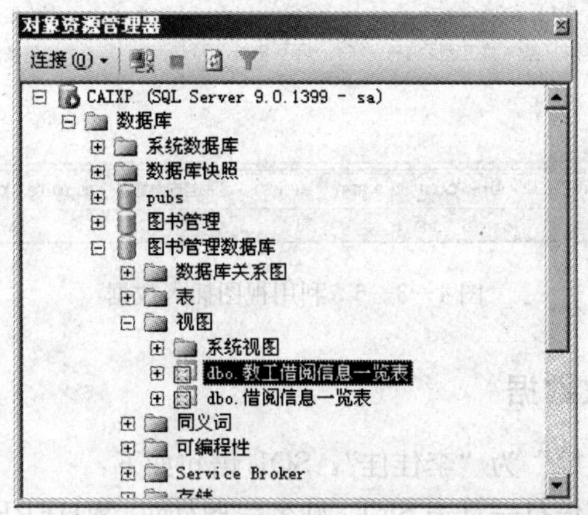


图 4—3—4 借阅信息一览表视图创建成功

## 三、使用视图查询读者姓名、图书名称、借阅日期

SQL 语句如下：

SELECT 姓名,书名,借书日期 FROM 教工借阅信息一览表

执行结果如图 4—3—5 所示。

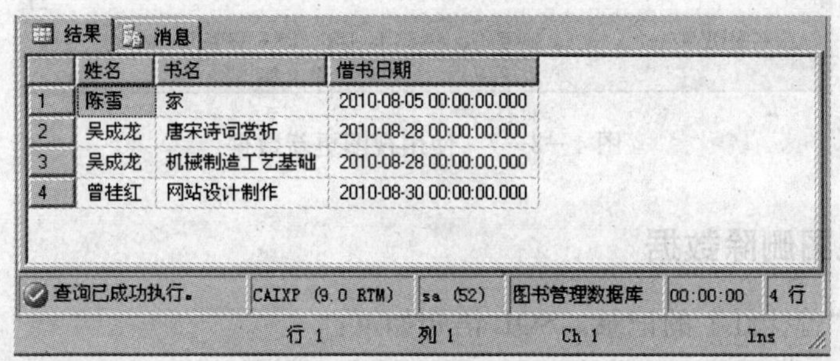

| | 姓名 | 书名 | 借书日期 |
|---|---|---|---|
| 1 | 陈雪 | 家 | 2010-08-05 00:00:00.000 |
| 2 | 吴成龙 | 唐宋诗词赏析 | 2010-08-28 00:00:00.000 |
| 3 | 吴成龙 | 机械制造工艺基础 | 2010-08-28 00:00:00.000 |
| 4 | 曾桂红 | 网站设计制作 | 2010-08-30 00:00:00.000 |



图 4—3—5 利用视图进行查询

## 四、使用视图插入数据

插入一条记录：借书证号为 6990100，姓名为张可敏。

SQL 语句如下：

INSERT 教工借阅信息一览表(借书证号,姓名)

VALUES('6990100','张可敏')

执行结果如图 4—3—6 所示。

事实上，该 insert 语句在执行时会失败，因为它并没有提供插入记录所需要的所有必须提供的字段内容。

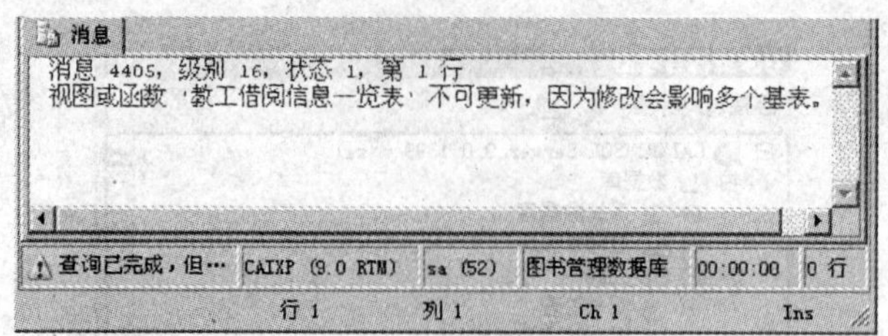


图 4—3—6　利用视图插入数据

## 五、使用视图修改数据

更新读者姓名“李文婷”为“李佳佳”，SQL 语句如下：

UPDATE　教工借阅信息一览表 SET　姓名='曾桂洪'　WHERE　姓名='曾桂红'

SELECT　*　FROM　教工

执行成功后，再查询教工表，可看到数据已被修改，结果如图 4—3—7 所示。

|  | 工号 | 姓名 | 性… | 密码 | 联系电话 | 部门 | 是否办… | 是否管理员 |
|---|---|---|---|---|---|---|---|---|
| 4 | liwj | 李文娟 | 女 | 654321 | 132456789899 | 教务处 | Y | Y |
| 5 | nuy | 吕燕 | 女 | 000000 | 13521179802 | 信息技术系 | Y | N |
| 6 | wuchl | 吴成龙 | 男 | 888888 | 13928392999 | 信息技术系 | Y | N |
| 7 | xiaoqw | 肖启旺 | 男 | 888888 | 13528890390 | 工业设计系 | Y | N |
| 8 | yeqd | 叶乔冬 | 男 | 654321 | 136567456766 | 教务处 | Y | Y |
| 9 | zenggh | 曾桂洪 | 女 | 888888 | 13526343963 | 信息技术系 | Y | N |

查询已成功执行。　CAIXP (9.0 RTM)　sa (52)　图书管理数据库　00:00:00　9 行

第 9 行　第 1 列　Ins

图 4—3—7　使用视图更新数据

## 六、使用视图删除数据

删除姓名为“曾桂红”的记录，SQL 语句如下：

DELETE　教工借阅信息一览表 WHERE　姓名='曾桂洪'

执行结果如图 4—3—8 所示。

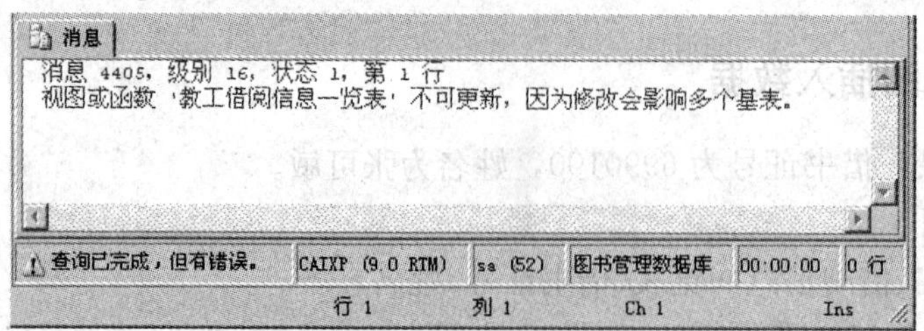


图 4—3—8　利用视图删除数据

该 DELETE 语句在执行时会失败，因为它并没有提供删除产品记录所需要的所有必须提供的字段内容。

## 思考与练习

### 一、思考题

1. 为什么说视图是虚表？视图的数据储存在什么地方？
2. 说明视图的优缺点。
3. 通过视图修改数据要注意哪些限制？

### 二、操作题

1. 在 Northwind 示例数据库中，使用 SQL 语句创建销售人员视图，要求其部门信息直接用部门名称给出。

2. 利用销售人员视图，实现查询、插入、修改、删除数据的功能。

# 任务 2　视图的维护

**教学目标**

◆ 掌握查看视图的定义、视图的依赖关系

◆ 掌握视图的修改和删除

## 任务引入

创建了视图以后，若在使用中发现视图的定义与实际要求不太相符，可根据需要对视图执行查看、修改或者删除操作。

本任务将对“图书管理数据库”中的视图“教工借阅信息一览表”完成如下操作：

1. 查看“教工借阅信息一览表”的定义。
2. 修改“教工借阅信息一览表”，添加数据列“已借数据”“定价”。
3. 最后删除视图“教工借阅信息一览表”。

## 任务分析

视图的维护是在使用别人创建的视图时所必须掌握的操作技能，只有了解视图定义信息，并进行适当的修改，才能使用视图达成自己的工作目的。

## 相关知识

### 一、查看视图

视图与数据表很类似，这也体现在对内容的查看。

1. 在 SQL Server Management Studio 中查看视图内容的方法与查看数据表内容的方法

几乎一致，下面以查看视图“借阅信息一览表”为例介绍如何查看视图。

（1）启动“SQL Server Management Studio”，连接到本地默认实例，在“对象资源管理器”窗口里，选择“本地数据库实例”→“数据库”→“图书管理数据库”→“视图”→“借阅信息一览表”。

（2）用鼠标右键单击“教工借阅信息一览表”，在弹出的快捷菜单里选择“打开视图”选项，出现如图4—3—9所示查看视图的对话框，该对话框界面与查看数据表的对话框界面几乎一致，在此不再赘述。

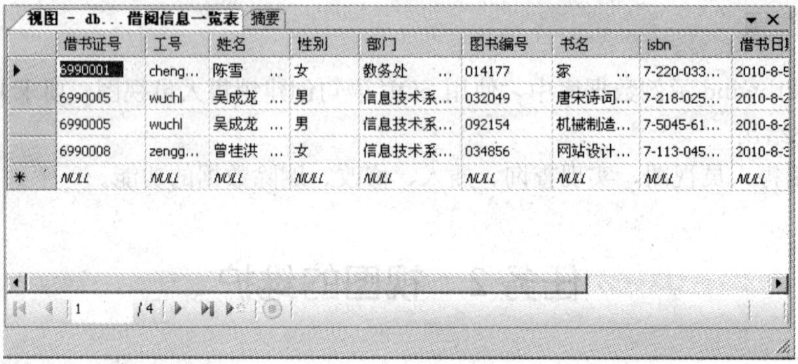

视图 - db...借阅信息一览表　摘要

| 借书证号 | 工号 | 姓名 | 性别 | 部门 | 图书编号 | 书名 | isbn | 借书日 |
|---|---|---|---|---|---|---|---|---|
| 6990001 | cheng... | 陈雪 ... | 女 | 教务处 ... | 014177 | 家 ... | 7-220-033... | 2010-8-5 |
| 6990005 | wuchl | 吴成龙 ... | 男 | 信息技术系... | 032049 | 唐宋诗词... | 7-218-025... | 2010-8-2 |
| 6990005 | wuchl | 吴成龙 ... | 男 | 信息技术系... | 092154 | 机械制造... | 7-5045-61... | 2010-8-2 |
| 6990008 | zengg... | 曾桂洪 ... | 女 | 信息技术系... | 034856 | 网站设计... | 7-113-045... | 2010-8-3 |
| NULL | NULL | NULL | NULL | NULL | NULL | NULL | NULL | NULL |

图4—3—9　查看视图

2. 在T－SQL语句里，使用系统存储过程sp_helptext查看视图定义，语法格式如下：

EXEC sp_helptext　视图名

3. 查看视图与其他对象的依赖关系

（1）使用SQL Server Management Studio查看视图与其他对象的依赖关系。在对象资源管理器中，选择“本地数据库实例”→“数据库”→“图书管理数据库”→“视图”→“教工借阅信息一览表”，单击鼠标右键，在弹出的快捷菜单里选择“查看依赖关系”命令，显示如图4—3—10所示的“对象依赖关系”对话框，从对话框中可以看到哪些数据对象引用了本视图以及本视图引用了哪些数据对象。

（2）使用sp_depends查看依赖关系。使用系统存储过程sp_depends可以查看视图与其他数据对象之间的依赖关系，语法格式如下：

Exec sp_depends　视图名

## 二、修改视图

### 1. 在SQL Server Management Studio中修改视图

使用SQL Server Management Studio修改视图事实上只是修改该视图所存储的T－SQL语句，下面以修改视图“借阅信息一览表”为例介绍如何在SQL Server Management Studio中修改视图。

（1）启动“SQL Server Management Studio”，连接到“本地默认实例”，在“对象资源管理器”窗口里，选择“本地数据库实例”→“数据库”→“图书管理数据库”→“视图”→“教工借阅信息一览表”。

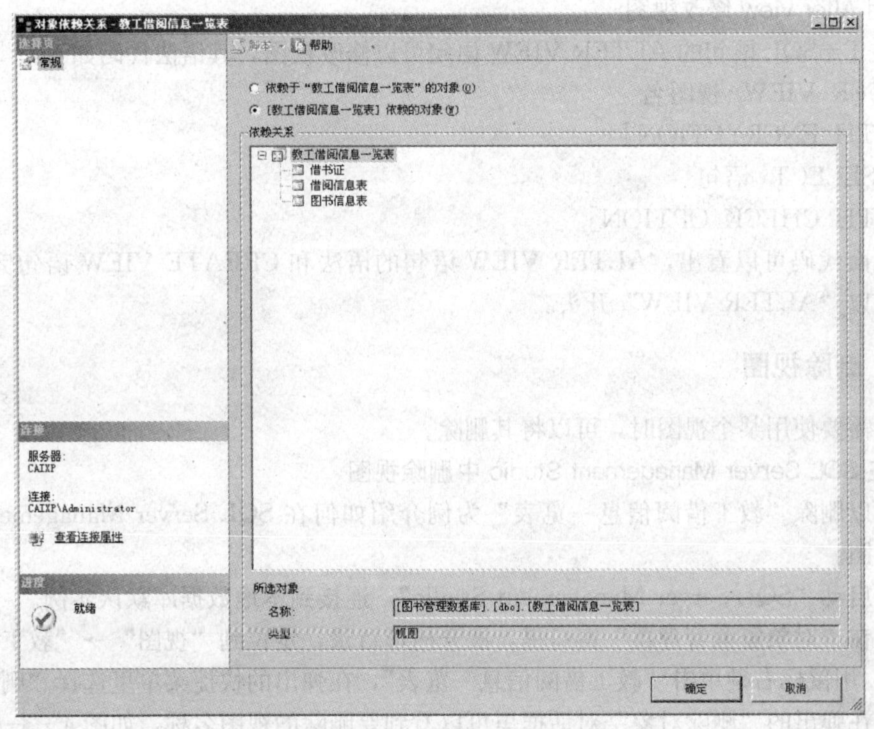


图 4—3—10　显示视图的依赖关系

（2）用鼠标右键单击“教工借阅信息一览表”，在弹出的快捷菜单里选择“修改”选项，出现如图 4—3—11 所示修改视图的对话框，该对话框界面与创建视图的对话框相似，其操作也十分类似，在此不再赘述。

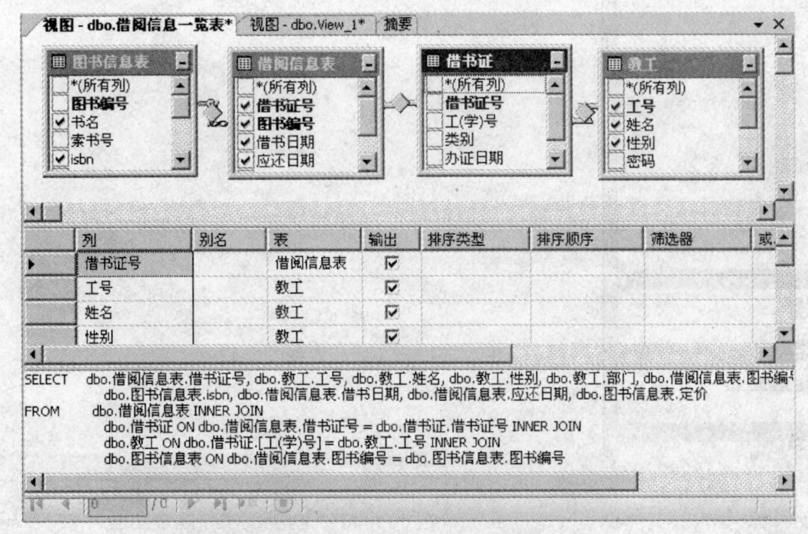


图 4—3—11　修改视图

（3）修改完毕后，存盘。

2. 用 Alter view 修改视图

使用 T－SQL 语句的 ALTER VIEW 语句可以修改视图，其语法代码如下：

```
ALTER VIEW 视图名
[WITH ENCRYPTION]
AS SELECT 语句
[WITH CHECK OPTION]
```

从上面代码可以看出，ALTER VIEW 语句的语法和 CREATE VIEW 语句完全一样，只不过是以“ALTER VIEW”开头。

## 三、删除视图

不再需要使用某个视图时，可以将其删除。

1. 在 SQL Server Management Studio 中删除视图

下面以删除“教工借阅信息一览表”为例介绍如何在 SQL Server Management Studio 中删除视图。

（1）启动“SQL Server Management Studio”，连接到本地数据库默认实例。

（2）在“对象资源管理器”窗口里，展开树形目录，定位到“视图”→“教工借阅信息一览表”，用鼠标右键单击“教工借阅信息一览表”，在弹出的快捷菜单里选择“删除”。

（3）在弹出的“删除对象”对话框里可以看到要删除的视图名称，如图 4—3—12 所示。单击“确定”按钮完成操作，视图“教工借阅信息一览表”被成功删除。

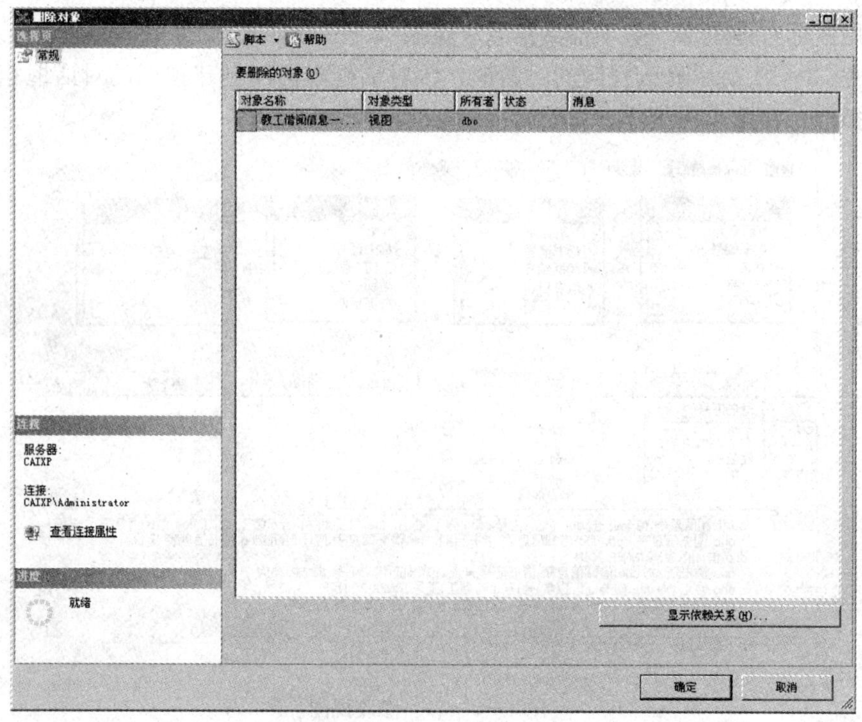


图 4—3—12　删除视图对象

2. 用 DROP VIEW 语句删除视图

在 T－SQL 语言里，用 DROP VIEW 语句可以删除视图，其语法格式为：

DROP VIEW 视图名,…,视图名 n

使用该语句一次可以删除多个视图。

## 任务实施

### 一、查看视图“教工借阅信息一览表”的定义

1. 应用系统存储过程 sp _ helptext 查看视图“教工借阅信息一览表”的定义，SQL 语句如下：

EXEC sp_help 教工借阅信息一览表

操作过程如图 4—3—13 所示。

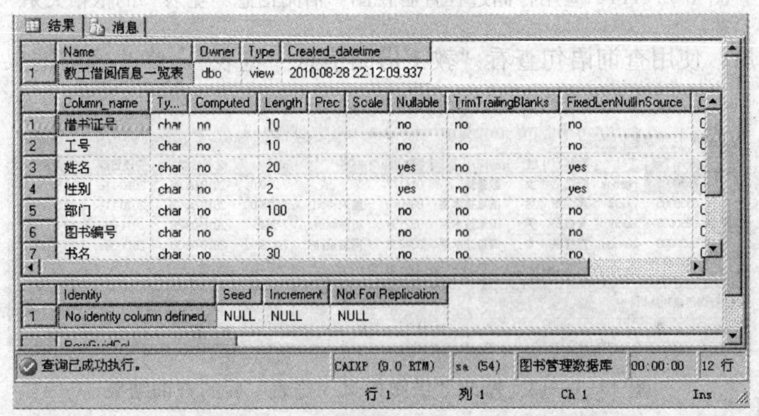

结果 | 消息

| | Name | Owner | Type | Created_datetime |
|---|---|---|---|---|
| 1 | 教工借阅信息一览表 | dbo | view | 2010-08-28 22:12:09.937 |

| | Column_name | Ty... | Computed | Length | Prec | Scale | Nullable | TrimTrailingBlanks | FixedLenNullInSource |
|---|---|---|---|---|---|---|---|---|---|
| 1 | 借书证号 | char | no | 10 | | | no | no | no |
| 2 | 工号 | char | no | 10 | | | no | no | no |
| 3 | 姓名 | char | no | 20 | | | yes | no | yes |
| 4 | 性别 | char | no | 2 | | | yes | no | yes |
| 5 | 部门 | char | no | 100 | | | no | no | no |
| 6 | 图书编号 | char | no | 6 | | | no | no | no |
| 7 | 书名 | char | no | 30 | | | no | no | no |

| | Identity | Seed | Increment | Not For Replication |
|---|---|---|---|---|
| 1 | No identity column defined. | NULL | NULL | NULL |

查询已成功执行。 CAIXP (9.0 RTM) sa (54) 图书管理数据库 00:00:00 12 行

行 1 列 1 Ch 1 Ins

图 4—3—13 应用存储过程查看视图“教工借阅信息一览表”的定义

2. 应用系统存储过程 sp _ depends 查看视图“教工借阅信息一览表”与其他对象的依赖关系，SQL 语句如下：

Exec sp_depends 教工借阅信息一览表

操作过程如图 4—3—14 所示。

### 二、修改视图，添加数据列“已借数据”“定价”

应用修改视图的 Alter view 语句，修改“教工借阅信息一览表”，添加数据列“应还日期”“定价”。SQL 语句如下：

```
ALTER VIEW 借阅信息一览表 AS
    SELECT 借阅信息表.借书证号,工号,姓名,性别,部门,借阅信息表.图书编号,书名,isbn,借书日期,应还日期,定价
     FROM 借阅信息表,借书证,教工,图书信息表
    WHERE 借阅信息表.借书证号=借书证.借书证号
    AND 借书证.[工(学)号]=教工.工号
```

AND 借阅信息表.图书编号=图书信息表.图书编号

| | name | type | updated | selected | column |
|---|---|---|---|---|---|
| 1 | dbo.图书信息表 | user table | no | yes | 图书编号 |
| 2 | dbo.图书信息表 | user table | no | yes | 书名 |
| 3 | dbo.图书信息表 | user table | no | yes | isbn |
| 4 | dbo.借书证 | user table | no | yes | 借书证号 |
| 5 | dbo.借书证 | user table | no | yes | 工(学)号 |
| 6 | dbo.借阅信息表 | user table | no | yes | 借书证号 |
| 7 | dbo.借阅信息表 | user table | no | yes | 图书编号 |
| 8 | dbo.借阅信息表 | user table | no | yes | 借书日期 |
| 9 | dbo.教工 | user table | no | yes | 工号 |
| 10 | dbo.教工 | user table | no | yes | 姓名 |
| 11 | dbo.教工 | user table | no | yes | 性别 |
| 12 | dbo.教工 | user table | no | yes | 部门 |

查询已成功执行。 CAIXP (9.0 RTM) sa (54) 图书管理数据库 00:00:00 12 行

行 1 列 1 Ch 1 Ins

图 4—3—14 应用存储过程查看视图“借阅信息一览表”的依赖关系

修改成功后，使用查询语句查看“教工借阅信息一览表”，修改后的结果如图 4—3—15 所示。

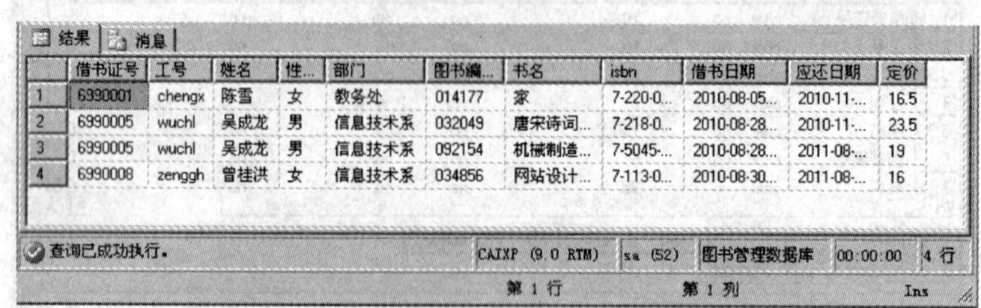

| | 借书证号 | 工号 | 姓名 | 性... | 部门 | 图书编... | 书名 | isbn | 借书日期 | 应还日期 | 定价 |
|---|---|---|---|---|---|---|---|---|---|---|---|
| 1 | 6990001 | chengx | 陈雪 | 女 | 教务处 | 014177 | 家 | 7-220-0... | 2010-08-05... | 2010-11-... | 16.5 |
| 2 | 6990005 | wuchl | 吴成龙 | 男 | 信息技术系 | 032049 | 唐宋诗词... | 7-218-0... | 2010-08-28... | 2010-11-... | 23.5 |
| 3 | 6990005 | wuchl | 吴成龙 | 男 | 信息技术系 | 092154 | 机械制造... | 7-5045-... | 2010-08-28... | 2011-08-... | 19 |
| 4 | 6990008 | zenggh | 曾桂洪 | 女 | 信息技术系 | 034856 | 网站设计... | 7-113-0... | 2010-08-30... | 2011-08-... | 16 |

查询已成功执行。 CAIXP (9.0 RTM) sa (52) 图书管理数据库 00:00:00 4 行

第 1 行 第 1 列 Ins

图 4—3—15 修改“借阅信息一览表”后的查询结果

## 三、删除视图“借阅信息一览表”

应用 DROP VIEW 删除“借阅信息一览表”，SQL 语句如下：

```
DROP VIEW 教工借阅信息一览表
```

删除成功后，在“对象资源管理器”中不再出现视图“教工借阅信息一览表”，结果如图 4—3—16 所示。

⊟ 视图
　⊞ 系统视图

图 4—3—16 已删除视图借阅信息一览表

## 思考与练习

### 一、填空题

创建视图用________语句，修改视图用________语句，删除视图用________语句。查看视图中的数据用________语句。查看视图的基本信息用________存储过程，查看视图的定义

信息用________存储过程，查看视图的依赖关系用________存储过程。

## 二、操作题

1. 在“图书管理数据库”中创建视图“读者信息一览表”，要求包含借书证号、姓名、读者类别编号、类别名称、可借数量、可借天数列。

2. 用 SQL 语句查看视图“读者信息一览表”的定义及其依赖关系。

3. 修改视图“读者信息一览表”，增加“所在部门”列。

4. 删除视图“读者信息一览表”。

# 课题四　索　引

索引是一个在表上或视图上创建的独立的物理数据库结构，它对数据表中一个或多个列的值进行排序，通过索引可以快速访问表中的记录，大大提高数据库的查询性能。数据库索引与书籍中的索引类似，使用索引，不必对整个数据表进行扫描，就能快速找到指定的数据。本课题将介绍索引的概念、索引的创建、管理和维护。

## 任务 1　创建和查看索引

**教学目标**

- ◆ 掌握索引的概念和分类
- ◆ 掌握聚集索引和非聚集索引的区别
- ◆ 掌握创建索引的 3 种方法

### 任务引入

数据查询是用户对数据库进行的最频繁的操作，随着图书管理系统数据库中的数据越来越多，每次数据查询，必须搜索整张表，即必须对表中的所有数据进行全面的扫描，查询数据就需要很长的时间。索引是加快检索表中数据的方法之一，索引允许数据库程序迅速地找到表中数据，而不必扫描整个表。采用为数据表建立索引的方法能大大提高查询的速度，请在图书管理数据库中完成如下任务：

1. 查看教工表中主键列“工号”上是否存在索引。

2. 使用 SQL 语句为教工表的姓名列添加聚集索引和非聚集索引。

3. 使用 SQL 语句为为教工表的姓名列创建唯一非聚集索引。

### 任务分析

为数据表创建索引是加快数据查询速度的一个有效措施，索引分为聚集索引和非聚集索

引，通过学习本任务应理解聚集索引和非聚集索引的区别，并掌握创建和查看索引的方法。

## 相关知识

### 一、索引的概念

1. SQL Server 2005 数据库的两种数据访问的方法

(1) 表扫描法

在没有建立索引的表内进行数据访问时，SQL Server 2005 通过表扫描法来获取所需要的数据。当 SQL Server 2005 执行表扫描时，它从表的第一行开始进行逐行查找，直到找到符合查询条件的行，如图 4—4—1 所示。显然，使用表扫描法所耗费的时间直接与数据表中存放的数据量成正比。当数据表中存在大量的数据时，使用表扫描将造成系统响应时间过长。

教工信息表

| 工号 | 姓名 | 性别 | 密码 | 联系电话 | 部门 |
|---|---|---|---|---|---|
| zenggh | 曾桂红 | 女 | 888888 | 13526343963 | 信息技术系 |
| yeqd | 叶乔冬 | 男 | 654321 | 136567456766 | 教务处 |
| xiaoqw | 肖启旺 | 男 | 888888 | 13528890390 | 工业设计系 |
| wuchl | 吴成龙 | 男 | 888888 | 13928392999 | 信息技术系 |
| liwj | 李文娟 | 女 | 654321 | 132456789899 | 教务处 |
| [illegible] | [illegible] | [illegible] | [illegible] | [illegible] | [illegible] |
| chengym | 陈育苗 | 女 | 888888 | 15875248813 | 工业设计系 |
| chengx | 陈雪 | 女 | 654321 | 131254677898 | 教务处 |

图 4—4—1　表扫描

(2) 索引法

在建有索引的表内进行数据访问时，SQL Server 2005 通过使用索引来获取所需要的数据。当 SQL Server 2005 使用索引时，它会通过遍历索引树来查找所需行的存储位置，并通过查找的结果提取所需的行，如图 4—4—2 所示。通常由于索引加速了对表中数据行的检索，所以使用索引可以加快 SQL Server 2005 访问数据的速度，减少数据访问时间。

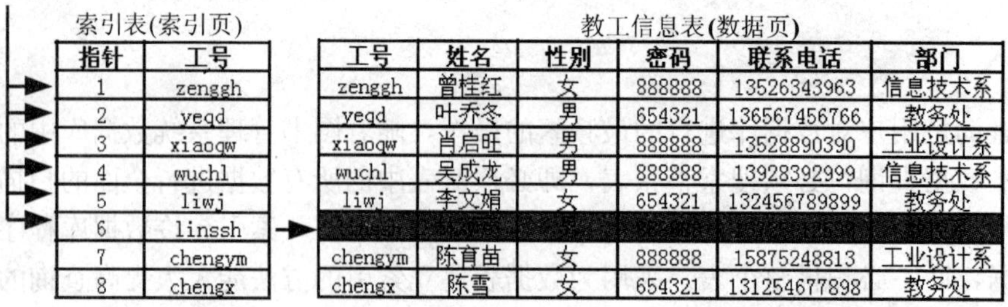

索引表(索引页)

| 指针 | 工号 |
|---|---|
| 1 | zenggh |
| 2 | yeqd |
| 3 | xiaoqw |
| 4 | wuchl |
| 5 | liwj |
| 6 | linssh |
| 7 | chengym |
| 8 | chengx |

教工信息表(数据页)

| 工号 | 姓名 | 性别 | 密码 | 联系电话 | 部门 |
|---|---|---|---|---|---|
| zenggh | 曾桂红 | 女 | 888888 | 13526343963 | 信息技术系 |
| yeqd | 叶乔冬 | 男 | 654321 | 136567456766 | 教务处 |
| xiaoqw | 肖启旺 | 男 | 888888 | 13528890390 | 工业设计系 |
| wuchl | 吴成龙 | 男 | 888888 | 13928392999 | 信息技术系 |
| liwj | 李文娟 | 女 | 654321 | 132456789899 | 教务处 |
| [illegible] | [illegible] | [illegible] | [illegible] | [illegible] | [illegible] |
| chengym | 陈育苗 | 女 | 888888 | 15875248813 | 工业设计系 |
| chengx | 陈雪 | 女 | 654321 | 131254677898 | 教务处 |

图 4—4—2　索引查找

2. 索引的概念

索引就是加快检索表中数据的方法。在数据库中，索引就是表中数据和相应存储位置的列表，索引可以大大减少数据库管理系统查找数据的时间。

SQL Server 中一个表的存储是由数据页和索引页两个部分组成的。数据页用来存放除了文本和图像数据以外的所有与表的某一行相关的数据。索引页包含组成特定索引的列中的

数据。

索引是一个单独的、物理的数据结构，它是某个表中一行或若干列的值的集合和相应的指向表中物理标识这些值的数据页的逻辑指针清单，如图 4—4—2 所示。通常，索引页面相对于数据页面来说小得多。当进行数据检索时，系统先搜索索引页，从索引页中找到所需数据的指针，再直接通过指针从数据页面中读取数据。

3. 索引的优缺点

（1）创建索引可以极大地提高系统的性能，其主要优点表现如下：

1）加快数据查询。在表中创建索引后，SQL Server 2005 将在数据表中为其建立索引页。每个索引页中的行都含有指向数据页的指针，当进行以索引列为条件的数据查询时，将大大提高查询的速度。这也说明，那些经常用来作为查询条件的列应当建立索引；相应的，不经常作为查询条件的列则可以不建索引。

2）加快表的连接、排序和分组工作。进行表的连接、排序和分组，都需要进行数据查询，建立索引后，提高了数据的查询速度，从而也加快了表的连接、排序和分组工作。

3）通过创建唯一性索引，可以确保表中每一行数据的唯一性。

（2）使用索引也有它的不足，主要缺点如下：

1）创建索引需要占用数据空间和时间。在创建聚集索引期间，SQL Server 2005 将暂时使用当前数据库的硬盘空间，创建索引时所需的工作空间约为数据表空间的 1.2 倍，该空间不包括现存表已经占用的空间。

2）建立索引会减慢数据修改的速度。在建有索引的数据表中，进行数据修改时（包括记录的插入、删除和修改），需要对索引进行更新，修改的数据越多，索引的维护开销就越大。可见，索引的存在减慢了数据修改的速度。

4. 创建索引时的注意事项

索引建立在数据库表中的某些列上，因此，在创建索引时，应该仔细考虑在哪些列上适合创建索引，在哪些列上不适合创建索引。

（1）适合创建索引的列

1）在经常需要搜索的列上创建索引，可以加快搜索的速度。

2）在作为主键的列上创建索引，强制该列的唯一性和组织表中数据的排列结构。

3）在经常用在连接的列上创建索引，可以加快连接的速度。

4）在经常使用在 WHERE 子句中的列上创建索引，加快条件的判断速度。

5）在经常需要排序的列上创建索引，加快排序查询的速度。

6）在经常需要根据范围进行搜索的列上创建索引，因为索引已经排序，其指定的范围是连续的。

（2）不适合创建索引的列

1）在查询中很少使用或者参考的列上不适合创建索引。

2）只有很少唯一数据值的列不适合创建索引。

3）定义为 text、ntext、image 或 bit 等数据类型的列。

4）当修改性能远远大于检索性能时，此列不适合创建索引。

## 二、索引的分类

SQL Server 中有多种类型的索引，如聚集索引、非聚集索引、包含性列索引、索引视图、全文索引和 XML 索引，每种索引都有其各自的用途和特征。根据索引的顺序与数据表的物理顺序是否相同，可以把索引分成两种类型：一种数据表的物理顺序与索引顺序相同的聚集索引，另一种是数据表的物理顺序与索引顺序不相同的非聚集索引。下面主要介绍聚集索引和非聚集索引。

1. 聚集索引

聚集索引的结构是树状结构，树的顶部称为叶级，树的其他部分称为非叶级，树的根部在非叶级中。在聚集索引中，表中的数据所在的数据页就是聚集索引的叶级，在叶级之外的索引页是非叶级。如图 4—4—3 所示，数据页是聚集索引的叶级，其他非叶级就是各级索引页。索引页中保存有指向数据页首行的指针。

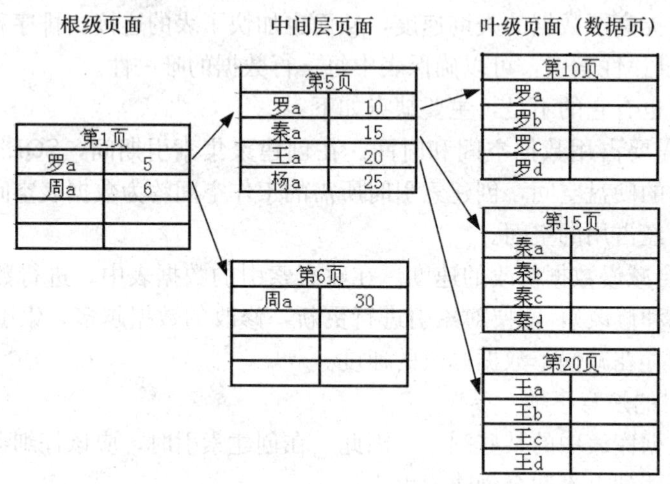


图 4—4—3　聚集索引的结构

聚集索引对表的物理数据页中的记录按索引所依据列进行排序，然后再重新存储到磁盘上，即聚集索引中包含了表的全部记录。由于聚集索引对表中的记录进行了排序，因此用聚集索引查找数据很快。在图 4—4—3 中，数据页中的数据的顺序就按照建立索引的列重新进行了排序。

聚集索引在使用中具有以下特点：

(1) 每一个表只能创建一个聚集索引，因为表中数据的物理顺序只有一个。

(2) 在创建了聚集索引后，表中行的物理顺序和聚集索引中行的物理顺序是相同的。这是因为在创建聚集索引时，会改变表中数据行的物理顺序，使得数据行顺序与聚集索引的顺序相同。

(3) 聚集索引的平均大小大约为数据表的 5%，并且会根据索引列大小的变化而变化。

(4) 当创建聚集索引时，需要 120%的表空间的大小，因此，一定要保证有足够的空间来创建聚集索引。

### 2. 非聚集索引

非聚集索引具有与表的数据完全分离的结构。使用非聚集索引不用将物理数据页中的数据按列排序。非聚集索引表示行的逻辑顺序。在非聚集索引中，叶级没有包含数据行。数据存放在一个地方，而索引存放在另一个地方，并用指针指出数据的存储位置。如图 4—4—4 所示是非聚集索引叶级页面与数据页面，它们是分离的，其中数据页中的数据按照其逻辑顺序存放，索引中的项目按照关键值的顺序存放。

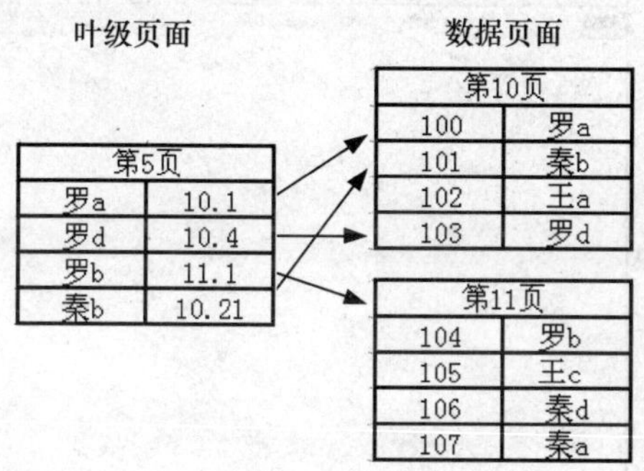


图 4—4—4 非聚集索引结构

在缺省情况下，所创建的索引是非聚集索引，在每一个表中，可以创建不多于 249 个非聚集索引。由于非聚集索引使用索引页存储，因此它比聚集索引需要更多的存储空间，且检索效率低。

## 三、创建索引

### 1. 系统自动创建索引

在创建和修改表时，如果添加了一个主键或唯一键约束，则系统将自动在该表上，以该键值作为索引列，创建一个唯一索引。该索引是聚集索引还是非聚集索引，要根据当前表中的索引状况和约束语句或命令而定。如果当前表上没有聚集索引，系统将自动以该键创建聚集索引，除非约束语句或命令指明是创建非聚集索引。如果当前表上已有聚集索引，系统将自动以该键创建非聚集索引，如果约束语句或命令指明是创建聚集索引，则系统报错。

因为在创建表时，都要指定其主键约束，因此系统都在创建主键约束时为该表创建了聚集索引，而且因为每个数据表只能创建一个聚集索引，故在通常情况下，为表创建的索引都是非聚集索引。

### 2. 使用 SQL Server Management Studio 管理工具创建索引

(1) 在 SQL Server Management Studio 中选择“图书管理数据库”，展开要创建索引的表“教工”表前面的+号，选择“索引”，打开右键菜单，选择“新建索引”，弹出如图 4—4—5 所示新建索引对话框。

(2) 在对话框中填写索引名称“index _ 姓名”，索引类型“非聚集索引”，单击索引键列中的“添加”按钮，弹出如图 4—4—6 所示“选择列”界面，选择“姓名”列，单击“确定”按钮，返回到“新建索引”界面中。

(3) 在“新建索引”界面中单击“确定”，创建索引成功。在“对象资源管理器”中查

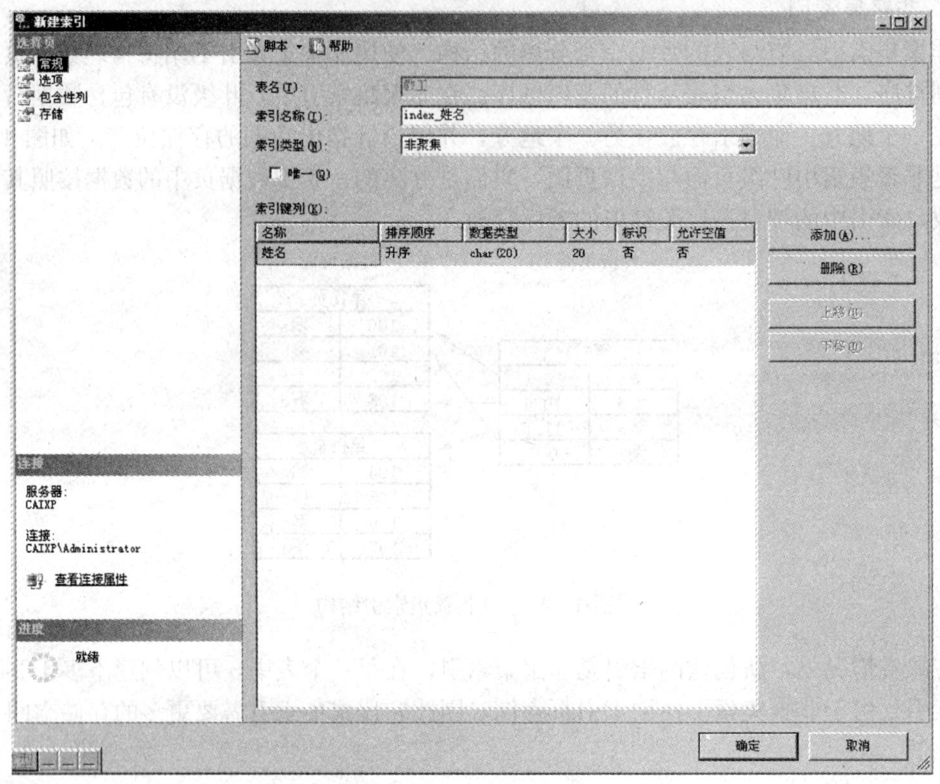


图 4—4—5 创建索引

从“dbo.教工”中选择列

选择要添加到索引键的表列。

表列(T):

| | 名称 | 数据类型 | 字节 | 标识 | 允许空值 |
|---|---|---|---|---|---|
| ☐ | 工号 | char(10) | 10 | 否 | 否 |
| ☑ | 姓名 | char(20) | 20 | 否 | 是 |
| ☐ | 性别 | char(2) | 2 | 否 | 是 |
| ☐ | 密码 | char(10) | 10 | 否 | 是 |
| ☐ | 联系电话 | char(20) | 20 | 否 | 是 |
| ☐ | 部门 | char(100) | 100 | 否 | 否 |
| ☐ | 是否办证 | char(1) | 1 | 否 | 是 |
| ☐ | 是否管理员 | char(1) | 1 | 否 | 是 |

确定 取消 帮助(H)

图 4—4—6 选择索引列

看结果，如图 4—4—7 所示。

3. 使用 CREATE INDEX 语句创建索引

CREATE INDEX 语句用于创建所有不同的索引，支持许多选项。CREATE INDEX 命令的语法如下：

CREATE [UNIQUE] [CLUSTERED | NONCLUSTERED] INDEX 索引名
ON {表名 | 视图名} 列名 [ASC | DESC] [, …n]

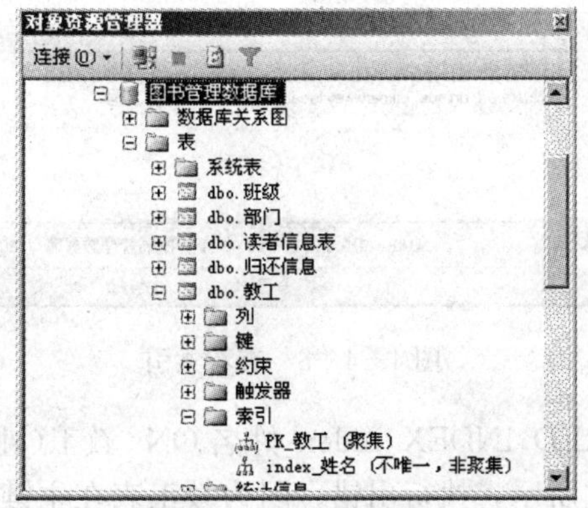


图 4—4—7　索引创建成功

其中：

(1) UNIQUE 参数指定该索引创建为唯一索引。

(2) CLUSTERED 参数指定该索引创建为聚集索引。

(3) NONCLUSTERED 参数指定该索引为非聚集索引。它是索引的默认类型。

(4) 索引名：指定所创建的索引的名称。索引名称在一个表中应是唯一的，但在同一数据库或不同数据库中可重复。

(5) 表名：指定创建索引的表的名称。

(6) 视图名：指定创建索引的视图的名称。

(7) ASC | DESC：指定特定的索引列的排序方式。默认值是升序。

(8) 列名：指定被索引的列。如果使用两个或两个以上的列组成一个索引，则称为复合索引。

## 四、查看索引

在对象资源管理器中，依次点开"数据库名称"→"表"→"表名"→"索引"前的"+"号，可看到当前表中已经存在的索引。

使用系统存储过程 sp _ helpindex 可以查看表中所有的索引，语法格式如下：

sp _ helpindex　表名

## 任务实施

### 一、查看创建了主键列的教工表上是否存在索引

使用系统存储过程 sp _ helpindex 查看教工表上是否存在索引，SQL 语句如下：

EXEC sp_helpindex　教工

执行结果如图 4—4—8 所示，可见在主键列上，系统已经自动创建了聚集索引。

### 二、使用 SQL 语句为教工表的姓名列添加聚集索引和非聚集索引

1. 为姓名列创建聚集索引，SQL 语句如下：

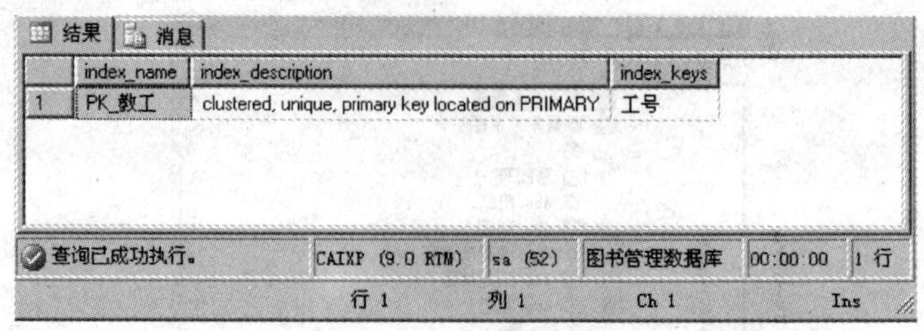


图 4—4—8　查看索引

CREATE　CLUSTERED INDEX Index_姓名 ON　教工(姓名)

执行结果如图 4—4—9 所示，执行出错，因为教工表在主键列上已经有一个聚集索引，故不能再创建聚集索引。

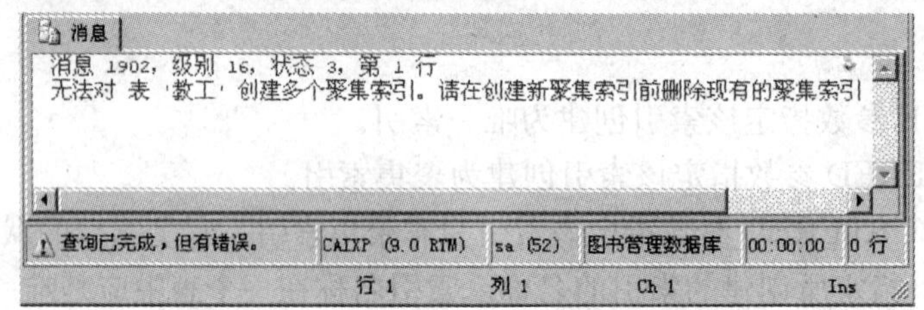


图 4—4—9　创建多个聚集索引出错信息

2. 为姓名列创建非聚集索引，SQL 语句如下：

CREATE　NONCLUSTERED INDEX Index_姓名 ON　教工(姓名)

成功执行后，使用系统存储过程“sp _ helpindex　教工”查看，结果如图 4—4—10 所示。

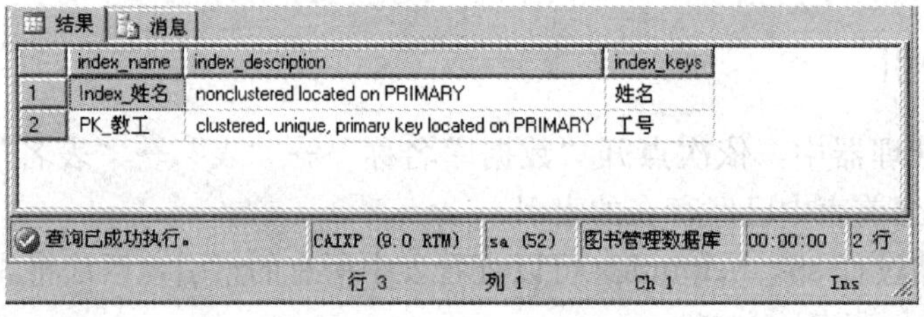


图 4—4—10　成功创建非聚集索引

3. 为姓名列创建唯一非聚集索引，SQL 语句如下：

CREATE UNIQUE INDEX Index_姓名 ON　教工(姓名)

EXEC sp_helpindex　教工

成功执行后，使用系统存储过程“sp _ helpindex 教工”查看，结果如图 4—4—11 所示，由此可知，同一列上可以创建多个非聚集索引，创建唯一索引时，必须保证列中没有重复值，否则系统将出错。

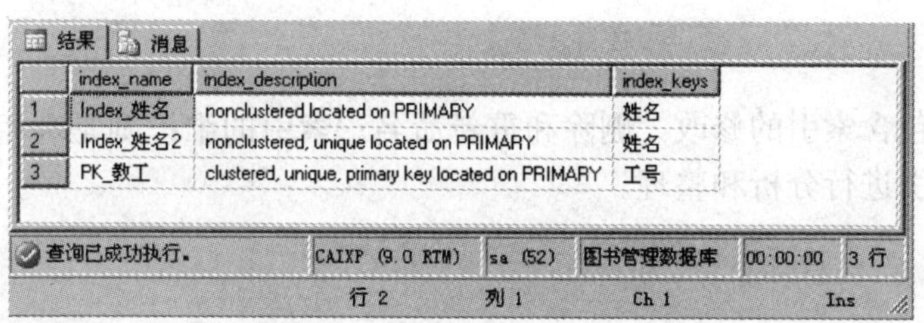

| | index_name | index_description | index_keys |
|---|---|---|---|
| 1 | Index_姓名 | nonclustered located on PRIMARY | 姓名 |
| 2 | Index_姓名2 | nonclustered, unique located on PRIMARY | 姓名 |
| 3 | PK_教工 | clustered, unique, primary key located on PRIMARY | 工号 |

查询已成功执行。 CAIXP (9.0 RTM) sa (52) 图书管理数据库 00:00:00 3 行

行 2 列 1 Ch 1 Ins

图 4—4—11 成功创建唯一索引

## 思考与练习

### 一、思考题

1. 什么是索引，它有哪些特点？
2. 聚集索引和非聚集索引有哪些不同？

### 二、操作题

1. 用图形用户界面为教工表的电话创建一个索引。
2. 查看教工表上的索引。

# 任务 2 管理和维护索引

**教学目标**

◆ 掌握索引的修改、删除和重命名

◆ 掌握聚集索引和非聚集索引的区别

◆ 掌握创建索引 3 种方法

## 任务引入

索引建成以后要根据查询的需要，调整或重建索引；同时，随着数据更新操作的不断执行，数据会变得支离破碎，这些碎片会导致额外的访问开销，因此应当定期整理索引，清除数据碎片，提高数据查询的性能。在图书管理数据库完成如下任务：

1. 查看图书信息表中索引的属性。
2. 为图书信息表中 isbn 列创建非聚集索引 index1。
3. 重命名索引 index1 为 index _ isbn。
4. 删除索引 index _ isbn。
5. 对图书信息表设置统计信息更新。
6. 显示图书信息表主键索引并进行碎片信息。
7. 对图书信息表主键索引进行碎片整理。

## 任务分析

索引的管理包含索引的修改、删除和重新命名；索引的维护则是利用 SQL Server 2005 提供的工具对索引进行分析和整理。

## 相关知识

### 一、在 SQL Server Management Studio 管理工具中查看、修改、删除和重命名索引

1. 在 SQL Server Management Studio 中依次单击“图书管理数据库”→“表”→“教工”→“索引”前面的“+”，可以看到目前“教工”表中的所有索引，如图 4—4—12 所示。

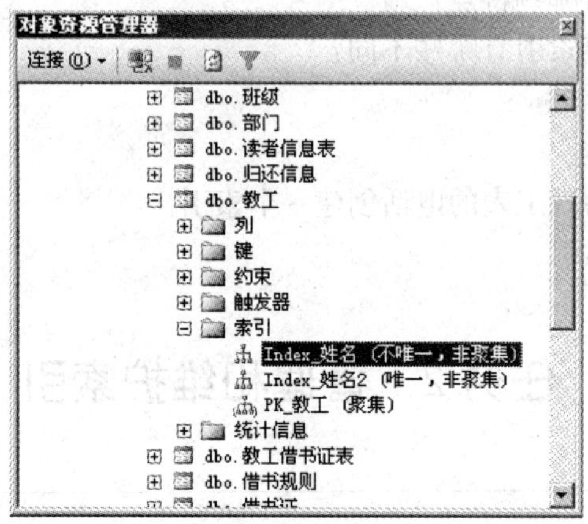


图 4—4—12　查看索引

2. 双击索引名称“Index _ 姓名”，弹出如图 4—4—13 所示索引创建界面，在该界面中可对索引类型、索引列、唯一性等进行修改。

3. 在图 4—4—12 中，选择某一索引名称，单击鼠标右键，弹出如图 4—4—14 所示快捷菜单，在菜单中选择“重命名”，可对索引名称进行修改；在菜单中选择“删除”，可实现删除所选的索引。

### 二、使用 SQL 语句实现索引的修改、重命名、删除

1. 重命名索引命令格式

sp _ rename ‘表名 . 索引名’，‘表名 . 新索引名’，‘index’

2. 删除索引命令格式

DROP INDEX 表名 . 索引名[,…n]

### 三、索引的维护

1. 统计信息更新

在创建索引时，SQL Server 2005 会自动存储有关的统计信息。查询优化器会利用索引

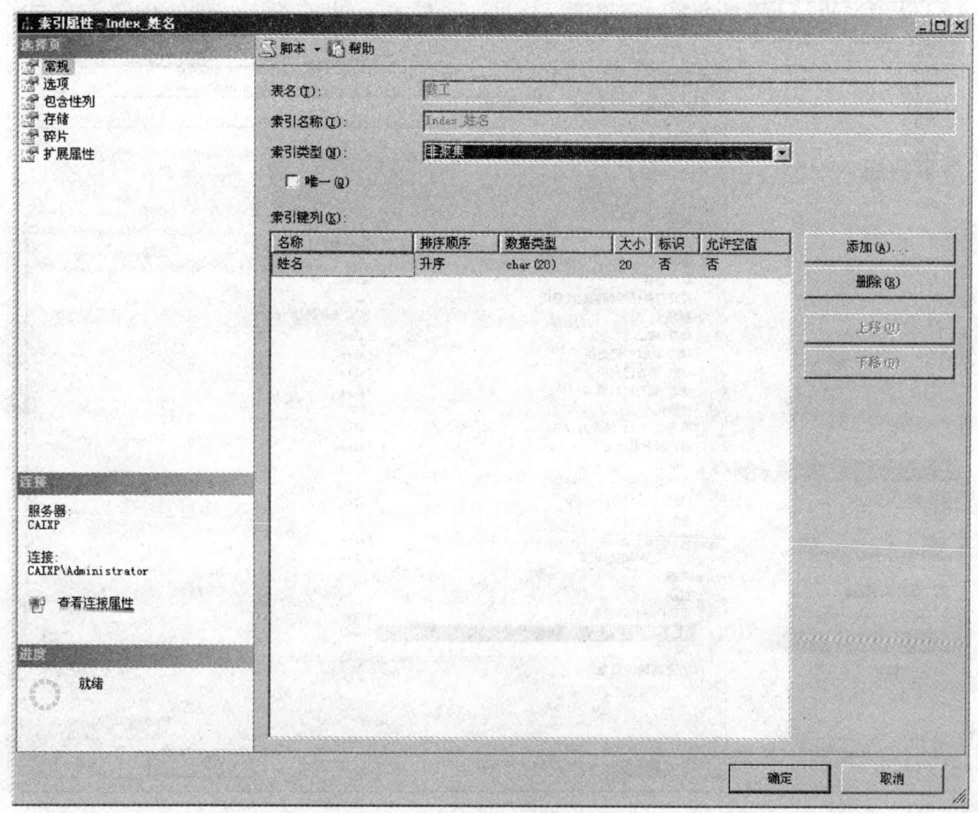


图 4—4—13 修改索引

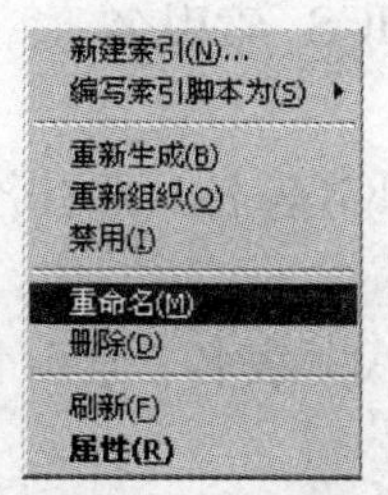


图 4—4—14 索引菜单

统计信息估算使用该索引进行查询的成本。然而，随着数据的不断变化，索引和列的统计信息可能会过时，从而导致查询优化器选择的查询处理方法并不是最佳的。因此，有必要对数据库中的这些统计信息进行更新。

（1）在 SQL Server Management Studio 中设置数据库属性，实现统计的自动更新。在对象资源管理器中，依次展开各节点到数据库“图书管理数据库”，用鼠标右键单击数据库，在弹出的菜单中选择“属性”命令。在数据库属性对话框中选择“选项”标签，将“自动更新统计信息”设置为“True”，表示实现统计的自动更新，如图 4—4—15 所示，单击“确定”按钮完成设置。

（2）使用 UPDATE STATISTICS 命令更新索引统计信息。

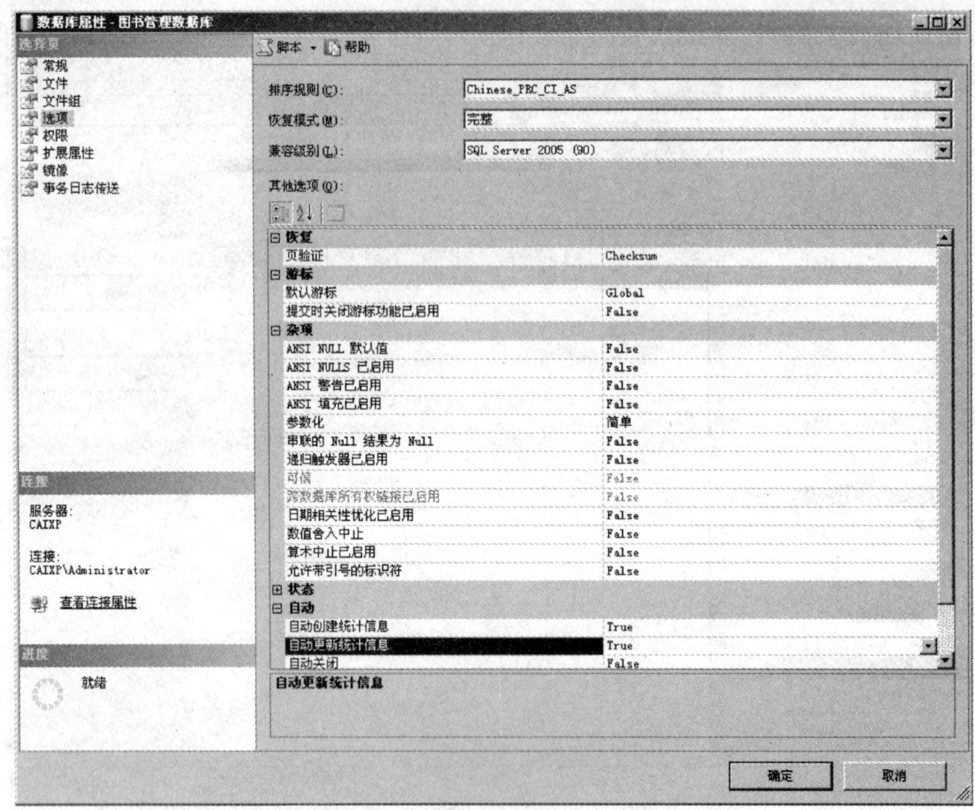

图 4—4—15　自动更新统计信息设置

命令格式：UPDATE STATISTICS 索引名

2. 显示表中索引的碎块信息

命令格式：DBCC SHOWCONTIG(表名，索引名)

3. 进行碎片整理

命令格式：DBCC INDEXDEFRAG(表名，索引名)

## 任务实施

### 一、查看图书信息表中索引的属性

SQL 语句如下：

EXEC sp_helpindex 图书信息表

执行结果如图 4—4—16 所示，因该表创建了主键“图书编号”，系统自动在该列上创建唯一、聚集索引。

### 二、为图书信息表中 isbn 列创建非聚集索引 index1

SQL 语句如下：

CREATE INDEX Index1 ON 图书信息表(isbn)

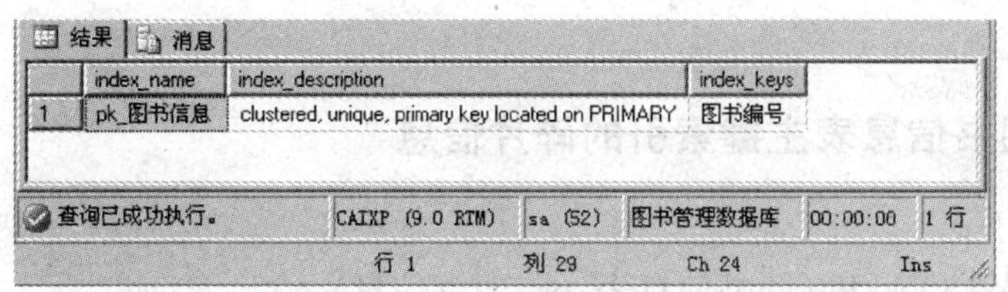

|  | index_name | index_description | index_keys |
|---|---|---|---|
| 1 | pk_图书信息 | clustered, unique, primary key located on PRIMARY | 图书编号 |



图 4—4—16　查看图书信息表中索引

EXEC sp_helpindex　图书信息表

执行成功后查看结果如图 4—4—17 所示。

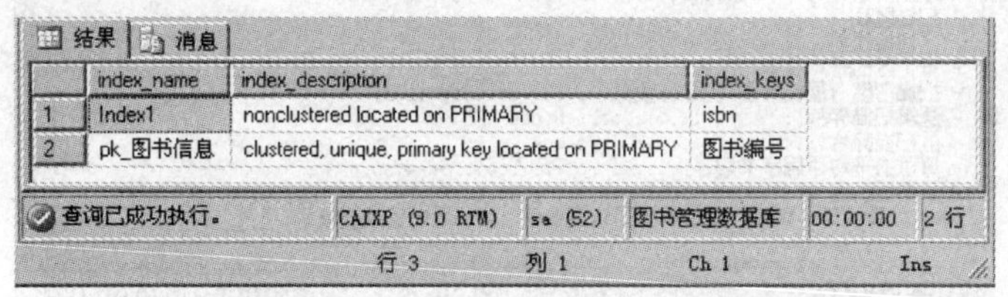

|  | index_name | index_description | index_keys |
|---|---|---|---|
| 1 | Index1 | nonclustered located on PRIMARY | isbn |
| 2 | pk_图书信息 | clustered, unique, primary key located on PRIMARY | 图书编号 |



图 4—4—17　创建索引 index1 后查看表中索引

## 三、重命名索引 index1 为 index _ isbn

SQL 语句如下：

EXEC sp_rename'图书信息表. index1','图书信息表. index_isbn','index'

EXEC sp_helpindex　图书信息表

执行成功后查看结果，如图 4—4—18 所示，索引名称已经修改。

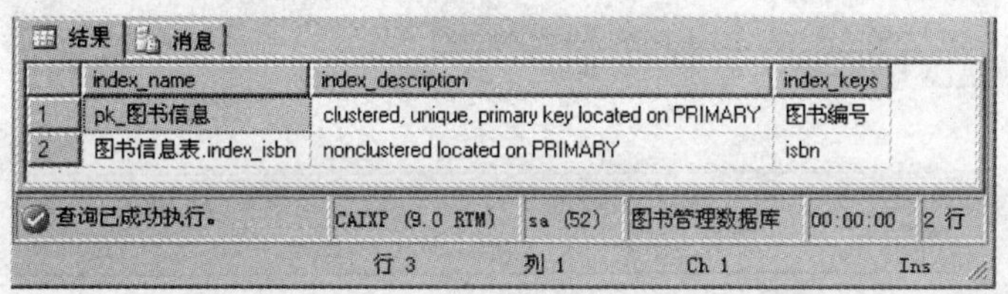

|  | index_name | index_description | index_keys |
|---|---|---|---|
| 1 | pk_图书信息 | clustered, unique, primary key located on PRIMARY | 图书编号 |
| 2 | 图书信息表.index_isbn | nonclustered located on PRIMARY | isbn |



图 4—4—18　索引重命名后查看表中索引

## 四、删除索引 index _ isbn

SQL 语句如下：

DROP INDEX　图书信息表. index_isbn

执行成功后查看结果与图 4—4—16 相同，表明删除索引成功。

## 五、对图书信息表设置统计信息更新

SQL 语句如下：

UPDATE STATISTICS　图书信息表 pk_图书信息

成功执行后，显示“命令已成功完成”，可在对象资源管理器中查看设置结果，如图

4—4—15 所示。

## 六、显示图书信息表主键索引的碎片信息

SQL 语句如下：

```
DBCC SHOWCONTIG(图书信息表,pk_图书信息)
```

执行结果如图 4—4—19 所示。

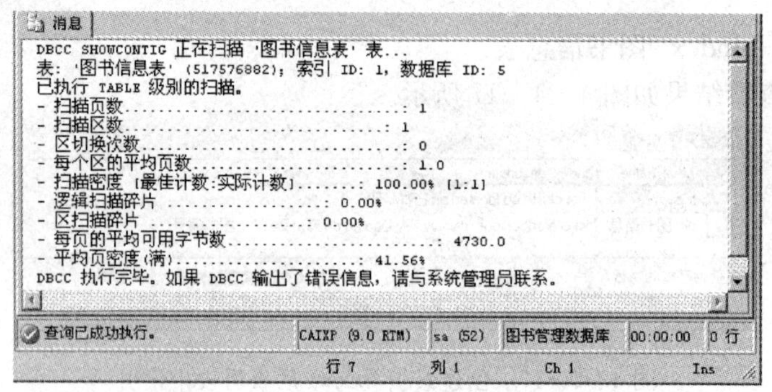


图 4—4—19 显示图书信息表碎片信息

## 七、对图书信息表主键索引进行碎片整理

SQL 语句如下：

```
DBCC INDEXDEFRAG(图书管理数据库,图书信息表,pk_图书信息)
```

执行结果如图 4—4—20 所示。

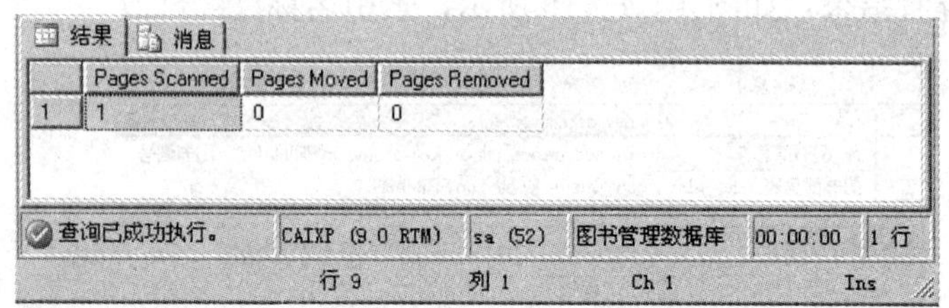

| | Pages Scanned | Pages Moved | Pages Removed |
|---|---|---|---|
| 1 | 1 | 0 | 0 |



图 4—4—20 碎片整理结果

# 思考与练习

## 一、思考题

1. 什么是索引，它有哪些特点？
2. 常见的索引分为哪些种类？它们有什么不同？

## 二、操作题

1. 用图形用户界面为借书证表创建一个非聚集索引。
2. 用 SQL 语句实现上题中创建的索引的重命名和删除。
3. 对图书信息表主键列进行碎片分析和整理操作。

# 模块五 数据库编程应用

T－SQL 是由国际标准化组织 ISO 和美国国家标准学会 ANSI 发布的 SQL 标准中定义的语言的扩展，用户可以使用 SQL 编写应用程序完成所有的数据库管理工作。它引入了流程控制语句、存储过程、触发器等元素到编程应用中，用来满足更高的应用需求，掌握和使用好它们对数据库的开发与应用非常重要。本模块主要包括内容：SQL 语言基础、函数、存储过程、触发器、游标和事务。

## 课题一　T－SQL 语言基础

### 任务 1　编写简单程序

**教学目标**

- 掌握 T－SQL 中常用数据类型
- 掌握 T－SQL 中常量、变量的定义和使用
- 掌握 T－SQL 中的常用运算符和表达式，理解运算优先级
- 能正确运用 T－SQL 基础知识实现简单编程应用

#### 任务引入

任何语言的学习，都需要一个由简到繁，由易到难的过程，本任务将学习 T－SQL 语言中最基础的部分，并使用这些基础知识编程实现如下功能：

1. 输出“hello！大家好”。
2. 输出当前 SQL Server 服务器的版本和语言。
3. 计算表达式（7＋3）×4－17/(4－(8－6))＋99%4 的值，并写出计算步骤。

#### 任务分析

和其他语言一样，T－SQL 语言基本元素包括数据类型、常量、变量、运算符和表达

式，这些基本元素构成了 T－SQL 语言的基础，只有掌握了它们，才可以为较复杂的 T－SQL 编程打下坚实的基础。

## 相关知识

### 一、T－SQL 语言数据类型

数据类型是指数据所代表信息的类型。Microsoft SQL Server 中的数据类型见表 5—1—1。

表 5—1—1　　SQL 数据类型

| 数据类型名称 | | | 性质说明 | 字节数 |
|---|---|---|---|---|
| 精确数字类型 | 整数 | bigint | 从$-2^{63}$到$2^{63}-1$的整型数据 | 8 |
| | | int | 从$-2^{31}$到$2^{31}-1$的整型数据 | 4 |
| | | smallint | 从$-2^{15}$到$2^{15}-1$的整型数据 | 2 |
| | | tinyint | 从 0 到 255 的整型数据 | 1 |
| | 位型 | bit | 由 0 和 1 组成，用来表示真、假 | 1/8 |
| | 货币型 | money | 从$-2^{62}$到$2^{63}-1$的货币数据，最小货币单位千分之十 | 8 |
| | | smallmoney | －127 748.364 8 到 214 748.364 7 的货币数据，最小货币单位千分之十 | 4 |
| | 十进制 | decimal | 从$-10^{38}$到$10^{38}-1$的定精度与有效位数的数字 | 17 |
| | | numeric | decimal 的同义词 | 17 |
| 近似数值 | | float | 从－1.79E＋308 到 1.79E＋308 可变精度的数字 | 8 |
| | | real | 从－3.04E＋38 到 3.04E＋38 可变精度的数字 | 4 |
| 日期时间 | | datetime | 从 1753 年 1 月 1 日到 1999 年 12 日 31 的日期和时间数据 | 8 |
| | | smalldatetime | 从 1900 年 1 月 1 日到 2079 年 6 月 6 日的日期和时间数据 | 8 |
| 字符类 | 字符类型 | char [(n)] | 定长非 Unicode 的字符型数据，最大长度为 8 000 | |
| | | varchar [(n)] | 变长非 Unicode 的字符型数据，最大长度为 8 000 | |
| | | text [(n)] | 变长非 Unicode 的字符型数据，最大长度为$2^{31}-1$（2G） | |
| | Unicode | nchar [(n)] | 定长 Unicode 的字符型数据，最大长度为 8 000 | |
| | | nvarchar [(n)] | 变长 Unicode 的字符型数据，最大长度为 8 000 | |
| | | ntext [(n)] | 变长 Unicode 的字符型数据，最大长度为$2^{31}-1$（2G） | |
| 二进制 | | binary [(n)] | 定长二进制数据，最大长度为 8 000 | n＋4 |
| | | varbinary [(n)] | 变长二进制数据，最大长度为 8 000 | n＋4 |
| | | image | 变长二进制数据，最大长度为$2^{31}-1$（2G） | |
| 特殊类型 | | timestamp | 时间戳，一个数据库宽度的唯一数字 | |
| | | uniqueidentifier | 全球唯一标识符 GUID | |

在 SQL Server 中，除上述 24 种数据类型外，允许用户在系统数据类型的基础上建立自己定义的数据类型。但值得注意的是，每个数据库中所有用户定义的数据类型名称必须唯一。

## 二、T－SQL 语言常量

常量也称为字面值或标量值，是表示一个特定数据值的符号。常量的值在程序运行过程中不会改变。常量包括字符常量、整形常量、实型常量、日期型常量、货币型常量等。常量的格式取决于它所表示的值的数据类型，见表 5—1—2。

表 5—1—2　　SQL 常量类型

| 类型 | 说明 | 例如 |
| --- | --- | --- |
| 整形常量 | 没有小数点和指数 E | 60，25，－365 |
| 实型常量 | Decimal 或 numeric 带小数点的常数<br>Float 或 real 带指数 E 的常数 | 2.0<br>101.5E5<br>0.5E－2 |
| 字符串常量 | 字符串常量括在单引号内并包含字母数字字符（a－z、A－Z 和 0－9）以及特殊字符，如感叹号（!）、at 符（@）和数字号（#） | 'Cincinnati'<br>'O'Brien'<br>'Process X is 50% complete.'<br>'The level for job _ id：%d should be between %d and %d.'<br>" O'Brien" |
| 日期型常量 | 使用特定格式的字符日期值来表示，并用单引号括起来 | 'December 5，1985'<br>'5 December，1985'<br>'851205'<br>'12/5/98'<br>'14：30：24'<br>'04：24 PM' |
| 货币型常量 | 常量以前缀为可选的小数点和可选的货币符号的数字字符串来表示 | $12<br>$542023.14 |
| 二进制常量 | 二进制常量具有前缀 0x 并且是十六进制字符串。这些常量不使用引号括起 | 0xAE<br>0x12Ef<br>0x69048AEFDD010E<br>0x（empty binary string） |
| 全局唯一标识符 | 使用字符或二进制字符串格式指定 | '6F9619FF－8B86－D011－B42D－00C04FC964FF'<br>0xff19966f868b11d0b42d00c04fc964ff |

## 三、T－SQL 的变量

在 T－SQL 语句中有两种形式的变量，一种是用户自己定义的局部变量，另一种是系统提供的全局变量。

1. 局部变量

局部变量是用户在程序中定义的变量，它的作用范围仅局限于程序内部，局部变量可以作为计数器来计算循环执行的次数，或是控制循环执行的次数。另外，利用局部变更还可以

保存数据值，以供控制语句测试以及保存由存储过程返回的数据值等。局部变量被引用时，要在其名称上加标识符@，而且必须行用 DECLARE 命令定义后才可以使用，其说明形式如下：

TRIGGER @variable _ name datatype [，@variable _ name datatype…]

在 T－SQL 语句中，不能像在一般的程序语言中一样使用@variable _ name＝value 来给变量赋值，必须使用 SELECT 或 SET 命令来设定变量的值，其语法如下：

SELECT @variable _ name＝value

SET @variable _ name＝value

2. 全局变量

全局变量是 SQL Server 系统提供并赋值的变量，其作用范围并不局限于某一程序，任何程序均可调用。全局变量通常存储一些 SQL Server 2005 的配置设定值和效能统计数据。用户可在程序中用全局变量来测系统的设定值或 T－SQL 命令执行后的状态值。表 5—1—3 介绍了几个常用的全局变量，其他的请参阅程序的联机帮助。使用全局变量时应注意以下几点：

表 5—1—3　　SQL 常用的全局变量表

| 名称 | 说明 |
|---|---|
| @@SERVERNAME | 返回当前 SQL Server 服务器的名称 |
| @@LANGUAGE | 返回当前 SQL Server 服务器的语言 |
| @@SERVICENAME | 返回当前 SQL Server 服务名称 |
| @@VERSION | 返回当前 SQL Server 服务器的版本和处理器类型 |
| @@ERROT | 返回当前语句执行后的错误号 |
| @@MAX _ CONNECTIONS | 返回当前 SQL Server 服务器允许同时连接的最大数 |

(1) 全局变量不是由用户的程序定义的，它们是在服务器级定义的。

(2) 用户只能使用预先定义的全局变量。

(3) 引用全局变量时，必须以标识符“@@”开头。

(4) 局部变量的名称不能与全局变量的名称相同，否则会在应用程序中出现不可预测的结果。

3. SELECT 语句无源查询

SELECT 语句无源查询就是最简单的语句。语句格式：

SELECT 常量 | 变量 | 函数 | 表达式 [AS 别名] [，…n]

所谓无源查询就是使用 SELECT 语句来查询不在表中的数据，无源查询实质上就是在客户机屏幕上显示出常量、变量或表达式的值。

## 四、T－SQL 语言注释符

在 T－SQL 中可使用两类注释符：

1. ANSI 标准的注释符用于单行注释。

2. 与 C 语言相同的程序注释符号，即/＊…＊/，/＊用于注释文字的开始，＊/用于注

释文字的结尾，可在程序中标识多行文字的注释。

## 五、SQL Server 中的运算符

运算符是一些符号，它们能够用来执行算术运算、字符串连接、赋值以及在字段、常量和变量之间进行比较。在 SQL Server 2005 中，运算符主要分算术运算符、赋值运算符、位运算符、关系运算符、逻辑运算符以及字符串连接运算符，见表 5—1—4。

表 5—1—4　　SQL Server 的运算符

| 种类 | 运算符 | 说明 | 种类 | 运算符 | 说明 |
| --- | --- | --- | --- | --- | --- |
| 算术运算符 | %，** | 取模，指数 | 关系运算符 | = | 等于 |
| | *，/ | 乘，除 | | <>,!= | 不等于 |
| | +，- | 加，减 | | >，< | 大于，小于 |
| 逻辑运算符 | NOT | 取反 | | BETWEEN..AND… | 检索两值之间的内容 |
| | AND | 两个值为真，结果为真 | | <=，>= | 小于等于，大于等于 |
| | OR | 只要一个值为真，就为真 | | IN | 检索匹配列表中的值 |
| 位运算符 | & | 按位与（两个操作数） | | LIKE | 检索匹配字符样式的数据 |
| | \| | 按位或（两个操作数） | | ISNULL | 检索空数据 |
| | ∧ | 按位异或（两个操作数） | 赋值运算符 | = | 将数据值指派给特定的对象 |
| 字符串连接运算符 | + | 将两个字符串连接起来 | | | |

1. 算术运算符可以在两个表达式上执行数学运算，这两个表达式可以是数值数据分类的任何数据类型，算术运算符包括加（+）、减（-）、乘（*）、除（/）、指数（**）和取模（%）。

2. 赋值运算符（=）能够将数据值指派给特定的对象。

3. 位运算符能够在整型数据或者二进制数据（image 数据类型除外）之间执行操作。

4. 比较运算符用于比较两个表达式的大小或是否相同，其比较的结果是布尔值，即 TRUE（表示表达式的结果为真），FALSE（表示表达式的结果为假）以及 UNKNOWN，除了 text，next 或 image 数据类型之外，比较运算符可以用于其他数据类型的数据。

5. 逻辑运算符可以把多个关系表达式连接起来，逻辑运算包括 AND、OR 和 NOT。逻辑运算符和比较运算符一样，返回带有布尔数据类型的 TRUE 或 FALSE 值。

6. 字符串运算符允许通过加号（+）进行字符串连接，例如，对于语句 SELECT 'made in' + 'china'，其结果为 made in china。

## 六、T—SQL 表达式及运算符优先级

用运算符将常量、变量、函数连接起来的式子叫表达式。在一个表达式中，运算符优先性决定执行运算的先后次序，优先级高的运算符在优先级低的运算符之前进行运算，当两个运算符有相同的运算符优先级时，基于它们在表达式中的位置对其从左到右进行求值。SQL 运算符优先级见表 5—1—5。

表 5—1—5　　SQL 运算符优先级

| 运算顺序 | 类型 | 运算符 |
|---|---|---|
| 优先级由高向低 | 一元运算 | +（正）、—（负）、~（按位 NOT） |
| | 乘除模 | *（乘）、/（除）、%（模） |
| | 加减串联 | +（加）、(+串联)、—（减） |
| | 比较运算 | ＝，＞，＜，＞＝，＜＝，＜＞ |
| | 位运算 | ^（位异或）、&（位与）、\|（位或） |
| | 逻辑非 | NOT |
| | 逻辑与 | AND |
| | 逻辑或等 | ALL、ANY、BETWEEN、IN、LIKE、OR、SOME |
| | 赋值 | ＝ |

# 任务实施

## 一、用 T—SQL 编程实现输出“hello！大家好”

实现步骤及 SQL 语句如下：

(1) 首先使用 DECLARE 关键字声明字符串变量

DECLARE　@字符串变量 CHAR(20)

(2) 使用赋值语给字符串变量赋值

SET　@字符串变量='hello！大家好'

(3) 使用无源查询语句在屏幕上显示变量的值。

SELECT　@字符串变量

执行结果如图 5—1—1 所示。

图 5—1—1　输出“hello！大家好”的结果

## 二、输出当前 SQL Server 服务器的版本和语言

使用无源查询语句，查询服务器 SQL Server 中全局变量@@version、@@language 的

值，SQL 语句如下：

```
SELECT  @@VERSION AS  版本
SELECT  @@LANGUAGE AS  语言
```

执行结果如图 5—1—2 所示。

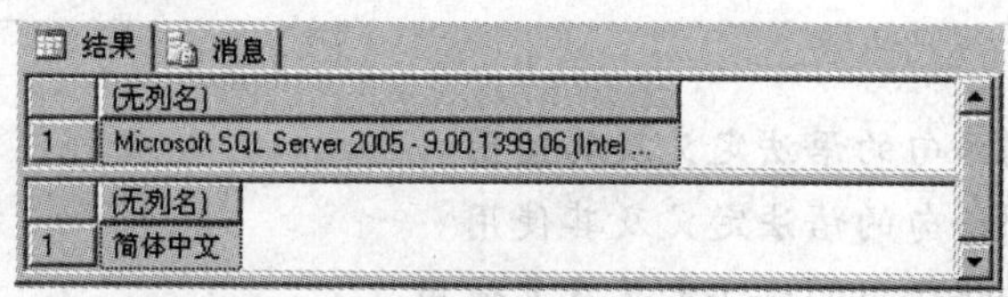

| | (无列名) |
|---|---|
| 1 | Microsoft SQL Server 2005 - 9.00.1399.06 (Intel ... |

| | (无列名) |
|---|---|
| 1 | 简体中文 |

图 5—1—2　查询服务器版本与语言的结果

### 三、计算 (7＋3)×4－17/(4－ (8－6))＋99%4

使用无源查询语句计算表达式的值，SQL 语句如下：

```
SELECT  (7+3) * 4 - 17/(4-(8-6)) + 99%4
```

SQL Server 将按照运算符的优先顺序进行运算生成结果，执行结果显示如图 5—1—3 所示。

| | (无列名) |
|---|---|
| 1 | 35 |

图 5—1—3　计算结果

## 思考与练习

### 一、思考题

1. SQL Server 2005 支持的数据类型有哪几大类？其中整数类型、货币型、日期时间类型、字符类型的取值范围分别是什么？

2. 什么是常量？如何表示字符串常量、日期型常量、货币型常量、整型常量？

3. 什么是变量？局部变量是如何声明和赋值的？

### 二、操作题

用 T－SQL 语言实现如下功能：

1. 输出“SQL Server 2005”。

2. 输出当前 SQL Server 服务器的最大连接数。

3. 计算表达式 (2＋3)×5－6/(4－(5－3)) 的值，并写出计算步骤。

# 任务 2　使用流程控制语句

**教学目标**

- 掌握条件控制语句的语法定义及其使用
- 掌握循环控制语句的语法定义及其使用
- 掌握无条件转移语句的语法定义及其使用

## 任务引入

流程控制语句是 T－SQL 语言提供的用于改变程序执行顺序的命令。在使用 T－SQL 语言进行编程时，当需要根据条件判断的结果来选择执行相应的程序语句，而不是按照程序出现的先后顺序执行程序语句的时候，就要使用流程控制语句。T－SQL 语言的流程控制语句主要包括如下几种：条件控制语句、无条件转移语句和循环语句。请应用 T－SQL 语言的流程控制语句，编程实现如下任务：

1. 应用 IF…ELSE 条件语句编程实现在“图书管理数据库”中查询是否有定价高于 30 元的书，如果有则输出该书的信息（包括作者姓名），如果没有就输出“不存在高于 30 元的书”。

2. 应用 CASE 语句编程实现如下功能：对学生某门课程的成绩进行等级划分。90～100 分级别为优秀；80～90 分级别为良好；70～80 分级别为中等；60～70 分级别为及格；60 分以下级别为不及格。假定某生成绩为 88 分，输出其成绩级别。

3. 应用 WHILE 循环语句编程实现求 1＋2＋3＋…＋100 的和。

## 任务分析

流程控制语句用于控制 T－SQL 语句、语句块或存储过程的执行流程。如果在程序中不使用流程控制语句，那么 T－SQL 语句将按出现的先后顺序依次执行，而使用流程控制语句，不但可以改变执行顺序，还可以使语句之间相互连接。

## 相关知识

### 一、条件语句

#### 1. IF…ELSE 选择结构语句

（1）语法格式

IF　逻辑表达式
{语句 1 或语句块 1}
［ELSE］
{语句 2 或语句块 2}

（2）语句功能

如果逻辑表达式的条件成立（为真），则执行语句 1 或语句块 1，否则，执行语句 2 或语句块 2。语句块要用 BEGIN 和 END 定义。ELSE 部分可以省略，这样当逻辑表达式不成立（为假）时，什么都不执行。

（3）BEGIN…END 语句块的语法

BEGIN 和 END 用来定义语句块，必须成对出现，它将多个 SQL 语句括起来，相当于一个单一语句，其语法格式如下：

```
BEGIN
    语句 1 或语句块 1
    语句 2 或语句块 2
      …
END
```

语句块是可以嵌套的，也就是说其内容还可以有 BEGIN…END 语句块。语句块常用于需要包含多条语句的地方。

2. CASE 表达式语法格式

CASE 表达式用于多条件分支选择，虽然也可以使用 IF…ELSE 语句实现类似功能，但是使用 CASE 表达式的好处是可以简化 SQL 表达式，相对前者而言将判定表达式放在开始位置并且只写一次，使程序员的目的变得更清晰，并为生成高效代码提供了更好的信息。

CASE 表达式有简单的 CASE 表达式和搜索型 CASE 表达式两种。

（1）简单表达式

```
CASE  测试表达式
    WHEN  测试值 1  THEN 结果表达式 1
    WHEN  测试值 2  THEN 结果表达式 2
      …
[ELSE  表达式 n]
END
```

测试表达式可以由常量、列名、子查询、运算符、字符串运算符等组成。简单的 CASE 表达式的执行过程是：将 CASE 后的表达式的值与各 WHEN 子句中的值进行比较，只要发现一个相等，则返回相应结果表达式的值，CASE 表达式执行结束。否则，如果有 ELSE 子句，则返回相应结果表达式的值，如果没有 ELSE 子句，则返回一个 NULL 值，CASE 表达式执行结束。

（2）搜索表达式

```
CASE
    WHEN  逻辑表达式 1  THEN  结果表达式 1
    WHEN  逻辑表达式 2  THEN  结果表达式 2
    …
    [ELSE  表达式]
END
```

与简单表达式不同的是，搜索表达式中，CASE 关键字后面不跟任何表达式，在各 WHEN 关键字后面跟的都是逻辑表达式。执行 CASE 表达式时，它按顺序逐个测试每个 WHEN 子句后面的逻辑表达式，只要发现一个为 TRUE，则返回相应结果表达式的值，CASE 表达式执行结束。否则，如果有 ELSE 子句，则返回相应结果表达式的值，如果没有 ELSE 子句，则返回一个 NULL 值，CASE 表达式执行结束。

## 二、循环语句

WHILE…BREAK…CONTINUE 语句用来实现循环结构：

(1) 其语法为：

WHILE 逻辑表达式

语句块

(2) 功能：当逻辑表达式为真时，执行循环体，直到逻辑表达式为假。

(3) BREAK 语句退出 WHILE 循环，CONTINUE 语句跳过语句块中的所有其他语句，开始下一次循环，例如：

```
WHILE  逻辑表达式 1
BEGIN
语句 1
IF  逻辑表达式 2
CONTINUE
语句 2
IF  逻辑表达式 3
BREAK
语句 3
END
```

当逻辑表达式 1 为真时，执行语句 1，然后判断逻辑表达式 2 是否为真，为真则跳过语句 2，执行 WHIL 语句进入下一循环，否则执行语句 2，接下来判断逻辑表达式 3，如果成立则退出循环，否则继续执行语句 3。

## 三、无条件转移语句

### 1. RETURN 语句

RETURN 语句实现无条件退出执行，它可以返回一个整数给调用它的过程或应用程序，返回 0 表明成功返回，返回－1 到－99 代表不同的出错原因。如－1 是指“丢失对象”。系统当前使用的保留值是 0 到－14。语法格式为：

RETURN [整型表达式]

### 2. GOTO 语句

GOTO 语句是无条件转移语句，语法格式为：

GOTO  标号

## 四、其他常用语句

1. PRINT 语句

PRINT 语句的作用是在屏幕上显示用户信息，其语法格式为：

PRINT {'字符串' | 局部变量 | 全局变量}

2. RAISEROR 语句

RAISEROR 语句的作用是将错误信息显示在屏幕上，同时也可以记录在 NT 日志中。其语法格式为：

RAISEROR（错误号 | 错误信息，错误的严重级别，错误码的状态信息）

3. WAITFOR 语句

使用 WAITFOR 语句延迟或暂停程序的执行，语法格式如下：

WAITFOR{DELAY 'time'| TIME 'time'}

其中 DELAY 指等待指定的时间间隔，最长可达 24 h。TIME 指等待到所指定的时间。例如，等待 10 s，再执行 SELECT * FROM 教工，语句如下：

WAITFOR DELAY'00：00：10'

SELECT * FROM 教工

又如，在下午 8：00 执行 SELECT * FROM 教工：

WAITFOR TIME'20：00：00'

SELECT * FROM 教工

4. 注释语句

注释是为 SQL 语句加上注释说明，以说明该代码的含义，增加代码的可读性，有助于日后的管理和维护。注释是不能执行的文本字符串，通常用于记录程序名、作者姓名和主要的程序更改日期，也用于描述复杂或解释编程方法等。SQL Server 2005 支持两种形式的注释。

（1）注释一行：以双连接字符"——"开始到行尾均为注释。

（2）注释多行：位于"/ *…… * /"之间的行均为注释。

## 五、批处理

批处理就是一条或多条 T－SQL 语句的集合，这些语句一起提交给 SQL Server 并作为一个组来执行，每一个批处理都用 GO 语句作为它的结束。由于批中的多个语句是一起提交给 SQL Server 的（不使用批处理时，每条语句都是单独提交），所以可以节省系统开销。建立批处理的语法格式如下：

SQL 语句 1

SQL 语句 2

…

GO

其中 GO 语句行必须单独存在，不能含有其他 SQL 语句，也不可以有注释。如果在一个批处理中有语法错误，则整个批处理就不能被成功地编译，也就无法执行。如果在批处理

中某条语句执行错误，则它仅影响该语句的执行，并不影响其他语句的执行。

在 SQL Server 2005 中，可以利用图形界面查询设计器来执行批处理。一些 SQL 语句不可以放在一个批处理中进行处理，它们需要遵守以下规则：

1. 大多数 CREATE 命令要在单个批命令中执行，但 CREATE DATABASE、CREATE TABLE 和 CREATE INDEX 例外。

2. 调用存储过程时，如果它不是批处理中的第一个语句，则在其前面必须加上 EXECUTE，或简写为 EXEC。

3. 不能把规则和默认值绑定到表的字段或用户定义数据类型上之后，在同一个批处理中使用它们。

4. 不能在给表字段定义了一个 CHECK 约束后，在同一个批处理中使用该约束。

5. 不能在修改表的字段名后，在同一个批处理中引用该新字段名。

### 六、脚本

脚本是批处理的存在方式，将一或多个批处理组织到一起就是一个脚本。在查询设计器中执行的各个实例（扩展名为 *.sql）都可以称为一个脚本。将脚本保存到磁盘文件上就称为脚本文件，使用脚本文件对重复操作或几台计算机之间交换 SQL 语句是非常有用的。

## 任务实施

### 一、应用 IF…ELSE 条件语句查询

查询是否有定价高于 30 元的书，如果有则输出该书的信息（包括作者姓名），如果没有就输出“不存在高于 30 元的书”。SQL 语句如下：

```
/*使用图书管理数据库*/
USE 图书管理数据库
GO
/*声明变量定价*/
DECLARE @定价 money
/*给变量定价赋值*/
SET @定价=30
/*进行条件判断*/
IF @定价<=(SELECT TOP 1 定价 FROM 图书信息表 WHERE 定价>=@定价)
/*条件满足则执行查询*/
BEGIN
SELECT 图书编号,书名,定价,作者 FROM 图书信息表 WHERE 定价>=@定价
END
/*条件不满足则在屏幕给出提示信息*/
ELSE
PRINT '不存在高于30元的书'
```

```
/*将上述语句作为一个批处理提交*/
GO
```

运行结果如图 5—1—4 所示。

| | 图书编号 | 书名 | 定... | 作者 |
|---|---|---|---|---|
| 1 | 051024 | SQLServer2000开发与管理 | 49 | 邹建 |
| 2 | 062194 | 软件测试 | 30 | 张小松 |
| 3 | 067307 | 简爱 | 39.8 | 夏勃朗特 |
| 4 | 067314 | 福尔摩斯探案集 | 39.8 | 柯南道尔 |
| 5 | 079880 | 汽车底盘构造与维修 | 37 | 张浩 |



图 5—1—4　查询定价大于等于 30 元的书本信息

## 二、应用 CASE 语句编程

实现如下功能：对学生某门课程的成绩进行等级划分。90～100 分，级别为优秀；80～90 分，级别为良好；70～80 分，级别为中等；60～70 分，级别为及格；60 分以下，级别为不及格。假定某生成绩为 88 分，输出其成绩级别。

1. 使用 CASE 搜索表达式编程实现，SQL 语句如下：

```
DECLARE  @分数 DECIMAL
DECLARE  @成绩级别 NCHAR(3)
SET  @分数=88
SET  @成绩级别=
CASE
WHEN  @分数>=90  and  @分数<=100  THEN  '优秀'
WHEN  @分数>=80  and  @分数<90  THEN  '良好'
WHEN  @分数>=70  and  @分数<80  THEN  '中等'
WHEN  @分数>=60  and  @分数<70  THEN  '及格'
WHEN  @分数<60  THEN  '不及格'
END
PRINT  @成绩级别
```

运行结果如图 5—1—5 所示。

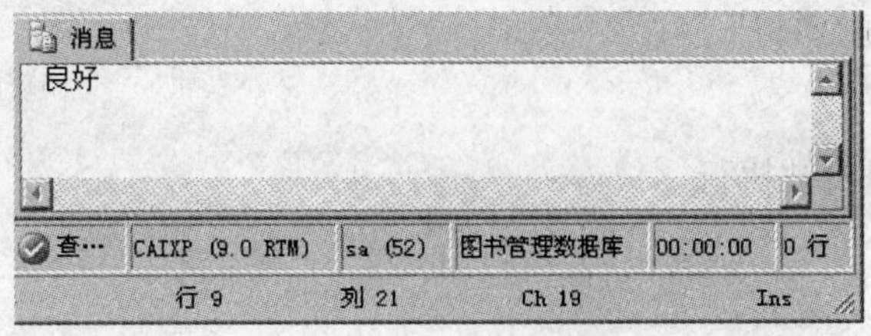



图 5—1—5　应用 case 语句编程实现的结果

2. 使用 CASE 测试表达式编程实现，SQL 语句如下：

```
DECLARE  @分数 DECIMAL
DECLARE  @成绩级别 NCHAR(3)
SET  @分数=88
SET  @成绩级别=
CASE  floor(@分数/10)
WHEN  10  THEN '优秀'
WHEN  9  THEN '优秀'
WHEN  8  THEN '良好'
WHEN  7  THEN '中等'
WHEN  6  THEN '及格'
ELSE '不及格'
END
PRINT  @成绩级别
```

运行结果如图 5—1—5 所示。

## 三、用 WHILE 循环结构实现求 1+2+3+…+100 的和

1. 使用 while 循环结构实现求 1+2+3+…+100 的和，并跟踪输出累加结果，SQL 语句如下：

```
DECLARE  @a  INT
SET  @a=30
WHILE  @a<39
  BEGIN
  SET  @a=@a+1
  PRINT  @a
   IF(@a>35)
    BEGIN
    PRINT '这里退出 while'
    BREAK
    END
   ELSE
    BEGIN
    CONTINUE
    PRINT '这里没被执行'
    END
END
```

运行结果如图 5—1—6 所示。

图 5—1—6　while 循环结构跟踪过程

## 思考与练习

### 一、思考题

简要说明流程控制语句的作用和主要类型。

### 二、操作题

1. 表 5—1—6 是学位代码与学位名称对应表，用 CASE 语句编写学位代码转换为名称的程序。

表 5—1—6　　学位代码与学位名称对应表

| 代码 | 名称 |
| --- | --- |
| 1 | 博士 |
| 2 | 硕士 |
| 3 | 学士 |

2. 用 WHILE 循环控制语句编写 10！＝1＊2＊3…＊10 程序，并由 print 语句输出结果。

# 课题二　函数及其应用

## 任务 1　内部函数及其应用

**教学目标**

◆　掌握内部函数的调用方法

◆　掌握常见系统函数、日期函数、字符串函数、数学函数、集合函数的语法格式

## 任务引入

函数对于任何程序设计语言都是非常关键的组成部分，T－SQL 语言中将一些经常使用的功能定义为系统内部函数，供用户编程时使用。请调用相应的系统函数，编程完成如下

任务：

1. 查询主机名称。

2. 返回“图书信息表”表中编号字段的长度。

3. 求出“图书信息表”表中所有“中国劳动出版社”的图书的平均价格，并将结果精确到小数点后两位。

4. 查询服务器当前的系统日期和时间。

5. 将字符串“hello！I am zhangshan”改为“hello！I am lishi”。

## 任务分析

SQL 所提供的内部函数分为系统函数、日期函数、字符串函数、数学函数、集合函数等几种，掌握内部函数，就是要掌握内部函数的语法定义及其功能，并能在编程中进行正确的调用。

## 相关知识

内部函数的作用是用来帮助用户获得系统的有关信息、执行有关计算、实现数据转换以及统计功能等。SQL 所提供的内部函数又分为系统函数、日期函数、字符串函数、数学函数、集合函数等几种，所有内部函数的语法及使用方法都可以在 SQL Server 2005 管理工具的帮助菜单中找到，下面将分别介绍它们。

### 一、系统函数

系统函数可帮助在不直接访问系统表的情况下，获取 SQL Server 系统表中的信息。系统函数对 SQL Server 服务器和数据库对象进行操作，并返回服务器配置和数据库对象设置的信息。系统函数可用于选择列表、WHERE 子句以及任何允许使用表达式的地方。表 5—2—1 列出一些常用的系统函数及其功能。

表 5—2—1　　最常用的系统函数及其功能

| 系统函数 | 功能 |
|---|---|
| APP _ NAME （） | 返回当前会话的应用程序名称（如果应用程序进行了设置） |
| CAST（expression AS data _ type） | 将表达式显式转换为另一种数据类型 |
| COL _ LENGTH | 返回列长度而不是列中存储的任何单个字符串的长度 |
| CURRENT _ TIMESTAMP | 返回当前日期和时间。此函数等价于 GETDATE （） |
| CURRENT _ USER | 返回当前的用户。此函数等价于 USER _ NAME （） |
| DATALENGTH（expression） | 返回表达式所占用的字节数 |
| HOST _ ID （） | 返回主机标识 |
| HOST _ NAME （） | 返回主机名称 |
| IDENT _ CURRENT（‘table _ name’） | 任何会话和任何范围中对指定的表生成的最后标识值 |
| ISDATE（expression） | 表达式为有效日期格式时返回 1，否则返回 0 |
| ISNULL（check _ expression，replacement _ value） | 表达式值为 NULL 时，用指定的替换值进行替换 |

续表

| 系统函数 | 功能 |
| --- | --- |
| ISNUMERIC（expression） | 表达式为数值类型时返回1，否则返回0 |
| NEWID（） | 生成全局唯一标识符 |
| NULLIF（expression，expression） | 如果两个指定的表达式相等，则返回空值 |
| PARSENAME（‘object_name’，object_part） | 返回对象名的指定部分 |
| SERVERPROPERTY（propertyname） | 返回服务器属性的信息 |
| SESSIONPROPERTY（option） | 会话的SET选项 |
| STATS_DATE（table_id，index_id） | 对table_id和index_id更新分配页的日期 |
| USER_NAME（[id]） | 返回给指定标识号的用户数据库的用户名 |

## 二、日期函数

日期函数用来显示日期和时间的信息。它们处理datatime和smalldatatime的值，并对其进行算术运算。表5—2—2列出了所有的日期函数。表5—2—3给出了日期元素及其缩写和取值范围。

表5—2—2　**日期函数**

| 日期函数 | 功能 |
| --- | --- |
| GETDATE（） | 返回服务器当前的系统日期和时间 |
| DATENAME（日期元素，日期） | 返回指定日期的名字，返回字符串 |
| DATEPART（日期元素，日期） | 返回指定日期的一部分，用整数返回 |
| DATEDIFF（日期元素，日期1，日期2） | 返回两个日期间的差值并将其转换为指定日期元素的形式 |
| DATEADD（日期元素，日期） | 将日期元素加上日期产生新的日期 |
| YEAR（日期） | 返回年份 |
| MONTH（日期） | 返回月份 |
| DAY（日期） | 返回某月几号的整数值 |
| GETUTCDATE（） | 返回表示当前UTC时间（世界时间坐标和格林尼治报纸时间）的日期值 |

表5—2—3　**日期元素及其缩写和取值范围**

| 日期元素 | 缩写 | 取值 | 日期元素 | 缩写 | 取值 |
| --- | --- | --- | --- | --- | --- |
| Year | Yy | 1753～9999 | Hour | Hh | 0～23 |
| Month | Mm | 1～12 | Minute | Mi | 0～59 |
| Day | Dd | 1～31 | Quarter | Qq | 1～4 |
| Day of year | Dy | 1～366 | Second | Ss | 0～59 |
| Week | Wk | 0～52 | Millisecond | Ms | 0～999 |
| Weekday | Dw | 1～7 | | | |

## 三、字符串函数

字符串函数用于对字符串进行连接、截取等操作，表 5—2—4 列出了常用的字符串函数。

表 5—2—4　　字符串函数及其功能

| 字符串函数 | 功能 |
|---|---|
| ASCII（字符表达式） | 返回字符表达式左边字符的 ASCII 码 |
| CHAR（整型表达式） | 将一个 ASCII 码转换成字符，ASCII 码应在 0～255 |
| SPACE（整型表达式） | 返回 n 个空格组成的字符串，n 整型表达式的值 |
| LEA（字符表达式） | 返回字符表达式的字符（而不是字节）个数，不计算尾部的空格 |
| RIGHT（字符表达式，整型表达式） | 从字符表达式中返回最右边的 n 个字符，n 个整型表达式的值 |
| LEFT（字符表达式，整型表达式） | 从字符表达式中返回最左边的 n 个字符，n 个整型表达式的值 |
| SUBSTRTING（字符表达式，起始点 n） | 返回字符串表达式中从“起始点”开始的 n 个字符 |
| STR（浮点表达式［. 长度［. 小数］］） | 将浮点表达式转换为所给定长度的字符串，小数点后的位数由所给出的“小数”决定 |
| LTRIM（字符表达式） | 去掉字符表达式的前导空格 |
| RTRIM（字符表达式） | 去掉字符表达式的尾部空格 |
| LOWER（字符表达式） | 将字符表达式的字母转换为小写字母 |
| UPPER（字符表达式） | 将字符表达式的字母转换为大写字母 |
| REVERSE（字符表达式） | 返回字符表达式的逆序 |
| CHARINDEX（字符表达式 1，字符表达式 2，［开始位置］） | 返回字符表达式 1 在字符表达式 2 中的“位置”，可以从所给的“开始位置”进行查找，如果没有指定开始位置，或者指定为负数或 0，则默认从字符表达式 2 的开始位置查找 |
| DIFFERRENCES（字符表达式 1，字符表达式 2） | 返回两个字符表达式发音相似程序（0～4），4 发音最相似 |
| PATINDEX（“%模式%”，表达式） | 返回指定模式在表达式中的起始位置，找不到时为 0 |
| PEPLICATE（字符表达式，整型表达式） | 将字符表达式重复多次，以整数表达式给出重复的次数 |
| SOUNDEX（字符表达式） | 返回字符表达式所对应的 4 个字符的代码 |
| STUFF（字符表达式 1，start，length，字符表达式 2） | 字符表达式 1 中从 start 开始的 length 个字符换成字符表达式 2 |
| NCHAR（整型表达式） | 返回 Unicode 的字符 |
| UNICODE（字符表达式） | 返回字符表达式最左侧字符的 Unicode 代码 |

## 四、数学函数

数学函数用来对数值型数据进行数学运算，表 5—2—5 列出了常用的数学函数。

表 5—2—5 常用的数学函数

| 数学函数 | 功能 |
|---|---|
| ABS（数值表达式） | 返回表达式的绝对值（正值） |
| ACOS（浮点表达式） | 返回浮点表达式反余弦值（单位为弧度） |
| ASIN（浮点表达式） | 返回浮点表达式反正弦值（单位为弧度） |
| ATAN（浮点表达式） | 返回浮点表达式反正切值（单位为弧度） |
| ATAN2（浮点表达式 1，浮点表达式 2） | 返回以弧度为单位的角度值，此值的反正切值在反给的浮点表达式 1 和浮点表达式 2 之间 |
| COS（浮点表达式） | 返回浮点表达式三角余弦值 |
| COT（浮点表达式） | 返回浮点表达式三角余切值 |
| CEILING（数值表达式） | 返回大于或等于数值表达式的最小整数 |
| DEGRESS（数值表达式） | 将弧度转换为度 |
| EXP（浮点表达式） | 返回数值的指数形式 |
| FLOOR（数值表达式） | 返回大于或等于数值表达式的最大整数，CEILING 的反函数 |
| LOG（浮点表达式） | 返回数值的自然对数值 |
| LOG10（浮点表达式） | 返回以 10 为底浮点数的对数 |
| PI（） | 返回 PI 的值 |
| POWER（数值表达式，幂） | 返回数字表达式值的指定次幂的值 |
| RADIANS（数值表达式） | 将度转换为弧度，DEGREES 反函数 |
| RAND（［整数表达式］） | 返回一个 0～1 的随机十进制数 |
| ROUND（数值表达式，整数表达式） | 将设置表达式四舍五入为整型表达式所给的精度 |
| SIGN（数值表达式） | 符号函数，正数返回 1，负数返回－1，0 返回 0 |
| SQUARE（浮点表达式） | 返回浮点表达式的平方 |
| SIN（浮点表达式） | 返回浮点表达式的三角正弦值（弧度为单位） |
| SQRT（浮点表达式） | 返回一个浮点表达式的平方根 |
| TAN（浮点表达式） | 返回浮点表达式正切值（弧度为单位） |

## 五、聚合函数

聚合函数也称为统计函数，它对一组值进行计算并返回一个数值。聚合函数经常与 SELECT 语句的子句一起使用，详细内容请查看表 5—2—6。

表 5—2—6 常用聚合函数及其功能

| 聚合函数 | 功能 |
|---|---|
| SUM（［ALL \| DISTINCT］ expression） | 计算一组数据的和 |
| MIN（［ALL \| DISTINCT］ expression） | 给出一组数据的最小值 |
| MAX（［ALL \| DISTINCT］ expression） | 给出一组数据的最大值 |

续表

| 聚合函数 | 功能 |
| --- | --- |
| COUNT ( { [ALL \| DISTINCT] expression} \| * ) | 计算总行数，COUNT ( * ) 返回行数，包括含有空值的行，不能与 DISTINCT 一起使用 |
| CHWCKSUM ( * \| expression [, …n]) | 对一组数值的和进行检验，可探测表的变化 |
| BINARY _ CHECKSUM ( * \| expression [, …n]) | 对二进制的和进行校验，可探测表的变化 |
| AVG ( [all \| DISTINCT] expression) | 计算一组值的平均值 |

## 任务实施

### 一、查询主机名称

在表 5—2—1 常见系统函数中提供了查询主机名称函数 HOST _ NAME ()，直接在无源 SELECT 语句中调用该函数，即可实现查询当前主机的名称。该函数无参数，直接使用函数名调用，SQL 语句如下：

```
SELECT  HOST_NAME()
```

运行结果显示当前主机的名称为 ZWZ，如图 5—2—1 所示。

图 5—2—1　查询主机名

### 二、返回“图书信息表”中“编号”字段的长度

在表 5—2—1 常见系统函数中，系统函数 COL _ LENGTH 可实现字段长度的查询，调用时直接使用该函数名称，并将表名、列名作为参数传递给函数，调用格式如下：

```
COL_LENGTH(表名,列名)
```

使用无源 SELECT 查询可得到指定列的长度，SQL 语句如下：

```
SELECT  COL_LENGTH('图书信息表','图书编号')  AS  '图书编号列长度'
```

运行结果如图 5—2—2 所示，图书编号列的长度为 6。

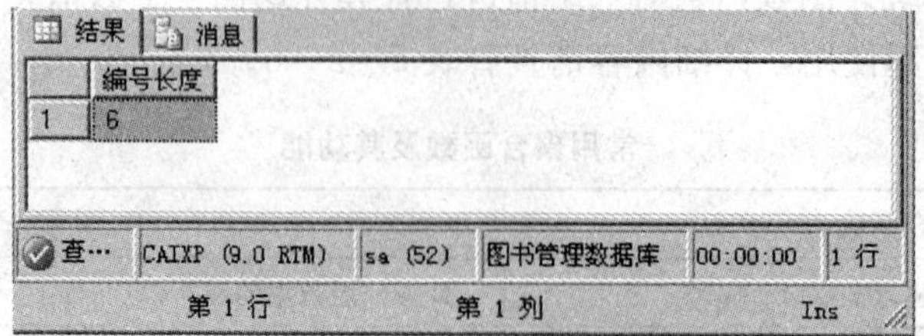


图 5—2—2　COL _ LENGTH 实现字段长度的查询结果

## 三、求出“图书信息表”表中所有“中国劳动出版社”的图书的平均价格，并将结果精确到小数点后两位

1. 求图书的平均价格要使用系统提供的聚合函数 AVG，该函数的调用方式为：AVG（列名），此处的列名即为图书信息表中的“定价”列。

2. 要将结果精确到小数点后两位，需要调用系统提供的数学函数中的 ROUND 函数。ROUND 函数语法格式为：ROUND（数值表达式，整数表达式），其中数值表达式是指原始的数值，此处即为图书的平均价格 AVG（定价），整数表达式是指要精确的位数，此处为 2。

3. 编程 SQL 语句如下：

```
SELECT avg(定价) AS '平均价格',ROUND(avg(定价),2) AS 'round 指定长度'
FROM 图书信息表
WHERE 出版社='中国劳动'
```

运行结果如图 5—2—3 所示。

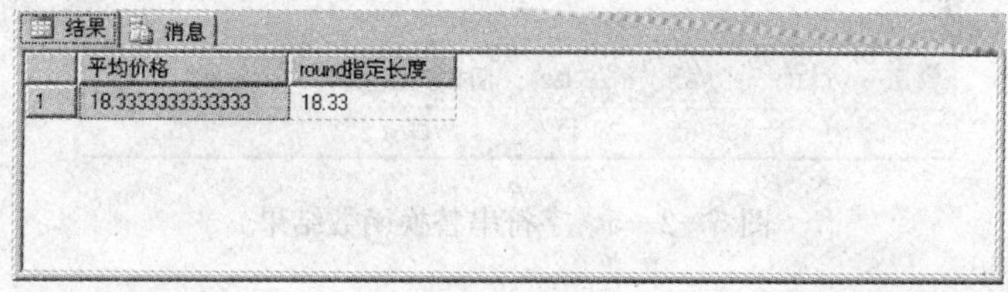

|  | 平均价格 | round指定长度 |
|---|---|---|
| 1 | 18.3333333333333 | 18.33 |

图 5—2—3　求图书平均价格并精确到小数点后两位

## 四、查询服务器当前的系统日期和时间

1. 查询服务器当前的日期和时间，要调用系统提供的日期类函数，需要用到的日期函数语法格式如下：

GETDATE（）返回服务器当前的系统日期和时间，无参数

YEAR（日期）返回年份，参数为当前日期

MONTH（日期）返回月份，参数为当前日期

DAY（日期）返回某月几号的整数值，参数为当前日期

2. 调用日期函数实现查询，SQL 语句如下：

```
SELECT '当前时间'=GETDATE(),
'月'=month(GETDATE()),
'日'=day(GETDATE()),
'年'=year(GETDATE());
```

运行结果如图 5—2—4 所示。

## 五、将字符串“hello！I am zhangshan”改为“hello！I am lishi”

1. 实现字符串替换操作，要调用系统提供的字符串函数 STUFF，函数 STUFF 语法格

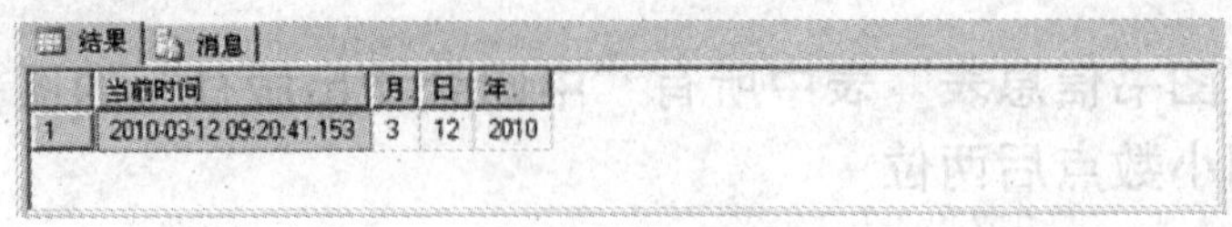

| | 当前时间 | 月 | 日 | 年 |
|---|---|---|---|---|
| 1 | 2010-03-12 09:20:41.153 | 3 | 12 | 2010 |

图 5—2—4　日期函数实现查询结果

式如下：

STUFF（字符表达式 1，start，length，字符表达式 2）

字符表达式 1 是指原始字符串，此处为“hello！I am zhangshan”；start 表示开始替换的位置，此处为 12，length 为要替换的字符的长度，此处为 9，字符表达式 2 为新字符串。

2. 使用无源 SELECT 语句，显示替换结果，SQL 语句如下：

SELECT 'I am zhangshan',STUFF('I am zhangshan',6,9,' lishi')

运行结果如图 5—2—5 所示。

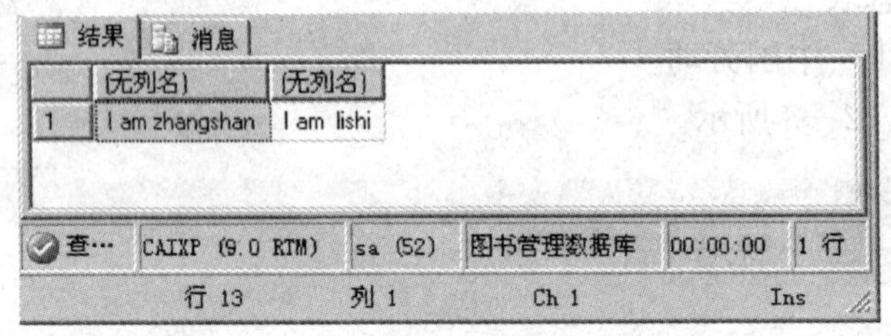

| | (无列名) | (无列名) |
|---|---|---|
| 1 | I am zhangshan | I am lishi |



图 5—2—5　字符串替换函数结果

## 思考与练习

### 一、思考题

什么是系统内部函数，常见的内部函数有哪几大类？

### 二、操作题

1. 用 dateadd 函数、算术运算编写求今天 100 天后日期的查询语句。
2. 用 datediff 函数、算术运算编写计算自己年龄、月龄的查询语句。

# 任务 2　自定义函数及其应用

**教学目标**

- ◆ 掌握自定义函数类型及其创建
- ◆ 掌握自定义函数的使用

## 任务引入

在实际的编程中，经常会反复多次使用到用户编写的代码块，为了方便用户的反复使用，T－SQL 允许用户创建自己的函数。请在“图书管理数据库”中创建自定义函数，并使用函数完成如下任务：

1. 创建一个函数，调用该函数返回“中国劳动”出版社所有书的平均定价。

2. 创建一个函数，调用该函数返回同一个出版社（例如中国劳动）所出书的书名和定价。

3. 创建一个函数，调用该函数返回定价高于一定价格（如 20 元）的书的信息。

## 任务分析

SQL Server 2005 支持的用户自定义函数分为 3 种，分别是标量函数、内嵌表值函数、多语句表值函数。用户可以使用 CREATE FUNCTION 语句编写自己的函数，用户在创建自定义函数后，还要在程序中调用该函数才能实现它的功能。

## 相关知识

为了扩展 T－SQL 的编程能力，除了提供的内部函数，SQL Server 2005 允许用户自定义函数。用户可以用 CREATE FUNCTION 语句编写自己的函数，以满足特殊需要。可用用户自定义函数来传递 0 个或多个参数，并返回一个简单的数值。用户自定义函数一般来说返回的都是数值型或字符型的数据，如 int，char，decimal 等，SQL Server 2005 也支持返回 TABLE 数据类型的数据。SQL Server 2005 支持的用户自定义函数分为 3 种，分别是标量函数、内嵌表值函数、多语句表值函数。

### 一、创建标量函数

标量用户自定义函数返回一个简单的数值，如 int，char，decimal 等，禁止使用 text，ntext，image，cursor 和 timestamp 作为输入的参数。该函数的函数体被封装在以 BEGIN 语句开始，END 语句结束的范围内。其语法格式如下：

```
CREATE FUNCTION[所有者].自定义函数名([参数[…n]])
RETURNS  返回参数的类型 AS
BEGIN
 函数体
  RETURN  函数返回的标量值
END
```

其中参数说明如下：

1. 函数名称

函数名称必须符合标识符的规则，该名称在数据中必须是唯一的。

2. 参数

函数执行时，每个已经声明参数的值必须由用户指定，除非该参数的默认值已经定义。

如果函数的参数有默认值，在调用该函数时必须指定 DEFAULT 关键字才能获得默认值。相同的参数名称可以用在其他函数中。

3. 参数的类型

所有数量型数据（包括 Bigint 和 sql _ variant）都可用于用户自定义函数的参数。

4. 函数体

是由一系列 T－SQL 语句组成的函数体。在函数体中只能使用 DECLARE 语句、赋值语句、流程控制语句、SELECT 语句、游标操作语句、INSERT、UPDATE 和 DELETE 语句以及执行扩展存储过程的 EXECUTE 语句等。

5. 函数返回的标量值

返回值为 text，ntext，imager 和 timestamp 之外的系统数据类型。

## 二、创建内嵌表值函数

表值函数返回一个 TABLE 型数据，对直接表值用户定义函数而言，返回的结果只是一系列表值，没有明确的函数体，该表是 SELECT 语句的结果集。其语法格式为：

```
CREATE FUNCTION ［所有者］. 自定义函数名(［参数［…n］］)
RETURNS TABLE AS
RETURN(SELECT  查询语句)
```

其中，TABLE 表示指定返回值为一个表；SELECT 查询语句确定返回的表的数据。

## 三、创建多语句表值用户自定义函数

其语法格式为：

```
CREATE FUNCTION［所有者］. 自定义函数名(［参数［…n］］)
RETURNS  @变量名  TABLE＜表中列数据类型定义＞ AS
BEGIN
    函数体
  RETURN
END
```

多语句表值函数在 BEGIN…END 块中定义函数主体，并将生成记录行插入到 RETURNS 子句定义的表中，最后返回表（记录集）。

内嵌表值函数和多语句表值函数都返回表，二者不同之处在于：内嵌表值函数没有函数主体，返回的表是单个 SELECT 语句的结果集；而多语句表值函数在 BEGIN…END 块中定义的函数主体包含 T－SQL 语句，这些语句可生成行并将行插入至表中，最后返回表。

## 任务实施

### 一、创建一个自定义函数，求出某一特定出版社所出书的平均定价

1. 本处要求创建一个函数，函数的返回值为单一数值“平均定价”，故应创建一个返回单一值的标量函数。

2. 定义函数名为：Avgdingji _ book1，函数的返回值为 float 类型，函数的输入参数为“出版社名称”，该参数为数据类型应与“图书信息表”中“出版社”名称列相同为 char (20)，创建该函数的 SQL 语句如下：

```
USE 图书管理数据库
GO
CREATE FUNCTION Avgdingji_book1(@出版社 CHAR(20))
RETURNS FLOAT
AS
BEGIN
DECLARE @平均定价 FLOAT
SET @平均定价=(SELECT AVG(定价)FROM 图书信息表 WHERE 出版社=@出版社)
RETURN @平均定价
END
```

3. 在查询设计器中执行上述 SQL 语句，成功完成后，在“对象资源管理器”中可查看到已经创建好的函数，如图 5—2—6 所示。

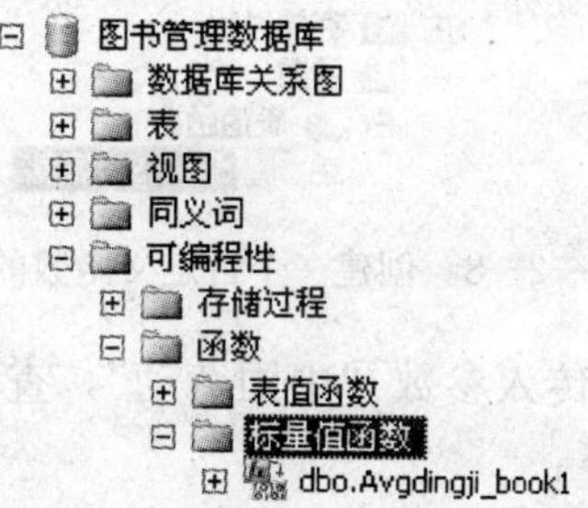


图 5—2—6 创建自定义函数结果图

4. 调用 Avgdingji _ book1 函数，传入参数“中国劳动”，实现对“中国劳动”出版社的平均书价的查询。SQL 语句如下：

```
SELECT dbo.Avgdingji_book1('中国劳动') AS '平均书价'
GO
```

运行结果如图 5—2—7 所示。

图 5—2—7 使用自定义函数查询结果

## 二、创建一个函数，返回同一个出版社所出书的书名、定价

1. 此处要求创建一个函数，返回值为一个 SELECT 语句查询结果集，故应创建一个内

嵌表值函数。

2. 定义函数名为“书的信息”，传入参数为“出版社名称”，该参数为数据类型应与“图书信息表”中“出版社”名称列相同为 char（20），返回值为 TABLE，查询语句为：“SELECT 书名，定价，出版社 FROM 图书信息表”。创建函数的 SQL 语句如下：

```
CREATE FUNCTION  书的信息(@出版社 NCHAR(20))
RETURNS TABLE
AS
RETURN(SELECT  书名,定价,出版社
FROM  图书信息表
WHERE  出版社=@出版社)
```

3. 在查询设计器中执行上述 SQL 语句，成功完成后，在“对象资源管理器”中可查看到结果，如图 5—2—8 所示。

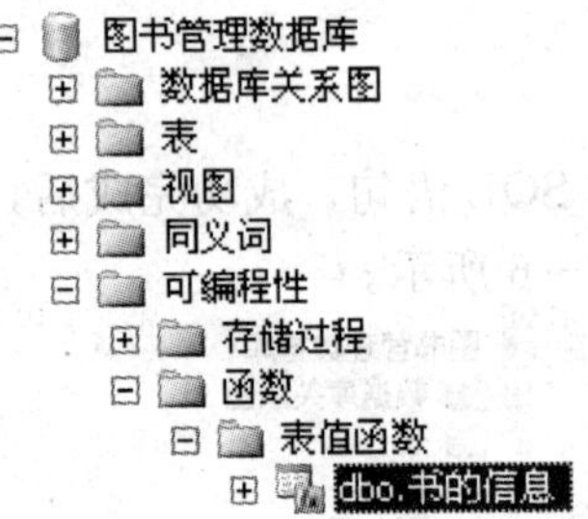


图 5—2—8　创建一个自定义函数的结果

4. 调用函数“书的信息”，传入参数“中国劳动”，查询所有“中国劳动”出版社的书籍的书名和定价。SQL 语句如下：

```
SELECT  *  FROM dbo. 书的信息('中国劳动')
```

运行结果如图 5—2—9 所示。

结果 | 消息

| | 书名 | 定... | 出版社 |
|---|---|---|---|
| 1 | 电子电路基础 | 17 | 中国劳动 |
| 2 | 机械制造工艺基础 | 19 | 中国劳动 |
| 3 | 机械制造工艺基础 | 19 | 中国劳动 |

图 5—2—9　使用自定义函数查询结果

## 三、创建一个函数返回定价高于 20 元的书的编号、书名、定价和出版社

1. 此处要返回一个指定列的表信息，可使用多表值函数。

2. 定义表名称为 money _ higher，传入参数类型为 money，返回表中的列包含编号、书名、定价和出版社，SQL 语句如下：

```
USE  图书管理数据库
GO
```

```
CREATE FUNCTION money_higher(@highermoney MONEY)
RETURNS @money_higher TABLE(编号 NVARCHAR(255),书名 NVARCHAR(255),定价 money,出版社 NVARCHAR(255))
AS
BEGIN
INSERT @money_higher
SELECT 图书编号,书名,定价,出版社
FROM 图书信息表
WHERE 定价>@highermoney
RETURN
END
```

3. 在查询设计器中执行上述 SQL 语句，成功后，在“对象资源管理器”中可查看结果，如图 5—2—10 所示。

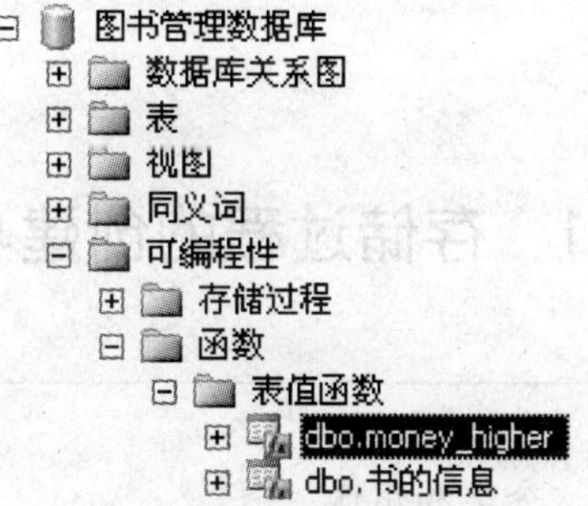


图 5—2—10　创建一个自定义函数的结果

4. 调用函数 money _ higher，把定价大于 20 元的书的信息全部显示出来，SQL 语句如下：

```
SELECT *
FROM dbo. money_higher(20)
```

运行结果如图 5—2—11 所示。

结果　消息

|  | 编号 | 书名 | 定价 | 出版社 |
|---|---|---|---|---|
| 1 | 014171 | SQL Server 2005 | 30.00 | 工业出 |
| 2 | 037425 | 机械制造技术 | 22.00 | 电子工业 |
| 3 | 037426 | 机械制造技术 | 22.00 | 电子工业 |
| 4 | 051024 | SQLServer2000开发与管理 | 49.00 | 人民邮电 |
| 5 | 062194 | 软件测试 | 30.00 | 机械工业 |
| 6 | 092239 | 机电传动与控制技术 | 25.00 | 轻工业 |
| 7 | 092240 | 机电传动与控制技术 | 25.00 | 轻工业 |

图 5—2—11　使用一个自定义函数的结果

**思考与练习**

## 一、思考题

1. 自定义函数包括哪几种类型?
2. 自定义标量函数和内嵌表值函数的区别是什么?
3. 自定义内嵌表值函数与视图的使用有什么不同?

## 二、操作题

1. 编写一个自定义函数，根据出生日期计算年龄。
2. 编写一个自定义函数，统计图书信息表中的图书种类与在馆数量。

# 课题三　存 储 过 程

## 任务 1　存储过程的创建与管理

**教学目标**

- ◆ 掌握存储过程的概念、分类和用途
- ◆ 掌握存储过程的创建和使用
- ◆ 掌握存储过程的查看、修改、重命名、删除

**任务引入**

在前面的学习中，曾多次利用系统提供的存储过程来实现对 SQL Server 的操作和管理，如 sp _ help，sp _ rename 等。事实上，存储过程包括系统存储过程和用户定义的存储过程。系统存储过程主要是由系统创建的，存储在 master 数据库中并以 sp _ 为前缀，在任何数据库中都可以调用；用户自定的存储过程是由用户创建的，用来完成某项任务。本任务将介绍如何创建、使用和管理用户自定义存储过程。请在“图书管理数据库”中完成如下任务：

1. 使用 T－SQL 语句在“图书管理数据库”中创建一个名为“p _ 男性教工”的存储过程。该存储过程返回教工表中性别为“男”的教工信息。

2. 修改存储过程“p _ 男性教工 1”的属性，要求根据用户提供的姓名进行模糊查询，并加密。

3. 将存储过程“p _ 男性教工”重命名为“p _ 男教工”。

4. 删除存储过程“p _ 男教工”。

## 任务分析

存储过程是一段在服务器上执行的 T－SQL 程序，它在服务器端对数据库记录进行处理，然后将结果发给客户端。一个存储过程是一个独立的数据库对象，可被客户端应用程序调用。存储过程可以容纳对数据库进行各种操作的编程语句，简单存储过程类似于为一组 SQL 语句命名，然后就可以在需要时反复调用。

## 相关知识

### 一、存储过程的概念

存储过程是一组编译在单个执行计划中的 T－SQL 语句，它将一些固定的操作集中起来交给 SQL Server 2005 数据库服务器完成，以实现某个任务。存储过程是 SQL 语句和部分控制流程语句的预编译集合，当第一次执行存储过程时，SQL Server 2005 为其产生查询计划并将其保留在内存中，这样以后在调用该存储过程时就不必再进行编译，这能在一定程度上改善系统的性能。

SQL Server 2005 的存储过程与其他程序设计语言类似，同样能按下列方式运行：

1. 能够包含执行各种数据库操作的语句，并且可以调用其他的存储过程。

2. 能够接受输入参数，并以输出参数的形式将多个数据值返回给调用程序（Calling Procedure）或批处理（Batch）。

3. 给调用程序或批处理返回一个状态值，以表明成功或失败（以及失败的原因）。

4. 存储过程（Stored Procedures）是一组为完成特定功能而编写的 SQL 语句集，经编译后存储在数据库中。用户通过指定存储过程的名字并给出参数（如果该存储过程带有参数）来执行它。

### 二、存储过程的类型

1. 系统存储过程

系统存储过程（System Stored Procedures）是 SQL Server 2005 提供的可作为工具使用的存储过程。系统存储过程主要存储在 master 数据库中，并以 sp _ 为前缀，系统存储过程主要是从系统表中获取信息，从而为系统管理员管理 SQL Server 2005 提供支持。

通过系统存储过程，SQL Server 2005 中的许多管理性或信息性的活动（如了解数据库对象、数据库信息）都可以被有效地完成。系统存储过程在 master 数据库中创建，所有系统存储过程的名字均以 sp _ 开始，可以在其他数据库中对其进行调用，在调用时不必在存储过程名前加上数据库名。在创建一个数据库时，一些系统存储过程会在新的数据库中被自动创建。

2. 本地存储过程

本地存储过程（Local Stored Procedures）也就是用户自行创建并存储在用户数据库中的存储过程。事实上一般所说的存储过程指的就是本地存储过程。

用户创建的存储过程是由用户创建并能完成某一特定功能（如查询用户所需的数据信

息）的存储过程。

3. 扩展存储过程

扩展存储过程（Extended Stored Procedures）是用户可以使用外部程序语言编写的存储过程。显而易见，通过扩展存储过程可以弥补 SQL Server 2005 的不足，并按需要自行扩展其功能。扩展存储过程在使用和执行上与一般的存储过程完全相同。可以将参数传递给扩展存储过程，扩展存储过程也能够返回结果和状态值。

为了区别于其他存储过程，扩展存储过程的名称通常以 xp _ 开头。扩展存储过程是以动态链接库（DLLS）形式存在，能让 SQL Server 2005 动态地装载和执行。扩展存储过程一定要存储在系统数据库 master 中。

## 三、存储过程优点

1. 执行速度快

存储过程在创建时就经过了语法检查和性能优化，因此在执行时不必重复这些步骤，存储过程在经过第一次调用后，就驻留在内存中，所以执行速度快、效率高。

2. 模块化的程序设计

存储过程经过了一次创建后，可以被调用多次。如果业务规则发生变化，可以通过修改存储过程来适应新的业务规则，而不必修改客户端的应用程序。

3. 保证系统的安全性

数据库用户可以通过得到权限来执行存储过程，而不必给予用户直接访问数据库对象的权限。另外，存储过程可以加密，这样用户就无法阅读存储过程中的 T－SQL 语句。

4. 减少网络通信量

存储过程中可以包含大量的 T－SQL 语句，但存储过程只作为一个独立的单元来使用，在进行调用时，只需要使用一个 EXEC 语句，而不需要在网络中发送大量代码。

## 四、存储过程与视图

1. 可以在单个存储过程中执行一系列 T－SQL 语句，而在视图中只能是 SELECT 语句。

2. 视图不能接受参数，只能返回结果集；而存储过程可以接受参数，包括输入、输出参数，并能返回单个或多个结果集以及返回值，这样可大大地提高应用的灵活性。

## 五、创建存储过程的语法格式

```
CREATE PROCEDURE 存储过程名[@参数的数据类型][OUTPUT][,…n]
[WITH ENCRYPTION]
[WITH RECOMPILE]
AS
任意数量的 SQL 语句
```

其中：

OUTPUT 选项可将@参数的值返回给调用语句。

WITH ENCRYPTION：对存储过程进行加密。
WITH RECOMPILE：重新编译存储过程。

## 六、存储过程的调用格式

EXEC[UTE]存储过程名

## 七、查看、修改、重命名和删除存储过程的语法

1. 查看存储过程的语法

EXEC sp_helptext 存储过程名:查看存储过程定义
EXEC sp_help 存储过程名:查看存储过程的参数
EXEC sp_depends 存储过程名:查看存储过程的相关性

2. 修改存储过程的语法

ALTER PROCEDURE 存储过程名[@参数的数据类型][OUTPUT][,…n]
[WITH ENCRYPTION]
[WITH RECOMPILE]
AS
任意数量的 SQL 语句

3. 重命名存储过程的语法

EXEC sp_rename 存储过程原名存储过程新名

4. 删除存储过程的语法

DROP 存储过程名

# 任务实施

## 一、在图书管理数据库中创建一个名为“p_男性教工”的存储过程

1. 使用 SQL Server Management Studio 建立存储过程

(1) 在对象资源管理器中，依次展开节点到“图书管理数据库”→“可编程性”，然后选中“存储过程”节点，单击鼠标右键，弹出快捷菜单，如图 5—3—1 所示。

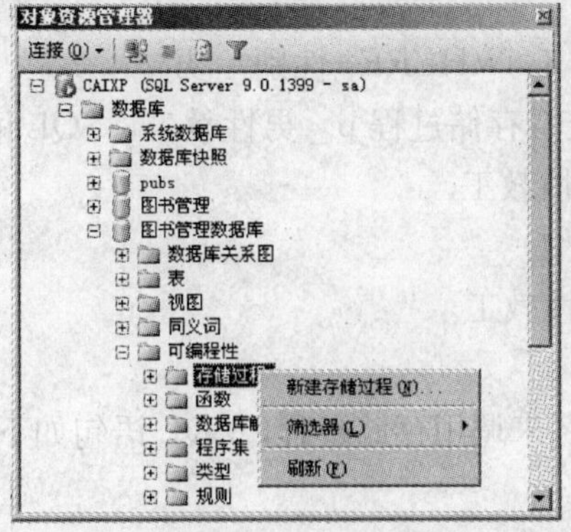


图 5—3—1 展开到存储过程节点

（2）在弹出的快捷菜单中，选择“新建存储过程”命令，则调出新建存储过程模板窗口，如图 5—3—2 所示。

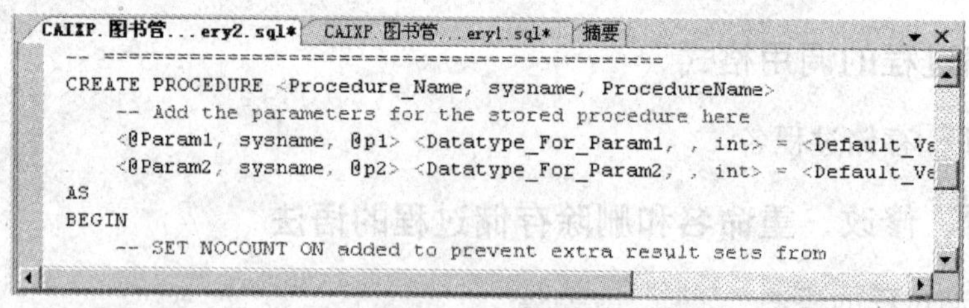


图 5—3—2　新建存储过程模块窗口

（3）修改模板，编写程序内容，编写完成后，单击“执行”按钮，如果没有出现语法错误，存储过程创建成功。

（4）在对象资源管理器中，可察看到已经创建成功的存储过程，如图 5—3—3 所示。

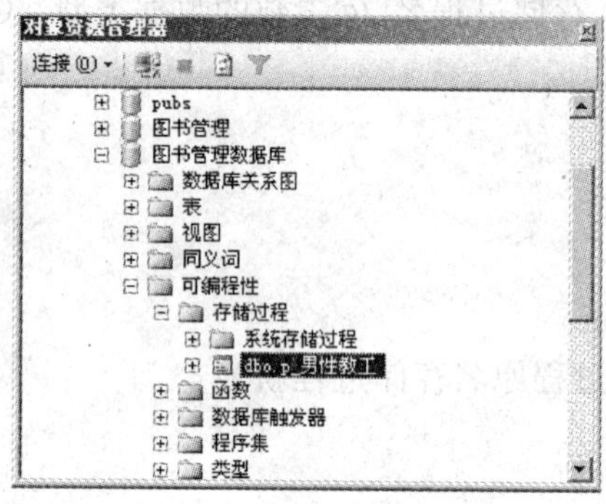


图 5—3—3　查看创建成功的存储过程

2. 使用 SQL 语句创建存储过程

（1）使用 CREATE PROCEDURE 创建存储过程，SQL 语句如下：

```
USE  图书管理数据库
GO
CREATE  PROCEDURE  p_男性教工
AS
SELECT   *  FROM  教工  WHERE  性别='男'
```

（2）使用系统存储过程查看存储过程 p _ 男性教工，SQL 语句如下：

```
EXEC  sp_helptext  p_男性教工
EXEC  sp_help  p_男性教工
EXEC  sp_depends  p_男性教工
```

结果如图 5—3—4 所示。

3. 应用 EXEC 存储过程名来调用存储过程，SQL 语句如下：

```
EXEC  p_男性教工
```

得到执行结果如图 5—3—5 所示。

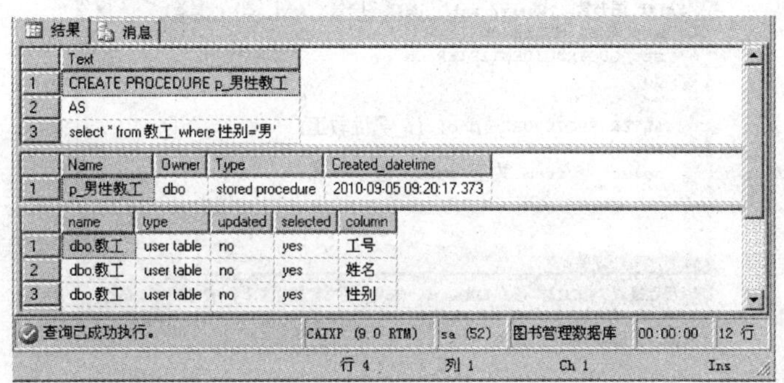

结果 | 消息

| | Text |
|---|---|
| 1 | CREATE PROCEDURE p_男性教工 |
| 2 | AS |
| 3 | select * from 教工 where 性别='男' |

| | Name | Owner | Type | Created_datetime |
|---|---|---|---|---|
| 1 | p_男性教工 | dbo | stored procedure | 2010-09-05 09:20:17.373 |

| | name | type | updated | selected | column |
|---|---|---|---|---|---|
| 1 | dbo.教工 | user table | no | yes | 工号 |
| 2 | dbo.教工 | user table | no | yes | 姓名 |
| 3 | dbo.教工 | user table | no | yes | 性别 |

查询已成功执行。　CAIXP (9.0 RTM)　sa (52)　图书管理数据库　00:00:00　12 行

行 4　列 1　Ch 1　Ins

图 5—3—4　查看存储过程的定义、参数及相关性

结果 | 消息

| | 工号 | 姓名 | 性别 | 密码 | 联系电话 | 部门 | 是否办... | 是否管理员 |
|---|---|---|---|---|---|---|---|---|
| 1 | linssh | 林颂声 | 男 | 888888 | 13725012598 | 数控系 | Y | N |
| 2 | wuchl | 吴成龙 | 男 | 888888 | 13928392999 | 信息技术系 | Y | N |
| 3 | xiaoqw | 肖启旺 | 男 | 888888 | 13528890390 | 工业设计系 | Y | N |
| 4 | yeqd | 叶乔冬 | 男 | 654321 | 136567456766 | 教务处 | Y | Y |

查询已成功执行。　CAIXP (9.0 RTM)　sa (52)　图书管理数据库　00:00:00　4 行

第 1 行　第 1 列　Ins

图 5—3—5　执行存储过程 p _ 男性教工的结果

## 二、修改存储过程 p _ 男性教工，要求根据用户提供的姓名进行模糊查询并要求加密

1. 在 SQL Server Management Studio 窗口中修改存储过程 p _ 男性教工

（1）在“对象资源管理器”中依次展开“服务器 CAIXP”→“数据库”→“图书管理数据库”→“可编程性”→“存储过程”。

（2）选择 dbo. p _ 男性教工，单击鼠标右键，弹出快捷菜单如图 5—3—6 所示。

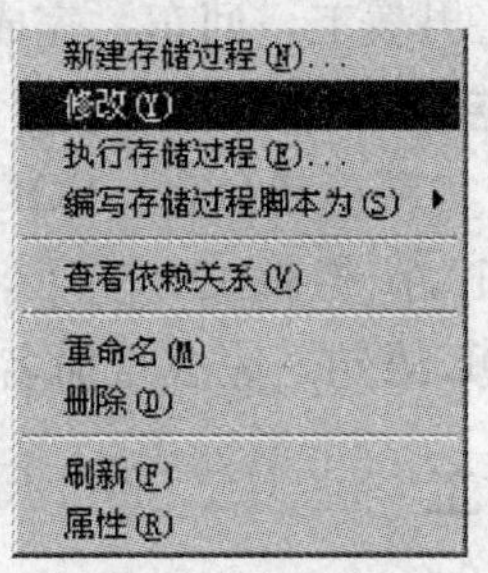


图 5—3—6　存储过程右键菜单

（3）在菜单中选择“修改”命令，打开如图 5—3—7 所示的代码修改界面，可以在这里对存储过程的定义进行修改。

（4）修改完成后，重新执行该存储过程，完成修改。

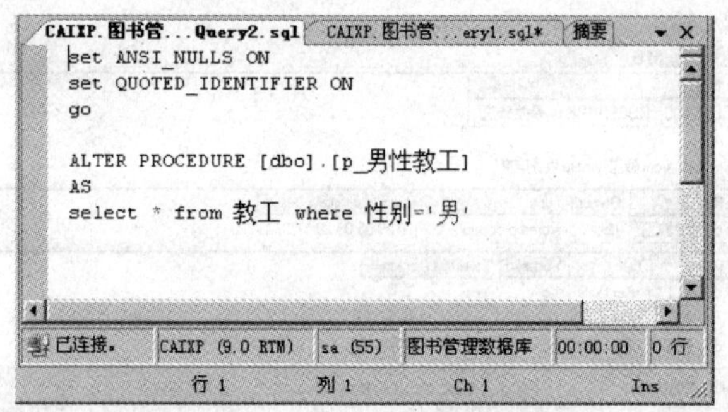


图 5—3—7 修改存储过程

2. 用 T－SQL 语句实现存储过程 p _ 男性教工的修改

(1) 使用 ALTER PROCEDURE 语句修改存储过程，修改 SELECT 语句，添加姓名模糊查询条件，增加加密参数“WITH ENCRYPTION”，SQL 语句如下：

```
ALTER PROCEDURE[dbo].[p_男性教工]
@姓名 VARCHAR(20)
WITH ENCRYPTION
AS
SELECT * FROM 读者信息表 WHERE 姓名 like '%@姓名%'
```

(2) 在查询设计器窗口中执行上述 SQL 语句，执行成功后，存储过程修改完成任务。

## 三、重命名存储过程 p _ 男性教工为 p _ 男教工

1. 在 SQL Server Management Studio 窗口中重命名存储过程

(1) 在 SQL Server Management Studio 窗口中打开“对象资源管理器”面板，依次展开“服务器 CAIXP”→“数据库”→“图书管理数据库”→“可编程性”。

(2) 在存储过程列表中，用鼠标右键单击 dbo. p _ 男性教工，在弹出的快捷菜单中，选择“重命名”命令，如图 5—3—6 所示。

(3) 输入存储过程的新名称 p _ 男教工，回车，完成重命名。

2. 使用 T－SQL 语句实现重命名

(1) 使用存储过程 sp _ rename 实现重新命名，SQL 语句如下：

```
EXEC sp_rename ' p_男性教工','p_男教工'
```

(2) 在查询设计器执行上述 SQL 语句，完成重命名存储过程。

## 四、删除存储过程 p _ 男教工

1. 使用 SQL Server Management Studio 窗口中删除存储过程 p _ 男教工

(1) 在“对象资源管理器”中依次展开“服务器 CAIXP”→“数据库”→“图书管理数据库”→“可编程性”→“存储过程”。

(2) 选择 dbo. p _ 男性教工，单击鼠标右键，在如图 5—3—6 所示快捷菜单选择“删除”。

(3) 弹出如图 5—3—8 所示删除对象确认对话框，单击“确定”按钮，成功删除存储过程 p _ 男教工。

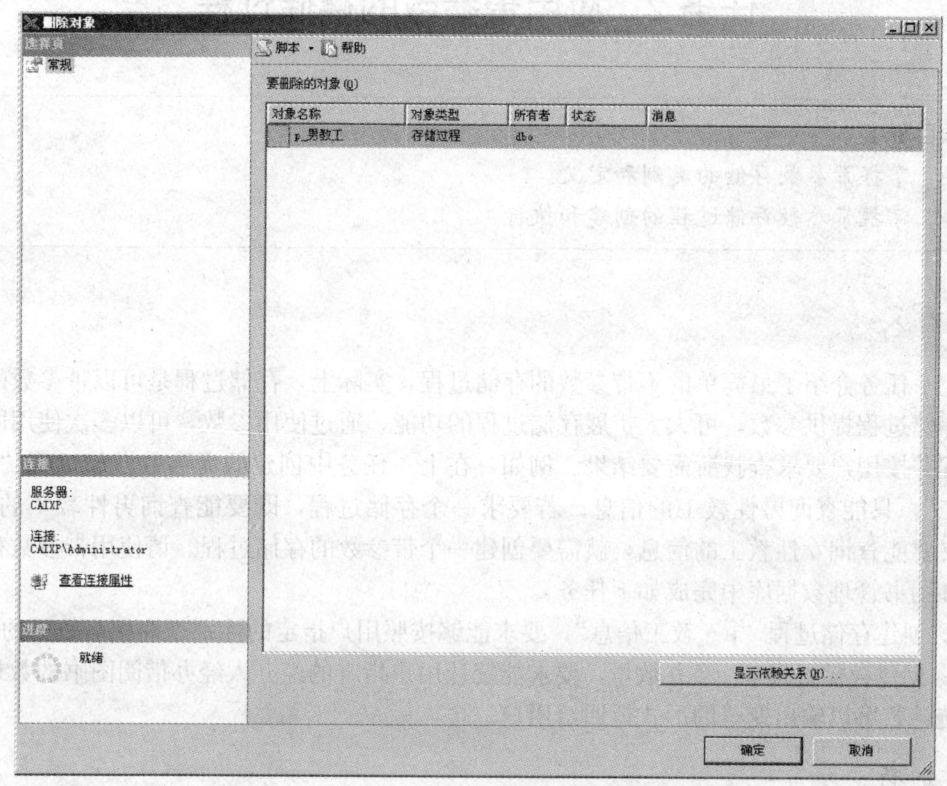


图 5—3—8　确认删除存储过程

2. 使用 T－SQL 语句删除存储过程 p _ 男教工

(1) 使用 DROP PROCEDURE 语句删除存储过程，SQL 语句如下：

DROP PROCEDURE p_男教工

(2) 在查询设计器中执行上述语句，执行成功，完成删除存储过程。

## 思考与练习

### 一、思考题

1. 什么是存储过程，它有哪些特点？
2. 简要说明存储过程与视图的不同。

### 二、操作题

1. 创建一个能查看图书信息表中所有信息的存储过程。
2. 创建一个能删除图书信息表中图书编号为 092240 的存储过程。
3. 修改并删除题 2 中创建的存储过程。

# 任务 2　应用带参数的存储过程

**教学目标**

- ◆ 掌握带参数存储的类别和定义
- ◆ 掌握带参数存储过程的创建和执行

## 任务引入

上一任务介绍了最简单的不带参数的存储过程，实际上，存储过程是可以带参数的，而且向存储过程提供参数，可大大扩展存储过程的功能，通过使用参数，可以多次使用同一存储过程并按用户要求查找所需要结果。例如，在上一任务中创建的无参数存储过程“p _ 男性教工”，只能查询男性教工的信息。若要求一个存储过程，既要能查询男性教工的信息，同时又要能查询女性教工的信息，就需要创建一个带参数的存储过程。请使用带参数存储过程，在图书管理数据库中完成如下任务：

1. 创建存储过程“p _ 教工信息”，要求能够按照用户指定的性别查询相应教工的信息。

2. 创建存储过程 p _ 经办数量，要求能统计用户指定的经办人经办借阅图书的数量，并将该统计数字以输出变量的形式返回给用户。

## 任务分析

存储过程既可以带输入参数，也可以带输出参数，向存储过程设定输入、输出参数的主要目的是通过参数来扩展存储过程的功能，提高存储过程使用的灵活性。在创建和调用带参数的存储过程时，参数的定义、参数值的传递是使用带参数存储过程的关键。

## 相关知识

### 一、带输入参数的存储过程

1. 带输入参数的存储过程定义

输入参数是指由调用程序向存储过程传递的参数，它们在创建存储过程语句中被定义，在执行存储过程中给出相应的变量值。为了定义接受输入参数的存储过程，需要在 CREATE PROCEDUTE 语句中声明一个或多个变量作为参数。

带输入参数的存储过程语法格式：

```
CREATE PROCEDURE 存储过程名
@参数名 数据类型[=默认值][,…n]
[WITH ENCRYPTION]
[WITH RECOMPILE]
AS
```

SQL 语句

其中，各参数的意义如下：

(1) @参数名：存储过程的参数名，数据和定义局部变量一样，必须以符号@为前缀，要指定数据类型，如有多个参数，用逗号“,”隔开。

(2) 默认值：如果执行存储过程时未提供该参数的变量值，则使用默认值。

2. 输入参数的值

在执行存储过程的语句中，通过语句“@参数名=参数值”给出参数的传递值。当存储过程含有多个输入参数时，参数值可以任意顺序设定，对于允许空值和具有默认值的输入参数可以不给出参数的传递值。其语法格式如下：

EXEC procedure_name[@patameter_name=value][,…n]

## 二、带输出参数的存储过程

在创建存储过程的语句中定义输出参数，可实现从存储过程中返回一个或多个值。

1. 带输出参数存储过程的语法定义

如果需要从存储过程中返回一个或多个值，可以通过在创建存储过程的语句中定义参数来实现，为了使用输出参数，需要在 CREATE PROCEDURE 语句中指定 OUTPUT 关键字。

```
CREATE PROCEDURE 存储过程名
@参数名 参数数据类型=[默认]OUTPUT
[WITH ENCRYPTION]
[WITH RECOMPILE]
AS
SQL 语句
```

其中，关键字 OUTPUT 表示所定义的参数为输出参数。

2. 输出参数的使用

在执行存储过程的语句中，先用 DECLARE 语句来声明输出参数变量，然后应用该输出参数返回相应的值，语句如下：

```
DECLARE @参数名 数据类型
EXEC 存储过程名 @参数名
```

# 任务实施

## 一、创建和调用存储过程 p _ 教工信息

要求用户能够按用户给定的性别查询教工的信息。

1. 上一任务中创建了一个存储过程 p _ 男性教工，其内容如下：

```
USE 图书管理数据库
GO
CREATE PROCEDURE p_男性教工
```

AS

SELECT * FROM 教工 WHERE 性别='男'

2. 根据题目要求，在创建存储过程时，性别不能确定，在调用存储过程时，性别由用户来指定，因此应为该存储过程定义输入参数@性别，数据类型为 char（2）。

3. 存储过程应修改如下：

```
CREATE PROCEDURE p_教工信息
@性别 CHAR(2)
AS
SELECT * FROM 教工 WHERE 性别=@性别
```

4. 执行含有输入参数的存储过程

执行存储过程 p_教工信息，查询所有男性教工的信息，传递参数 @性别='男'，SQL 语句如下：

```
EXEC p_教工信息 @性别='男'
```

运行结果如图 5—3—9 所示。

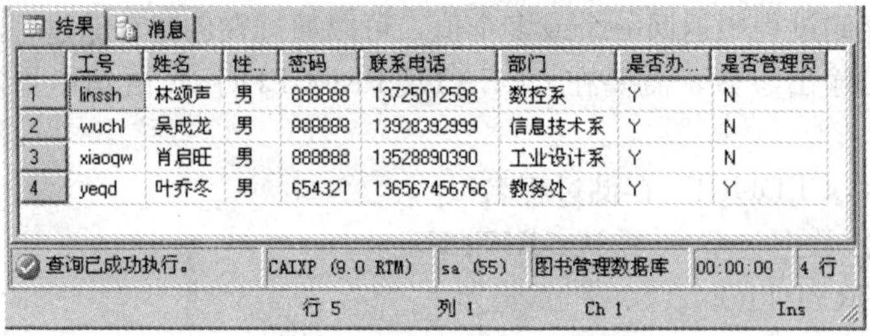

| | 工号 | 姓名 | 性... | 密码 | 联系电话 | 部门 | 是否办... | 是否管理员 |
|---|---|---|---|---|---|---|---|---|
| 1 | linssh | 林颂声 | 男 | 888888 | 13725012598 | 数控系 | Y | N |
| 2 | wuchl | 吴成龙 | 男 | 888888 | 13928392999 | 信息技术系 | Y | N |
| 3 | xiaoqw | 肖启旺 | 男 | 888888 | 13528890390 | 工业设计系 | Y | N |
| 4 | yeqd | 叶乔冬 | 男 | 654321 | 136567456766 | 教务处 | Y | Y |

查询已成功执行。 CAIXP (9.0 RTM) sa (55) 图书管理数据库 00:00:00 4 行

行 5 列 1 Ch 1 Ins

图 5—3—9 执行带输入参数的存储过程的结果

同样，执行存储过程 p_教工信息，查询所有女性教工的信息，传递参数@性别='女'，SQL 语句如下：

```
EXEC p_教工信息 @性别='女'
```

## 二、创建存储过程 p_经办数量

要求能统计某经办人办理借阅图书的数量，并将该统计数字以输出变量的形式返回给用户。

1. 在本题中，要统计经办人办理借阅图书的数量，有两个数据是不能确定的，一个是经办人的姓名，一个是经办的数量。经办人的姓名可由用户指定，应作为存储过程的输入参数，经办的数量是由查询语句统计出来返回给用户的，应作为存储过程的输出参数。

2. 应用创建带参数存储过程的语法格式创建存储过程 p_经办数量，SQL 语句如下：

```
CREATE PROCEDURE p_经办数量
@姓名 VARCHAR(20),@booknum SMALLINT OUTPUT
AS
SET @booknum=(SELECT count(*) FROM 借阅信息表 WHERE 经办人=@
姓名)
```

PRINT @booknum

3. 执行存储过程“p _ 经办数量”

由于在存储过程“p _ 经办数量”中使用了输入参数@姓名，在执行时，对输入参数@姓名需要赋值，而输出参数@book1num 无须赋值，它将从存储过程中获得值返回给用户，执行存储过程语句如下：

```
DECLARE @姓名 varchar(20),@book1num SMALLINT
SET @姓名='王静'
EXEC p_book1num @姓名,@book1num
```

执行结果如图 5—3—10 所示。

图 5—3—10　执行存储过程 p _ 经办数量的返回消息

## 思考与练习

### 一、思考题

1. 什么是存储过程，它有哪些特点？
2. 简要说明存储过程与视图的不同。

### 二、操作题

分别创建能执行插入、修改、删除的存储过程来实现图书信息表的增、删、改、查功能。

# 课题四　触发器及其应用

## 任务 1　创建触发器

**教学目标**

- ◆ 掌握触发器的概念和作用
- ◆ 掌握触发器的创建和使用

## 任务引入

在实际应用中，当表或视图中的某些重要数据发生变化（添加、修改或删除）时，需要保证相关联的数据也跟着进行相应的变化，从而保持数据的一致性和完整性。一般可通过自动执行某段程序来实现。这个自动执行的程序就是触发器。请在“图书管理数据库”中，创建触发器来实现如下任务：

1. 当“借书证表”的借书证号列数据发生修改时，“借阅信息表”中对“借书证号”列数据进行同样的修改操作，以保证数据库中两个表数据的一致性。

2. 当要删除“借书证表”的某借书证号时，先检查“借阅信息表”中是否存在该借书证号的借阅信息，如果存在，则给出提示信息不允许删除该借书证号。

## 任务分析

要更改借书证表中的借书证号时，借阅信息表中的借书证号也要进行同样的更改，因此要在借书证表中创建一个 UPDATE 类型的触发器，当借书证号列发生数据更改时，触发器将自动执行，实现借阅信息表中借书证号的同步更改。而要实现删除证书号时给出提示，就必须创建一个 DELETE 类型的触发器。

## 相关知识

### 一、触发器概述

1. 触发器的基本概念

触发器是一种特殊类型的存储过程，它是一种在基本表被修改时自动执行的内嵌过程，主要通过事件进行触发而被执行，不能直接调用执行。当对某一张表进行诸如 UPDATE、INSERT、DELETE 这些操作时，SQL Server 2005 就会自动执行触发器所定义的 SQL 语句，从而确保对数据的处理符合由这些 SQL 语句所定义的规则。触发器的主要作用，是实现由主键和外键所不能保证的复杂的参照完整性和数据的一致性。除此之外，触发器还有其他许多不同的功能。

2. 触发器的优点

由于在触发器中可以包含复杂的处理逻辑，因此，应该将触发器用来保持低级数据的完整性，而不是返回大量的查询结果。使用触发器的主要优点如下：

（1）强制比 CHECK 约束更复杂的数据的完整性

在数据库中要实现数据库的完整性的约束，可以使用 CHECK 约束或触发器来实现。但是在 CHECK 约束中不允许引用其他表中的列来完成检查工作，而触发器可以引用其他表中的列来完成数据的完整性的约束。

（2）使用自定义的错误提示信息

用户有时需要在数据的完整性遭到破坏或其他情况下，使用预先自定义好的错误提示信息或动态自定义的错误提示信息。通过使用触发器，用户可以捕获破坏数据完整性的操作，并返回自定义的错误提示信息。

（3）实现数据库中的多张表的级联修改

用户可以通过触发器对数据库中的相关表进行级联修改。

（4）比较数据库修改前后数据的状态

触发器提供了访问 INSERT、UPDATE、DELETE 语句引起的数据前后状态变化的能力。因此用户就可以在触发器中引用由于修改所影响的记录行。

（5）维护非规范化数据

用户可以使用触发器来保证非规范数据库中的低级数据的完整性。维护非规范化数据与表的级联是不同的。表的级联指的是不同表之间的主外键关系，维护表的级联可能通过设置表的主键与外键的关系来实现。而非规范数据通常指在表中派生的、冗余的数据值，维护非规范化数据应该通过使用触发器来实现。

3. 触发器的类型

根据引起触发的数据修改语句，触发器可分为 INSERT 触发器、UPDATE 触发器、DELETE 触发器；根据引发触发时刻可分为 AFTER 触发器和 INSTEAD 触发器，其中 AFTER 触发器是在执行触发操作（INSERT、UPDATE、DELETE）和处理完约束之后激发，而 INSTEAD 触发器是由触发器的程序代替 INSERT、UPDATE、DELETE 语句执行，在处理约束之前激发。所以，若执行 INSERT、UPDATE、DELETE 语句违犯约束条件，将不执行 AFTER 触发器；而在定义 INSTEAD 触发器的表或视图上 INSERT、UPDATE、DELETE 上语句时，会激发触发器而不执行这些数据操作语句本身。

一个表或视图可以定义多个 AFTER 触发器，一个表或视图只可以定义一个 INSTEAD 触发器。

4. deleted 和 inserted 表

触发器运行时，SQL Server 会在内存中自动创建和管理 deleted 表和 inserted 表，这两个表与触发器所在表的结构完全相同，而且总是存储在高速缓存中。delete 触发器会将被删除的内容保存在 deleted 表中，insert 触发器会将添加的内容保存在 inserted 表中，而 updatae 触发器将替换的内容保存在 deleted 表中，将替换的新行内容保存在 insetted 表中。

## 二、创建触发器的基本语法

```
CREATE TRIGGER 触发器名
ON{表名|视图名}
[WITH ENCRYPTION]
{FOR|AFTER|INSTEAD OF}{[INSERT],[UPDATE],[DELETE]}
[NOT FOR REPLICATION]
AS
[IF UPDATE(列名)[{AND|OR}  UPDATE(列名)][…n]]
SQL 语句
```

其中各参数含义如下：

1. 触发器名

用户自定义的触发器名称。

2. 表名 | 视图

执行触发器的表或视图。

3. ENCRYPTION

加密 CREATE TRIGGER 语句文本的条目。

4. FOR | AFTER

FOR 与 AFTER 同义，是指在对表的相关操作正常操作后，触发器被触发，即为后触发。

5. INSTEAD OF

指定执行触发器而不执行造成触发语句，从而替代造成触发的语句。在表或视图上，每个 INSERT、UPDATE 或 DELETE 语句只能定义一个 INSTEAD OF 触发器，替代触发。

6. { [INSERT], [UPDATE], [DELETE]}

是指在表或视图上执行哪些数据修改语句时将激活触发器的关键字。必须至少指定一个选项。如果指定的选项多于一个，需要用逗号分隔。对于 INSTEAD OF 触发器，不允许在具有 ON DELETE 级联操作引用关系的表上使用 DELETE 选项。同样，也不允许在具有 ON UPDATE 级联操作引用关系的表上使用 UPDATE 选项。

7. NOT FOR REPLICATION

表示当复制进程更改触发器所涉及的表时，不执行该触发器。

8. IF UPDATE（列名）

测试在指定的列上进行的 INSERT 或 UPDATE 操作，不能用于 DELETE 操作，可以指定多列。

9. SQL 语句

触发器被触发后，将执行的数据库操作。所有建立和修改数据库及其对象的语句，所有 DROP 语句都不允许在触发器中使用。

注意：创建触发器时使用 AFTER 或 FOR 关键字，创建的为后触发，即当引起触发执行的修改语句完成，并通过各种约束检查后，才执行触发器中的语句，后触发只能建在表上，不能建在视图上。创建触发器时使用 INSTEAD OF 关键字，创建的是替代触发。替代触发的特征是引起触发器执行的修改语句只起到启动触发器的作用，但该语句并不执行，取而代之的是执行触发器中的语句。替代触发可以创建在表或视图上。

## 任务实施

### 一、创建触发器

实现当“借书证表”的借书证号列数据发生修改时，“借阅信息表”中对“借书证号”列数据进行同样的修改。

1. 根据题目要求，引起触发的语句为修改语句，且触发操作应该发生在“借书证表”中数据修改完成后，故应创建 UPDATE 类型的 AFTER 触发器。

2. 根据创建触发器的语法格式，创建触发器的 SQL 语句如下：

Create TRIGGER T_修改借书证号

```
ON 借书证
FOR UPDATE
AS
IF UPDATE(借书证号)
BEGIN
DECLARE @旧借书证号 CHAR(10),@新借书证号 CHAR(10)
/*从 deleted 表中查询出旧的号码*/
SELECT @旧借书证号=借书证号 FROM DELETED
/*从 inserted 表中查询出新的号码*/
SELECT @新借书证号=借书证号 FROM INSERTED
/*更新借阅信息表,使用新号代替旧号*/
UPDATE 借阅信息表 SET 借书证号=@新借书证号 WHERE 借书证号=@旧借书证号
END
```

3. 验证触发器

(1) 修改借书证表中一条数据，将借书证号‘6990008’改为‘6990010’，更新语句如下：

UPDATE 借书证 SET 借书证号='6990010' WHERE 借书证号='6990008'

(2) 在查询设计器中执行上述语句，执行成功后，再使用“SELECT * FROM 借阅信息表”查看，结果如图 5—4—1 所示，“借阅信息表”借书证号也同时改变。

| | 借书证号 | 图书编... | 借书日期 | 应还日期 | 经办... | 借阅状态 |
|---|---|---|---|---|---|---|
| 1 | 6990001 | 014177 | 2010-08-05 00:00:00.000 | 2010-11-05 00:00:00.000 | 王静 | 正常 |
| 2 | 6990005 | 032049 | 2010-08-28 00:00:00.000 | 2010-11-28 00:00:00.000 | 李平 | 正常 |
| 3 | 6990005 | 092154 | 2010-08-28 00:00:00.000 | 2011-08-28 00:00:00.000 | 李平 | 正常 |
| 4 | 6990010 | 034856 | 2010-08-30 00:00:00.000 | 2011-08-30 00:00:00.000 | 王静 | 正常 |
| 5 | 8000001 | 062194 | 2010-09-01 00:00:00.000 | 2011-12-01 00:00:00.000 | 李平 | 正常 |
| 6 | 8000001 | 064597 | 2010-09-01 00:00:00.000 | 2010-12-01 00:00:00.000 | 李平 | 正常 |



图 5—4—1 验证触发器 T_修改借书证号

## 二、创建 DELETE 触发器

实现当要删除“借书证表”的借书证号列时，先检查“借阅信息表”中是否存在该借书证号的借阅信息，如果存在，则给出提示信息不允许删除该借书证号。

1. 根据题目要求，引起触发的语句为删除语句，且触发操作应该发生在“借书证表”中数据删除操作之前，如“借阅信息表”中存在该借书证的借阅信息，则给出提示不允许删除；否则，再执行删除操作。因此此处应创建 DELETE 类型的 INSTEAD OF 触发器。

2. 根据创建触发器的语法格式，创建触发器的 SQL 语句如下：

```
CREATE TRIGGER T_删除借书证号
```

```
ON 借书证
FOR DELETE
AS
BEGIN
DECLARE @借书证号 CHAR(10)
/＊从 deleted 表中查询出旧的号码＊/
SELECT @借书证号=借书证号 FROM deleted
/＊更新借阅信息表,使用新号代替旧号＊/
IF EXISTS (SELECT ＊ FROM 借阅信息表 WHERE 借书证号=@借书证号)
BEGIN
RAISERROR ('该借书证号有借阅记录,不可删除!',16,1)
/＊撤销所有数据修改＊/
ROLLBACK TARNSCATION
END
END
```

3. 验证触发器

(1) 删除借书证表中一条数据：将借书证号为“6990010”的借书证删除，SQL 语句如下：

DELETE 借书证 WHERE 借书证号='6990010'

(2) 在查询设计器中执行上述语句，执行结果如图 5—4—2 所示，因为借阅表中存在该借书证的借阅记录，故提示不能删除。

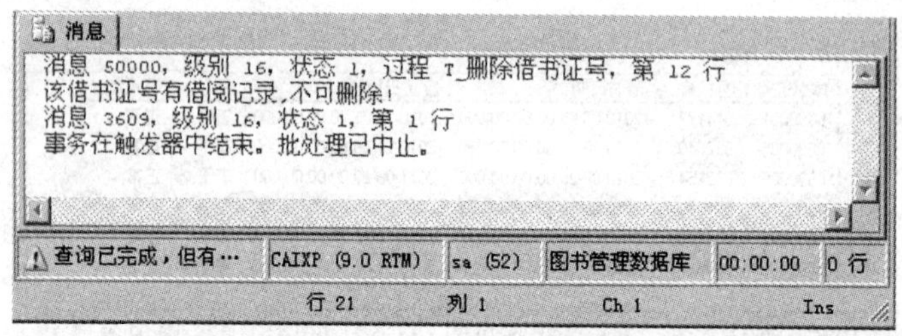


图 5—4—2 验证 T_删除借书证号触发器输出提示

(3) 在查询设计器中执行查询语句：

SELECT ＊ FROM 借书证

执行结果如图 5—4—3 所示，借书证号为“6990010”的记录未被删除。

| | 借书证号 | 工(学)号 | 类别 | 办证日期 | 有效日期 |
|---|---|---|---|---|---|
| 6 | 6990006 | xiaoqw | 教工 | 2007-09-01 00:00:00.000 | 2016-12-31 00:00:00.000 |
| 7 | 6990007 | yeqd | 教工 | 2007-09-01 00:00:00.000 | 2016-12-31 00:00:00.000 |
| 8 | 6990010 | zenggh | 教工 | 2007-09-01 00:00:00.000 | 2016-12-31 00:00:00.000 |
| 9 | 8000001 | sgj09s... | 学生 | 2007-09-01 00:00:00.000 | 2011-09-01 00:00:00.000 |
| 10 | 8000002 | sgj09s... | 学生 | 2007-09-01 00:00:00.000 | 2011-09-01 00:00:00.000 |

结果 | 消息 — 查询已成功执行。 CAIXP (9.0 RTM) sa (52) 图书管理数据库 00:00:00 14 行 — 第 8 行 第 1 列 Ins

图 5—4—3 删除操作未执行

## 思考与练习

### 一、简答题

1. 使用触发器有什么优点?
2. 当一表同时具有约束和触发器时，如何执行?
3. AFTER 触发器和 INSTEAD 触发器有什么不同?
4. 简述触发器运行中产生的 DELETED 表和 INSERTED 表的作用。

### 二、操作题

为“借书证”表创建触发器，当向借书证表中插入数据时，给出“插入一条数据”的提示信息，并验证该触发器的使用。

# 任务 2　管理触发器

**教学目标**

◆ 掌握触发器的查看和修改
◆ 掌握触发器的删除和禁用

## 任务引入

创建了触发器后，经常需要根据用户要求进行触发器的管理，包括修改、删除、禁止和启用触发器，请在“图书管理数据库”中完成如下任务：

1. 查看借书证表上存在的所有触发器的相关信息。
2. 修改“借书证”表上建立的触发器“T _ 删除借书证号”的名字为“T _ 删除借书证号 2”，并将其修改为 INSTEAD 类型的触发器，但实现与原触发器“T _ 删除借书证号”同样的功能。
3. 禁止或启用“借书证”表上创建的所有触发器。

## 任务分析

对触发器进行管理，包括查看、修改、删除、禁用和启用触发器。可以使用 SQL 语句或 SQL Server Management Studio 管理工具进行管理。

## 相关知识

### 一、查看触发器

使用系统存储过程 sp _ help、sp _ helptext、sp _ depends 可以查看触发器的不同信息。

1. 使用系统存储过程 sp _ help，可以了解触发器的一般信息（名字、属性、类型、创建、时间），命令格式如下：

EXEC sp_help 触发器名

2. 使用系统存储过程 sp _ helptext 能够查看触发器的定义信息，命令格式如下：

EXEC sp_helptext 触发器名

3. 使用系统存储过程 sp _ depends 能够查看指定触发器所引用的表或指定的表涉及的所有触发器，命令格式如下：

EXEC sp_depends 触发器名

4. 使用查询系统表，可以实现查看某一数据库中所有的存储过程，查询语句如下：

SELECT name FROM sysobjects WHERE TYPE='TR'

## 二、修改触发器

1. 使用系统存储过程 sp _ rename 修改触发器的名字，其语法格式为：

EXEC sp_rename oldname,newname

其中，oldname 指触发器原来的名称，newname 指触发器的新名称。

2. 通过 ALERT TRIGGER 命令修改触发器的正文。

在实际应用中，用户可能需要改变一个已经存在的触发器，可以通过使用 SQL Server 2005 提供的 ALTER TRIGGER 语句来实现。SQL Server 2005 可以在保留现有触发器名称的同时，修改触发器的触发动作和执行内容。修改触发器的具体语法如下：

```
ALTER TRIGGER 触发器名
ON{表名|视图名}
[WITH ENCRYPTION]
{FOR|AFTER|INSTER OF}{[INSERT],[UPDATE],[DELETE]}
[NOT FOR REPLICATION]
AS
[IF UPDATE(列名)[{AND|OR} UPDATE(列名)][…n]]
SQL 语句
```

其中，各参数意义与建立触发器语句中参数的意义相同。

## 三、删除触发器

使用 DROP 命令实现删除触发器，命令格式如下：

DROP TRIGGER 触发器名

## 四、禁止和启用触发器

修改表的定义可实现禁止或启用触发器，具体语法如下：

```
ALTER TABLE 表名
{ENABLE|DISABLE}TRIGGER
{ALL|触发器名[,…n]}
```

其中，{ENABLE | DISABLE} TRIGGER 指定启用或禁止 trigger _ name。当一个触发器被禁止时，它对表的定义依然存在；然而，当在表上执行 INSERT、UPDATE 或 DELETE 语句时，触发器中的操作将不执行，除非重新启用该触发器。ALL 指定启用或禁止表中所有的触发器；trigger _ name 指定要启用或禁止的触发器名称。

## 任务实施

### 一、查看借书证表上存在的所有触发器的相关信息

1. 使用系统过程 sp _ helptrigger 查看“借书证表”上存在的所有触发器的相关信息，SQL 语句如下：

```
EXEC sp_helptrigger 借书证表
```

执行结果如图 5—4—4 所示。

结果 | 消息

| | trigger_name | trigger_owner | isupdate | isdelete | isinsert | isafter | isinsteadof | trigger_s |
|---|---|---|---|---|---|---|---|---|
| 1 | T_修改借书证号 | dbo | 1 | 0 | 0 | 1 | 0 | dbo |
| 2 | T_删除借书证号 | dbo | 0 | 1 | 0 | 1 | 0 | dbo |

查询已成功执行。 | CAIXP (9.0 RTM) | sa (52) | 图书管理数据库 | 00:00:00 | 2 行

行 1 列 27 Ch 24 Ins

图 5—4—4 使用 sp _ helptrigger 查看表中触发器

2. 在 SQL Server Management Studio“借书证表”上的触发器。在 SQL Server Management Studio 的“对象资源管理器”面板中，依次展开“服务器名称”→“数据库”→“图书管理数据库”→“表”选项→“借书证表”，再展开“触发器”选项，可以看到所有触发器的列表，如图 5—4—5 所示。

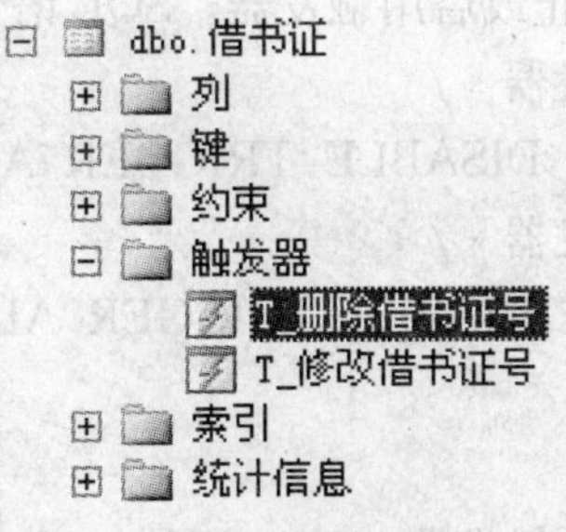


图 5—4—5 使用管理器查看表中触发器

### 二、修改“借书证”表上建立的触发器“T _ 删除借书证号”的名字为“T _ 删除借书证号 2”，并修改其为 INSTEAD 类型的触发器，但实现与原触发器“T _ 删除借书证号”同样的功能

1. 使用系统存储过程 sp _ rename 修改触发器的名字，SQL 语句如下：

```
EXEC sp_rename' T_删除借书证号', ' T_删除借书证号 2',
```

2. 通过 ALERT TRIGGER 命令修改触发器为 INSTEAD 类型的触发器，实现相同的触发功能，SQL 语句如下：

```
ALTER TRIGGER T_删除借书证号 2
ON 借书证表
INSTEAD OF DELETE
AS
BEGIN
DECLARE @借书证号 CHAR(10)
/*从 DELETED 表中查询出旧的号码*/
SELECT @借书证号=借书证号 FROM DELETED
/*更新借阅信息表,使用新号代替旧号*/
IF EXISTS(SELECT * FROM 借阅信息表 WHERE 借书证号=@借书证号)
BEGIN
RAISERROR('该借书证号有借阅记录,不可删除!',16,1)
END
ELSE
BEGIN
DELETE 借书证表 WHERE 借书证号=@借书证号
DELETE 借阅信息表 WHERE 借书证号=@借书证号
END
END
```

## 三、禁止或启用“借书证”表上创建的所有触发器

使用 ALTER TABLE 来禁止或启用触发器，SQL 语句如下：

```
/*禁止借书证表中所有触发器*/
ALTER TABLE 借书证表 DISABLE TRIGGER ALL
/*启用借书证表中所有触发器*/
ALTER TABLE 借书证表 ENABLE TRIGGER ALL
```

## 四、删除触发器

1. 使用 DROP 命令实现删除触发器，SQL 语句如下：

```
DROP TRIGGER trigger_name
```

2. 实现删除。在查询分析器中输入如下代码：

```
DROP TRIGGER T_删除借书证号 2
```

删除成功后，经查看，该触发器已不存在。

## 思考与练习

### 一、思考题

1. 简述修改、删除触发器的系统存储过程语法。
2. 简述禁止和启用触发器的系统存储过程语法。

### 二、操作题

1. 为“借书证”表创建触发器，当修改借书证表中数据时，给出“修改借书证表中数据”的提示信息。

2. 修改上题中的触发器，当删除借书证表中数据时，给出“删除借书证表中数据”的提示信息。

3. 使用 SQL 语句禁止或启用上题中的触发器。

4. 删除触发器。

# 课题五　游标及其应用

## 任务　游标及其应用

**教学目标**

- ◆ 掌握游标的概念和作用
- ◆ 掌握游标的声明和应用

### 任务引入

在实际数据库的开发应用中，用户往往需要一种机制，能够实现对一个给定的结果集进行逐行地显示、修改或删除的功能，为此 SQL Server 提供了游标，帮助用户实现上述功能。请在“图书信息表”上应用游标完成如下任务：

1. 逐行读取“图书信息表”中的“图书编号”列、“书名”列中的数据。

2. 把“图书信息表”中“出版社”列值为“中国劳动”的改为“中国劳动出版社”，并验证修改结果。

3. 删除图书编号为“092240”的图书信息。

### 任务分析

游标就像是数据表中的一个指针，实现定位和逐行处理的功能，使用游标的顺序是：声

明游标→打开游标→读取数据→关闭游标→删除游标。

**相关知识**

## 一、游标的概念

游标使用户能够从 SELECT 语句查询的结果集中，逐条逐行地访问记录，可以按照自己的意愿逐行地显示、修改或删除这些记录的数据访问处理机制。游标可以理解为数据表记录逐行访问的位置指针。游标的主要功能有：

（1）能够定位结果集的特定行。

（2）从结果集的当前位置检索一行或几行。

（3）支持从结果集的当前位置更改行中的数据。

## 二、使用游标的步骤

1. 声明游标

```
DECLARE 游标名 CURSOR
[LOCAL | GLOBAL]
[FORWARD _ ONLY | SCROLL]
[STATIC | KEYSET | DYNAMIC | FAST _ FORWARD]
[READ _ ONLY | SCROLL _ LOCKS | OPTIMISTIC]
[TYPE _ WRANING]
FOR  SELECT 语句
[FOR  UPDATE  [OF  列名 [, …n]]]
```

其中：

（1）游标名

游标命名必须符合标识符的命名规则。

（2）LOCAL | GLOBAL

LOCAL 指定局部游标，GLOBAL 指定全局游标

（3）FORWARD _ ONLY | SCROLL

FORWARD _ ONLY 指定游标只能从第一行向最后一行滚动，NEXT 是唯一支持的取数项。如果没有指定游标类型，则默认值为 FORWARD _ONLY。

（4）STATIC | KEYSET | DYNAMIC | FAST _ FORWARD

STATIC 指定的游标打开时，在 tempdb 创建一个临时表保存结果集，供用户游标提取，不允许通过静态游标修改记录。

KEYSET 指定在打开游标时，在 tempdb 内创建名字为 keyset 的表，用来记录游标结果集中每条记录的关键字段值和顺序。对于基表中非关键值的改变（由游标所有者或其他用户），在滚动游标时可以看见，其他用户不能通过游标插入数据。如果某行被删除了，则对该行使用提取操作状态函数@@FETCH _ STATUS 返回－2。如果通过非游标语句更新关键值，相当于删除旧行后紧接着插入新行的操作，新值的行是不可见的，对含有旧值的行的

提取操作函数@@FETCH _ STATUS 将返回－2。如果更新是通过指定 WHERE CURRENT OF 子句的游标完成的，则新值也可见。

DYNAMIC 定义的游标对所有数据行的改变都反映在结果集中，在每次取数据时行的数据值、顺序和成员都可以改变。在动态游标中不支持 ABSOLUTE 取数选项。

FAST _ FORWARD 指定一个能够进行性能优化的 FORWARD _ ONLY、READ _ ONLY 游标。与 SCROLL、FOR _ UPDATE、FORWARD _ ONLY 不能同时使用。

（5）READ _ ONLY | SCROLL _ LOCKS | OPTIMISTIC

READ _ ONLY 防止在游标中进行更改。在 UPDATE 或 DELETE 语句的 WHERE CURRENT OF 子句中不能引用游标。此选项忽略更新游标的默认值。

SCROLL _ LOCKS 保证在游标中的定位更新或删除一定成功。SQL Server 在将数据行读进游标时给它们加锁，以确保它们以后更改的可用性。如果指定了 FAST _ FORWARD，就不能指定 SCEOLL _ LOCKS。

OPTIMISTIC 指定如果自数据行读进游标后已经进行了更新，那么就不能在游标中进行定位更新或删除。

（6）TYPE _ WARNING

用于当游标被隐式地从一种类型转换为另一种类型时，向客户发送一个警告消息。

（7）SELECT 语句

是标准的定义游标结果集的 SELECT 语句。关键字 COMPUTE、COMPUTE BY、FOR BROWSE 和 INTO 不允许出现在游标声明语句中。

（8）UPDATE［OF 列名［，…n］］

定义在游标内可以更新的列。如果给出 OF 列名［，…n］的内容，那么只更改列出的列。如果没有给出 UPDATE 的列名，所有的列都可以被更新，除非指定了 READ _ ONLY 并行操作。

（9）如果使用 Transact－SQL 语法的 DECLARE CURSOR 没有指定 READ _ ONLY、OPTIMISTIC 或 SCROLL _ LOCKS，默认值如下：

如果 SELECT 语句不支持更新，游标就是 READ _ ONLY。STATIC 和 FAST _ FORWARD 游标的默认值为 OPTIMISTIC。

2．打开游标

OPEN｛｛［GLOBAL］游标名｝｜游标变量名｝

其中：

（1）当游标被打开时，行指针会指在第一行之前。

（2）打开游标后，如果@@error＝0 表示游标打开操作成功。

（3）打开游标后，可用@@cursor _ rows 返回游标记录数。

1）－m。游标被异步填充，返回值是键集中当前的行数。

2）－1。游标为动态。符合条件记录的行数不断变化。

3）0。没有符合的记录、游标没打开、已关闭或被释放。

4）n。游标已完全填充。返回值 n 是在游标中的总行数。

3. 处理数据

（1）读取数据

游标打开后，可以用 FETCH 语句从结果集中移动位置指针并提取一行数据，其语法格式如下：

```
FETCH
[ [NEXT | PRIOR | FIRST | LAST
   | ABSOLUTE {n | @nvar}
   | RELATIVE {n | @nvar}]
FROM]
[GLOABL] 游标名 [INTO @变量名 [，…n]]
```

其中：

1）FIRST。移动到第一行并将其作为当前行。

2）NEXT。移动到下一行并将其作为当前行。

3）PRIOR。移动到上一行并将其作为当前行。

4）LAST。移动到最后一行并将其作为当前行。

5）ABSOLUTE n。若 n>0，移动从第一行开始到正数的第 n 行，并将其作为当前行。若 n<0，移动从最后一行开始到倒数的第 n 行，并将其作为当前行。

6）RELATIVE n。若 n>0，移动从当前行开始到正数的第 n 行，并将其作为当前行。若 n<0，移动从当前行开始到倒数的第 n 行，并将其作为当前行。

7）可使用全局变量@@FETCH_STATUS，返回执行 FETCH 操作之后当前游标指针的状态。状态值如下：

①0 表示已成功地读取行。

②−1 表示读取已超出了结果集（此时已超出行的范围）。

③−2 表示表中不存在行（在游标打开之后和行被访问之前，此行已经从表中删除了）。此时，被访问行的内容全部为 NULL（空值）。

（2）修改当前行数据

在更新数据语句“UPDATE FROM 表或视图 SET 列名＝表达式”中使用子句“WHERE CURRENT OF 游标名”，可修改当前指定行字段的值。

（3）删除当前行数据

在删除数据语句“DELETE FROM 表或视图”中使用子句“WHERE CURRENT OF 游标名”，可以删除游标指定的当前行数据。

4. 关闭游标

一般情况下，打开游标的同时锁定与其关联的当前结果集。因此在使用完游标之后，应该关闭它，释放与游标关联的当前结果集。关闭游标的语法为：

```
CLOSE [GLOBAL] 游标名
```

5. 释放游标

一个游标如果不再使用，为避免其占用系统资源，应将此游标释放，语法格式如下：

```
DEALLOCATE [GLOBAL] 游标名
```

## 三、游标的类型

1. 静态（STATIC）游标

当一个用户正在逐条访问查询结果时，如果其他人正使用同一个数据表修改记录，那么该用户不会看到该修改，他所看到的数据记录是他运行 open 语句时的记录内容。

2. 动态（Dynamic）游标

在接收到查询的结果之后，记录会不断地更新，以便能够实时看到对该记录所做的修改。这个游标是最灵活的，但是也需要较大的系统开销和资源。

3. 只进（Forward Only）游标

只能前进，从前向后一条一条移动记录指针来访问记录。

4. 滚动（Scroll）游标

允许向前、向后，一条或多条滚动记录指针来访问记录。

## 任务实施

## 一、应用游标

实现逐行读取“图书信息表”中的“图书编号”列、“书名”列中的数据。

1. 按照游标的使用步骤和相关使用游标读取数据的语法，编写实现上述功能的 SQL 语句如下：

```
/*声明游标*/
DECLARE c图书信息游标 CURSOR FOR
SELECT  图书编号,书名 FROM  图书信息表
/*打开游标*/
OPEN c图书信息游标
/*使用游标读取“图书编号”“书名”列中数据*/
DECLARE  @a VARCHAR(20),@b VARCHAR(20)
BEGIN
FETCH  NEXT  FROM c图书信息游标
WHILE  @@fetch_status=0
BEGIN
FETCH c图书信息游标  INTO  @a,@b

PRINT  @a+'  |  '+@b
FETCH  NEXT  FROM  c图书信息游标
END
END
/*关闭游标*/
CLOSE  c图书信息游标
```

```
/*释放游标*/
DEALLOCATE c 图书信息游标
```

2. 在查询设计器中执行上述程序，执行结果如图 5—5—1 所示。

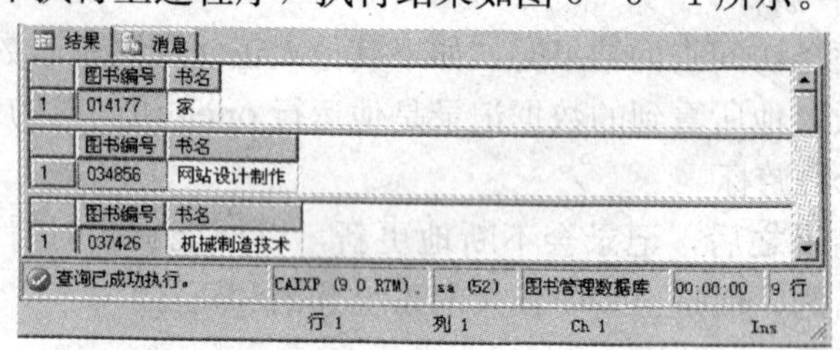

图 5—5—1 使用游标读取数据

## 二、使用游标修改数据

把“图书信息表”中的“出版社”列中取值为“中国劳动”的改为“中国劳动出版社”，并验证修改结果。

1. 按照游标的使用步骤和相关使用游标修改数据的语法，编写实现上述功能的 SQL 语句如下：

```
DECLARE @出版社 CHAR(20)
DECLARE @图书编号 CHAR(6)
DECLARE c出版社 CURSOR FOR SELECT 图书编号,出版社 FROM 图书信息表
OPEN c出版社
FETCH NEXT FROM c出版社 into @图书编号,@出版社
WHILE @@FETCH_STATUS=0
BEGIN
IF @出版社='中国劳动'
BEGIN
UPDATE 图书信息表 SET 出版社=RTRIM(@出版社)+'出版社' WHERE 图书编号=@图书编号
END
FETCH NEXT FROM c出版社 into @图书编号,@出版社
END
CLOSE c出版社
DEALLOCATE c出版社
```

2. 在查询设计器中执行上述程序，执行成功后，使用查询语句“SELECT * FROM 图书信息表”查看，如图 5—5—2 所示，数据已经修改。

## 三、使用游标删除数据

删除图书编号为“092240”的图书。

1. 按照游标的使用步骤和使用游标删除数据的语法，编写实现上述功能的 SQL 语句

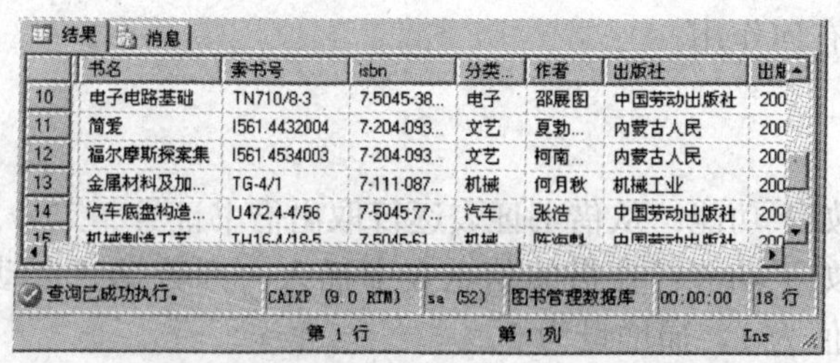

图 5—5—2　使用游标修改数据结果

如下：

```
SELECT * INTO 图书临时表 FROM 图书信息表
SELECT * FROM 图书临时表
DECLARE @图书编号 CHAR(6)
DECLARE @bid CHAR(6)
SET @图书编号='092240'
DECLARE c图书编号 CURSOR
FOR SELECT 图书编号 FROM 图书临时表
OPEN c图书编号
FETCH NEXT FROM c图书编号 INTO @bid
WHILE @@FETCH_STATUS=0
BEGIN
IF RTRIM(@bid)='092240'
BEGIN
DELETE FROM 图书临时表 WHERE CURRENT OF c图书编号
END
FETCH NEXT FROM c图书编号
END
CLOSE c图书编号
DEALLOCATE c图书编号
```

2. 在查询设计器中执行上述程序，执行成功后，使用查询语句“SELECT * FROM 图书信息表”查看，数据已经删除。

## 思考与练习

### 一、思考题

1. 简述使用游标的步骤。
2. 说明使用服务器游标和默认结果集的主要优缺点。
3. 游标的种类有哪些？
4. 全局变量@@FETCH_STATUS 的内容表示什么？

5. 游标的敏感性有何作用？

## 二、操作题

1. 使用游标实现如下功能：从借书证表逐行取出借书证号、工号。

2. 使用游标实现如下功能：在借阅信息表中插入一列数据“自动编号”，该编号由 indentity 函数产生，初值为 1，递增量为 1。

# 课题六 事务机制及其应用

## 任务 事务机制及其应用

**教学目标**

- ◆ 掌握事务的概念及特性
- ◆ 掌握事务的三种模式
- ◆ 学会使用事务控制语句来编写事务处理机制

### 任务引入

在数据库对数据进行插入、删除、修改时，要用到一条或一组 INSERT、DELETE、UPDATE 语句，这一条或一组语句在执行过程中因意外故障中断执行，这时就会出现数据插入、删除、修改一半的情况，这种“半拉子”的数据操作，会给数据库带来数据不一致的问题，为防止这种情况的出现，SQL Server 提供了事务机制。在“图书管理数据库”中，应用事务机制完成如下任务：更新“图书管理系统”中“部门”表的信息，将“工业设计系”更名为“工业制造与设计系”。

### 任务分析

要完成上述任务，必须执行如下两个语句：

1. 更新“部门”表中的“工业设计”名称。

2. 更新“教工”表中“部门”为“工业设计”的记录的名称。

上述两个操作必须一次完成，否则就会出现“部门”表和“教工”表中数据不一致的问题，使用数据库的事务机制可保证上述两个操作要么同时执行，要么同时取消。

### 相关知识

#### 一、事务的概念

事务可以看成是对数据库的若干操作组成的一个单元，这些操作必须全部正常完成，如

果在执行过程中，这些操作中的任何一条不能正常完成，就取消单元中的所有操作。在SQL Server中，事务是由一条或者多条SQL语句组成，这些语句要么都正常执行，要么什么都不做，SQL Server利用事务机制保证数据修改的一致性，并且在系统出错时确保数据的可恢复性。

## 二、事务的ACID属性

1. 原子性（Atomicity）

原子性是指事务中的操作对于数据的修改，要么都完成，要么都取消。

2. 一致性（Consistency）

事务在完成时，必须使所有的数据都保持一致状态、保持所有数据的完整性。

3. 隔离性（Isolation）

并发事务所做的数据修改与任何其他并发事务所做的数据修改隔离，即对于一个事务，可以看到另一个事务修改完后的数据或者是修改之前的数据，而不能看到另一个事务正在修改中的数据。

4. 持久性（Durability）

持久性是指当一个事务完成之后，对数据所做的所有修改都已经保存到数据库中。

## 三、事务的模式

在SQL Server中事务有三种模式：显式事务、隐性事务和自动提交事务。

1. 显式事务

显式事务是明确地用BEGIN TRANSACTIOM语句定义事务开始、用COMMIT或ROLLBACK语句定义事务结束的事务。

2. 隐性事务

隐性事务是用set implicit _ transactions on不明显地定义事务开始，用commit或rollback语句明显地定义事务结束的事务。直到发出commit或rollback语句之前，该事务将一直保持有效。

3. 自动提交事务

在SQL Server中，set implicit_ transactions设置为off时，SQL Server在前一条语句完成时自动启动新事务。如果这条语句能够成功地被执行，则提交该语句，否则自动回滚该语句的操作。即每条单独的T－SQL语句都是一个事务，这就是自动事务模式。自动提交事务是SQL Server默认的事务模式。

另外，用户还可以定义分布式事务。使用分布式事务，可以对多个服务器中的数据库同时进行操作，当操作成功时，将把所有操作提交到相应服务器上的数据库中，可对所有数据库同时进行修改，如果这些操作中有一个失败，就取消该分布式事务中的全部操作。即分布式事务是跨越两个或多个数据库的事务。

## 四、事务控制

1. 事务设置语句

（1）设置隐性事务模式

set implicit _ transactions on 启动隐性事务模式。

set implicit _ transactions off 关闭隐性事务模式。

（2）设置自动回滚模式

set xact _ abort on 当事务中任意一条语句在运行时产生错误，整个事务将终止并整体回滚。

set xact _ abort off 当事务中语句运行时产生错误，将终止本条语句且只回滚本条语句。

set xact _ abort 的设置是在执行或运行时设置，而不是在分析时设置。

2. 事务控制语句

（1） begin transaction ［事务名］ 显式定义一个事务的开始。

（2） commit transaction ［事务名］

commit ［work］

提交事务中的一切操作，结束一个用户定义的事务，使得事务对数据库的修改有效。

（3） rollback transaction ［事务名］ | ［事务保存点］

rollback ［work］

回滚事务中的一切操作，结束一个用户定义的事务，使得事务对数据库的修改无效。

（4） save transaction （事务保存点）：在事务内设置保存点或标记，部分取消事务返回的位置，用于回滚部分事务。

3. 用于事务控制中的全局变量

全局变量@@rowcount、@@error 和@@trancount 可用于判断和控制事务。@@rowcount 变量返回受上一条语句影响的行数；@@error 变量返回检测或使用@@error 时最后一条语句执行时的错误代码，如果@@error＝0 表示语句执行成功；@@trancount 返回当前连接的活动事务数。

4. 事务中不可使用的语句

在事务中除以下语句不可使用外，其他所有 T－SQL 语句均可使用。因为这些语句是不能够撤销的，即便 SQL Server 2000 取消了事务执行，这些操作会对数据库造成无法恢复的影响。不能用于事务处理中的操作有：

（1）数据库创建。create database。

（2）数据库修改。alter database。

（3）数据库删除。drop database。

（4）数据库备份。dump database、backup database。

（5）数据库还原。load database、restore database。

（6）事务日志备份。dump transaction、backup log。

（7）事务日志还原。load transaction、restore log。

（8）配置。reconfigure。

(9) 磁盘初始化。disk init。

(10) 更新统计数据。update statistics。

(11) 显示或设置数据库选项。sp _ dboption。

5. 事务回滚机制

如果服务器错误使事务无法成功完成，SQL Server 将自动回滚该事务，并释放该事务占用的所有资源。如果客户端与 SQL Server 的网络连接中断，那么当网络告知 SQL Server 连接中断时，将回滚该连接的所有未完成事务。如果客户端应用程序失败、客户计算机崩溃或重启，也会中断该连接，而且当网络告知 SQL Server 该中断时，也会回滚所有未完成的事务。如果客户从应用程序注销，所有未完成的事务也会被回滚。

如果批处理中出现运行时语句错误（如违反约束），SQL Server 中默认的行为是只回滚产生该错误的语句。但在 set xact _ abort on 语句执行之后，任何运行错误都将导致当前事务自动回滚。编译错误（如语法错误）不受 set xact _ abort 的影响。

如果出现运行时错误或编译错误，那么程序员应该编写应用程序代码以便指定正确的操作（commit 或 rollback）。

6. 保存点

SQL Server 允许在事务处理上设置保存点（savepoint）。保存点允许在一个事务处理内部做一些工作，而后基于特定条件回滚这些工作。

事务保存点名称的作用域是局部的，所以不必为保存点取唯一的名字。保存点以及相关的回滚语句并不影响程序流程。回滚到保存点能够保证事务处理从这个断点继续向下运行。

## 任务实施

### 一、更新“图书管理系统”中“部门”表的信息

将“工业设计系”更名为“工业制造与设计系”。

SQL 语句如下：

```
UPDATE 部门 SET 部门名称='工业制造与设计系' WHERE 部门名称='工业设计系'
```

### 二、更新“教工”表

将“部门名称”列中值为“工业设计系”的记录改为“工业制造与设计”。

SQL 语句如下：

```
UPDATE 教工 SET 部门名称='工业制造与设计系' WHERE 部门名称='工业设计系'
```

### 三、使用显式事务模式来保证上述操作要么都正确执行，要么都不执行

SQL 语句如下：

```
BEGIN TRANSACTION
UPDATE 部门 SET 部门名称='工业制造与设计系' WHERE 部门名称='工业设计系'
UPDATE 教工 SET 部门名称='工业制造与设计系' WHERE 部门名称='工业设计系'
COMMIT TRANSACTION
```

### 四、恢复数据

如果上述两条语句中，有某一处存在错误码，要求立即抛弃在事务处理中的所有变化，把数据恢复到开始工作之前的状态。

SQL 语句如下：

```
SET XACT_ABORT ON
BEGIN TRANSACTION
UPDATE 部门 SET 部门名称='工业制造与设计系' WHERE 部门名称='工业设计系'
UPDATE 教工 SET 部门名称='工业制造与设计系' WHERE 部门名称='工业设计系'
IF @@ERROR=0
COMMIT TRANSACTION
ELSE
ROLLBACK TRANSACTION
```

## 思考与练习

### 一、思考题

1. 什么是事务？事务处理有何特点？
2. 有几种开始事务的方式？简要叙述它们。
3. 结束事务的 COMMIT 和 ROLLBACK 语句有何不同？
4. 如果在事务处理期间发生以下错误，会有什么处理方式？

（1）服务器出现错误。

（2）客户端与 SQL Server 的网络连接出现问题。

（3）客户注销应用程序。

（4）出现语句运行错误。

### 二、操作题

在图书信息表中创建一个事务，插入一条正确的图书信息数据并将其设置为保存点，修改此条图书信息的页数为“50 页”（说明：页数字段为 int 类型，在插入 char 类型会发生错误），如果发生错误回滚所有操作，并验证操作结果。

# 数据库安全管理

数据库中存放着大量的数据，保护数据不受内部和外部的侵害是一项重要的任务。SQL Server 2005 广泛地应用于企业的各个部门，数据库系统管理，需要深入地理解 SQL Server 2005 的安全控制策略，以实现安全管理的目标。

SQL Server 2005 的安全模型为 3 层结构，分别为服务器安全管理、数据库用户安全管理和数据库对象的访问权限管理。

## 课题一　数据库服务器安全管理

### 任务 1　创建和管理数据库服务器登录账户

**教学目标**

- ◆ 掌握 SQL Server 2005 的安全特性以及安全模型
- ◆ 掌握 SQL Server 2005 身份验证模式的设置
- ◆ 掌握 SQL Server 2005 登录账户的创建、查看、删除

#### 任务引入

在前文中已经介绍过，每次使用 SQL Sever 2005 数据库服务器时（无论是本机使用或者是通过网络使用），都会出现一个如图 6—1—1 所示的连接对话框，只有填入了正确的身份验证模式及其对应的用户名、密码后，才能成功登录到数据库服务器。这里填写的用户名就是 SQL Server 数据库服务器的登录账户名。本任务将介绍如何创建和管理 SQL Server 数据库服务器的账户。请在 SQL Server 2005 数据库服务器中完成如下任务：

1. 创建“Windows 身份验证”的登录账户 test 和“SQL Server 身份验证模式”的登录账户 sqltest。

2. 实现阻止 test、sqltest 账户登录。

3. 实现撤销 test 账户和删除 sqltest 账户。

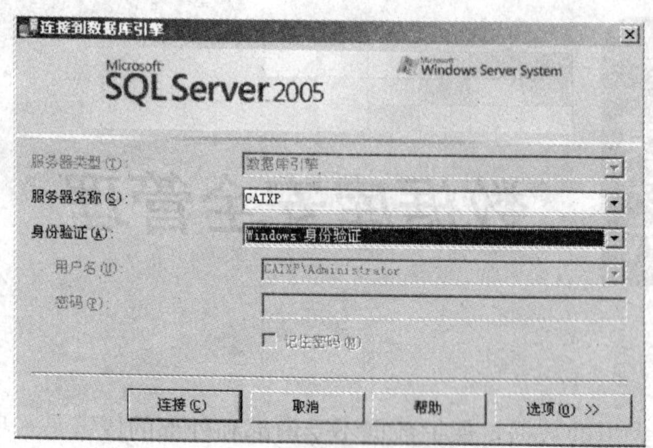


图 6—1—1 服务器登录对话框

## 任务分析

服务器登录账户分为两种，一种是 SQL Server 身份验证的账户，另一类是 Windows 身份验证的账户，可以使用 SQL 语句和图形用户界面来对这两种用户进行创建和管理，同时这两种用户在创建账户、阻止账户登录、删除账户上存在许多的不同。

## 相关知识

### 一、SQL Server 2005 的安全特性

与 SQL Server 2000 相比，SQL Server 2005 在数据库平台的安全模块方面做了重要的增强，在加强数据安全性方面提供了更多精确、灵活的控制方法。新增的安全特性主要有：

1. 默认关闭

SQL Server 2005 默认只启用少数核心功能和服务，限制了暴露的“表面积”。默认被禁用的服务和组件包括：.NET 框架、Service Broker 网络连接组件、分析服务的 HTTP 连接组件。其他服务如 SQL Server 代理、全文检索、新的数据转换（DTS）服务，被设置为手动启动。

2. 细化的权限控制

SQL Server 2005 中安全模型允许管理员在某个细化等级上，和某个指定范围内管理权限，使得数据库管理权限控制更加容易，并且权限最低原则得到遵循。

3. 用户和 Schema（架构）分开

用户和 Schema（架构）分开。SQL Server 2000 中，如果想移除一个用户，必须首先移除用户所拥有的数据库对象，或重新指派其所有权。而在 SQL Server 2005 中，用户和他所拥有的数据库对象之间的隐式连接已经不再存在，移除用户不会要求更改任何一个应用程序，简化了安全管理操作。

4. 数据加密

SQL Server 2005 本身就具有加密功能，完全集成了一个密钥管理架构。

5. 本地加密

SQL Server 2005 支持在数据库内进行加密，与密钥管理架构完全兼容。在默认情况下，客户端与服务器的通信是被加密的。为了集中确保安全性，服务器策略可以被定义为拒绝非加密通信。

6. 认证

SQL Server 2005 集群支持在虚拟服务器上的 Kerberos 认证。系统管理员能够为标准登录账号指定与 Windows Server 相同的密码策略风格，从而使一个连贯性的策略被应用于域中所有账户。

## 二、SQL Server 2005 访问控制

与 SQL Server 2005 安全模型的 3 层结构相对应，SQL Server 2005 的数据访问要经过 3 关的访问控制。

1. 第 1 关

用户必须登录到 SQL Server 2005 的服务器实例。要登录到服务器实例，用户首先要具有一个登录账户，即登录名，对该登录进行身份验证，被确认合法才能登录到 SQL Server 2005 服务器实例。

2. 第 2 关

在要访问的数据库中，用户的登录名要有对应的用户账号。在一个服务器实例上，有多个数据库，一个登录名要想访问哪个数据库，就要将登录名映射到那个数据库中，这个映射称为数据库用户账号或称用户名。一个登录名可以在多个数据库中建立映射的用户名，但是在每个数据库中只能建立一个用户名。用户名的有效范围是其所在的数据库内。

3. 第 3 关

数据库用户账号要具有访问相应数据对象的权限。通过数据库用户名的验证，用户可以使用 SQL 语句访问数据库，但是用户可以使用哪些 SQL 语句，以及通过这些 SOL 语句能够访问哪些数据对象，则还要通过语句执行权限和数据对象访问权限的控制。

## 三、SQL Server 2005 身份验证模式的设置

SQL Server 2005 有两种安全验证机制：Windows 验证机制和 SQL Server 验证机制。由这两种验证机制产生了两种身份验证模式：仅 Windows 身份验证模式和混合验证模式。用户可以在系统安装时或安装后配置 SQL Server 2005 的身份验证模式。安装完成后修改身份验证模式的方法为：

1. 用鼠标右键单击需要修改模式的服务器实例，在弹出的快捷菜单中选择“属性”命令，操作过程如图 6—1—2 所示。

2. 在属性窗口中选择“安全性”标签，弹出如图 6—1—3 所示“服务器属性”窗口，在该窗口的“服务器身份验证”栏中，选择“Windows 身份验证模式”或者“SQL Server 和 Windows 身份验证模式”。

注意：使用仅 Windows 身份验证模式的时候，SQL Server 2005 仅接受那些 Windows 系统中账户的登录请求，这时，如果用户使用 SQL Server 身份验证的登录账户请求登录，

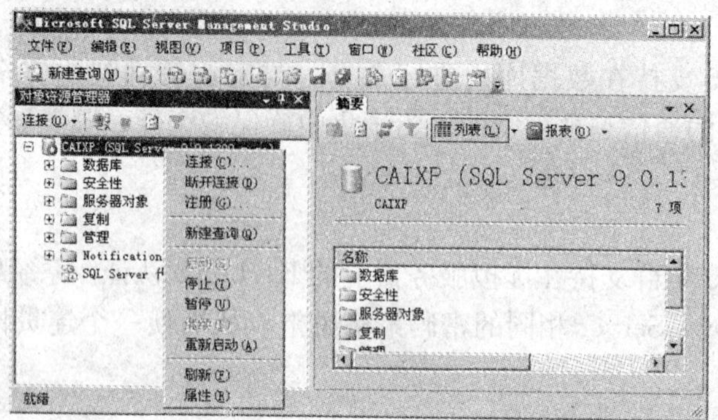


图 6—1—2 服务器属性菜单

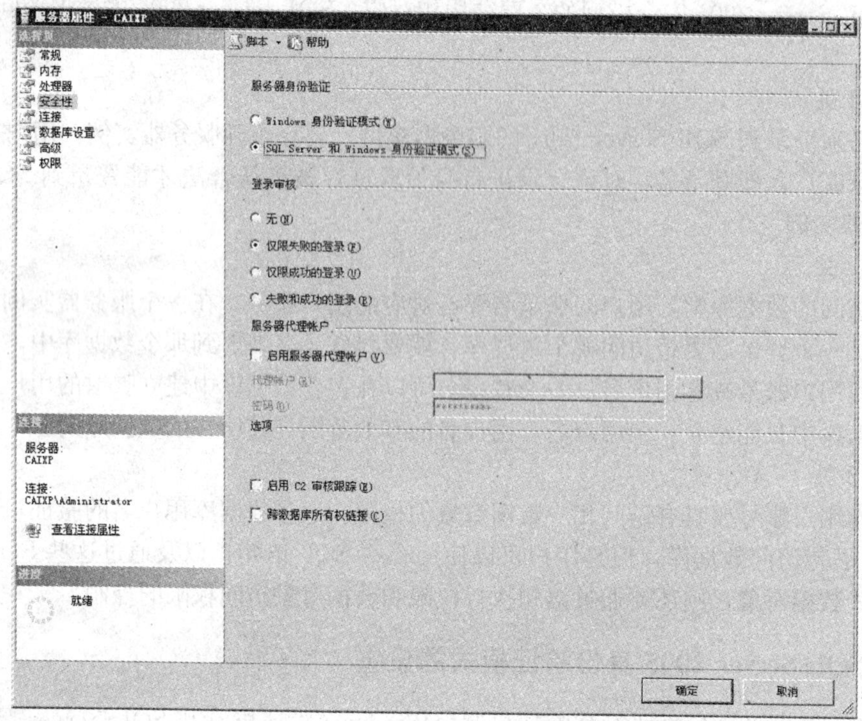


图 6—1—3 服务器属性—安全

则会收到登录失败的信息。

## 四、SQL Server 的特殊登录账户

服务器的安全性是通过建立和管理 SQL Server 2005 登录账户来保证的。安装完成后 SQL Server 2005 已经存在了一些内置的登录账户。

1. sa

SQL Server 数据库服务器系统管理员登录账户。不可删除、不能更改。该账户拥有最高的管理权限，可以执行服务器范围内的所有操作。因此，在进行数据库管理时应设置具有 sysadmin 角色（参见本课题任务二）的账户管理数据库，而尽量不要使用 sa 账户；在开发

数据库应用程序时所需的客户端程序与数据库的连接账户，应设置为具有相应权限的账户，绝对不要使用 sa，否则容易暴露 sa 的密码。

2. BUILTIN \ Administrators

一个 Windows 组账户，凡属于该组的 Windows 账户都可作为 SQL Server 的登录账户，可被删除。

## 五、创建或增加登录账户

1. 应用 SQL Server Management Studio 管理工具创建登录账户

（1）如若要创建一个“Windows 身份验证”的登录账户，则首先要在 Windows 操作系统中创建一个系统用户。“SQL Server 身份验证”登录账户不需要此步骤。

（2）在对象资源管理器中，依次展开“服务器实例名”→“安全性”，用鼠标右键单击“登录名”，在弹出的菜单中选择“新建登录名”命令，如图 6—1—4 所示。

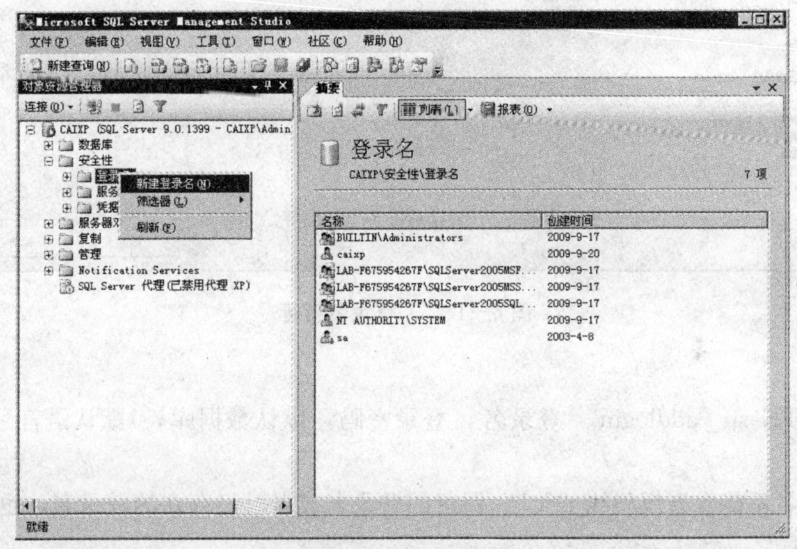

图 6—1—4 登录名菜单

（3）在弹出的“登录名一新建”对话框中，选择“常规”选项标签，出现如图 6—1—5 所示界面。

如若创建的账户为“Windows 身份验证”类型，登录名填写格式为：服务名 \ 系统账户名，其中“服务器名”代表“计算机名”，“系统账户名”则是操作系统中已经存在的系统用户。也可通过单击“登录名”框旁的“搜索”图标，直接找到系统中已有账户。

如若创建的账户为“SQL Server 身份验证”类型，则登录名由用户自行定义，并为其设定密码。

选择默认数据库和默认语言后，单击“确定”按钮返回到“登录名一新建”对话框中，单击“确定”按钮，完成用户的创建。

2. 使用 SQL 语句创建或增加登录账户

（1）使用系统存储过程 sp _ addlogin 创建“SQL Server 身份验证模式”登录账户，语

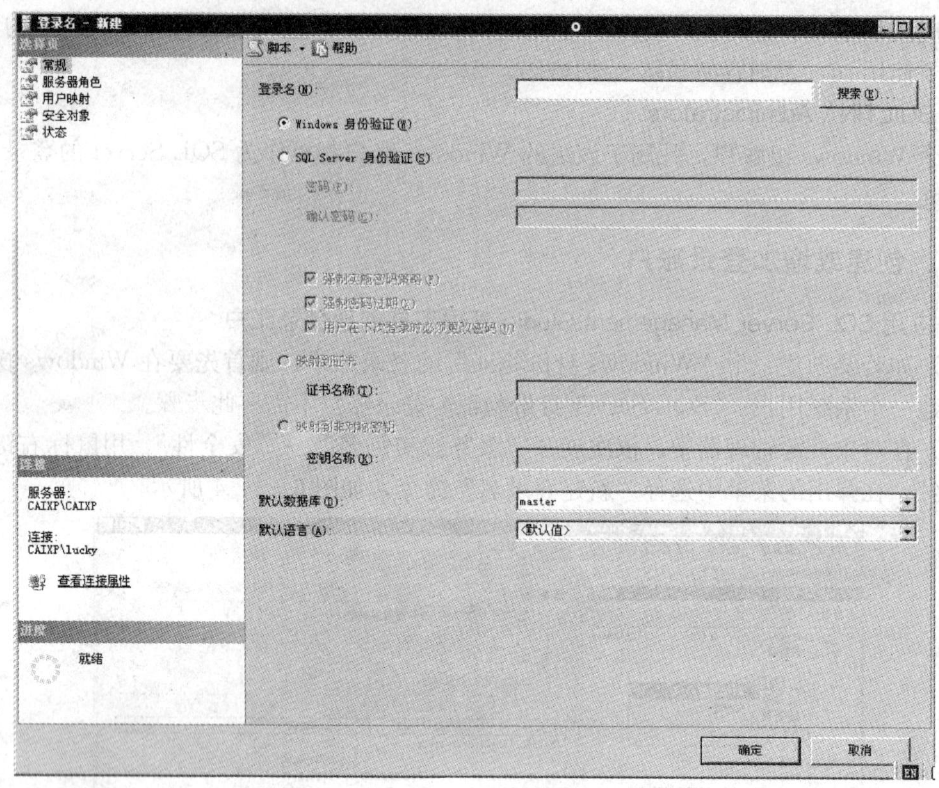


图 6—1—5　登录名新建

法格式如下：

EXECUTE sp _ addlogin　'登录名'，'登录密码'，'默认数据库'，'默认语言'

其中：

1）登录名不能含有反斜线“\”、保留的登录名或者已经存在的登录名，也不能是空字符串或 NULL。

2）除登录名外，其余参数均为可选项。如果不指定登录密码，则密码为空；如果不指定默认数据库，则使用系统数据库 master；如果不指定默认语言，则使用服务器当前的默认语言。

（2）使用系统存储过程 sp _ grantlogin 创建“Windows 身份验证”的登录账户，语法格式如下：

EXECUTE sp _ grantlogin '登录名'

其中，登录名是要映射 Windows 系统账户名或组名，必须使用“域名\用户”的格式。

## 六、查看登录用户登录

### 1. 应用 SQL Server Management Studio 管理工具查看登录账户

在对象资源管理器中，依次展开“服务器实例名”→“安全性”→“登录名”，可看到系统中已经创建的所有登录账户，如图 6—1—6 所示。

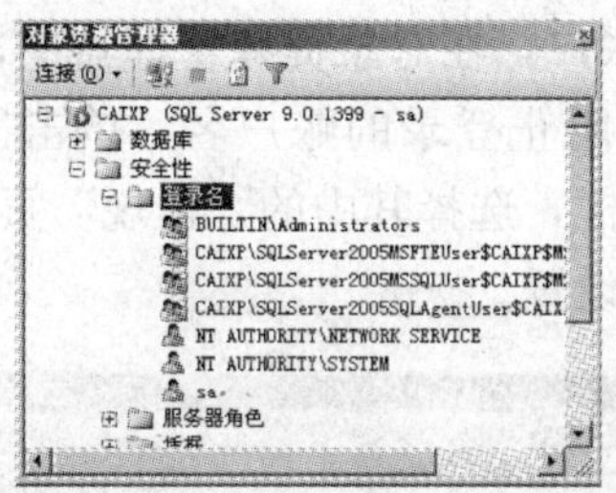


图 6—1—6　查看登录账户

2. 使用 SQL 语句查看登录账户

语法格式如下：

```
USE MASTER
SELECT NAME FROM syslogins
```

说明：该服务器的登录账户和口令信息保存在 master 数据库的 syslogins 系统表，或系统视图 syslogins 中。

## 七、阻止账户登录

1. 应用 SQL Server Management Studio 管理工具阻止账户登录

（1）对于 Windows 登录账户，在对象资源管理器中，依次展开“服务器实例名”→“安全性”→“登录名”，选择要阻止登录的账户名，单击鼠标右键，在弹出的菜单中选择“属性”，出现“登录属性”对话框，选择其中的“状态”页，如图 6—1—7 所示，在“是否允许连接到数据库引擎”中选择“拒绝”，单击“确定”按钮，完成设置。

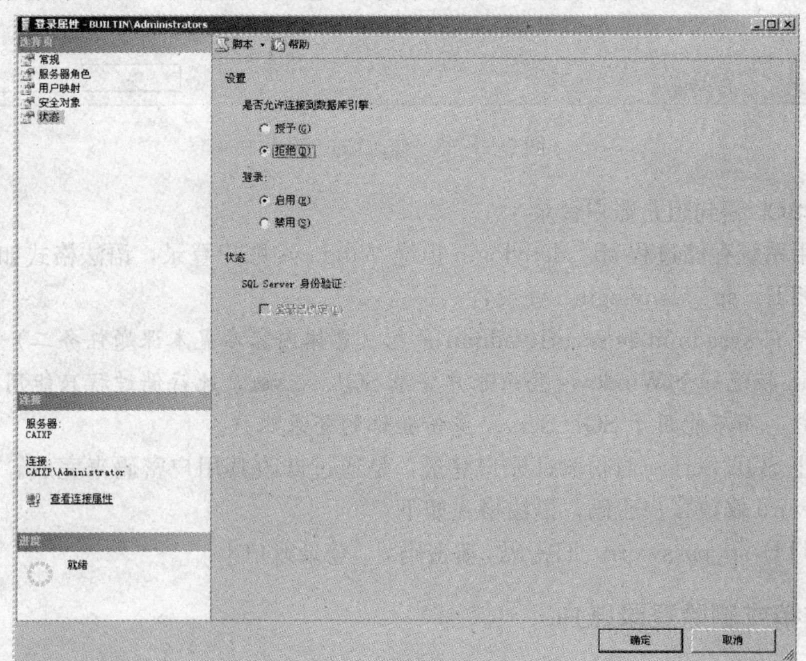


图 6—1—7　设置阻止账户登录

（2）对于 SQL Server 登录账户，在对象资源管理器中，依次展开“服务器实例名”→“安全性”→“登录名”，选择要阻止登录的账户名，单击鼠标右键，在弹出的菜单中选择“属性”，出现“登录属性”对话框，选择其中的“常规”页，如图 6—1—8 所示，修改账户密码，单击“确定”按钮，完成设置。

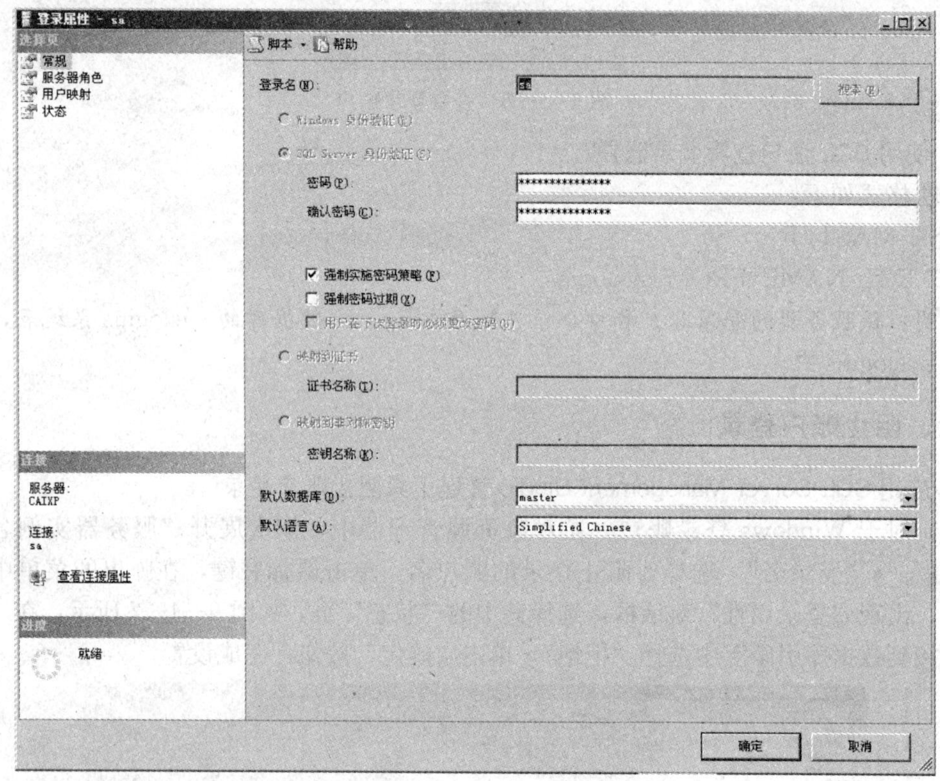


图 6—1—8　修改账户密码

2. 使用 SQL 语句阻止账户登录

（1）使用系统存储过程 sp _ denylogin 拒绝 Windows 账户登录，语法格式如下：

EXECUTE　sp _ denylogin　'登录名'

注意：只有 sysadmin 和 securityadmin 角色（具体内容参见本课题任务二）的账户可用 sp _ denylogin 拒绝一个 Windows 登录账户登录 SQL server，此存储过程只能用于 Windows 身份验证账户，而不能用于 SQL Server 身份验证的登录账户。

（2）阻止 SQL Server 身份验证账户登录，是通过修改其用户密码来完成。使用存储过程 sp _ password 修改账户密码，语法格式如下：

EXECUTE sp_password　'旧密码','新密码',[,'登录账户']

## 八、撤销或删除登录账户

1. 应用 SQL Server Management Studio 管理工具撤销或删除登录账户

（1）对于 Windows 登录账户，在对象资源管理器中，依次展开“服务器实例名”→

“安全性”→“登录名”，选择要阻止登录的账户名，单击鼠标右键，在弹出的菜单中选择“属性”，出现“登录属性”对话框，选择其中的“状态”页，如图6—1—7所示，在“登录”中选择“禁用”，单击“确定”按钮，完成设置。

（2）对于SQL Server登录账户，在对象资源管理器中，依次展开“服务器实例名”→“安全性”→“登录名”，选择要删除的登录账户名，单击鼠标右键，在弹出的菜单中选择“删除”，出现“删除”确认对话框，单击“确定”按钮完成账户的删除。

2. 使用SQL语句撤销或删除登录账户

（1）使用系统存储过程sp _ revokelogin撤销“Windows身份验证”账户的登录权限，语法格式如下：

```
EXECUTE sp _ revokelogin '登录名'
```

登录名是要映射Windows系统账户名或组名，必须使用“域名\用户”的格式。

（2）使用存储过程sp _ droplogin删除“SQL Server身份验证”登录账户，语法格式如下：

```
EXECUTE sp _ droplogin '登录名'
```

## 任务实施

### 一、创建“Windows身份验证”的登录账户test和“SQL Server身份验证模式”的登录账户sqltest

1. 使用系统存储过程sp _ grantlogin创建test账户，test必须为Windows系统中的合法账户，SQL语句如下：

```
EXECUTE sp_grantlogin 'caixp\test'
```

在查询设计器中执行成功后，实现创建test账户。

2. 使用系统存储过程sp _ addlogin创建sqltest账户，指定密码为123456，默认数据库为“图书管理数据库”，SQL语句如下，在查询设计器中执行成功后，实现创建sqltest账户：

```
EXECUTE sp_addlogin 'sqltest','123456',"图书管理数据库"
```

### 二、实现拒绝test、sqltest账户登录

1. 使用系统存储过程sp _ denylogin拒绝test账户登录，SQL语句如下：

```
EXECUTE sp_denylogin 'caixp\test'
```

在查询设计器中执行成功后，实现拒绝test账户登录。

2. 使用系统存储过程sp _ password修改sqltest账户密码，SQL语句如下：

```
EXECUTE sp_password '123456','654321','sqltest'
```

在查询设计器中执行成功后，实现拒绝sqltest账户登录。

3. 按上一步骤中验证登录的方法，发现test、sqltest账户登录连接失败。

### 三、实现撤销test账户和删除sqltest账户

1. 使用系统存储过程sp _ revokelogin撤销Windows账户登录test，SQL语句如下：

```
EXECUTE sp_revokelogin 'caixp\test'
```

在查询设计器中执行成功后，实现撤销 sqltest 账户登录。

2. 使用系统存储过程 sp _ droplogin 删除 sql server 身份验证的登录账户 sqltest，SQL 语句如下：

```
EXECUTE sp_droplogin 'sqltest'
```

在查询设计器中执行成功后，实现删除 sqltest 登录账户。

3. 使用下面 SQL 语句查看数据库登录账户：

```
USE master
SELECT name FROM syslogins
```

发现 test、sqltest 登录账户已被删除。

## 思考与练习

### 一、思考题

1. SQL Server 2005 的安全模型分为哪 3 层结构？

2. 如果一个 SQL Server 2005 服务器采用仅 Windows 方式进行身份验证，在 Windows 操作系统中没有 sa 用户，是否可以使用 sa 来登录该 SQL Server 服务器？

3. SQL Server 2005 有哪两种安全模式？它有什么区别？

### 二、操作题

1. 在 SQL Server 2005 中添加一个以 Windows 方式进行身份验证的账户 student，并制定默认数据库为“图书管理数据库”。

2. 在 SQL Server 2005 中添加一个以 SQL Server 方式进行身份验证的账户 class，对 class 账户的属性进行修改操作，达到禁止登录 SQL Server 的目的。

# 任务 2　管理固定服务器角色

**教学目标**

- ◆ 掌握 SQL Server 2005 的 8 个固定服务器角色
- ◆ 掌握查看固定服务器角色的方法
- ◆ 掌握固定服务器角色成员的查看、添加和删除方法

## 任务引入

上一任务中介绍了如何为数据库服务器创建了登录账户 sqltest，使用该账户登录数据库服务器时，发现仍然会“登录失败”，这是因为在上一任务中只是添加这个账户，但该账户还没有具有任何对数据库服务器的操作权限。SQL Server 数据库服务器提供了角色机制，

通过将登录账户添加到固定的服务器角色中，可为账户指定相关的数据库服务器操作权限，授权后的登录用户可实现成功登录数据库服务器。请在 SQL Server 2005 数据库服务器上为 sqltest 登录账户授予系统管理员权限，使用完后，再将该账户的权限撤销。

## 任务分析

SQL Server 2005 数据库服务器共有 8 个固定的服务器角色，这些角色由系统定义在服务器级上，存在于数据库之外，具有完成特定服务器级管理活动的权限。通过向这些角色中添加或删除成员的方法，来实现为账户授予或撤销其对应的权限。

## 相关知识

### 一、角色

角色是指服务器管理、数据库管理和访问的机制，包含两方面的内涵，一是角色的成员，二是角色的权限，即指定角色中成员允许行使的权限。角色通过添加或删除成员的方法来增减成员，通过授予、拒绝或撤销的方法来增减权限。

SQL Server 2005 有两种类型的预定义角色：固定服务器角色和固定数据库角色。这些角色是预先定义的，角色的种类和每个角色的权限都是固定的，不可更改或删除，只允许为其添加或删除成员（public 角色除外）。

### 二、固定服务器角色

固定服务器角色是系统定义的，角色的种类和每个角色的权限都是固定的，不可更改或删除，只允许为其添加或删除成员（public 角色除外）。SQL Server 事先设计了 8 个固定的服务器角色，见表 6—1—1。这些角色定义在服务器级上，存在于数据库之外，具有完成特定服务器级管理活动的权限，其作用域在服务器范围内。

固定服务器角色的成员是服务器的登录账户。最初可由 sa 超级账户将其登录账户添加到任意一种固定服务器角色，也可由系统管理员角色或安全管理员角色的成员将其登录账户添加到任意一种固定服务器角色中，还可以由每种固定服务器角色的每个成员向该角色中添加其他登录账户。

表 6—1—1　　固定服务器角色

| 固定服务器角色 | | 权力 |
|---|---|---|
| sysadmin | 系统管理员 | 在 SQL Server 中进行任何活动 |
| serveradmin | 服务器管理员 | 配置服务器范围的设置 |
| setupadmin | 设置管理员 | 添加和删除链接服务器，并执行某些系统存储过程 |
| securityadmin | 安全管理员 | 安全性管理：服务器登录账号的管理 |
| processadmin | 进程管理员 | 进程管理 |
| dbcreator | 数据库创建者 | 创建和改变数据库 |
| diskadmin | 磁盘管理员 | 管理磁盘文件 |
| bulkadmin | 大容量管理员 | 执行 BULK INSERT 语句，导入大容量数据 |

## 三、查看固定服务器角色及其成员

1. 使用 SQL Server Management Studio 查看固定服务器角色及其成员

（1）在 SQL Server Management Studio 中，依次展开“服务器名”→“安全性”→“服务器角色”，可看到 SQL Server 中的所有固定服务器角色，如图 6—1—9 所示。

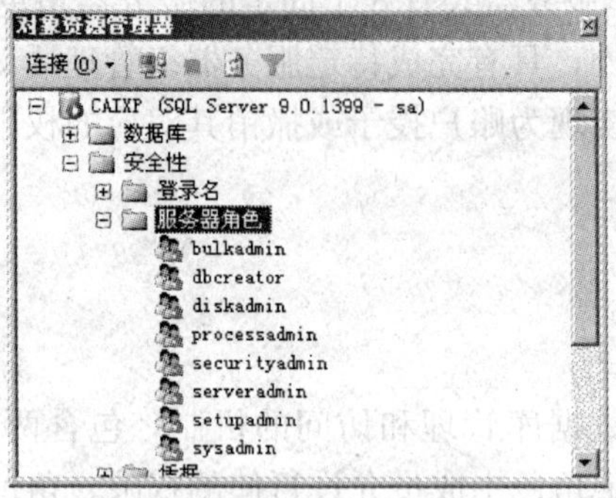


图 6—1—9　查看固定服务器角色

（2）选择某一“服务器角色名称”，单击鼠标右键，在弹出的菜单中选择“属性”，打开“服务器角色属性”对话框，在其上可看到固定服务器角色成员，如图 6—1—10 所示。

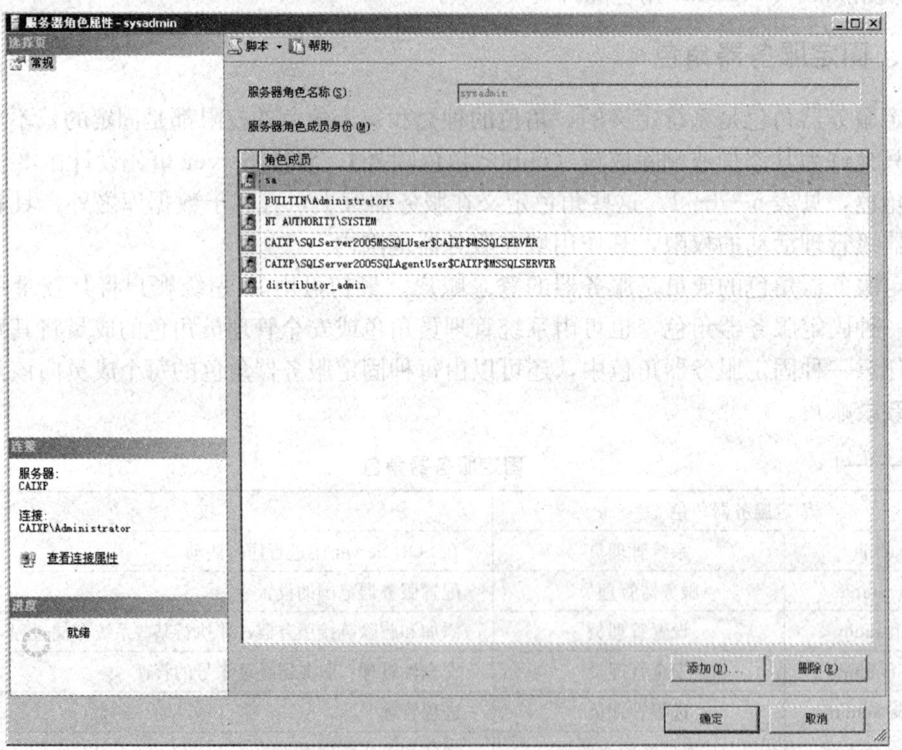


图 6—1—10　查看固定服务器角色成员

2. 使用 SQL 语句查看固定服务器角色及其成员

（1）通过系统存储过程 sp _ helpsrvrole 查看固定服务器角色，语法格式如下：

1）查看所有固定服务器角色。sp _ helpsrvrole

2）查看某一个固定服务器角色。sp _ helpsrvrole [′固定服务器角色名′]

（2）通过系统存储过程 sp _ helpsrvrolemember 查看固定服务器角色成员，语法格式如下：

sp _ helpsrvrolemember [′固定服务器角色名′]

## 四、向固定服务器角色中添加、删除成员

1. 用 SQL Server Management Studio 向固定服务器角色中添加成员

（1）在 SQL Server Management Studio 中，依次展开“服务器名”→“安全性”→“服务器角色”，选择某一服务器角色名称，打开右键菜单，选择“属性”，打开如图 6—1—10 所示“服务器角色属性”对话框。

（2）在“服务器角色属性”对话框中“常规”选项卡上，单击“添加”，弹出“添加成员”对话框，在对话框中，选择已经存在的登录账户名，单击“确定”按钮，返回到“服务器角色属性”对话框中，单击“确定”按钮，完成固定服务器角色成员的添加。

2. 通过存储过程 sp _ addsrvrolemember 向固定服务器角色中添加成员

语法格式如下：

Sp _ addsrvrolemember ′登录用户名′，′固定服务器角色名′

3. 用 SQL Server Management Studio 从固定服务器角色中删除成员

在图 6—1—11 所示的“服务器角色属性”对话框中，选择要删除的登录账户，单击“删除”按钮，单击“确定”按钮，完成删除 sqltest 成员。

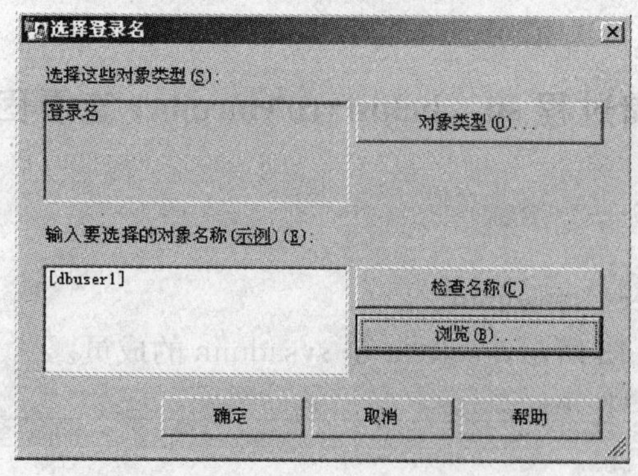


图 6—1—11　添加固定服务器角色成员

4. 使用存储过程 sp _ dropsrvrolemember 实现删除固定服务器角色中成员

语法格式如下：

sp _ dropsrvrolemember ′登录用户名′，′固定服务器角色名′

## 任务实施

### 一、使用系统存储过程查看所有固定服务器角色

sql 语句如下：

```
EXEC sp_helpsrvrole
```

在查询设计器中执行结果如图 6—1—12 所示，由图可知，具有系统管理员权限的固定服务器角色为 sysadmin。

结果 | 消息

| | ServerRole | Description |
|---|---|---|
| 1 | sysadmin | System Administrators |
| 2 | securityadmin | Security Administrators |
| 3 | serveradmin | Server Administrators |
| 4 | setupadmin | Setup Administrators |
| 5 | processadmin | Process Administrators |
| 6 | diskadmin | Disk Administrators |
| 7 | dbcreator | Database Creators |
| 8 | bulkadmin | Bulk Insert Administrators |

查询已成功执行。 CAIXP (9.0 RTM) sa (52) 图书管理数据库 00:00:00 8 行
第 1 行 第 1 列 Ins

图 6—1—12　查看固定服务器角色

### 二、使用系统存储过程 sp_ addsrvrolemember 向固定服务器角色 sysadmin 中添加成员 sqltest

SQL 语句如下：

```
EXEC sp_addsrvrolemember 'sqltest',sysadmin
```

在查询设计器执行该 SQL 语句，执行成功，完成成员的添加。

### 三、使用系统存储过程 sp_ helpsrvrolemember 查看固定服务器角色 sysadmin 的成员

SQL 语句如下：

```
sp_helpsrvrolemember 'sysadmin'
```

执行结果如图 6—1—13 所示，sqltest 是 sysadmin 的成员。

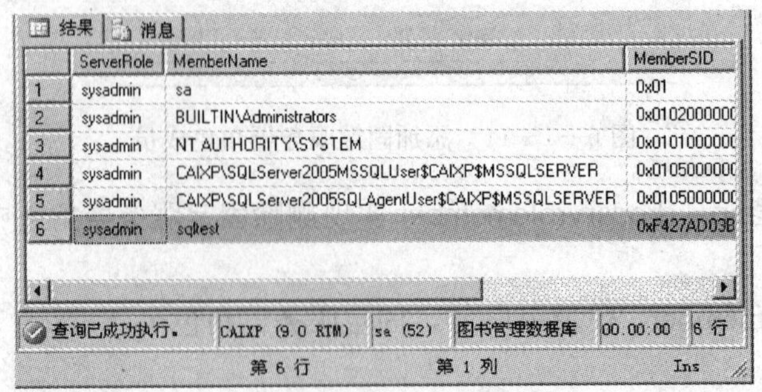

结果 | 消息

| | ServerRole | MemberName | MemberSID |
|---|---|---|---|
| 1 | sysadmin | sa | 0x01 |
| 2 | sysadmin | BUILTIN\Administrators | 0x0102000000 |
| 3 | sysadmin | NT AUTHORITY\SYSTEM | 0x0101000000 |
| 4 | sysadmin | CAIXP\SQLServer2005MSSQLUser$CAIXP$MSSQLSERVER | 0x0105000000 |
| 5 | sysadmin | CAIXP\SQLServer2005SQLAgentUser$CAIXP$MSSQLSERVER | 0x0105000000 |
| 6 | sysadmin | sqltest | 0xF427AD03B |

查询已成功执行。 CAIXP (9.0 RTM) sa (52) 图书管理数据库 00:00:00 6 行
第 6 行 第 1 列 Ins

图 6—1—13　查看固定服务器角色成员

任务拓展：向固定服务器角色 sysadmin 中添加成员 sqltest 的另一种方法。

1. 在对象资源管理器中，依次展开“服务器名”→“安全性”→“登录名”，用鼠标右键单击登录名“sqltest”，在弹出菜单中单击“属性”命令。

2. 在弹出的“登录属性－sqltest”对话框中，选择“服务器角色”标签，在服务器角色栏中选中“sysadmin”。如图 6—1—14 所示。

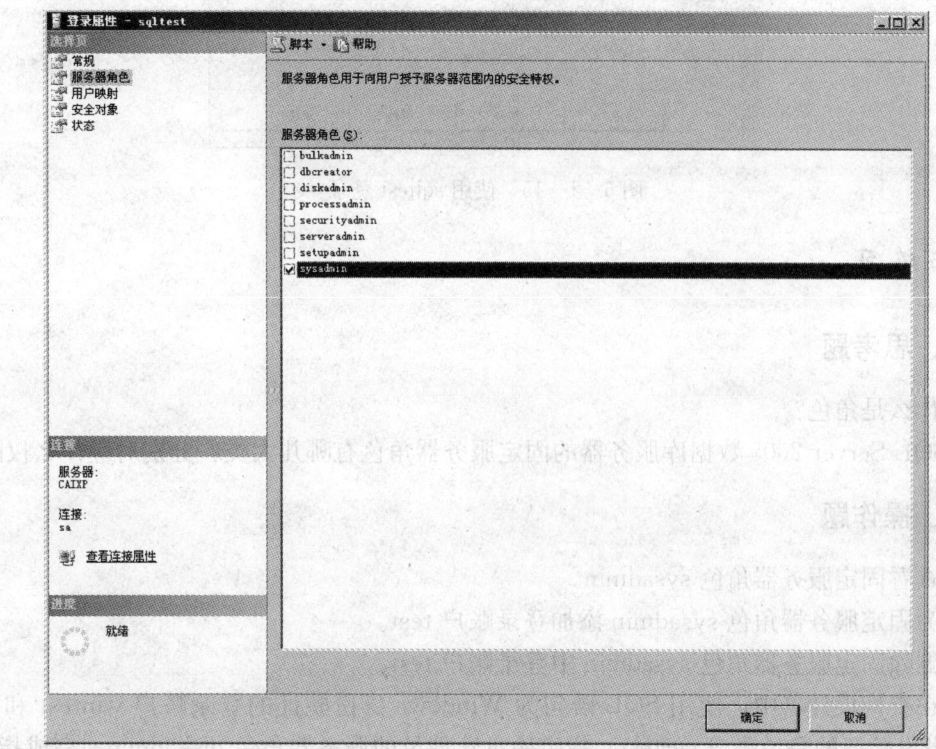


图 6—1—14 向用户授予系统管理员角色

## 四、用 sqltest 登录 SQL Server 2005 数据库服务器

在连接对话框中输入登录名：sqltest，密码：123456，身份验证模式为“SQL Server 身份验证”，如图 6—1—15 所示，单击“连接”按钮，连接成功，可以对数据库服务器进行数据操作。

## 五、使用系统存储过程 sp _ dropsrvrolemember 从固定服务器角色 sysadmin 中删除成员 sqltest

SQL 语句如下：

```
EXEC sp_dropsrvrolemember 'sqltest',sysadmin
```

在查询设计器执行该 SQL 语句，执行成功，完成成员的删除。

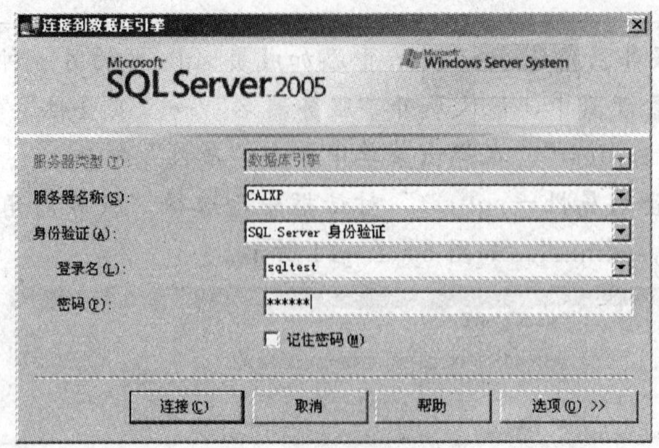


图 6—1—15 使用 sqltest 登录

**思考与练习**

## 一、思考题

1. 什么是角色?

2. SQL Server 2005 数据库服务器的固定服务器角色有哪几大类?分别对应什么权限?

## 二、操作题

1. 查看固定服务器角色 sysadmin。

2. 为固定服务器角色 sysadmin 添加登录账户 test。

3. 删除固定服务器角色 sysadmin 中登录账户 test。

4. 在查询设计器中,使用 SQL 语句为 Windows 身份验证的登录账户 wintest 和 SQL Server 身份验证的登录账户 svrtest,指定磁盘管理员的服务器角色 diskadmin。完成指定后再取消该角色。

# 课题二 数据库用户安全

## 任务 1 数据库的用户管理

**教学目标**

- ◆ 掌握数据库用户的添加
- ◆ 掌握数据库用户的修改和查看
- ◆ 掌握数据库用户的删除

## 任务引入

根据 SQL Server 2005 安全模型，一个成功登录了 SQL Server 2005 的数据库服务器的登录账户，要想访问数据库服务器上的某个数据库（例如图书管理数据库），就要在该数据库中将登录名映射为该数据库用户。本任务将介绍如何创建和管理数据库用户，及数据库服务器登录账户与登录账号建立映射关系的方法。请在“图书管理数据库”中完成数据库用户的创建和管理任务：

1. 为“图书管理数据库”添加数据库用户 dbuser1，并与以“SQL Server 身份验证”的登录账户 sqluser1 相关联。

2. 查看“图书管理数据库”的用户 dbuser1 的相关信息。

3. 删除“图书管理数据库”的用户 dbuser1。

## 任务分析

一个登录名可以在多个数据库中建立映射的用户名，但是在每个数据库中只能建立一个用户名，用户名的有效范围是在其数据库内。本任务将学习为数据库创建与管理用户，并将数据库服务器的登录账户映射到数据库用户。

## 相关知识

### 一、特殊的数据库用户 dbo、guest

SQL Server 的每个数据库中有两个特殊的数据库用户，分别是 dbo 和 guest。

dbo 是数据库对象的所有者，在安装 SQL Server 时被设置到系统数据库中，在每个数据库中都存在，不能被删除，具有操作该数据库的最高权力，即可以在数据库范围内执行一切操作。dbo 用户与创建该数据库的登录账户关联，也自动关联固定服务器角色 sysadmin 中包括 sa 在内的所有登录账户，而且由固定服务器角色 sysadmin 的任何成员创建的任何对象都自动属于 dbo。

guest 用户允许在该数据库中没有相应用户的登录账户访问数据库，即可认为 guest 自动关联服务器所有登录账户。guest 用户可以同其他用户账户一样被授予权限。默认情况下，新建的数据库中没有 guest 用户，可以在除 master 和 tempdb 外（在这两个数据库中它必须始终存在）的所有数据库中添加或删除 guest 用户。

### 二、添加数据库用户的 SQL 语句

使用系统存储过程 sp _ grantdbaccess 添加数据库用户，语法格式如下：

EXEC sp _ grantdbaccess '登录账户名','数据库用户名'

功能：在当前数据库中，添加“数据库用户名”为本数据库的用户，并与账户名为“登录账户名”的登录账户关联。

### 三、查看和修改数据库用户

修改数据库用户，即修改用户所属的数据库角色及所拥有的权限，这些内容将在数据库

角色和权限部分介绍。

使用存储过程 sp _ helpuser 来查看“图书管理数据库”的用户，语法格式如下：

EXEC sp _ helpuser '用户名'

## 四、删除数据库用户

使用存储过程 sp _ revokedbaccess 删除数据库用户，语法格式如下：

EXEC sp _ revokedbaccess '数据库用户名'

# 任务实施

## 一、为“图书管理数据库”添加数据库用户 dbuser1，并与登录账户 sqluser1 关联

1. 使用 SQL Server 2005 Management Studio 管理工具添加数据库用户

(1) 在对象资源管理器中，依次展开“服务器实例名”→“安全性”，用鼠标右键单击“登录名”，在弹出的菜单中选择“新建登录名”命令，在“登录名－新建”对话框中，选择“常规”选项标签，填写登录名为“sqluser1”，身份验证模式为“SQL Server 身份验证模式”，密码“123456”，默认数据库为“图书管理数据库”，单击“确定”按钮，创建 sqluser1 用户。具体参见本模块课题一任务 1。

(2) 展开“服务器”→“数据库”→选择“图书管理数据库”→“安全性”→“用户”，打开右键菜单，选择“新建用户”，弹出“数据库用户－新建”的对话框，如图 6—2—1 所示。

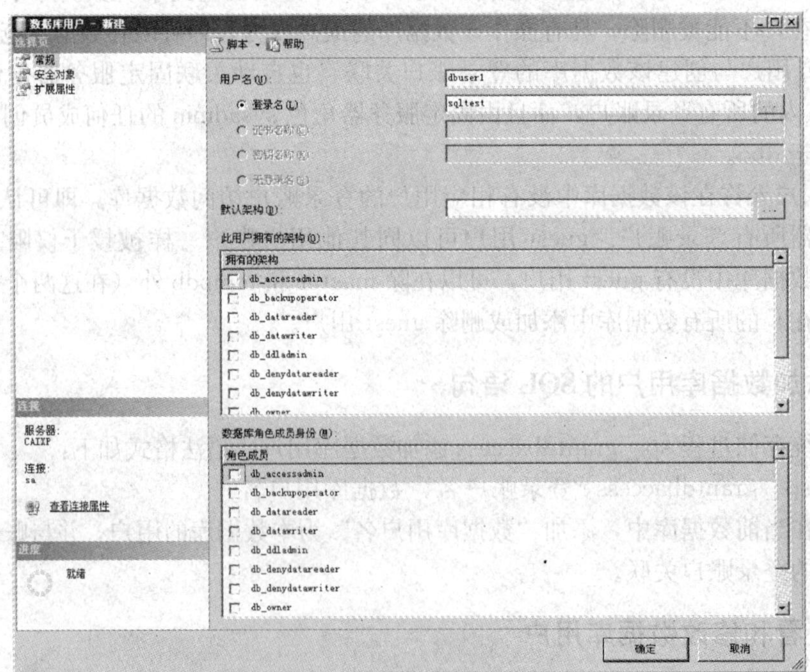


图 6—2—1 数据库用户－新建

(3) 在“数据库用户一新建”对话框中填写用户名为 dbuser1，选择登录名为 sqluser1，单击“确定”按钮，完成数据库用户的创建。

2. 使用 SQL 语句添加数据库用户 dbuser1

(1) 使用系统存储过程 sp _ addlogin 创建系统登录账户 sqluser1

EXEC sp_addlogin 'sqluser1','123456','图书管理数据库'

(2) 使用系统存储过程添加数据库用户 dbuser1

EXEC sp_grantdbaccess 'sqluser1','dbuser1'

## 二、查看“图书管理数据库”的用户 dbuser1 的相关信息

1. 使用 SQL Server 2005 Management Studio 管理工具查看数据库用户

(1) 在 SQL Server Management Studio 的对象资源管理器中，依次展开“服务器”→“数据库”→选择“图书管理数据库”→“安全性”→“用户”。

(2) 选择用户名 dbuser1，打开右键菜单，选择“属性”，可看到该数据库用户的详细信息。

2. 使用 SQL 语句添加数据库用户 dbuser1

使用存储过程 sp _ helpuser 实现查看“图书管理数据库”的用户 dbuser1，SQL 语句如下：

EXEC sp_helpuser 'dbuser1'

执行结果如图 6—2—2 所示。

| | UserName | GroupName | LoginName | DefDBName | DefSchemaName | UserID | SID |
|---|---|---|---|---|---|---|---|
| 1 | dbuser1 | public | sqltest | 图书管理数据库 | dbuser1 | 8 | 0xA8AEF995927 |

图 6—2—2　查询数据库用户属性

## 三、删除“图书管理数据库”的用户 dbuser1

1. 使用 SQL Server 2005 Management Studio 管理工具删除数据库用户

在 SQL Server Management Studio 的对象资源管理器中，依次展开“服务器”→“数据库”→选择“图书管理数据库”→“安全性”→“用户”，选择用户名 dbuser1，打开右键菜单，选择“删除”，在确认对话框中单击“是”按钮即可删除该数据库用户。

2. 使用 SQL 语句删除数据库用户 dbuser1

使用存储过程 sp _ revokedbaccess 实现删除数据库用户 dbuser1，SQL 语句如下：

EXEC sp_revokedbaccess 'dbuser1'

在查询设计器中单击“执行”按钮，返回“命令已成功执行”提示信息，完成删除数据库用户 dbuser1。

**思考与练习**

## 一、思考题

说明服务器登录账户与数据库用户的对应关系及各自的特点。

## 二、操作题

1. 在查询设计器中，使用 SQL 语句为 Windows 身份验证的登录账户 winTest 和 SQL Server 身份验证的登录账户 srvtest，在数据库“图书管理数据库”中分别建立用户名 test1 和 srv1。

2. 在查询设计器中，使用 SQL 语句删除数据库用户 srv1。

# 任务 2　数据库角色管理

**教学目标**

◆ 掌握数据库角色的定义和分类

◆ 掌握固定数据库角色的类别和功能

◆ 掌握数据库角色用户的添加和删除

**任务引入**

创建了数据库用户以后，接下来就要对数据库用户分配数据库的各种操作权限，其中，为了更方便地给一组具有相同权限的用户分配权限，SQL Server 2005 提供了数据库角色机制，将数据库用户添加到用户自己创建的角色或数据库固定角色中，使该数据库用户具有相应角色的权限。关于角色权限的管理参见本模块课题三，本任务将介绍如何创建和管理用户自定义角色，并为用户自定义角色或固定数据库角色添加数据库用户。请在“图书管理数据库”的数据库中，完成如下任务：

1. 创建“图书管理数据库”自定义角色“学生读者”。

2. 为角色“学生读者”添加数据库用户 dbuser1。

3. 查看“图书管理数据库”的所有数据库角色。

4. 为“图书管理数据库”的数据库固定角色 db _ owner 添加数据库用户“dbuser2”。

5. 为数据库角色“学生读者”删除数据库用户“dbuser1”，成功后再删除数据库角色“学生读者”。

**任务分析**

数据库角色管理包括固定数据库角色和自定义数据库角色管理。对于固定数据库角色，只需要掌握正确的查看和角色成员的添加、删除；对于自定义数据库角色，还需要掌握角色

的创建与删除。

**相关知识**

## 一、数据库角色的概念

数据库角色定义在数据库级上，保存在各自数据库的系统表 sysusers 之中，作用在各自的数据库之内。在 SQL Server 2005 中数据库角色联系着两个集合：一个是权限的集合，另一个是数据库用户的集合。与现实生活相类似，数据库管理员可以给数据库用户指定角色。一方面由于角色代表了一组权限，具有了相应角色的用户，就具有了该角色的权限。另一方面一个角色也代表了一组具有同样权限的用户，所以，在 SQL Server 2005 中为用户指定角色，就是将该用户添加到相应角色的组中。通过角色简化了直接向数据库用户分配权限的烦琐操作，对于用户数目多、安全策略复杂的数据库系统，能够简化安全管理的工作。

数据库角色分为固定数据库角色和用户自定义数据库角色。固定数据库角色预定义了数据库的安全管理权限和对数据对象的访问权限；用户自定义数据库角色由管理员创建，定义对数据对象的访问权限。

建立角色的日的就是要将具有相同权限的数据库用户组织到一起，同时也是将一组权限用一个角色来表示。在实现上，将用户增加到相应的角色组中，就是给该用户指定了该角色的权限。相对地，从角色组中删除某个用户，就是取消了该用户相应于该角色的权限。

## 二、固定的数据库角色

固定数据库角色是系统预定义在数据库级上的角色，除 public 角色外，角色的种类和每个角色的权限都是固定的，不可更改或删除，只允许为其添加或删除成员。在 SQL Server 中有 10 种固定的数据库角色，见表 6—2—1。

表 6—2—1　　固定数据库角色

| 角色 | 描述 |
|---|---|
| Public | 所有人 |
| db _ owner | 所有者，在数据库中拥有全部权限 |
| db _ accessadmin | 用户管理者，可以添加或删除用户 ID |
| db _ securityadmin | 安全管理者，可以管理全部权限、对象所有权、角色和角色成员资格 |
| db _ ddladmin | 可以发出 ALL DDL，但不能发出 GRANT、REVOKE 或 DENY 语句 |
| db _ backupoperator | 备份操作者，可以发出 DBCC、CHECKPOINT 和 BACKUP 语句 |
| db _ datareader | 数据读者，可以读取所有用户表中的所有数据 |
| db _ datawriter | 数据写者，可以在所有用户表中添加、删除或更改数据 |
| db _ denydatareader | 不能读取任何表中的任何数据的用户 |
| db _ denydatawriter | 不能修改任何表中的任何数据的用户 |

查看固定数据库角色的 SQL 语句格式：

sp _ helpdbfixedrole [角色名]

功能：从当前数据库查询数据库角色。

## 三、自定义的数据库角色

当固定的数据库角色不能满足用户的需要时，可以通过 SQL Server Management Studio 或执行 SQL 语句来添加数据库角色。用户自定义数据库角色有两种：标准角色和应用程序角色。标准角色是指可以通过操作界面或应用程序访问使用的角色，而应用程序角色则是只能够通过应用程序访问使用的角色。详情请参见相应的联机帮助文档。

1. 创建自定义数据库角色的语法格式

sp _ addrole '角色名' [，'角色的所有者']

功能：在当前数据库中添加标准的用户角色。新角色的所有者必须是当前数据库中的某个用户或角色，默认值为 dbo。

2. 删除自定义数据库角色的语法格式

sp _ droprole '角色名'

功能：从当前数据库删除标准用户角色。

## 四、为数据库角色添加、删除数据库用户的 SQL 语法格式

1. 增加数据库角色成员的语法格式

sp _ addrolemember '数据库角色'，'安全账户'

功能：为数据库角色添加成员。

2. 删除数据库角色成员的语法格式

sp _ droprolemember '数据库角色'，'安全账户'

功能：从数据库角色中删除成员。

## 任务实施

## 一、创建“图书管理数据库”自定义角色“学生读者”

1. 使用 SQL Server Management Studio 创建自定义数据库角色

（1）在 SQL Server Management Studio 的对象资源管理器中依次展开“服务器组”→“服务器名称”→“数据库”→“图书管理数据库”。

（2）展开“安全性”文件夹，用鼠标右键单击“角色”，在弹出的快捷菜单中，单击“新建”→“新建数据库角色”命令。弹出如图 6—2—3 所示“数据库角色—新建”对话框。

（3）在对话框中填写“角色名称”为“学生读者”，选择“所有者”为“dbo”，单击“确定”按钮，完成自定义角色的创建。

*注意：此处创建角色只是建立了一个角色名，还没有为角色指定权限，指定权限的内容参见课题三“权限管理”。*

2. 使用 SQL 语句创建自定义数据库角色

SQL 语句如下：

```
EXEC sp_addrole '学生读者'
```

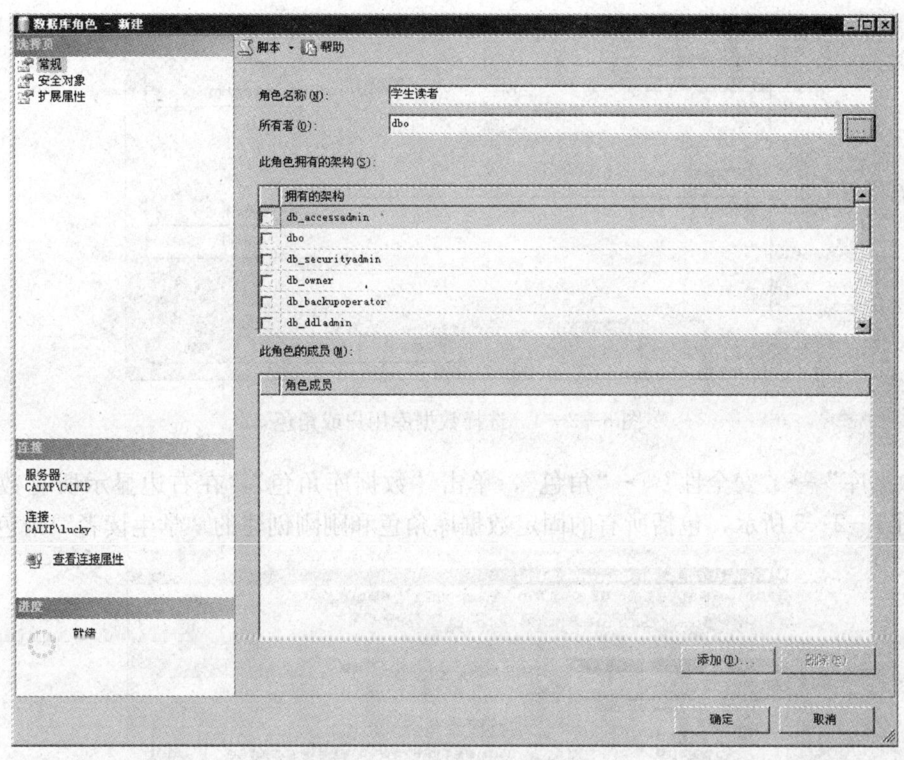


图 6—2—3　数据库角色－新建

在查询设计器中执行，给出“命令已成功完成”提示信息。

## 二、为“学生读者”添加数据库用户 dbuser1

1. 使用 SQL Server Management Studio 管理工具为“学生读者”添加 dbuser1

（1）在对象资源管理器中创建数据库用户 dbuser1，创建过程参见任务一。

（2）在对象资源管理器中依次展开“服务器”→“数据库”→“图书管理数据库”→“角色”→“数据库角色”，选择“学生读者”，打开右键菜单，选择“属性”，打开如图 6—2—3 所示“数据库角色属性－学生读者”对话框。

（3）在图 6—2—3 所示对话框中，单击“添加”按钮，弹出如图 6—2—4 所示“选择数据库用户或角色”对话框，输入数据库用户名“dbuser1”或通过浏览查找到用户名“dbuser1”，单击“确定”按钮返回到“数据库角色属性－学生读者”对话框，再单击“确定”按钮，完成为“学生读者”添加数据库用户“dbuser1”。

2. 使用 SQL 语句为“学生读者”添加数据库用户“dbuser1”

SQL 语句如下：

Exec sp_addrolemember '学生读者','dbuser1'

在查询设计器中执行，给出“命令已成功完成”提示信息。

## 三、查看“图书管理数据库”的数据库角色

1. 在 SQL Server Management Studio 中依次展开“服务器名称”→“数据库”→“图

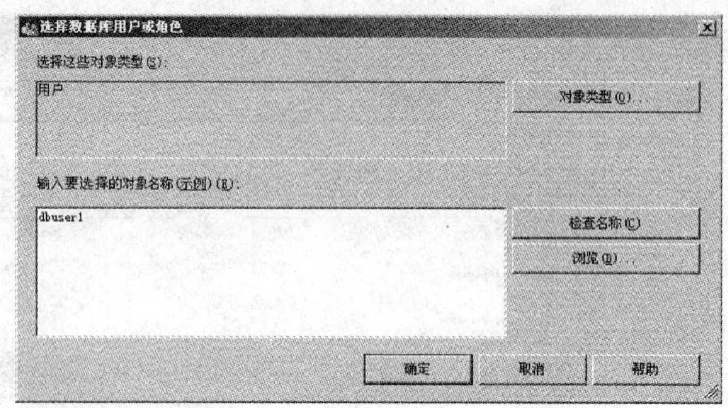


图 6—2—4　选择数据库用户或角色

书管理数据库”→“安全性”→“角色”，单击“数据库角色”，在右边显示所有数据库角色，如图 6—2—5 所示，包括所有的固定数据库角色和刚刚创建的“学生读者”角色。

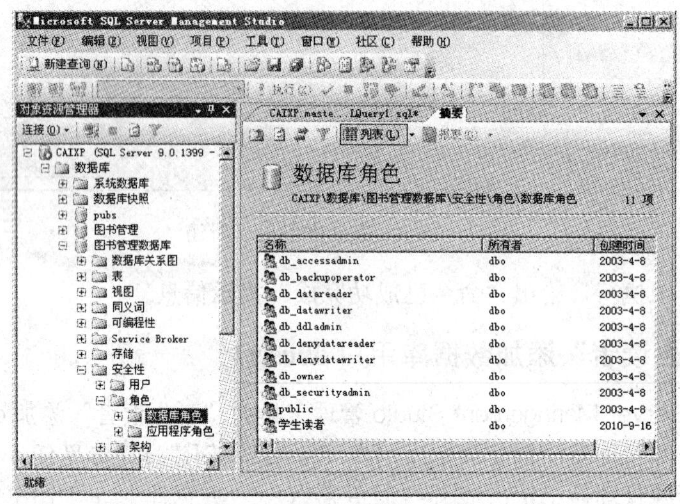


图 6—2—5　查看数据库角色

2. 使用存储过程实现查看固定数据库角色，SQL 语句如下：

EXEC sp_helpdbfixedrole

执行结果如图 6—2—6 所示。

## 四、为“图书管理数据库”的数据库固定角色 db _ owner 添加数据库用户“dbuser2”

1. 使用 SQL Server Management Studio 管理工具添加数据库用户

（1）在对象资源管理器中创建数据库用户“dbuser2”，具体过程见任务 1。

（2）在对象资源管理器中依次展开“服务器组”→“服务器名称”→“数据库”→“图书管理数据库”→“安全性”→“角色”→“数据库角色”，选择 db _ owner，单击鼠标右键，在弹出菜单中选择“属性”，打开“数据库角色属性-db _ owner”对话框，在对话框中

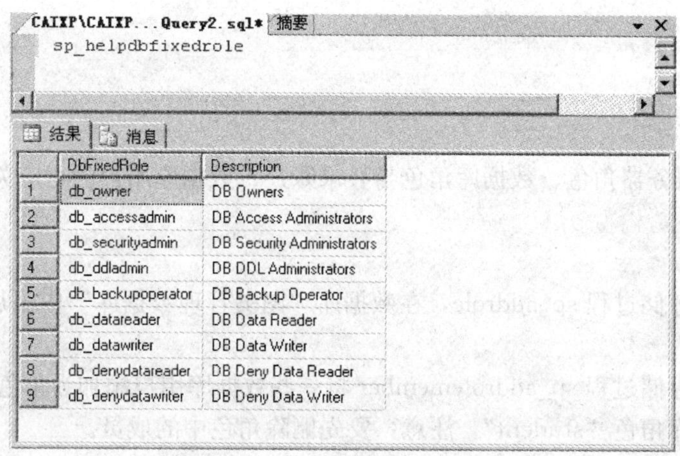


|  | DbFixedRole | Description |
|---|---|---|
| 1 | db_owner | DB Owners |
| 2 | db_accessadmin | DB Access Administrators |
| 3 | db_securityadmin | DB Security Administrators |
| 4 | db_ddladmin | DB DDL Administrators |
| 5 | db_backupoperator | DB Backup Operator |
| 6 | db_datareader | DB Data Reader |
| 7 | db_datawriter | DB Data Writer |
| 8 | db_denydatareader | DB Deny Data Reader |
| 9 | db_denydatawriter | DB Deny Data Writer |

图 6—2—6　查询数据库角色

添加成员 dbuser2。

2. 使用 SQL 语句实现为 db _ owner 添加数据库用户 dbuser2，SQL 语句如下：

```
EXEC sp_addrolemember 'db_owner','dbuser2'
```

在查询设计器单击“执行”按钮，返回“命令已成功完成”提示信息。

说明：只有 sysadmin 固定服务器角色和 db _ owner 固定数据库角色中的成员可以执行 sp _ addrolemember。角色所有者可以执行 sp _ addrolemember，将成员添加到自己所拥有的任何 SQL Server 角色。Db _ securityadmin 固定数据库角色的成员可以将用户添加到任何用户定义的角色。

## 五、为数据库角色“学生读者”删除数据库用户“dbuser1”，成功后再删除数据库角色“学生读者”

1. 使用 SQL Server Management Studio 管理工具实现删除“dbuser1”和“学生读者”

(1) 在对象资源管理器中依次展开“服务器组”→“服务器名称”→“数据库”→“图书管理数据库”→“安全性”→“用户”，选择 dbuser1，打开右键菜单，选择“删除”，在“删除对象”对话框中单击“确认”按钮，实现删除 dbuser1。

(2) 在对象资源管理器中依次展开“服务器组”→“服务器名称”→“数据库”→“图书管理数据库”→“安全性”→“角色”→“数据库角色”，选择“学生读者”，打开右键菜单，选择“删除”，在“删除对象”对话框中单击“确认”按钮，实现删除“学生读者”。

2. 使用 SQL 语句实现删除“dbuser1”和“学生读者”

SQL 语句如下：

```
EXEC sp_droprolemember '学生读者','dbuser1'
EXEC sp_droprole '学生读者','dbuser1'
```

在查询设计器中输入上述 SQL 语句并单击“执行”按钮，返回“命令已成功执行”提示信息，实现删除“dbuser1”和“学生读者”。

## 思考与练习

### 一、思考题

说明固定的服务器角色、数据库角色与登录账户、数据库用户的对应关系及其特点。

### 二、操作题

1. 使用系统存储过程 sp_addrole，在数据库“图书管理数据库”中添加名为“student”的数据库角色。
2. 使用系统存储过程 sp_addrolemember 将一些数据库用户添加为角色成员。
3. 删除数据库角色“student”。注意：要先删除角色中的成员。

# 课题三 权限管理

## 任务 管理权限

**教学目标**

◆ 掌握权限的种类及权限的管理内容

◆ 掌握对象权限、语句权限的授予、拒绝和取消

### 任务引入

在前面的课题中，已经创建了数据库用户以及数据库角色，但还没有授予它们操作数据库的权限，只有分配了权限的用户才能执行访问数据库资源的操作，请在 SQL Server 2005 数据库服务器中，完成如下权限管理任务：

1. 使用 SQL Server Management Studio 管理用户、角色权限。
2. 管理语句权限：实现给数据库用户 test 授予 CREATE DATABASE 的权限。
3. 管理对象权限：对“学生读者”角色授予对“读者信息”表的 SELECT、UPDATE 权限。然后，将 SELECT、UPDATE 权限授予用户 dbuser1。
4. 创建“图书管理数据库”数据库用户 test 使其具有“借阅信息表”的 update 权限和撤销 SELECT 权限。

### 任务分析

数据库权限管理包括固定数据库语句权限、对象权限，每一种权限管理又包括授予权限、拒绝访问和取消权限三个方面，对数据库权限管理可使用 SQL Server Management

Studio 管理工具，也可使用 SQL 语句进行管理。

## 相关知识

### 一、权限的种类

在 SQL Server 2005 中存在 3 种类型的权限：对象权限、语句权限和隐含权限。

1. 对象权限

对象权限是指对数据库中的表、视图、存储过程等对象的访问操作权限，相当于操作语言的语句权限。例如，是否允许对数据库对象执行 SELECT、INSERT、UPDATE、DELETE、EXECUTE 等操作，具体访问操作见表 6—3—1。

表 6—3—1　**对象权限表**

| 对象 | 操作 |
| --- | --- |
| 表或视图 | SELECT、INSERT、UPDATE、DELETE |
| 存储过程 | EXECUTE |
| 内嵌表值函数 | SELECT |
| 表或视图的列 | SELECT 和 UPDATE |

2. 语句权限

语句权限相当于执行数据定义语言的语句权限，是指用户能否在当前数据库上进行备份数据库和创建数据库、表等对象，具体语句见表 6—3—2 所列语句。

表 6—3—2　**语句权限表**

| 动作 | 对象 | 语句 |
| --- | --- | --- |
| 备份 | 数据 | BACKUP DATABASE |
| | 日志 | BACKUP log |
| 创建 | 数据库 | CREATE DATABASE |
| | 数据表 | CREATE TABLE |
| | 视图 | CREATE VIEW |
| | 存储过程 | CREATE PROCEDURE |
| | 自定义函数 | CREATE FUNCTION |
| | 规则 | CREATE FUNCTION |
| | 默认 | CREATE DEFAULT |

3. 隐含权限

隐含权限是指将用户加入预先定义的系统角色，系统自动将角色的权限传递。例如，sysadmin 固定服务器角色成员，具有在 SQL Server 2005 中进行操作的全部权限。数据库所有者可以对所拥有数据库执行一切操作。

### 二、权限的管理

权限管理是 SQL Server 2005 安全管理的最后一关，访问权限指明用户可以获得哪些数

据库对象的使用权，以及用户能够对这些对象执行何种操作。将一个登录名映射为一个用户名，并将用户名添加到某种数据库角色中，其实都是为了对数据库的访问权限进行设置，以便让各用户能够进行适合其工作职能的操作。

在权限的管理中，因为隐含权限是由系统预先定义的，这种权限不需要用户设置，用户也不能够进行设置。所以，权限的设置实际上是指对访问对象权限和执行语句权限的设置。权限可以通过数据库用户或数据库角色进行管理。权限管理的内容包括授予权限、拒绝访问、取消权限三个方面，见表 6—3—3，3 种权限出现冲突时，拒绝访问权限起作用。

表 6—3—3　　权限管理表

| 权限 | 功能 |
| --- | --- |
| 授予权限 | 允许某个用户或角色，对一个对象执行某种操作或语句。使用 SQL 语句 GRANT 实现该功能 |
| 拒绝访问 | 拒绝某个用户或角色，对一个对象执行某种操作，即使该用户或角色曾经被授予了这种操作的权限，或者由于继承而获得了这种权限，仍然不允许执行相应的操作。使用 SQL 语句 DENY 实现该功能 |
| 取消权限 | 不允许某个用户或角色，对一个对象执行某种操作或语句。不允许与拒绝是不同的，不允许执行某个操作，可以通过间接授予权限来获得相应的权限。而拒绝执行某种操作，间接授权则无法起作用，只有通过直接授权才能改变。取消权限，使用 SQL 语句 REVOKE 实现 |

### 三、使用 SQL 语句管理语句权限的语法格式

GRANT {语句名称 [，…n]} TO 用户/角色 [，…n]
DENY {语句名称 [，…n]} TO 用户/角色 [，…n]
REVOKE {语句名称 [，…n]} FROM 用户/角色 [，…n]

其中，语句名称指前面提到的语句权限，参见表 6—3—2。

### 四、使用 SQL 语句管理对象权限的语法格式

GRANT {权限名 [，…n]} ON {表 \ 视图 \ 存储过程} TO 用户/角色
DENY {权限名 [，…n]} ON {表 \ 视图 \ 存储过程} TO 用户/角色
REVOKE {权限名 [，…n]} ON {表 \ 视图 \ 存储过程} FROM 用户/角色

其中，权限名是指用户或角色在对象上可执行的操作，权限名列表可以包括 SELECT、INSERT、DELETE、UPDATE、EXECUTE 等，参见表 6—3—1。

## 任务实施

### 一、使用 SQL Server Management Studio 管理工具进行权限管理

1. 使用 SQL Server Management Studio 管理用户权限

（1）在对象资源管理器中，依次展开文件夹到要管理的数据库“图书管理数据库”→“安全性”→“用户”，在用户列表中用鼠标右键单击要设置权限的用户名，例如 test，从弹出的快捷菜单中选择“属性”，打开“数据库用户－test”对话框，单击“安全对象”标签，

如图 6—3—1 所示。

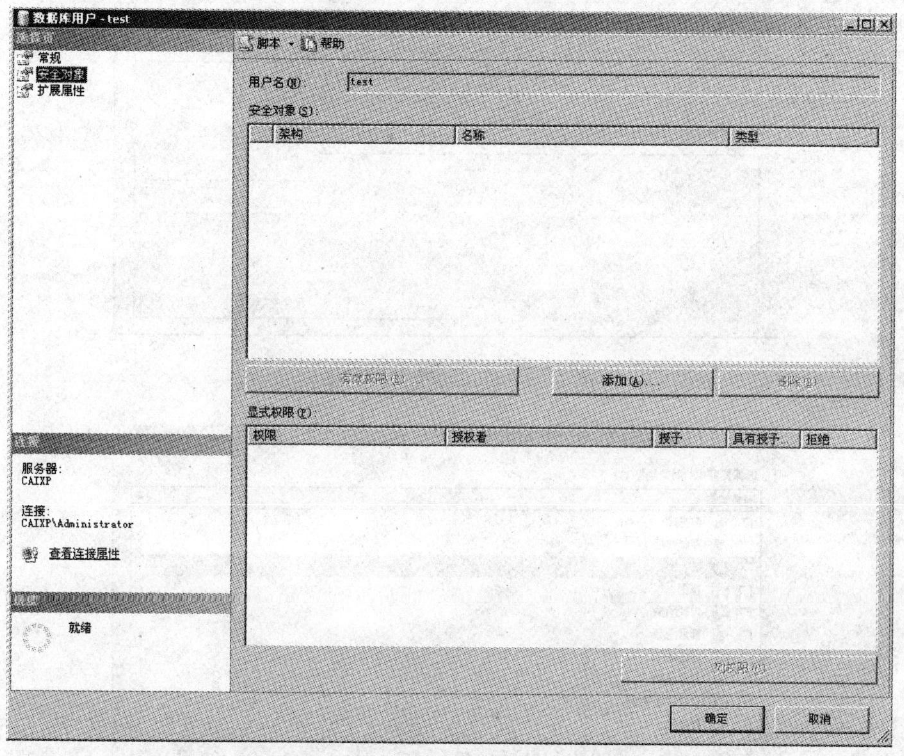


图 6—3—1　数据库用户－test 属性

（2）在“安全对象”列表框中，单击“添加”按钮，弹出如图 6—3—2 所示“添加对象”对话框，选择要添加的对象类型，例如“特定对象”，单击“确定”按钮，弹出“选择对象”对话框，如图 6—3—3 所示。

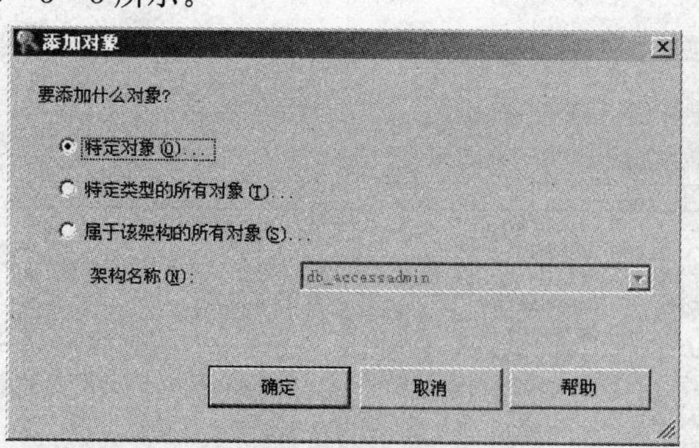


图 6—3—2　添加对象对话框

（3）单击“对象类型”按钮，弹出“选择对象类型”对话框，如图 6—3—4 所示。选择要授权的对象类型，包括数据库、存储过程、表、视图等，例如选择“表”，单击“确定”按钮回到“选择对象”对话框。

（4）在“选择对象”对话框中单击“浏览”按钮弹出“查找对象”对话框，如图 6—

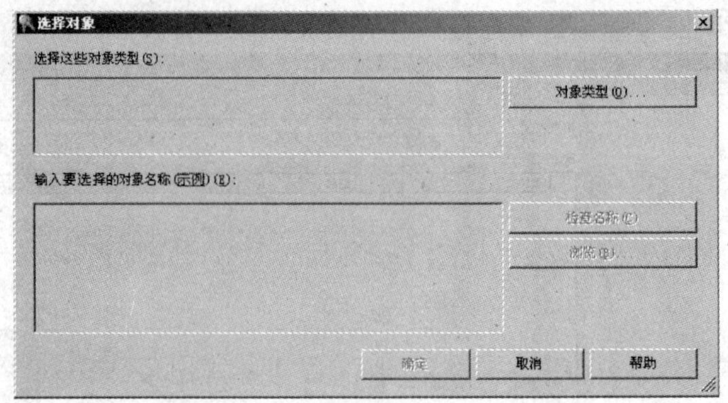


图 6—3—3　选择对象对话框

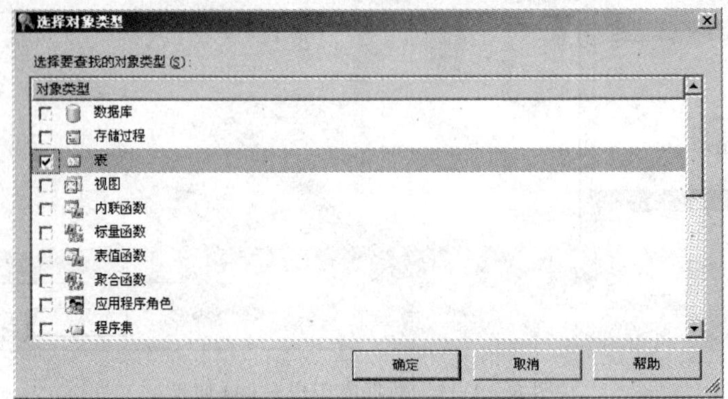


图 6—3—4　选择对象类型

3—5 所示。选择要授权的对象，例如图书信息表，单击“确定”按钮回到“选择对象”对话框。

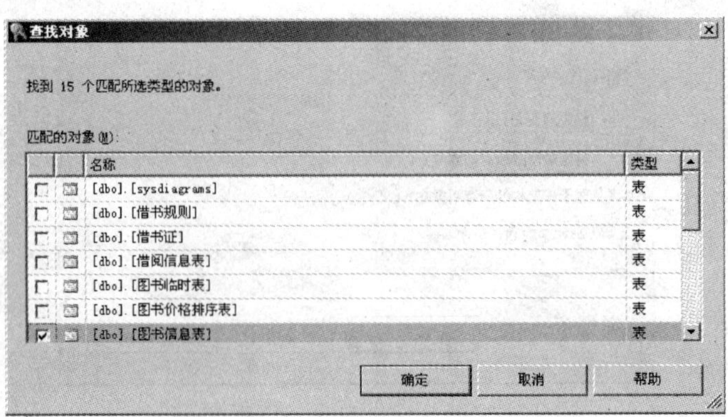


图 6—3—5　查找对象

（5）在“选择对象”对话框中单击“确定”按钮回到“数据库用户－test”对话框，在该对话框中可设置用户对“图书信息表”的访问权限，包括 Alter、Select、Update 等，如图 6—3—6 所示。

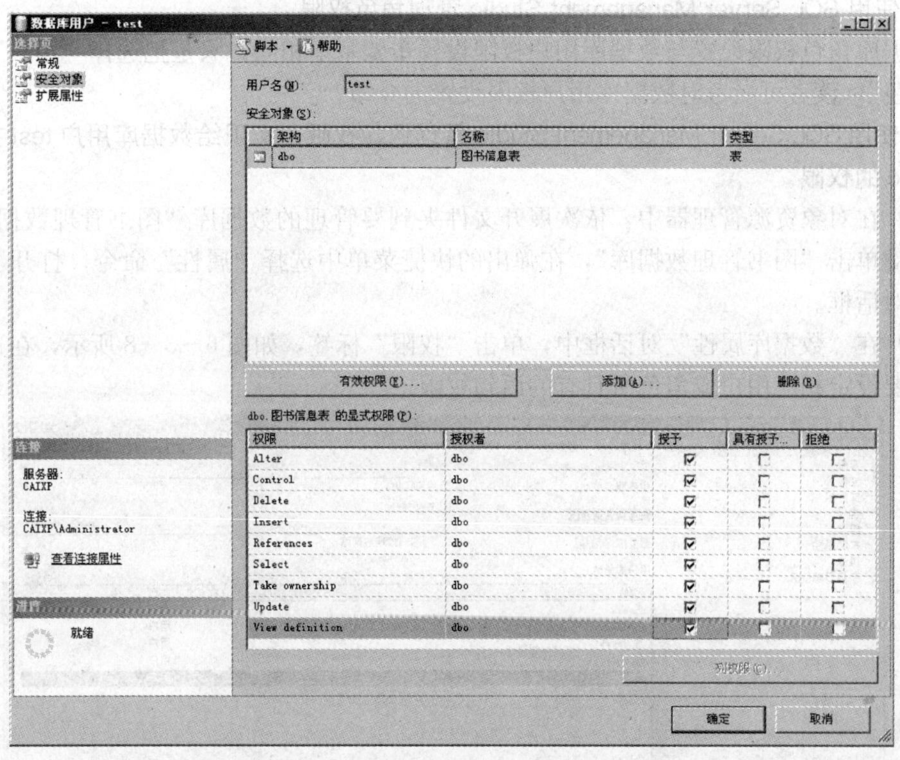


图 6—3—6　添加安全对象后的数据库用户属性

（6）在 Select、Update 权限中可设置数据表的列权限，例如选择 Select，单击“列权限”按钮，在弹出的“列权限”对话框中，选择授予指定列权限，如图 6—3—7 所示，单击“确定”按钮完成列权限的设置。

图 6—3—7　列权限设置

（7）在“数据库用户－test”对话框中单击“确定”按钮，完成用户权限的设置。

2. 使用 SQL Server Management Studio 管理角色权限

数据库角色权限设置与数据库用户权限设置步骤基本相同，只是把选择“用户”改为选择“角色”，读者可参考对数据库用户权限设置的介绍。

3. 使用 SQL Server Management Studio 管理语句权限，实现给数据库用户 test 授予 create table 的权限

（1）在对象资源管理器中，依次展开文件夹到要管理的数据库“图书管理数据库”，用鼠标右键单击“图书管理数据库”，在弹出的快捷菜单中选择“属性”命令，打开“数据库属性”对话框。

（2）在“数据库属性”对话框中，单击“权限”标签，如图 6—3—8 所示，在这里可以根据需要设定相应用户或角色所具有的语句权限。

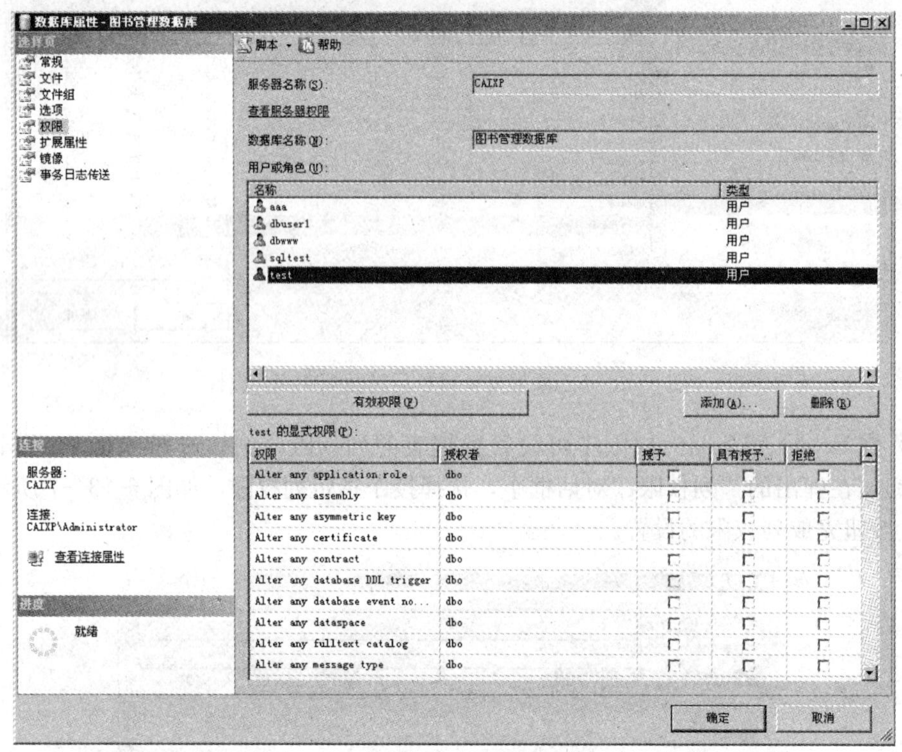


图 6—3—8 数据库属性

（3）例如选择“test”用户，在 test 显示权限中找到“create table”，并钩选其后面的“授予”，单击“确定”按钮，完成授予 test 用户“create table”权限。

4. 使用 SQL Server Management Studio 管理对象权限，实现为“学生读者”角色授予对“图书信息”表的 SELECT、UPDATE 权限，并将 SELECT、UPDATE 权限授予用户 dbuser1

（1）在对象资源管理器中，依次展开文件夹到要管理的数据库“图书管理数据库”，选择需要设置权限的对象：表、视图、存储过程等，例如“图书信息表”，单击鼠标右键，在弹出的快捷菜单中选择“属性”，打开“表属性”对话框。

（2）在“表属性”对话框中，单击“权限”标签，在用户或角色列表框中，选择“添加”，完成添加“学生读者”角色。

（3）选择“学生读者”，在“学生读者的显示权限”中找到并钩选“select、update”的授予权限，结果如图 6—3—9 所示，完成“学生读者”角色的权限设置。

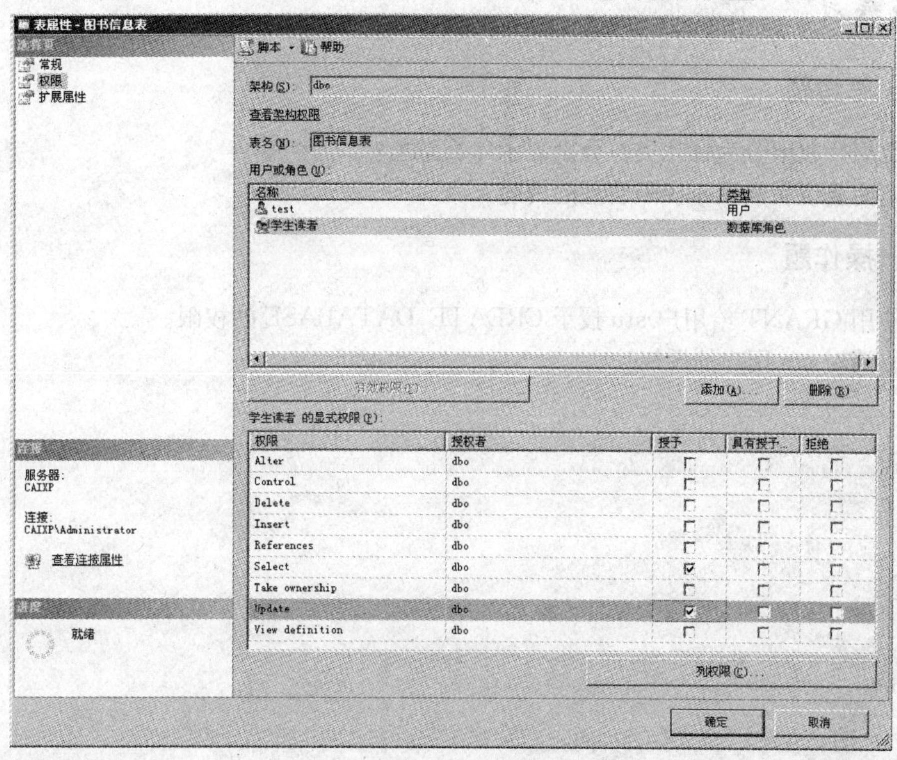

图 6—3—9 表属性－权限对话框

（4）将用户 dbuser1 加入“学生读者”角色，具体过程参见课题二任务 2“数据库角色管理”。

## 二、使用 SQL 语句权限管理

1. 实现给数据库用户 test 授予 create table 的权限

SQL 语句如下：

```
Use master
EXEC sp_grantdbaccess 'test' /*在 master 中建立数据库用户*/
grant create table to test /*为 test 用户授予权限*/
go
```

在查询设计器中输入并执行上述 SQL 语句，返回“命令已成功执行”提示信息。

2. 实现对“学生读者”角色授予“图书信息”表的 SELECT、UPDATE 权限，并使 test 用户通过隐含权限具有“学生读者”的权限

SQL 语句如下：

```
Grant select,update on 图书信息表 to 学生读者
EXEC sp_addrolemember '学生读者','test'
```

在查询设计器中输入并执行上述 SQL 语句，返回“命令已成功执行”提示信息。

## 思考与练习

### 一、思考题

1. 数据库权限分为哪几类？分别表示什么意思？
2. 请简要说明数据库权限管理的内容。

### 二、操作题

1. 使用 GRANT 给用户 stu 授予 CREATE DATABASE 的权限。
2. 取消对 stu 用户的授权。

# 模块七 数据库的维护

数据库维护是数据库管理员的日常工作，其主要内容包括数据的备份与恢复、数据库的导入导出与分离附加等。应用 SQL Server 提供的代理服务可实现自动化管理，从而减轻数据库维护工作量。

## 课题一 数据备份与恢复

### 任务 数据库备份与恢复

**教学目标**

- 了解备份的概念和各种备份方法
- 理解根据不同实际情况制定相应的备份与恢复策略
- 熟练掌握备份设备的创建
- 使用 SQL Server 企业管理器和 BACKUP、RESTORE 命令备份、恢复数据库的方法

#### 任务引入

在实际应用中，图书管理数据库中的数据每天都在不断更新，为了防止由于各种意外导致数据库的损坏，需要对它进行备份，以便数据库受到损坏时能及时恢复数据。请在对“图书管理数据库”实现一次完整备份后，修改数据库中数据，再从备份中恢复“图书管理数据库”。

#### 任务分析

备份和恢复是数据库管理员最频繁最重要的工作之一。创建数据库的备份必须指定备份的设备、备份的类型，恢复数据库则要根据备份的类型选择适当的恢复模型。备份和恢复数

据库可以采用 SQL Server Management Studio 图形工具和 SQL 语句两种方式。

**相关知识**

## 一、备份数据库

备份是指将数据库复制到一个专门的备份服务器、活动磁盘或者其他能长期存储数据的介质上，作为副本。一旦数据库因意外而遭到损坏，此备份可用来恢复数据库。

1. 备份数据库的时机

数据库备份是对数据库结构、对象和数据进行复制，以便数据库遭受破坏时能够修复数据库。数据库恢复是指将备份的数据库加载到数据库服务器中。

备份数据库，不但要备份用户数据库，也要备份系统数据库。因为系统数据库中存储了 SQL Server 2005 的服务器配置信息、用户登录信息、用户数据库信息、作业信息等。

(1) 通常在下列情况下备份系统数据库：

1) 修改 master 数据库之后。master 数据库中包含了 SQL Server 2005 中全部数据库的相关信息。在创建用户数据库、创建和修改用户登录账户或执行任何修改 master 数据库的语句后，都应当备份 master 数据库。

2) 修改 msdb 数据库之后。msdb 数据库中包含了 SQL Server 2005 代理程序调度的作业、警报和操作员的信息。在修改 msdb 之后应当备份它。

3) 修改 model 数据库之后。model 数据库是系统中所有数据库的模板，如果用户通过修改 model 数据库来调整所有新用户数据库的默认配置，就必须备份 model 数据库。

(2) 通常在下列情况下备份用户数据库：

1) 创建数据库之后。在创建或装载数据库之后，都应当备份数据库。

2) 创建索引之后。创建索引时很耗费系统资源。创建索引后应备份数据库，避免在发生故障后需重建索引。

3) 清理事务日志之后。使用 BACKUP LOG WITH TRUNCATE _ ONLY 或 BACKUP WITH NO _ LOG 语句清理事务日志后，应当备份数据库。

4) 执行大容量数据操作之后。当执行完大容量数据装载语句或修改语句后，SQL Server 2005 不会将这些大容量的数据处理活动记录到日志中，所以应当进行数据库备份。例如执行完 SELECT INTO、WRITETEXT、UPDATETEXT 语句后都需要备份数据库。

2. 备份设备

备份设备是指用于存放备份数据的设备。创建备份时，必须选择备份设备。

(1) 磁盘设备

磁盘备份设备是硬盘或其他磁盘存储媒体上的文件，与常规操作系统文件一样。引用磁盘备份设备与引用其他任意常规操作系统文件一样。可以在服务器的本地磁盘上或共享网络资源的远程磁盘上定义磁盘备份设备，磁盘备份设备根据需要可大可小。最大的文件大小相当于磁盘上可用的闲置空间。

(2) 命名管道设备

这是微软专门为第三方软件供应商提供的一个备份和恢复方式，命名管道设备不能通过

企业管理器来建立和管理，若要将数据备份到一个命名管道设备，必须在 BACKUP 语句中提供管道的名字。

(3) 磁带设备

磁带备份设备的用法与磁盘设备相同，但必须将磁带设备物理连接到运行 SQL Server 实例的计算机上。

(4) 物理和逻辑设备

SQL Server 使用物理设备名称或逻辑设备名称标识备份设备。物理备份设备名称是操作系统用来标识备份设备的名称，如 D:\SQL\Backups\Jxcjgl.bak。逻辑备份设备名称用来标识物理备份设备的别名或公用名称。逻辑设备名称永久地存储在 SQL Server 内的系统表中。使用逻辑备份设备的优点是引用它的名称比引用物理设备的名称简单。例如，物理设备名称是 D:\SQL\Backups\Jxcjgl.bak，而逻辑设备名称则可以是 Jxcjgl_Backup。

3. 备份的类型

(1) 完整备份

即备份数据库的所有数据文件、日志文件和在备份过程中发生的任何活动（将这些活动记录在事务日志中，一起写入备份设备）。完整备份是数据库恢复的基线，日志备份、差异备份的恢复完全依赖于在其前面进行的完整备份。

(2) 差异备份

差异备份只备份自最近一次完整备份以来被修改的那些数据。当数据修改频繁的时候，用户应当执行差异备份。差异备份的优点在于备份设备的容量小，可减少数据损失，且恢复的时间快。数据库恢复时，先恢复最后一次的完整数据库备份，然后再恢复最后一次的差异备份。

(3) 事务日志备份

它只备份最后一次日志备份后所有的事务日志记录。备份所用的时间和空间比完整备份和差异备份更少。利用事务日志备份恢复时，可以恢复到某个指定的事务（如误操作执行前的那一点）。这是差异备份和完整备份无法做到的。但是利用事务日志备份进行恢复时，需要重新执行日志记录中的修改命令来恢复数据库中的数据，所以通常恢复的时间较长。

通常可以采用这样的备份计划：每周进行一次完整备份，每天进行一次差异备份，每小时进行一次事务日志备份，这样最多只会丢失 1 小时的数据。恢复时，先恢复最后一次的完整备份，再恢复最后一次的差异备份，再顺序恢复最后一次差异备份后的所有事务日志备份。

(4) 文件和文件组备份

主要用于备份数据库文件或数据库文件组。该备份方式必须与事务日志备份配合执行才有意义。在执行文件和文件组备份时，SQL Server 2005 会备份某些指定的数据库文件或文件组。为了使恢复文件与数据库中的其余部分保持一致，在执行文件和文件组备份后，必须执行事务日志备份。

## 二、恢复数据库

恢复数据库就是将原来备份的数据库还原到当前的数据库中，通常是在当前的数据库出

现故障或操作失误时进行。还原数据库时，SQL Server 会自动将备份文件中的数据库备份全部还原到当前的数据库中，并回滚任何未完成的事务，以保证数据库中数据的一致性。

SQL Server 2005 所支持的备份是和还原模型相关联的，不同的还原模型决定了相应的备份策略。SQL Server 2005 提供了 3 种还原模型，用户可以根据自己数据库应用的特点选择相应的还原模型。

（1）完全模型

默认采用完全还原模型，它使用数据库备份和日志备份，能够较为完全地防范媒体故障。采用该模型，SQL Server 2005 事务日志记录了对数据进行的全部修改，包括大容量数据操作。因此，能够将数据库还原到特定的即时点。

（2）大容量日志模型

该模型和完全模型类似，也是使用数据库备份和日志备份，不同的是，对大容量数据操作的记录，采用提供最佳性能和最少的日志空间方式。这样，事务日志只记录大容量操作的结果，而不记录操作的过程。所以，当出现故障时，虽然能够恢复全部的数据，但是，不能恢复数据库到特定的时间点。

（3）简单模型

使用简单模型可以将数据库恢复到上一次备份的即时点，不过无法将数据库还原到故障点或特定的即时点。事务日志不记录数据的修改操作，采用该模型，进行数据库备份时，不能进行“事务日志备份”和“文件/文件组备份”。对于小数据库或数据修改频率不高的数据库，通常采用简单模型。

## 三、备份数据库的 T－SQL 语法

1. 完整备份数据库的语法格式

BACKUP DATABASE 数据库名 TO 备份设备(逻辑名)[WITH[NAME='备份的名称'][,INIT|NOINIT]]

参数含义如下：

（1）备份设备

是由 sp_addumpdevice 创建的备份设备的逻辑名称，不要加引号。

（2）备份的名称

是指生成的备份包的名称。

（3）INIT

表示新的备份数据将覆盖备份设备上原来的备份数据。

（4）NOINIT

表示新备份的数据将追加到备份设备上已备份数据的后面。

2. 差异备份语法格式

在完整备份的 WITH 子句中增加限定词 DIFFERENTIAL。

3. 事务日志备份语法格式

BACKUP LOG 数据库名 TO 备份设备(逻辑名|物理名)
[WITH[NAME='备份的名称'][,INIT|NOINIT]]

4. 文件和文件组备份的语法格式

BACKUP DATABASE 数据库名

［FILE＝'数据库文件的逻辑名'］|［FILEGROUP＝'数据库文件组的逻辑名'］

TO 备份设备(逻辑名|物理名)

［WITH［NAME＝'备份的名称'］［,INIT|NOINIT］］

## 四、恢复数据库的 T－SQL 语法

在 T－SQL 中，用 RESTORE DATABASE 命令恢复数据库，语法格式如下：

RESTORE DATABASE 数据库名 FROM 备份设备

［WITH［FILE＝n］［,NORECOVERY|RECOVERY］［,REPLACE］］

参数说明：

1. FILE＝n 指出从设备上的第几个备份中恢复。

2. RECOVERY 表示在数据库恢复完成后 SQL Server 2005 回滚被恢复的数据库中所有未完成的事务，以保持数据库的一致性。恢复完成后，用户就可以访问数据库了。RECOVERY 选项用于最后一个备份的还原。如果使用 NORECOVERY 选项，那么 SQL Server 2005 不回滚被恢复的数据库中所有未完成的事务，恢复后用户不能访问数据库。所以，进行数据库还原时，前面的还原应使用 NORECOVERY 选项，最后一个还原使用 RECOVERY 选项。

3. REPLACE 表示要创建一个新的数据库，并将备份还原到这个新的数据库，如果服务器上存在一个同名的数据库，则原来的数据库被删除。

## 任务实施

### 一、使用 SQL Server Management Studio 备份并恢复图书管理数据库

1. 创建备份设备

（1）在服务器实例的“对象资源管理器”中，展开“服务器对象”节点，选择“备份设备”，单击鼠标右键，弹出菜单，选择“新建备份设备”，如图 7—1—1 所示。

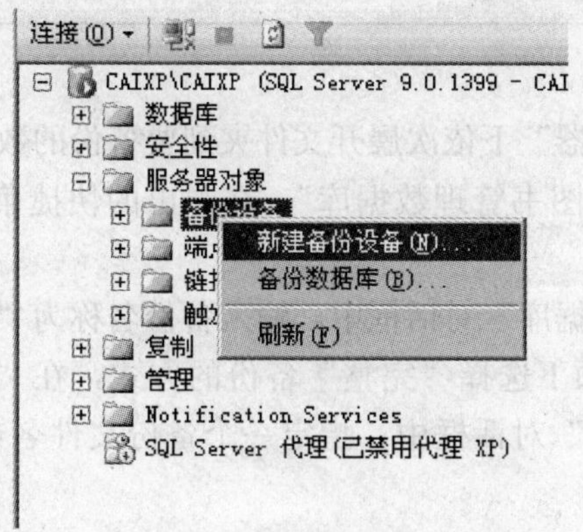


图 7—1—1　服务器属性菜单

（2）弹出如图 7—1—2 所示的“备份设备”对话框，在“设备名称”文本框中输入“图书管理数据库备份”。

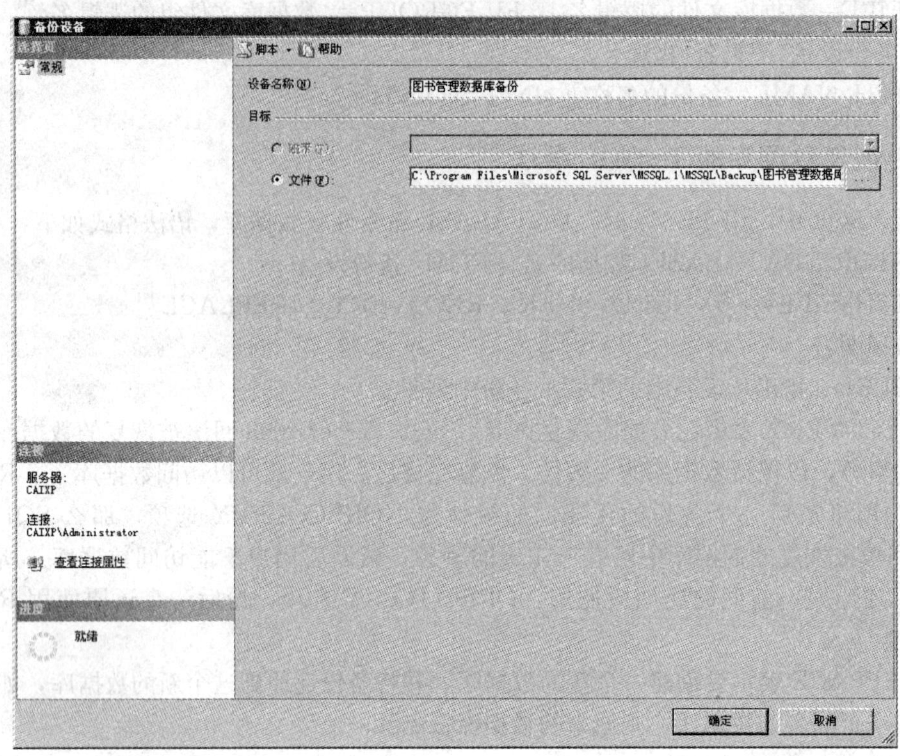


图 7—1—2　新建备份设备

（3）选择“文件”单选按钮并指定备份文件存放位置，单击“确定”按钮。

> 任务拓展：
>
> 如果有磁带备份机，在“备份设备”对话框中，选择“磁带”单选按钮，就可以选择磁带设备进行备份。

2. 进行数据库备份

（1）在“对象资源管理器”下依次展开文件夹到要备份的数据库“图书管理数据库”。

（2）用鼠标右键单击“图书管理数据库”，在弹出的快捷菜单中选择“任务/备份”命令，如图 7—1—3 所示。

（3）在弹出的“备份数据库”对话框中，输入备份名称为“图书管理数据库完整数据库备份”。在“备份类型”选项下选择“完整”备份的方式，在“目标”区域中单击“添加”按钮，并在“选择备份目标”对话框中，指定一个备份文件名或备份设备，操作结果如图 7—1—4 所示。

（4）打开“备份数据库”对话框中的“选项”标签，可以对数据库备份操作进行设置，包括覆盖媒体、可靠性、事务日志等，本处使用默认设置，如图 7—1—5 所示。

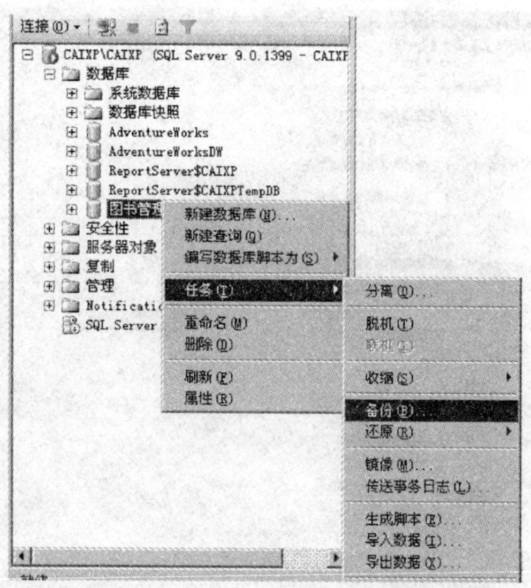


图 7—1—3　新建数据库备份

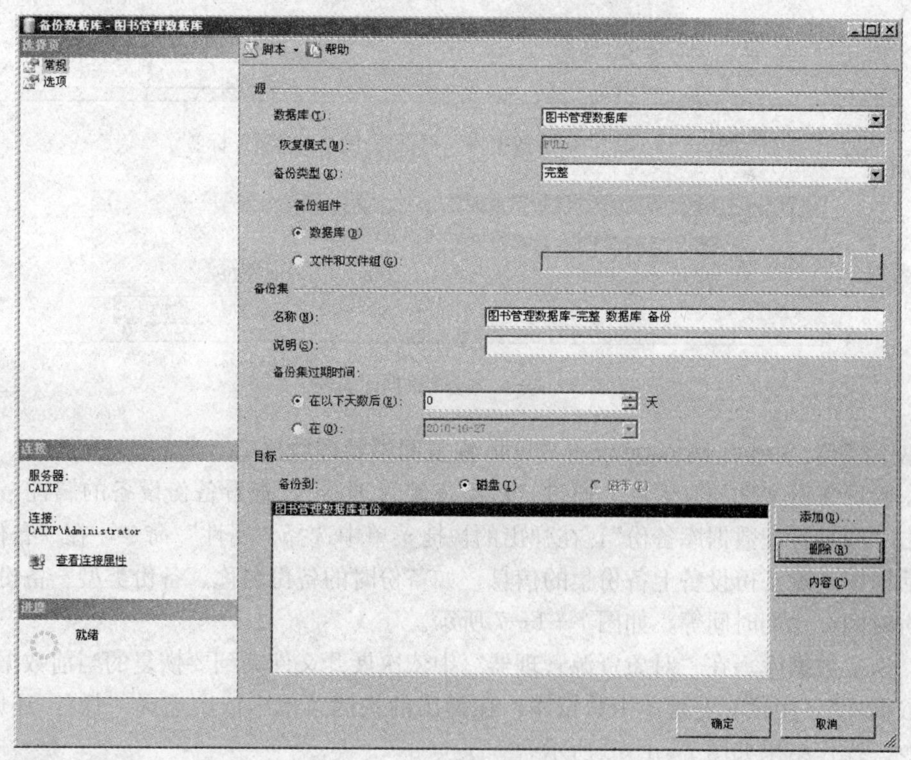


图 7—1—4　备份数据库

(5) 单击“备份数据库”对话框里的“确定”按钮，开始执行备份操作，此时会出现相应的提示信息。单击“确定”按钮，完成数据库备份，如图 7—1—6 所示。

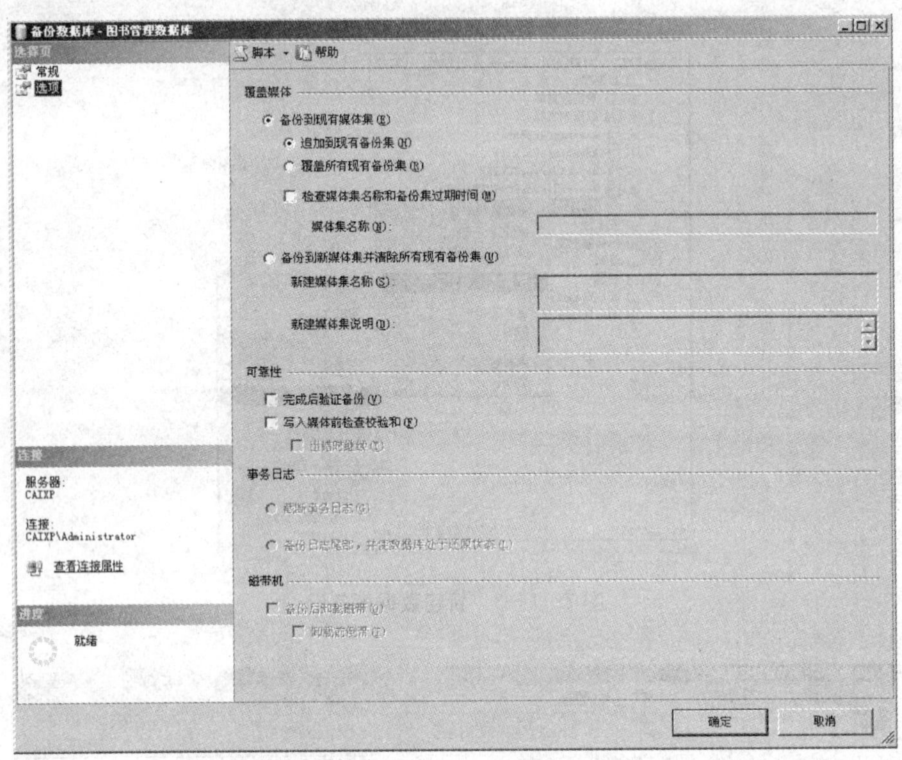


图 7—1—5 “备份数据库”对话框中的“选项”标签

图 7—1—6 完成数据库备份

3. 使用 SQL Server Management Studio 恢复图书管理数据库

(1) 验证备份文件的有效性。通过“对象资源管理器”，查看备份设备的属性，用鼠标右键单击“图书管理数据库备份”，在弹出的快捷菜单中选择“属性”命令，在“备份设备”属性对话框中查看备份设备上备份集的信息，如备份时的备份名称、备份类型、备份的数据库、备份时间、过期时间等，如图 7—1—7 所示。

(2) 恢复数据库。在“对象资源管理器”中依次展开文件夹到要恢复的当前数据库“图书管理数据库”，用鼠标右键单击数据库，在弹出的快捷菜单中依次选择“任务/还原/数据库”命令。操作结果如图 7—1—8 所示。

(3) 在弹出的“还原数据库”对话框中选择“目标数据库”为“图书管理数据库”。在“目标时间点”文本框里设置还原的时间，对于完全恢复数据库备份，只能恢复到完整备份完成的时间点。在“源数据库”下拉列表中选择已执行备份的数据库。在“选择用于还原的备份集”区域选择该数据库已有的备份集“图书管理数据库备份”。如图 7—1—9 所示。

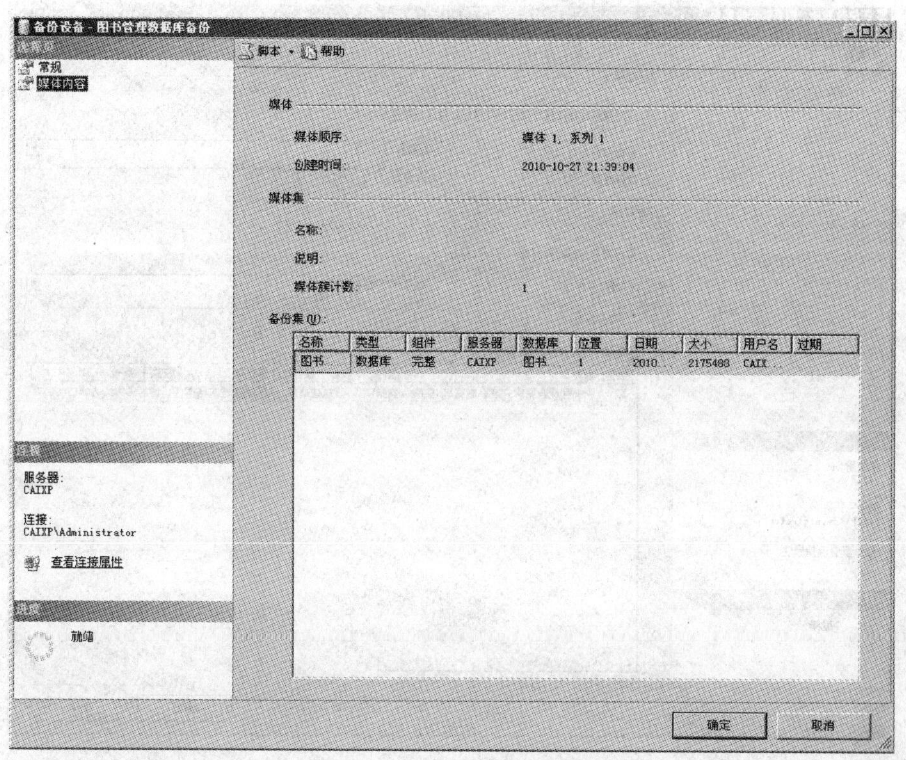


图 7—1—7　查看数据库备份

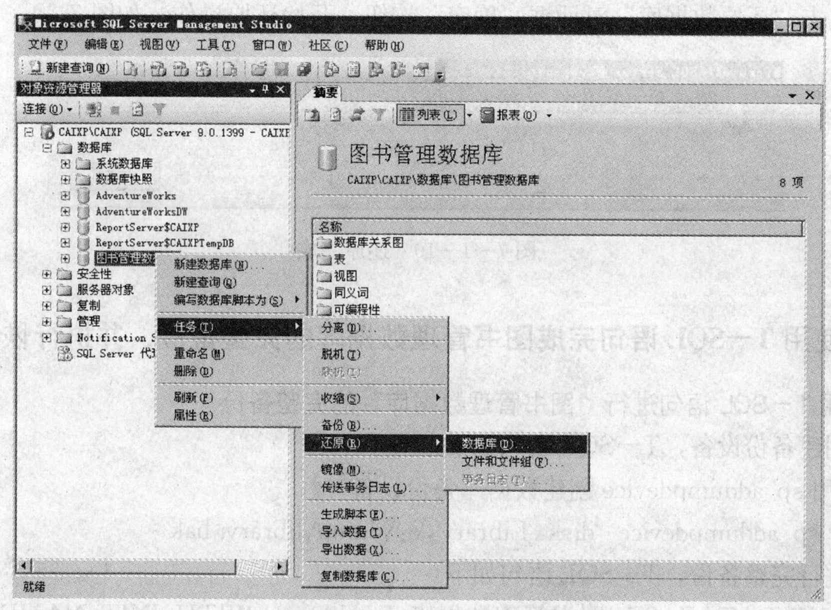


图 7—1—8　还原数据库引导

(4) 单击“还原数据库”对话框的“选项”标签，还可以对其他一些选项进行按需设置，本书在此处采用默认设置。

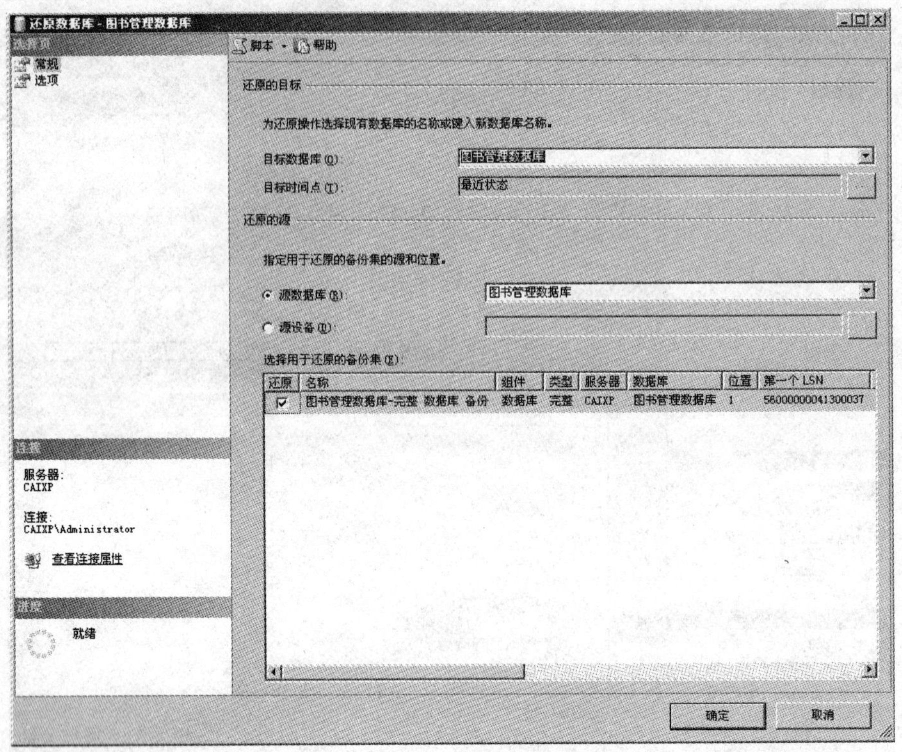


图 7—1—9　还原数据库

（5）单击“还原数据库”对话框“确定”按钮，开始还原操作。如图 7—1—10 所示。

图 7—1—10　还原完成

## 二、使用 T－SQL 语句完成图书管理数据库的完整备份，并执行恢复

1. 使用 T－SQL 语句进行“图书管理数据库”的完整备份

（1）创建备份设备，T－SQL 语句如下：

```
/＊使用 sp addumpdevice 创建数据库备份设备＊/
EXEC sp_addumpdevice 'disk','Library','c:\dump\library.bak'
```

（2）进行完整备份，T－SQL 语句如下：

```
BACKUP DATABASE 图书管理数据库 TO library WITH INIT,NAME='Library-Bak'
```

运行结果如图 7—1—11 所示。

（3）使用 T－SQL 语句查看并验证备份文件的有效性，语句如下：

消息

已为数据库 '图书管理数据库'，文件 'tsgldb' (位于文件 1 上)处理了 248 页。
已为数据库 '图书管理数据库'，文件 'sysft_图书管理数据库' (位于文件 1 上)处理了 114 页。
已为数据库 '图书管理数据库'，文件 'tsgldb_log' (位于文件 1 上)处理了 161 页。
BACKUP DATABASE 成功处理了 522 页，花费 1.810 秒(2.361 MB/秒)。

图 7—1—11　备份数据库

```
/*查看头信息*/
RESTORE HEADERONLY FROM
    disk='c:\dump\LibraryDeff.bak'
RESTORE FILELISTONLY FROM Library
/*查看文件列表*/
RESTORE FILELISTONLY FROM
        disk='c:\dump\LibraryDeff.bak'
RESTORE FILELISTONLY FROM Library
/*验证有效性*/
RESTORE VERIFYONLY FROM
      disk='c:\dump\LibraryDeff.bak'
RESTORE VERIFYONLY FROM Library
```

运行结果如图 7—1—12 所示。

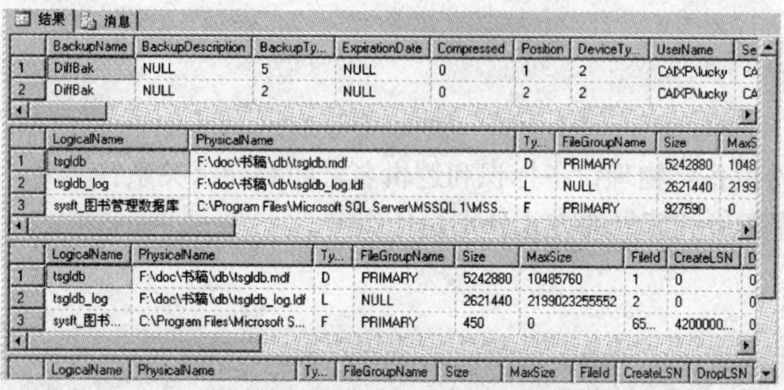

结果　消息

| | BackupName | BackupDescription | BackupTy... | ExpirationDate | Compressed | Position | DeviceTy... | UserName | Se |
|---|---|---|---|---|---|---|---|---|---|
| 1 | DiffBak | NULL | 5 | NULL | 0 | 1 | 2 | CAIXP\lucky | CA |
| 2 | DiffBak | NULL | 2 | NULL | 0 | 2 | 2 | CAIXP\lucky | CA |

| | LogicalName | PhysicalName | Ty... | FileGroupName | Size | MaxS |
|---|---|---|---|---|---|---|
| 1 | tsgldb | F:\doc\书稿\db\tsgldb.mdf | D | PRIMARY | 5242880 | 1048 |
| 2 | tsgldb_log | F:\doc\书稿\db\tsgldb_log.ldf | L | NULL | 2621440 | 2199 |
| 3 | sysft_图书管理数据库 | C:\Program Files\Microsoft SQL Server\MSSQL.1\MSS... | F | PRIMARY | 927590 | 0 |

| | LogicalName | PhysicalName | Ty... | FileGroupName | Size | MaxSize | FileId | CreateLSN | D |
|---|---|---|---|---|---|---|---|---|---|
| 1 | tsgldb | F:\doc\书稿\db\tsgldb.mdf | D | PRIMARY | 5242880 | 10485760 | 1 | 0 | 0 |
| 2 | tsgldb_log | F:\doc\书稿\db\tsgldb_log.ldf | L | NULL | 2621440 | 2199023255552 | 2 | 0 | 0 |
| 3 | sysft_图书... | C:\Program Files\Microsoft S... | F | PRIMARY | 450 | 0 | 65... | 4200000... | 0 |

| | LogicalName | PhysicalName | Ty... | FileGroupName | Size | MaxSize | FileId | CreateLSN | DropLSN |
|---|---|---|---|---|---|---|---|---|---|

图 7—1—12　查看并验证备份文件

2. 实现数据库的恢复

（1）直接恢复数据库，T－SQL 语句如下：

```
RESTORE DATABASE 图书管理数据库 FROM Library
```

（2）对“图书管理数据库”进行一次差异备份，然后使用 RESTORE　DATABASE 语句进行数据库备份的还原。SQL 语句如下：

```
BACKUP DATABASE 图书管理数据库 TO Library
    WITH DIFFERENTIAL,NAME='LibraryBak'
/*进行事务日志备份*/
BACKUP LOG 图书管理数据库 TO Library
    WITH NOINIT,NAME='LibraryBak'
GO
```

```
/＊确保不再使用图书管理数据库＊/
USE 图书管理数据库
/＊还原数据库完整备份＊/
RESTORE DATABASE 图书管理数据库 FROM Library
    WITH FILE=1,NORECOVERY
/＊还原数据库差异备份＊/
RESTORE DATABASE 图书管理数据库 FROM Library
WITH FILE=2,RECOVERY
```

运行后显示结果如图 7—1—13 所示。

```
消息
已为数据库 '图书管理数据库'，文件 'tsgldb' (位于文件 2 上)处理了 40 页。
已为数据库 '图书管理数据库'，文件 'sysft_图书管理数据库' (位于文件 2 上)处理了 1 页。
已为数据库 '图书管理数据库'，文件 'tsgldb_log' (位于文件 2 上)处理了 163 页。
BACKUP DATABASE WITH DIFFERENTIAL 成功处理了 203 页，花费 0.489 秒(3.389 MB/秒)。
已为数据库 '图书管理数据库'，文件 'tsgldb_log' (位于文件 3 上)处理了 1 页。
BACKUP LOG 成功处理了 1 页，花费 0.077 秒(0.013 MB/秒)。
已为数据库 '图书管理数据库'，文件 'tsgldb' (位于文件 1 上)处理了 248 页。
已为数据库 '图书管理数据库'，文件 'tsgldb_log' (位于文件 1 上)处理了 161 页。
已为数据库 '图书管理数据库'，文件 'sysft_图书管理数据库' (位于文件 1 上)处理了 114 页。
RESTORE DATABASE 成功处理了 523 页，花费 1.104 秒(3.874 MB/秒)。
已为数据库 '图书管理数据库'，文件 'tsgldb' (位于文件 2 上)处理了 40 页。
已为数据库 '图书管理数据库'，文件 'tsgldb_log' (位于文件 2 上)处理了 163 页。
已为数据库 '图书管理数据库'，文件 'sysft_图书管理数据库' (位于文件 2 上)处理了 1 页。
RESTORE DATABASE 成功处理了 203 页，花费 0.638 秒(2.599 MB/秒)。
```

图 7—1—13　恢复数据库

## 思考与练习

### 一、思考题

1. 什么是备份设备？物理设备标识和逻辑名之间有什么关系？
2. 4 种数据库备份和恢复的方式分别是什么？

### 二、操作题

使用两种方式完成系统“图书管理数据库”的完整备份与恢复。

# 课题二　数据库的导入导出与分离附加

## 任务　数据库的导入导出与分离附加

**教学目标**

- 了解数据导入导出的意义
- 掌握 SQL Server 导入、导出数据的方法
- 掌握数据库分离与附加

## 任务引入

在数据库的实际应用中，经常需要在不同格式的数据之间进行互相转换，比如将Excel格式的数据与SQL Server数据库中的数据互相转换，SQL Server数据库服务器为此提供了数据导入与导出功能。如果要将一台SQL Server数据库服务器中的数据完整地转移到另一台SQL Server数据库服务器中，就要使用SQL Server数据库提供的分离与附加功能。在SQL Server 2005中完成如下任务：

1. 导出“图书管理数据库”中的“读者信息表”到“D:\读者信息表.xls”文件中。
2. 将“D:\读者信息表.xls”文件中的数据导入到“excelDB数据库”中。
3. 在SQL Server 2005中分离数据库“图书管理数据库”。
4. 重新附加“图书管理数据库”到SQL Server 2005数据库服务器中。

## 任务分析

SQL Server可以导入导出的数据源包括文本文件、ODBC数据源、OLE DB数据源、ASCII文本文件和Excel电子表格等，导入导出操作都可以使用SQL Server数据库提供的向导来完成，在导入数据时，应注意原数据文件中数据表的列顺序要与SQL Server数据表中列的顺序相一致。

数据库的分离与附加在需要快速复制数据库时是一个很方便的办法，分离和附件时都要重点关注数据库分件的存放位置，否则容易出现“找不到文件”或“附加不成功”等错误。

## 相关知识

### 一、数据的导入导出

在实际的使用中，用户使用的可能是不同的数据库平台，这就需要在不同数据库平台间转移数据。在SQL Server 2005数据库中，数据与其他数据系统进行转移数据可以通过SSIS（SQL Server Integration Services）或者SQL Server 2005数据库导入导出向导两种方式来实现。

导入数据是从外部数据源中检索数据，并将数据插入到SQL Server表的过程；导出数据是将SQL Server数据库中的数据转换为某种用户指定格式的数据库的过程。

SQL Server可以导入导出的数据源包括文本文件、ODBC数据源、OLE DB数据源、ASCII文本文件和Excel电子表格等。

### 二、SQL Server数据库的分离与附加

SQL Server 2005允许分离数据库的数据和事务日志文件，然后将其重新附加到另一台服务器。这对快速复制数据库是一个很方便的办法。分离数据库将从SQL Server 2005删除数据库，但是保持组成该数据库的数据和事务日志文件中的数据库完好无损。然后这些数据和事务日志文件可以用来将数据库转移到任何SQL Server 2005服务器实例上。

将数据库文件复制到另一个SQL Server 2005服务器的计算机上，并让该服务器来管理

它，这个过程叫做附加数据库。附加数据库时，必须指定主数据文件的名称和物理位置。主数据文件中包含有查找组成数据库的其他文件所需的信息。如果有文件改变了位置，应指出所有改变位置的文件，否则，SQL Server 2005 将试图基于存储在主数据文件中的不正确的文件位置信息附加文件。

## 任务实施

### 一、导出“图书管理数据库”中的“教工”表数据到“D: \ 教工表 . xls”文件

1. 在对象资源管理器下依次展开文件夹到要导出数据的数据库“图书管理数据库”。

2. 用鼠标右键单击数据库名称，在弹出的快捷菜单中依次选择“任务”→“导出数据”，出现如图 7—2—1 所示的“选择数据源”界面。

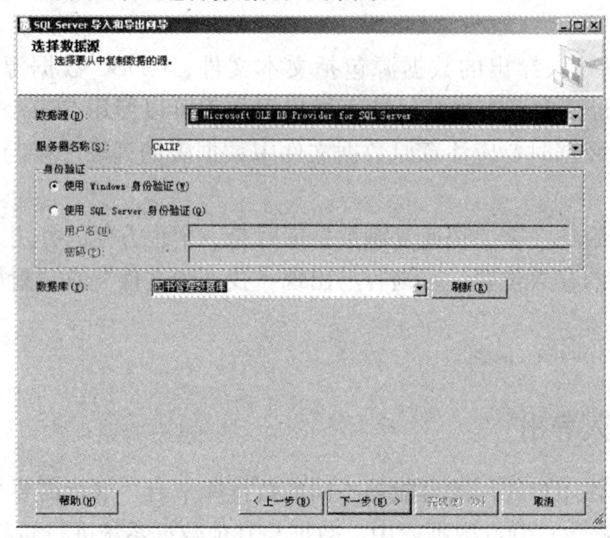

图 7—2—1　选择数据源

3. 在“数据源”下拉列表中选择“Microsoft 0LE DB Provider for SQL Server”。在“服务器名称”文本框中输入或选择 SQL Server 服务器名，并选择服务器的登录方式。单击“刷新”按钮，使所选服务器上的所有数据库出现在“数据库”下拉列表中，然后选择要导出的数据库，这里的默认数据库就是要导出的“图书管理数据库”。

4. 单击“下一步”按钮，出现“选择目标”界面，如图 7—2—2 所示。在“目标”下拉列表中，选择目标数据系统，它们可以是文本文件、Excel 表、Access 数据库、Oracle 数据库等，这里选择 Microsoft Excel，并将“Excel 文件路径”设置为“D: \ 教工表 . xls”。

5. 单击“下一步”按钮，出现如图 7—2—3 所示对话框。该对话框确定从数据库中如何获得数据，可有如下两种选择。

(1)“复制一个或多个表和视图的数据”

从数据库中导出指定的表和视图。

(2)“编写查询以指定要传输的数据”

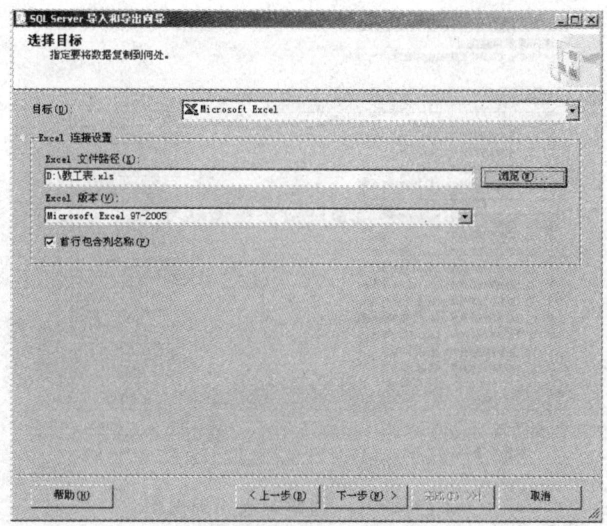


图 7—2—2 选择目标

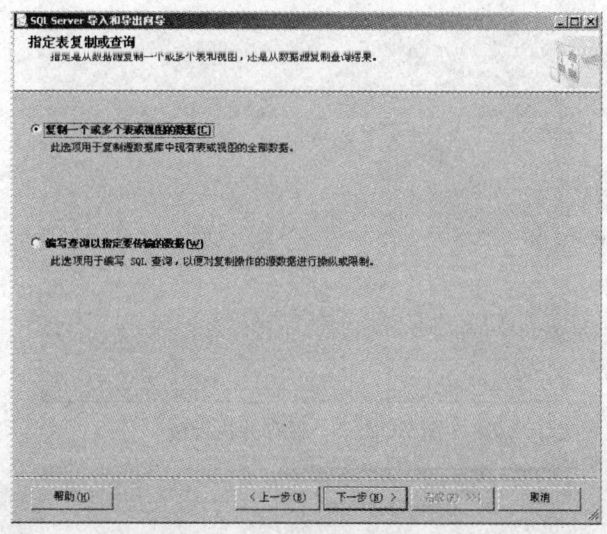


图 7—2—3 指定表复制或查询

从数据库中导出一条查询语句得到的结果。这里选择第一项，单击“下一步”按钮。

6. 选择要导出的表和视图。在如图 7—2—4 所示对话框中，选择要导出的表和视图。当在“源”列中选定一个表或视图后，在“目标”列中就会显示出与源表名相同的目标表的名称，默认时两者相同，也可以对其进行修改。本书在此处选择“读者信息表”。选择好后单击“下一步”按钮。

7. 选择好源和目标之后，会出现“保存并执行包”界面，如图 7—2—5 所示。在图中可以选择“立即执行”或“保存 SSIS 包”。选择默认值，然后单击“下一步”按钮，出现“完成该向导”界面，如图 7—2—6 所示。

8. 单击“完成”按钮，系统开始导出指定的表，如图 7—2—7 所示。

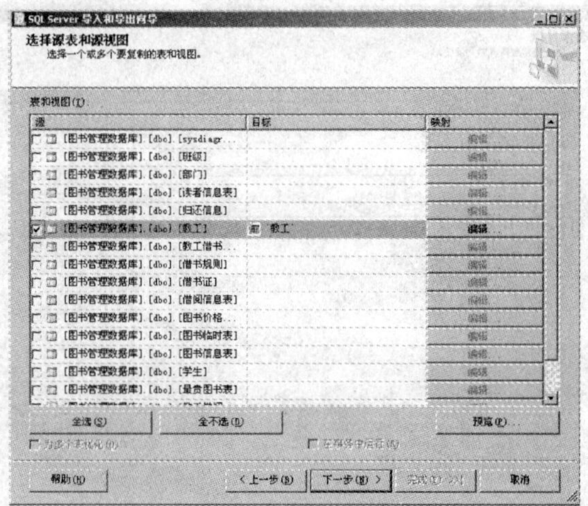


图 7—2—4　选择源表和源视图

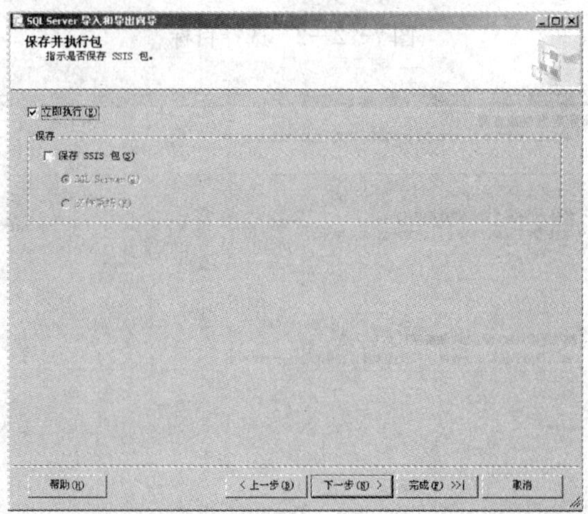


图 7—2—5　保存并执行包

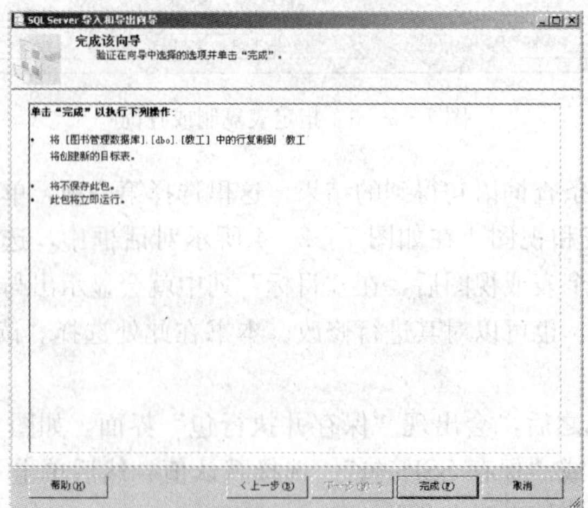


图 7—2—6　完成向导

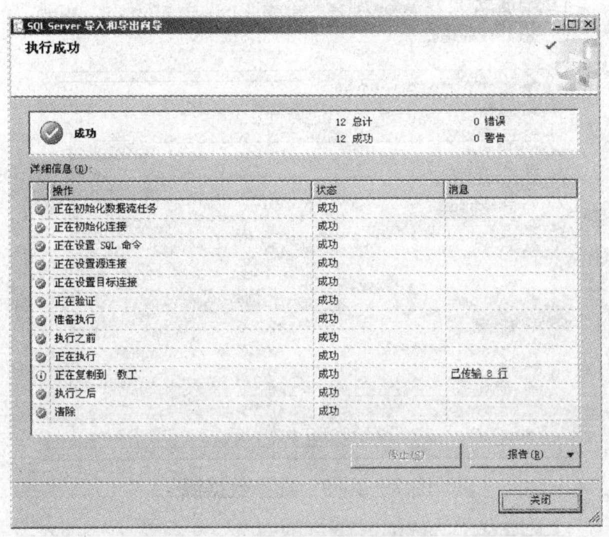


图 7—2—7　执行成功

9. 数据导出完成后，打开文件“D: \ 读者信息表 . xls”，其结果如图 7—2—8 所示。

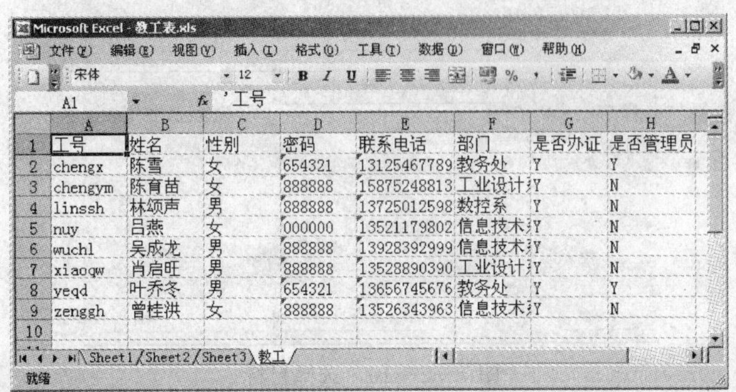

| | A | B | C | D | E | F | G | H |
|---|---|---|---|---|---|---|---|---|
| 1 | 工号 | 姓名 | 性别 | 密码 | 联系电话 | 部门 | 是否办证 | 是否管理员 |
| 2 | chengx | 陈雪 | 女 | 654321 | 13125467789 | 教务处 | Y | Y |
| 3 | chengym | 陈育苗 | 女 | 888888 | 15875248813 | 工业设计系 | Y | N |
| 4 | linssh | 林颂声 | 男 | 888888 | 13725012598 | 数控系 | Y | N |
| 5 | nuy | 吕燕 | 女 | 000000 | 13521179802 | 信息技术系 | Y | N |
| 6 | wuchl | 吴成龙 | 男 | 888888 | 13928392999 | 信息技术系 | Y | N |
| 7 | xiaoqw | 肖启旺 | 男 | 888888 | 13528890390 | 工业设计系 | Y | N |
| 8 | yeqd | 叶乔冬 | 男 | 654321 | 13656745676 | 教务处 | Y | Y |
| 9 | zenggh | 曾桂洪 | 女 | 888888 | 13526343963 | 信息技术系 | Y | N |
| 10 | | | | | | | | |

图 7—2—8　读者信息表 . xls

## 二、从“D: \ 教工表 . xls”文件中导入数据到“excelDB 数据库”中

1. 在对象资源管理器下依次展开文件夹到“数据库”文件夹，新建数据库 excelDB。

2. 用鼠标右键单击“excelDB”数据库，在弹出的快捷菜单中依次选择“任务”→“导入数据”，单击“下一步”按钮，进入到选择数据源的对话框，如图 7—2—9 所示。选择“数据源”类型为 Excel，为数据源指定为“D: \ 教工表 . xls”。钩选“首行包含列名称”时，是指数据源中的首行为列名行。

3. 单击“下一步”按钮，进入到“选择目标”界面时，选择数据库类型为 SQL Server，服务器名称为默认值，“数据库”选择新建立的数据库 excelDB，如图 7—2—10 所示。

4. 单击“下一步”按钮，进入到选择源表和源视图界面，选择“教工”，结果如图 7—2—11 所示。

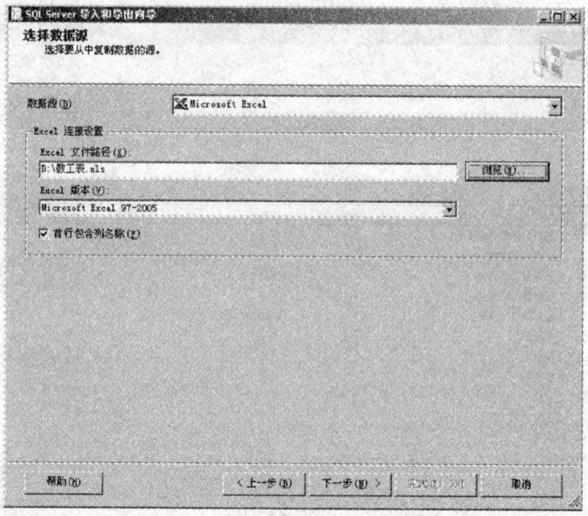

图 7—2—9 选择数据源

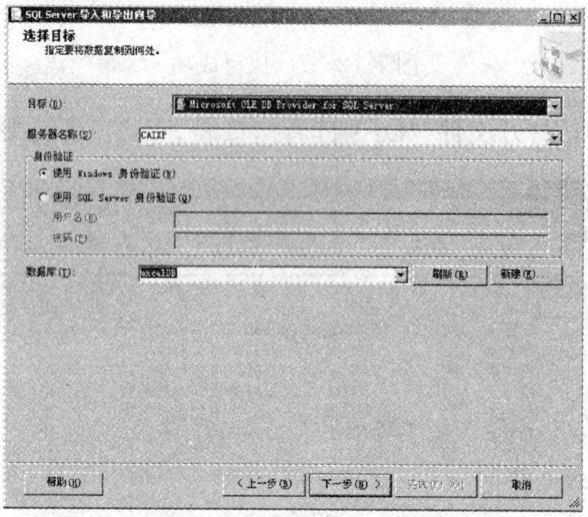

图 7—2—10 选择目标

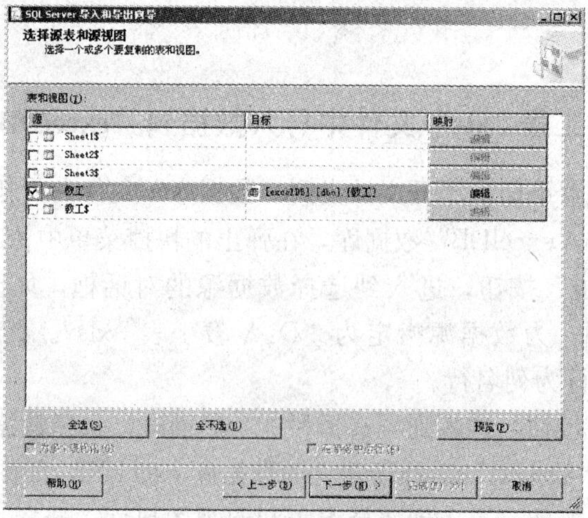

图 7—2—11 选择源表

5. 单击“下一步”按钮，在新出现的对话框中再单击“下一步”按钮，再单击“完成”按钮，开始导入数据，导入完成后单击“关闭”按钮，回到对象资源管理器。展开“数据库”文件夹，打开 excelDB 数据库，在数据表的详细列表中可以看到刚刚导入的数据表。

## 三、在 SQL Server 2005 中分离数据库“图书管理数据库”

1. 在 SQL Server Management Studio 对象资源管理器下依次展开文件夹到要分离的数据库“图书管理数据库”，用鼠标右键单击数据库名称，在弹出的快捷菜单中选择“属性”，弹出“数据库属性－图书管理数据库”对话框，如图 7—2—12 所示，单击“选项”标签，在“其他选项”窗格中，向下滚动到“状态”选项，选择“限制访问”选项，在其下拉列表中，选择“Single”，单击“确定”按钮完成设置。

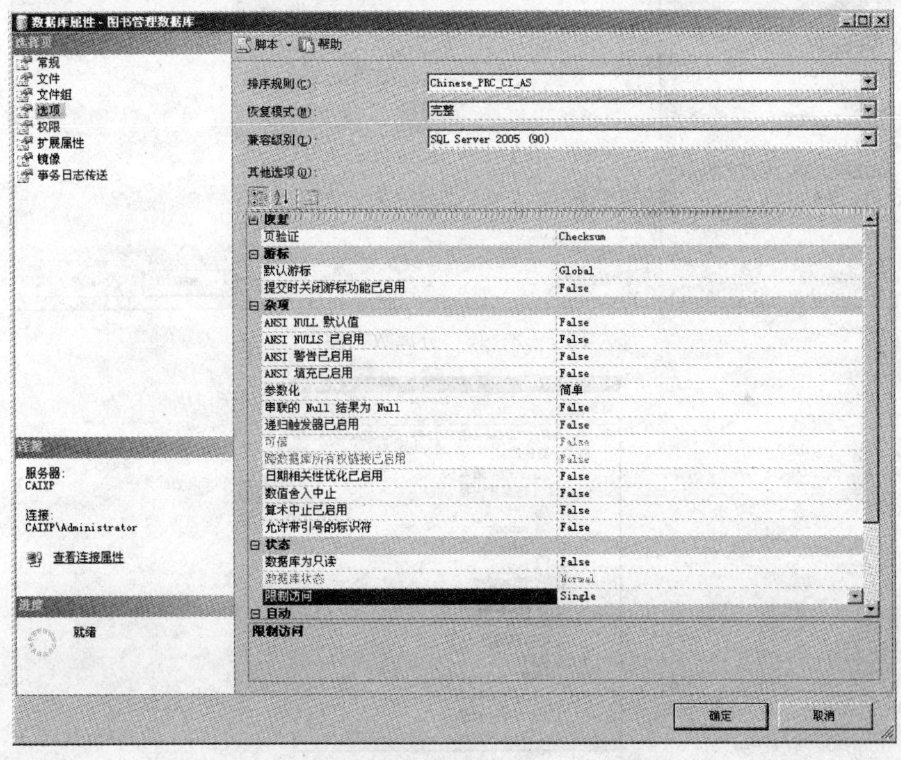


图 7—2—12　数据库属性－图书管理数据库

2. 用鼠标右键单击数据库名称，在弹出的快捷菜单中依次选择“任务”→“分离”。出现如图 7—2—13 所示对话框（注意：该菜单只有 sysadmin 固定服务器角色成员可用，不能分离 master、model 和 tempdb 数据库）。

3. 检查数据库的状态。状态为“就绪”时才可以分离数据库。如果还有任何的数据库连接，则都不能分离数据库，可选中“删除连接”复选框来断开与所有活动连接的连接。

4. 单击“确定”按钮完成“图书管理数据库”的分离，如图 7—2—14 所示，SQL Server 2005 数据库服务器中已经看不到该数据库。

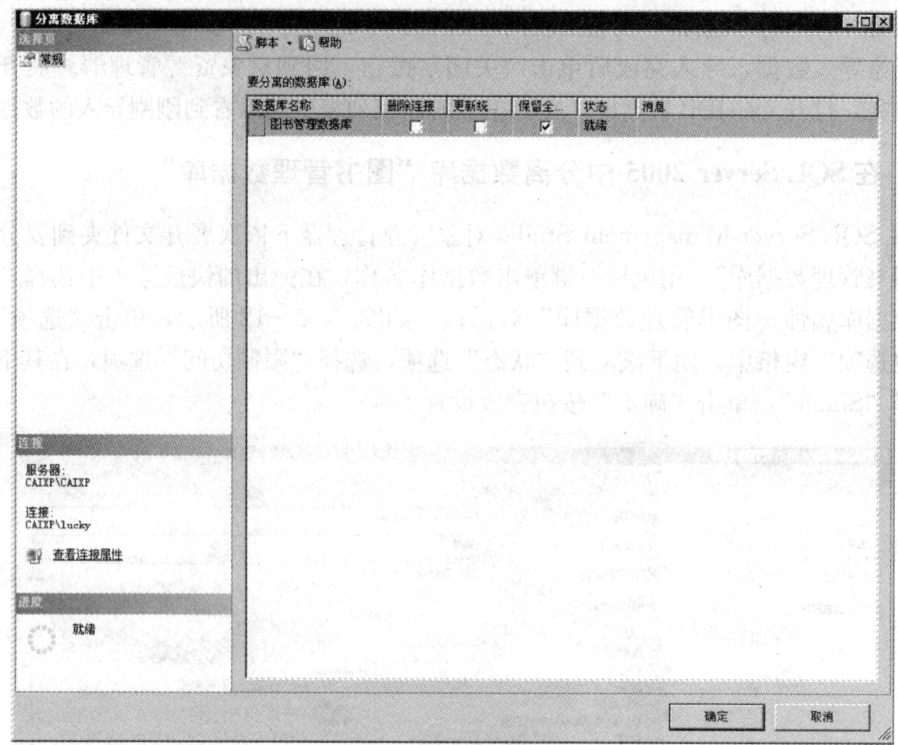


图 7—2—13　分离数据库

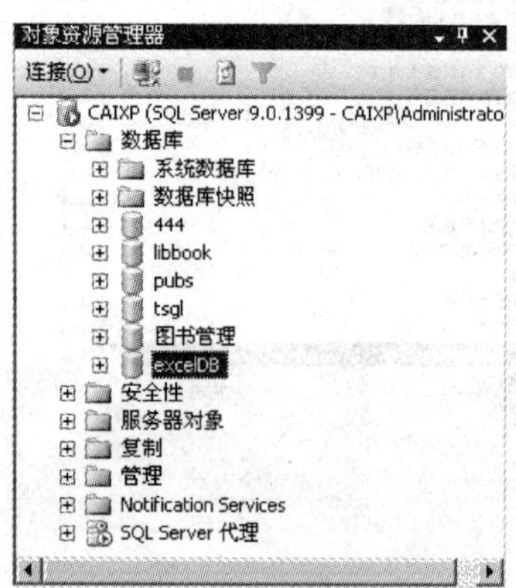


图 7—2—14　分离数据库结果

## 四、重新附加“图书管理数据库”到 SQL Server 2005 数据库服务器中

1. 在 SQL Server Management Studio 对象资源管理器下依次展开文件夹到要附加数据库的“数据库”文件夹，单击鼠标右键，在弹出的快捷菜单上选择“附加”，如图 7—2—15 所示。

2. 在“附加数据库”对话框中，单击“要附加的数据库”列表框下“添加”按钮，找到要附加的数据库的 . mdf 文件，单击“确定”按钮返回“附加数据库”对话框，如图 7—2—16 所示。

图 7—2—15　附加数据库引导

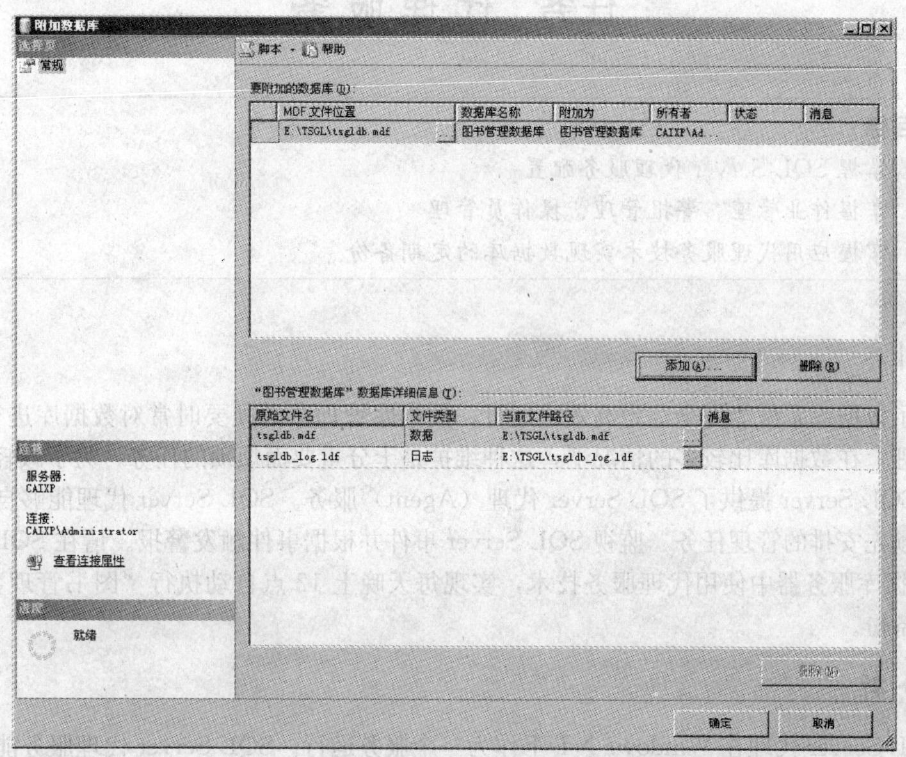


图 7—2—16　附加数据库

3. 单击“确定”按钮完成附加数据库的操作。

## 思考与练习

### 一、思考题

1. 什么是数据的导入导出？实现数据的导入导出有什么意义？
2. 什么是数据库的分离与附加？主要用在什么地方？

## 二、操作题

1. 导出“图书管理数据库”中“图书信息表”到 ACCESS 数据库中。

2. 将图书管理数据库的数据库文件复制到另一目录，例如 E：\ 上，然后实现数据库附加。

# 课题三　数据代理服务

## 任务　代理服务

**教学目标**

- ◆ 掌握 SQL Server 代理服务配置
- ◆ 掌握作业管理、警报管理、操作员管理
- ◆ 掌握应用代理服务技术实现数据库的定期备份

### 任务引入

为了数据库系统能安全稳定高效地运行，数据库管理员必须要时常对数据库进行维护、优化管理，在数据库比较多的情况下，这种维护是十分重要而烦琐的任务，为了减轻管理员负担，SQL Server 提供了 SQL Server 代理（Agent）服务。SQL Server 代理能够自动执行管理员预先安排的管理任务、监视 SQL Server 事件并根据事件触发警报。请在 SQL Server 2005 数据库服务器中使用代理服务技术，实现每天晚上 12 点自动执行“图书管理数据库”的完整备份。

### 任务分析

SQL Server 代理在 Windows NT 下作为一个服务运行。SQL Server 代理服务能够自动执行管理员安排的每天必须进行的固定不变的任务，还可以在服务器发生异常事件时，自动发出通知，以便让操作人员及时获得信息并作出处理。SQL Server 代理服务由三个部分组成：作业（job）、操作员（operator）、警报（alert）。使用 SQL Server 代理服务需要进行以下四个方面的配置和管理，包括：（1）SQL Server 代理服务的配置；（2）操作员管理；（3）作业管理；（4）警报管理。

### 相关知识

SQL Server 代理是 SQL Server 的组件之一，它实现 SQL Server 代理服务，负责自动执行 SQL Server 管理任务。SQL Server 代理主要由作业、操作员和警报组成。

作业是一系列由 SQL Server 代理按顺序执行的指定操作，作业的操作用 T－SQL 语句、操作系统命令和脚本语言编写。作业是 SQL Server 代理的核心，它直接关系到 SQL Server 代理完成下达任务的情况。作业可手工执行、自动执行或定期执行，作业调度管理是实现管理任务自动化的一种重要方式。

操作员是数据库管理人员，负责数据库系统的日常运行和维护，操作员需有网络账户或电子邮件地址以接收警报通知。

警报是指发生特定事件，如发生特定的错误或某种严重级别的错误，或者用户自定义的错误时所采取的措施。警报可以使 SQL Server 在出现错误时自动执行预定作业，同时也可以通过电子邮件、呼叫程序、网络发送三种方式通知相关操作员，警报是维护 SQL Server 数据库的重要手段。

## 任务实施

### 一、配置代理服务器的基本属性

1. 在 SQL Server Management Studio 的对象资源管理器中，依次展开“服务器”→“SQL Server 代理”，单击鼠标右键，在弹出菜单中选择“属性”，则出现 SQL Server 代理属性对话框，选择“常规”选项卡，如图 7—3—1 所示。钩选“代理服务”分组框中的两个复选框，设定发生 SQL Server 意外停止、SQL Server 代理意外停止时自动重新启动。在“错误日志”中设置错误日志文件的存放位置。

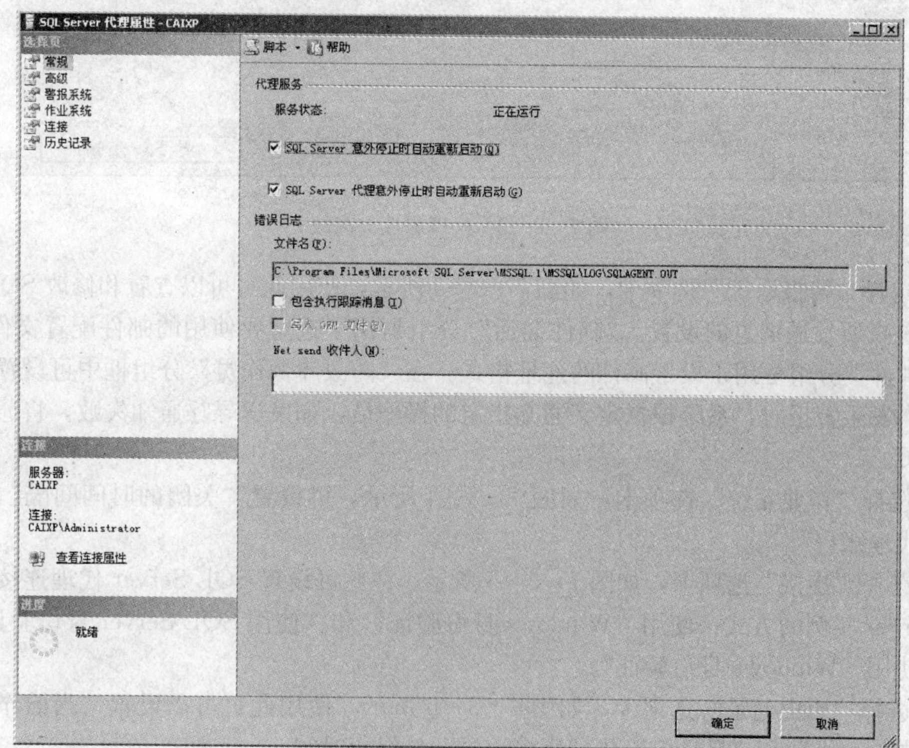


图 7—3—1　代理属性－常规

2. 选择“高级”选项卡，如图 7—3—2 所示，在“转发 SQL Server 事件”分组框中，可以将 SQL Server 代理设置为把一些或全部的事件转发到其他服务器。利用这个功能就可以用一台服务器将其他的服务器的警报信息管理起来，同时也要消耗一定的网络流量。在“CPU 闲置的条件”分组框中，可以定义“认为 CPU 为空闲”的条件。如果 CPU 平均使用率低于指定的百分比，并且保持了指定的时间，就认为 CPU 处于空闲状态。

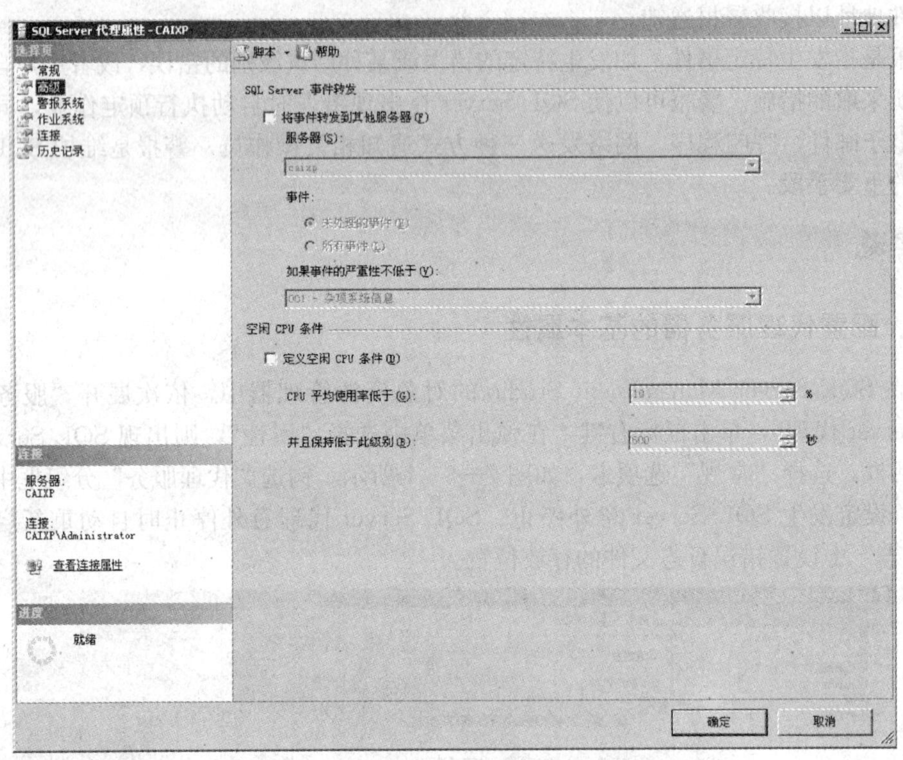


图 7—3—2　代理属性—高级

3. 选择“警报系统”选项卡，如图 7—3—3 所示，使用此页可以查看和修改 SQL Server 代理警报所发送消息的设置。“邮件会话”分组框用于选定要使用的邮件配置文件。“寻呼电子邮件”分组框用于设置邮件的地址格式。在“防故障操作员”分组框中可设置操作员名称，当发生警报时，系统根据定义通知指定的操作员，如发送寻呼通知失败，将通知防故障操作员。

4. 选择“作业系统”选项卡，如图 7—3—4 所示，可设置“关闭的时间间隔”和“作业步骤代理账户”。

5. 选择“连接”选项卡，如图 7—3—5 所示，在此可设置 SQL Server 代理连接到本地 SQL Server 实例的方式：使用“Windows 身份验证”和“使用 SQL Server 身份验证”，本书选择使用“Windows 身份验证”。

6. 选择“历史记录”选项卡，如图 7—3—6 所示，使用此页可以设置“当前作业历史记录日志的大小”和“自动删除代理历史记录”的保留时间。

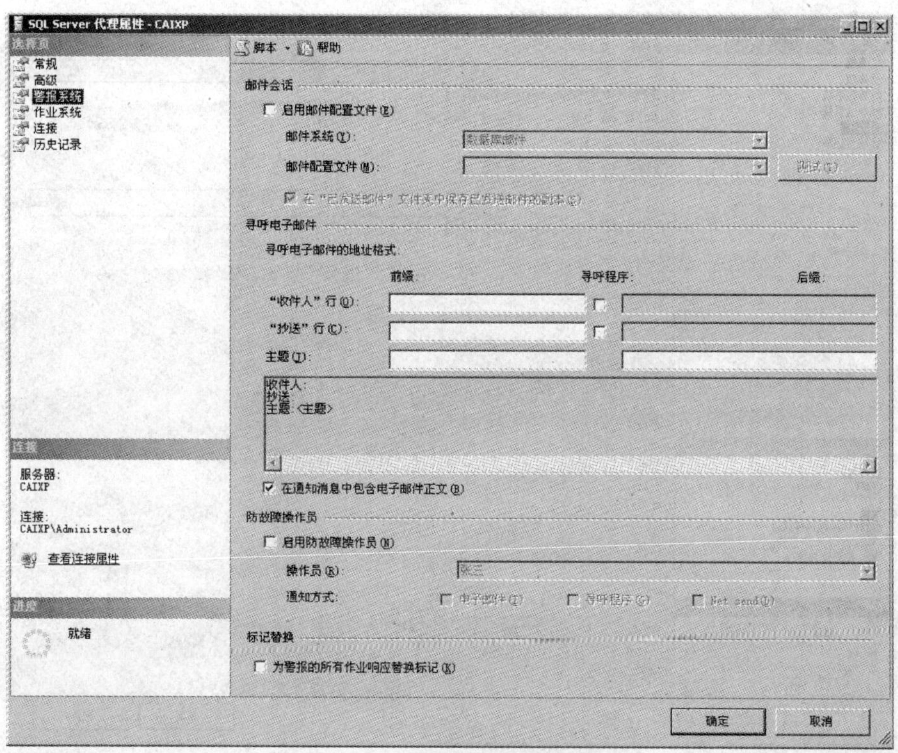


图 7—3—3　代理属性－警报系统

SQL Server 代理属性 - CAIXP
选择页
常规
高级
警报系统
作业系统
连接
历史记录
脚本
帮助
关闭超时间隔(秒)(V):
15
作业步骤代理帐户
使用非管理员代理帐户(T)
代理帐户设置
用户名(U):
密码(P):
域(D):
连接
服务器:
CAIXP
连接:
CAIXP\Administrator
查看连接属性
进度
就绪
确定
取消

图 7—3—4　代理属性－作业系统

图 7—3—5　代理属性—连接

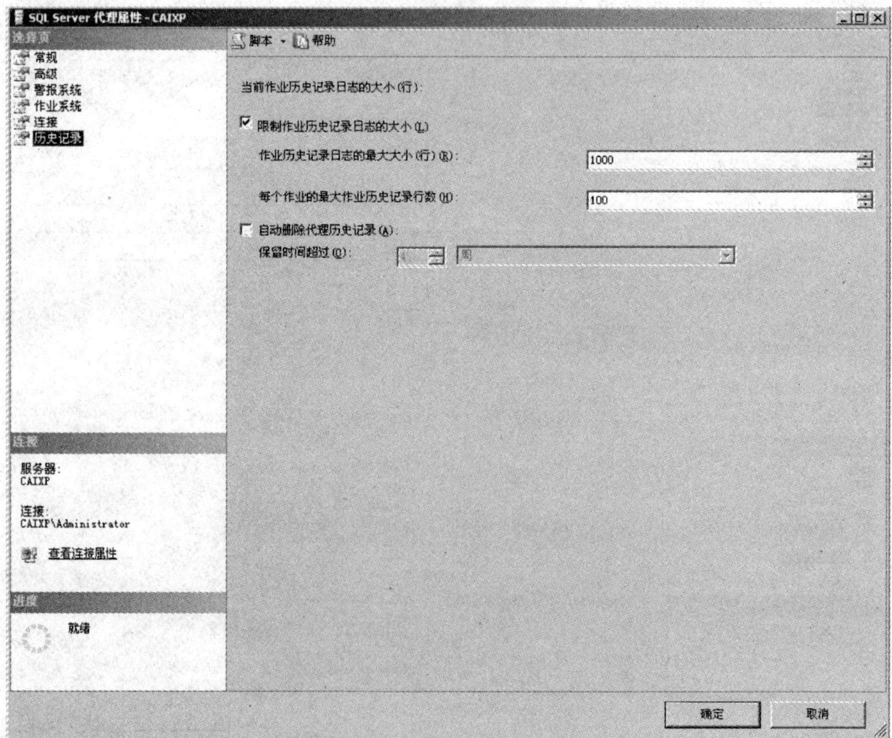


图 7—3—6　代理属性—历史记录

## 二、启动 SQL Server 代理服务

在“SQL Server Management Studio”的对象资源管理器中，选择“SQL Server 代理”，单击鼠标右键，弹出如图 7—3—7 所示菜单，选择“启动”，弹出如图 7—3—8 所示对话框，单击“是”按钮，启动 SQL Server 代理服务。

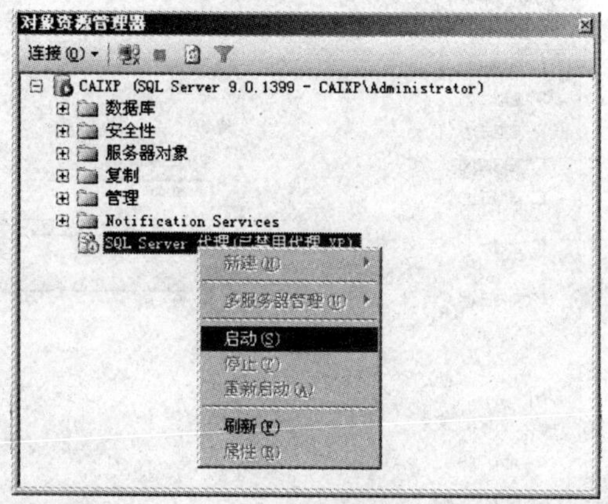


图 7—3—7　SQL Server 代理启动菜单

图 7—3—8　SQL Server 代理启动询问对话框

## 三、操作员管理

1. 使用“SQL Server Management Studio”管理工具创建操作员。在“SQL Server Management Studio”的对象资源管理器中，选择“SQL Server 代理”→“操作员”，打开右键菜单，选择“新建操作员”，弹出“新建操作员”对话框，在“常规”选择项卡中填写名称、通知选项、寻呼值班计划等项，如图 7—3—9 所示，单击“确定”按钮，完成操作员定义。

2. 修改与删除操作员。如若发现操作员定义出现错误，可对操作员定义进行修改或者删除，步骤如下：在“SQL Server Management Studio”的对象资源管理器中，选择“SQL Server 代理”→“操作员”→选择“操作员名称”，打开右键菜单，选择“属性”，在“操作员属性”对话框中可修改操作员设置，若在右键菜单中选择“删除”，则可删除操作员。

## 四、创建备份作业

1. 在 Microsoft SQL Server Management Studio 的对象资源管理器中，依次展开“服务器名称”→“SQL Server 代理”→“作业”，单击鼠标右键，选择“新建”，弹出“新建作业”对话框，选择“常规”选项卡，填写作业名称、所有者、类别、说明，如图 7—3—10 所示。

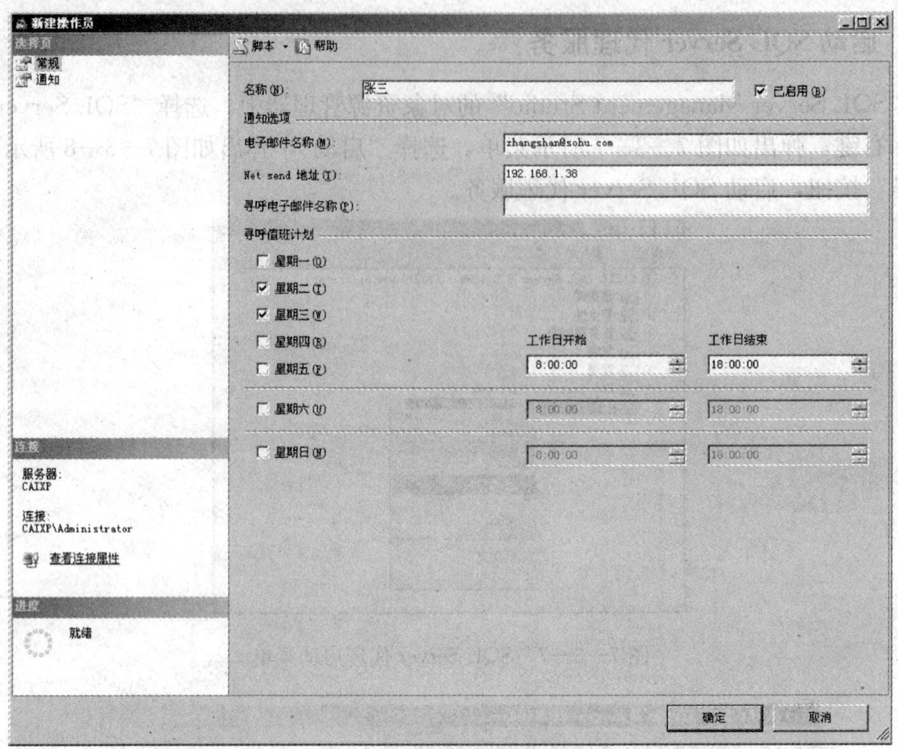


图 7—3—9　新建操作员一常规

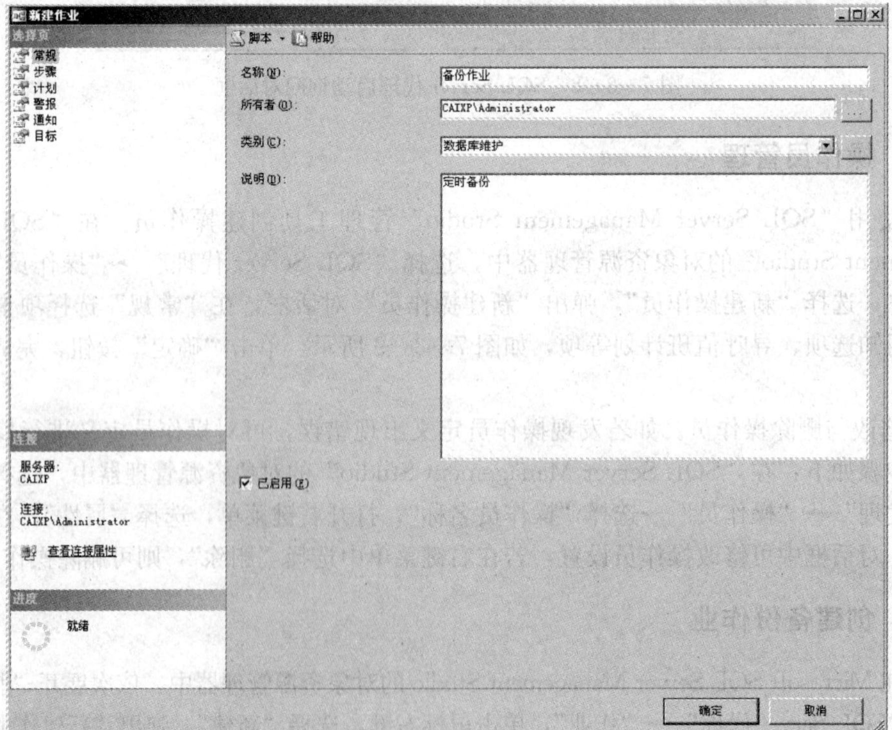


图 7—3—10　新建作业一常规

2. 选择“步骤”选项卡，打开作业的“步骤”属性对话框，如图 7—3—11 所示。

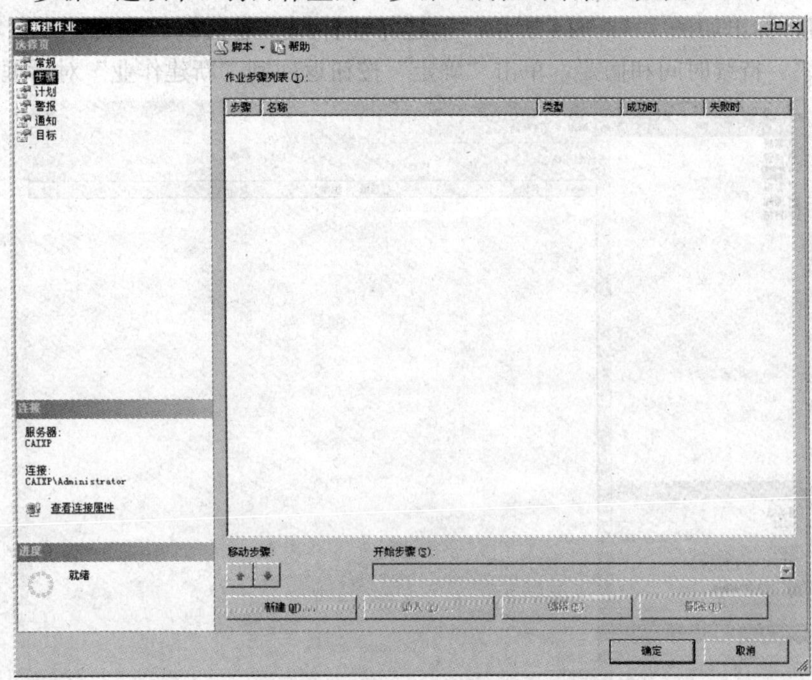


图 7—3—11　新建作业

单击“新建”按钮，弹出“新建作业步骤”对话框，填写“步骤名称”“运行身份”“数据库名称”“命令”，如图 7—3—12 所示，单击“确定”按钮返回到“新建作业”对话框。

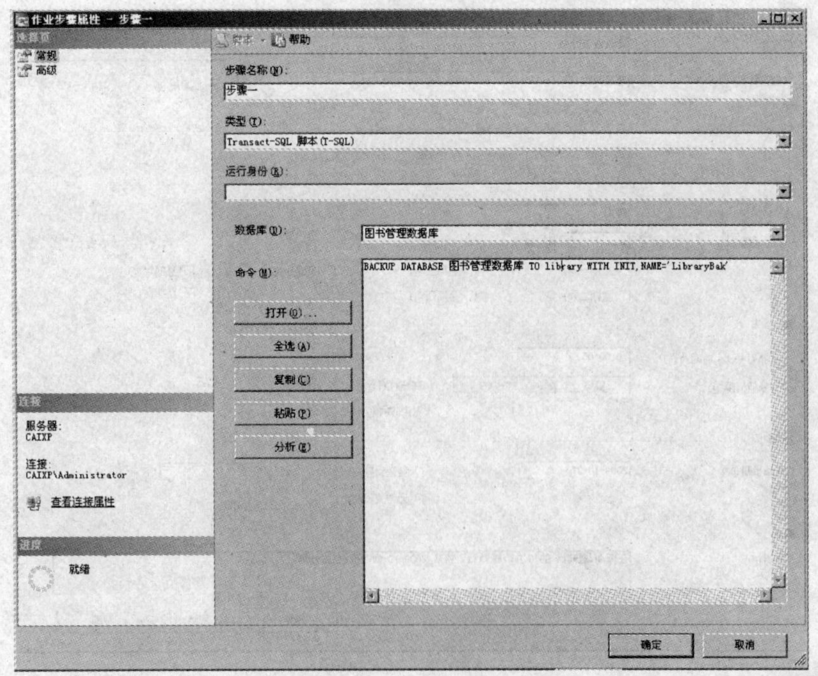


图 7—3—12　新建作业一步骤

3. 选择“计划”选项卡，进入作业“计划”属性对话框，如图 7—3—13 所示，单击“新建”按钮，弹出如图 7—3—14 所示“新建作业计划”对话框，填写计划名称、计划类型、计划频率、持续时间和摘要，单击“确定”按钮返回到“新建作业”对话框。

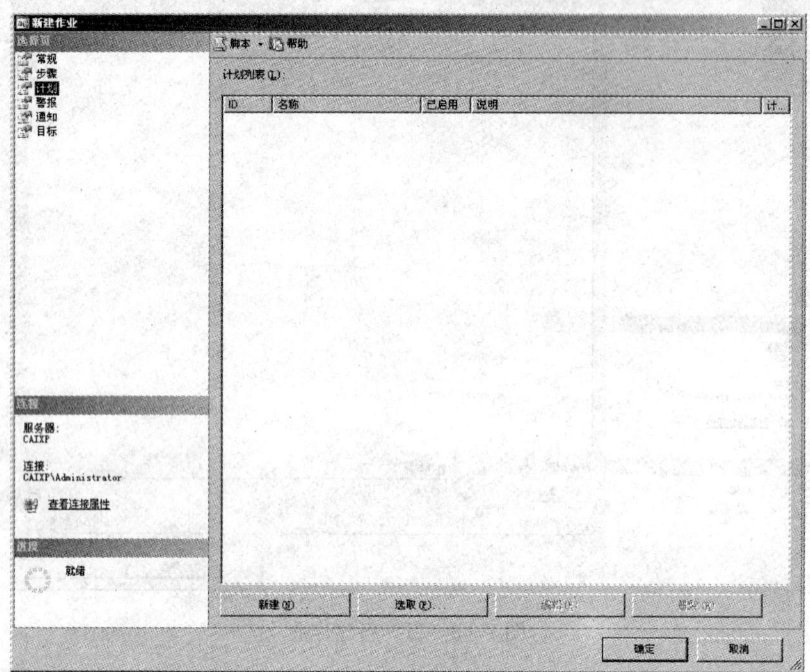


图 7—3—13　新建作业－计划

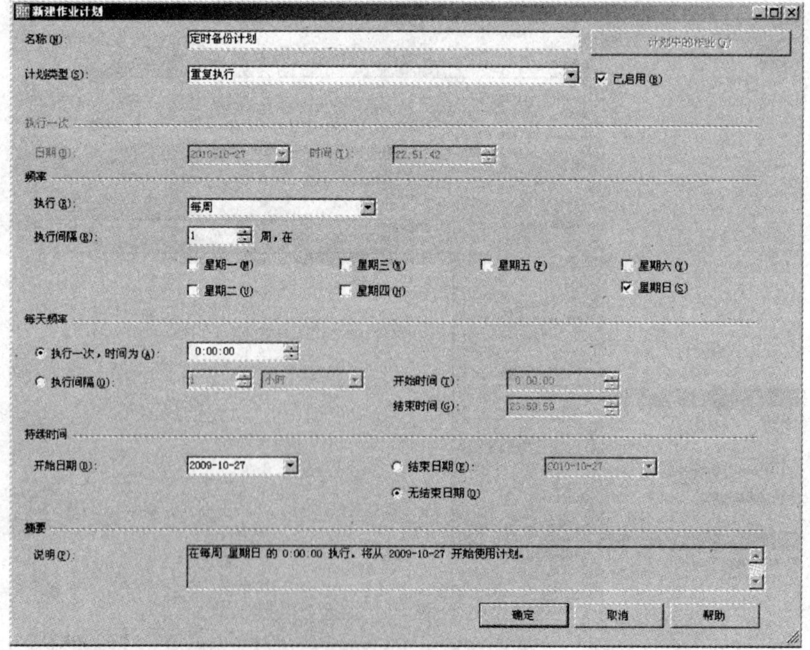


图 7—3—14　新建作业计划

4. 选择“警报”选项卡，进入作业“警报”属性对话框，单击“添加”按钮，出现“新建警报”对话框，共包括常规、响应、选项三个选项卡，其作用如下：

(1) 在“常规”选项卡中填写名称、类型、数据库名称、触发条件，结果如图 7—3—15 所示。

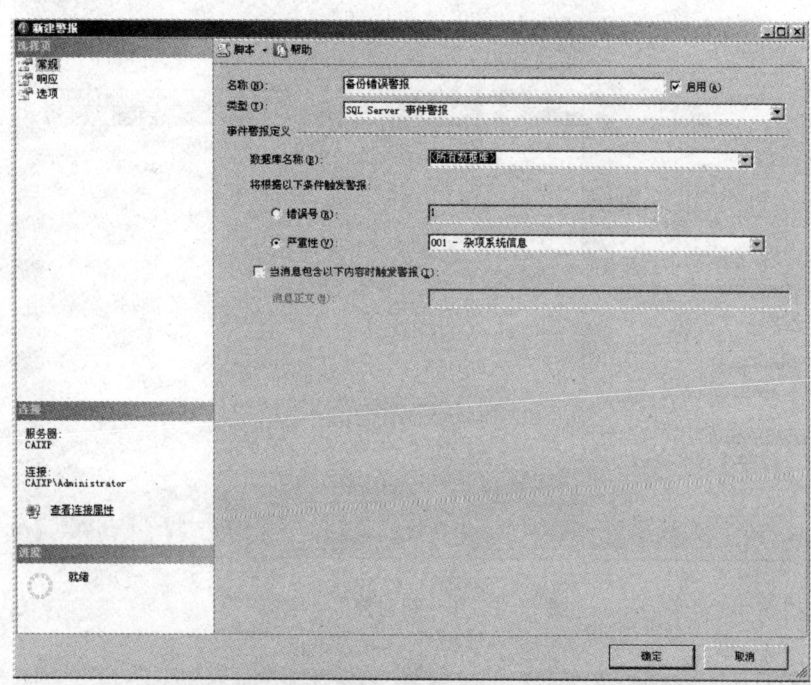


图 7—3—15　新建警报一常规

(2)“响应”选项卡，如图 7—3—16 所示。其中，“执行作业”下拉框用于选择出现警报时执行的作业。“通知操作员”项下的表格，用于显示把警报送给哪些操作者，并定义以哪种方式（电子邮件、寻呼、Net Send）传送。

选择“选项”选项卡，如图 7—3—17 所示。其中，“警报错误文本发送方式”用于选择把警报写入哪种（电子邮件、寻呼程序、Net Send）通知当中；“要发送的其他通知消息”文本框用于输入传送给操作员的附加消息；“两次响应之间的延迟时间”表示警报连续两次响应的时间间隔。

单击“确定”按钮，完成警报的创建，如若发现警报创建有错误，需要修改或删除警报，可在对象资源管理器中，依次展开“SQL Server 代理”→“警报”，选择“警报名称”，打开右键菜单选择“属性”，可修改警报设置，还可为警报添加“响应执行”作业，如图 7—3—18 所示。如若在右键菜单中选择“删除”，则实现删除警报。

5. 单击“通知”选项卡，进入作业“通知”属性对话框，如图 7—3—19 所示。设置作业成功、失败、完成时向哪些操作员发送信息及发送方式。单击“确定”按钮完成作业的创建。

6. 通过上述设置可实现在每天晚上 12：00 进行图书管理数据库的完整备份，当 SQL Server 出现错误时，将创建警报进行处理，并将操作失败的消息通知给设定的管理员。

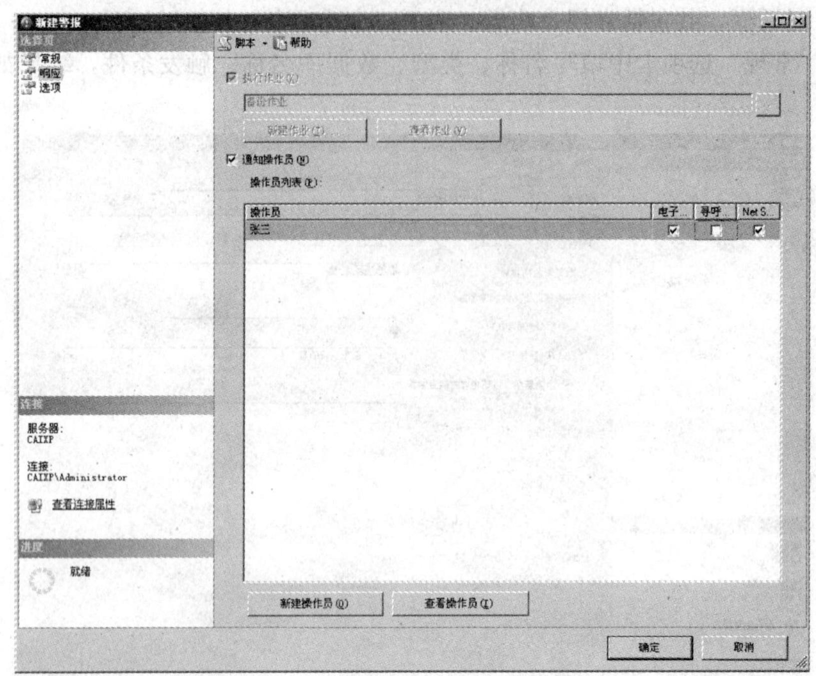


图 7—3—16　新建警报一响应

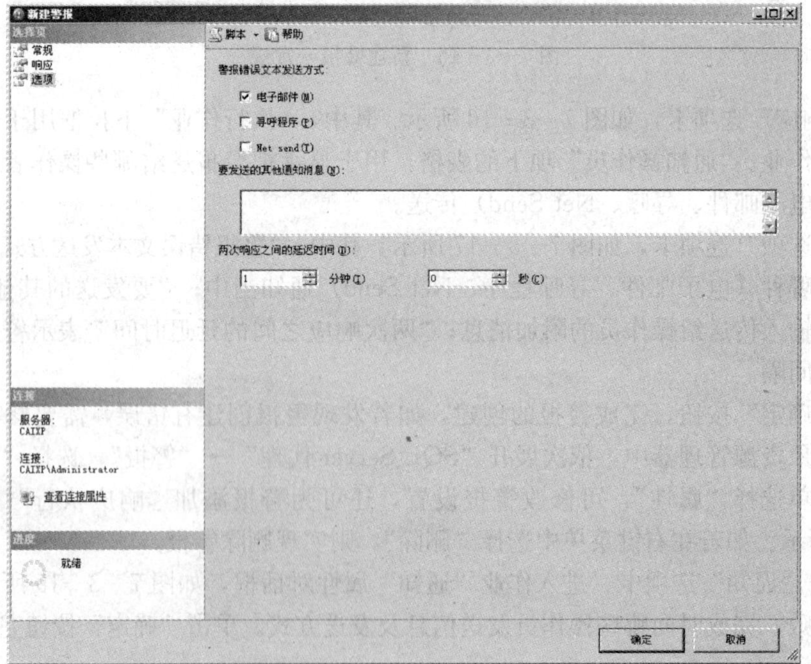


图 7—3—17　新建警报一选项

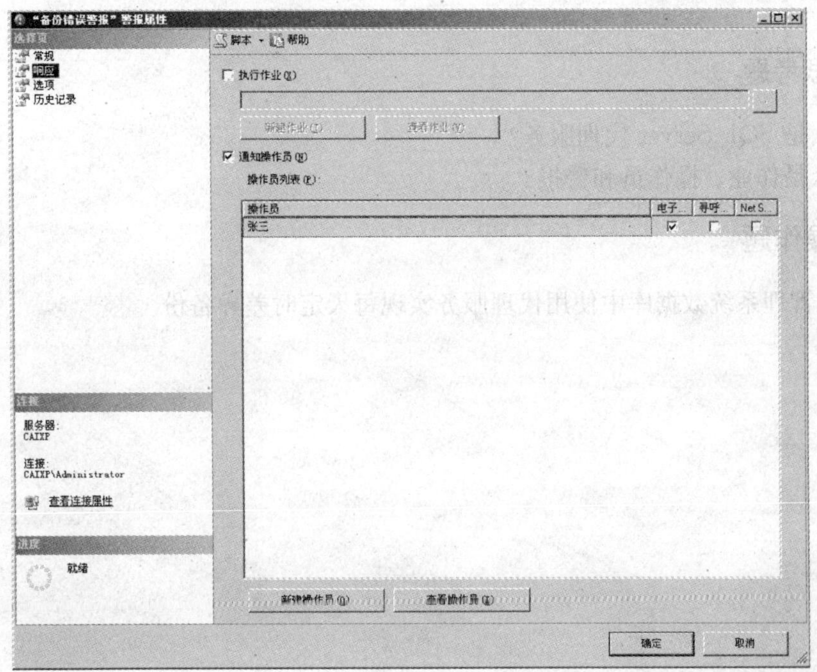


图 7—3—18　警报属性－响应

图 7—3—19　新建作业－通知

## 思考与练习

### 一、思考题

1. 什么是 SQL Server 代理服务？
2. 什么是作业、操作员和警报？

### 二、操作题

在图书管理系统数据库中使用代理服务实现每天定时差异备份。

# 图书馆信息管理系统的实现

在模块一中，已经介绍过图书馆信息管理系统由"应用程序＋SQL Server 2005 数据库管理系统＋图书管理数据库"三个部分组成，在本书的前七个模块中已经完成了图书管理数据库的设计、图书管理数据库在 SQL Server 2005 上的物理实现，本模块将介绍如何使用 ASP. NET 技术实现图书馆信息管理系统的功能，重点是让读者掌握 ASP. NET 与 SQL Server 数据库的连接和数据访问的技能。

## 课题　图书馆信息管理系统的实现

### 任务　用 ASP. NET 技术实现图书馆信息管理系统

**教学目标**

- 掌握 ASP. NET 2.0 与 SQL Server 2005 数据库的连接
- 掌握 SQL 语句在编程语言中的应用

#### 任务引入

在完成了图书管理数据库的设计、图书管理数据库在 SQL Server 数据管理系统上的物理实现后，本任务将使用 ASP. NET 语言编写应用程序实现图书馆信息管理系统的功能。

#### 任务分析

ASP. NET 是由 Microsoft 公司提供的新一代建立动态 Web 应用程序开发平台，它通过 ADO. NET 组件实现与 SQL Server 2005 数据库管理系统的连接，并通过嵌入式 SQL 语句来执行用户在界面上的数据操作命令，ADO. NET 组件再将数据操作的结果返回到用户界面显示出来。

**相关知识**

## 一、ASP. NET 简介

ASP. NET 是由 Microsoft 公司提供的建立在公共语言运行库上的编程框架，可用于在服务器上生成功能强大的 Web 应用程序。与传统的其他 Web 开发模式相比，ASP. NET 提供了以下强大的优势：

1. 执行效率的大幅提高

在 ASP. NET 中，基于通用语言的程序在服务器上运行，只有在首次运行时对其进行编译。

2. 世界级的工具支持

ASP. NET 语言可以用 Microsoft 公司的最新产品 Visual Studio. NET 开发工具进行开发，具有所见即所得的编辑特性。

3. 强大性和适应性

因为 ASP. NET 是基于通用语言编译运行的程序，可以选择一种最适合的语言来编写，包括 C#、VB、Jscript。

## 二、ADO. NET 的对象

ASP. NET 通过 ADO. NET 组件实现与 SQL Server 2005 数据库管理系统的连接。ADO. NET（Active Data Objects. NET）是 ASP. NET 与数据库的接口，ADO. NET 有效地从数据操作中将数据访问分解为多个可以单独使用或一前一后使用的不连接组件。ADO. NET 包含用于连接到数据库、执行命令和检索结果的 .NET 数据提供程序。ADO. NET 的对象内容见表 8—1—1。

表 8—1—1　　ADO. NET 的对象

| 对象 | 描述 |
| --- | --- |
| Connection | 与数据源建立连接 |
| Command | 对数据源执行操作命令并返回结果 |
| DataReader | 从数据源提取只读、顺序的数据集 |
| DataAdapter | 在 DataSet 与数据源之间建立通道，将数据源中的数据写入 DataSet，或根据 DataSet 中的数据改写数据源 |
| DataSet | 服务器内存中的数据库 |

1. Connection 对象

ASP. NET 使用 Connection 对象连接数据库，与数据库的所有通信最终都通过 Connection 对象来完成。对于不同的数据库，ADO. NET 采用不同的 Connection 对象进行连接。其中连接 SQL Server 数据库的对象为 SqlConnection，建立 SqlConnection 对象的代码如下：

SqlConnection cn=new SqlConnection ();

SqlConnetion 对象的主要属性和方法如下：

（1）ConnectionString 属性

获取或设置连接语句。例如：

cn. ConnectionString="server=（local）；database=pubs；uid=sa；pwd=''"

（2）DataBase 属性

获取当前打开数据库或连接打开后要使用的数据库的名称。

（3）DataSource 属性

获取要连接的 SQL Server 服务器实例的名称。

（4）Open（）方法

用连接字符串属性指定的属性值打开数据库连接。

（5）Close（）方法

关闭与数据库的连接。

2. Command 对象

Command 对象主要可以用来对数据库发出一些指令，例如可以对数据库传递查询，新增、修改、删除数据等指令，这个对象透过 Connection 对象来传递命令，建立 Command 对象的代码如下：

Sqlcommand cm=new Sqlcommand（sSql，cn）；

第一个参数是 SQL 语句或存储过程名，第二个参数是前面的 Connection 对象的实例。

Command 对象的主要属性和方法如下：

（1）Connection 属性

设置或获取 Command 对象使用的 Connection 对象实例。

（2）CommandText 属性

设置或获取需要执行的 SQL 语句或存储过程名。

（3）CommandType 属性

设置或获取执行语句的类型。它有 3 个属性值：StoredProcedurce（存储过程）、TableDirect 和 Text（标准的 SQL 语句），默认是 Text。

（4）Parameters 属性

取得参数值集合。

（5）Execute（）

透过 Connection 对象下达命令至数据源。

（6）Cancel（）

放弃命令的执行。

（7）ExecuteNonQuery（）

使用本方法表示所下达的命令不会传回任何记录。

（8）Prepare（）

将命令以预存程序的形式储存于数据源，以加快后续执行效率。

3. DataAdapter 对象

DataAdapter 对象主要在数据源以及 DataSet 之间执行数据传输的工作，它可以在透过 Command 对象传递命令后，将取得的数据放入 DataSet 对象。DataAdapter 对象架构在

Command 对象上，并提供了许多配合 DataSet 使用的功能。

4. DataSet 对象

DataSet 对象可以视为一个暂存区，可以把从数据库中所查询到的数据保留起来，甚至可以将整个数据库显示出来。DataSet 不只可以储存多个 Table，还可以透过 DataAdapter 对象取得一些例如主键等的数据表结构，并可以记录数据表之间的关联。DataSet 对象可以说是 ADO. net 中重量级的对象。这个对象架构在 DataAdapter 对象上，本身不具备和数据源沟通的能力。

5. DataReader 对象

DataReader 从数据库中检索只读的数据流。查询结果在查询执行时返回，并存储在客户端的网络缓冲区中，直到用户使用 DataReader 的 Read 方法对它们发出请求。使用 DataReader 可以提高应用程序的性能，原因是它只要数据可用就立即检索数据，并且（默认情况下）一次只在内存中存储一行，减少了系统开销。

## 三、ASP. NET 2. 0 与 SQL Server 2005 的连接步骤

1. 在使用 ADO. NET 对象之前，必须先导入相应的命名空间，导入方法就是在页面上添加以下的引用语句：

```
Using System. Data
Using System. Data. SqlClient
```

2. 创建与数据库建立连接的 SqlConnection 对象，传递连接字符串，然后构造包含查询语句的 SqlDataAdapter 对象，调用命令的 Fill 方法把查询结果填充 DataSet 对象。语句如下：

```
        SqlConnection myConnection=new
SqlConnection("server=(local);database=pubs;Trusted_Connection=yes");
```

3. 创建 SqlDataAdapter 对象，打开数据库连接，语句如下：

```
SqlDataAdapter myCommand=new SqlDataAdapter("select * from Authors",myConnection);
    myConnection. Open();
```

4. 创建 DataSet 对象，语句如下：

```
DataSet ds=new DataSet();
myCommand. Fill(ds,"Authors");
```

当执行不要求返回数据的命令（如插入、更新和删除）时，也使用 SqlDataAdapter 对象调用 ExecuteNonQuery 方法，而该方法返回受影响的行数，语句如下：

```
myCommand. ExecuteNonQuery();
```

5. 在已完成执行之前关闭与数据模型的连接，语句如下：

```
myConnection. Close();
```

## 四、图书馆信息管理系统功能简介

图 8—1—1 是在本书模块一中经过需求分析得出的图书馆信息管理系统的功能结构图，

由于本书篇幅有限，将只给出本系统中三个典型功能的实现程序，分别是“用户登录”“图书查询”“借书管理”。

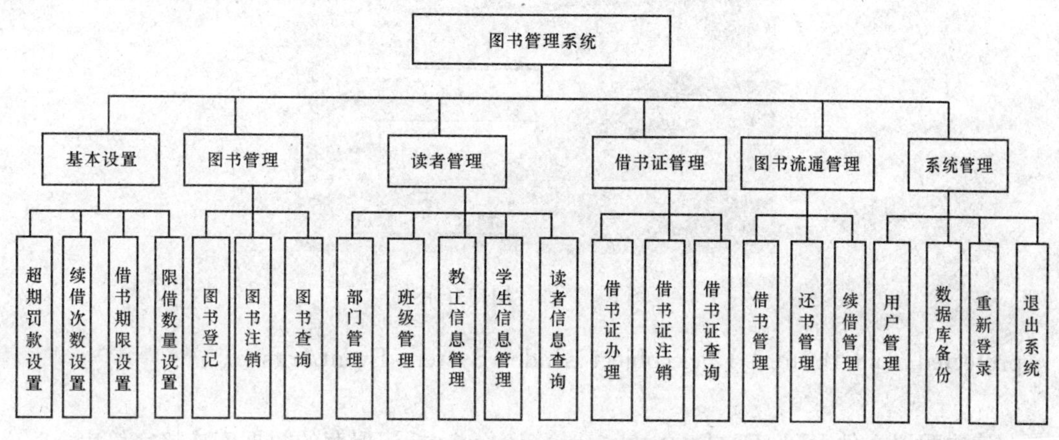


图 8—1—1　图书管理系统功能结构图

## 任务实施

### 一、应用 ASP. NET 中提供的配置文件来保存数据库连接字符串

在使用 ADO. NET 连接 SQL Server 数据库管理系统时，要使用标识 SQL Server 数据库管理系统的名称、数据库名称、数据库用户及密码的连接字符串，例如“server＝（local）；database＝pubs；uid＝sa；password＝123456”，由于在项目实现程序中，有多处都需要连接和访问数据库，因此可以在配置文件 Web. Config 中保存连接字符串，在需要访问数据库的程序将该连接字符串读出来即可，这样当连接字符串需要修改时，只需修改一个地方，为管理员维护程序提供了便利。

在配置文件 Web. Config 中使用<appSettings>配置节来保存数据库连接字符串的语句如下：

```
<configuration>
<appSettings>
<add key="connectionString" value="server=caixp;database=图书管理数据库;uid
=sa;password=123456"/>
</appSettings>
</configuration>
```

### 二、用户登录功能的实现

在图书馆信息管理系统中，用户只有输入正确的用户名和密码，才能成功进入系统主界面，使用系统的功能。登录界面如图 8—1—2 所示，用户输入用户名、密码，单击“确定”按钮，系统开始调用“Button1 _ Click ()”过程连接数据库，验证用户登录信息，实现代码如下：

图 8—1—2　用户登录

```
protected void Button1_Click(object sender,System. EventArgs e)
{
//读取配置文件 Web. Config 中由<appSettings>标记保存的数据库连接字符串
string strconn=ConfigurationSettings. AppSettings["connectionString "];
//与连接字符串中指定的 SQL Server 数据库建立连接
SqlConnection cn=new SqlConnection(strconn);
cn. Open();
//调用存储过程"p_用户登录"创建 Command 对象
SqlDataAdapter cm=new SqlDataAdapter(p_用户登录,cn);
cm. SelectCommand. CommandType=CommandType. StoredProcedure;
cm. SelectCommand. Parameters. Add("@username ",SqlDbType. Char,10);
cm. SelectCommand. Parameters["@username"]. Value=username;
objAdapter. SelectCommand. Parameters. Add("@userpwd ",SqlDbType. Char,10);
objAdapter. SelectCommand. Parameters["@userpwd "]. Value=userpwd;
//执行 ExecuteReader()方法
SqlDataReader dr=cm. ExecuteReader();
if(dr. Read())
{//如果为合法用户,则成功转到图书馆信息管理系统主界面
Response. redirect("tsgl. html");
}
else
{//如果用户名或密码错误则给出提示
Response. Write("<script>window. alert('用户名或密码错误');</script>");
}
//关闭连接
cn. Close();
}
```

由于在验证用户身份时，要使用多条 SQL 语句，并对多个表进行操作，因此将存储过

程封装起来，既可以提高数据处理的速度，又提高了系统的安全。编写好的存储过程可像SQL语句一样被ADO.NET组件调用，创建用于获取用户登录信息的存储过程“p_用户登录”的SQL语言代码如下：

```
CREATE PROC P_用户登录
@UserName VARCHAR(10),@UserPwd VARCHAR(10)
AS
BEGIN
IF EXISTS(SELECT * FROM 学生信息表 WHERE 学号=@UserName AND 密码=@UserPwd)
BEGIN
SELECT * FROM 学生信息表 WHERE 学号=@UserName AND 密码=@UserPwd
END
ELSE
BEGIN
IF EXISTS(SELECT * FROM 教工信息表 WHERE 工号=@UserName AND 密码=@UserPwd)
SELECT * FROM 教工信息表 WHERE 工号=@UserName AND 密码=@UserPwd
END
END
```

### 三、图书查询的功能的实现

读者可以在图书馆信息管理系统中查询图书馆提供的所有图书，查询条件可以是图书编号、图书ISBN号、图书名称等。读者查询图书信息的页面如图8—1—3所示，实现代码如下：

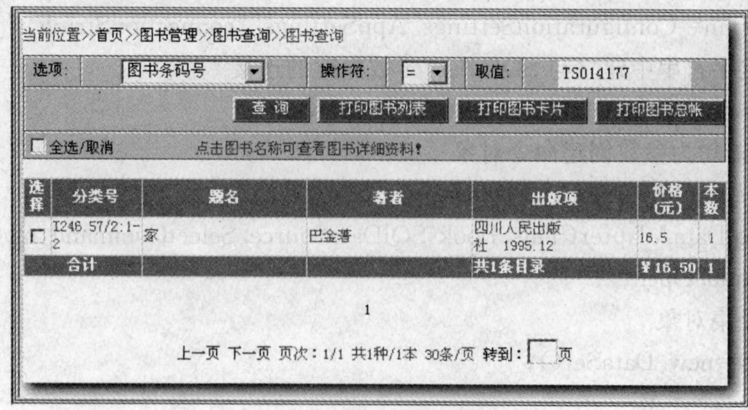


图8—1—3　图书查询

```
Protected void btnSearch_Click(object sender,EventArgs e)
{//获取下拉菜单中用户选择的查询条件,分别为图书编号、isbn、图书名称
String SearchStr=this. SearchDropDownList. SelectedValue. Trim()
//按图书编号查询
If(SearchStr. Equals("Tcode"))
{//定义查询语句,其中 this. txtSearch. . Text. Trim()用来获取界面中用户填写的
图书编号值,将其作为查询的条件
This. BooksSQlDataSource. SelectCommand="select 条形码,书名,isbn 号,作者"
+"出版社,定价,页数 from 图书信息表"
+"where 图书编号"+='"+this. txtSearch. . Text. Trim()+"'"
//按图书 isbn 查询
If(SearchStr. Equals("isbn"))
{
This. BooksSQlDataSource. SelectCommand="select 条形码,书名,isbn 号,作者"
+"出版社,定价,页数 from 图书信息表 where isbn='"+this. txtSearch. . Text. Trim
()+"'"
}
//按图书名称查询
If(SearchStr. Equals("bookname"))
{
This. BooksSQlDataSource. SelectCommand="select 条形码,书名,isbn 号,作者",
+"出版社,定价,页数 from 图书信息表 where 书名='"+this. txtSearch. . Text. Trim()
+"'"
}
//读取配置文件 Web. Config 中由<appSettings>标记保存的数据库连接字符串
string strconn=ConfigurationSettings. AppSettings["connectionString "];
//使用连接字符串中建立与 SQL Server 数据库的连接
SqlConnection cn=new SqlConnection(strconn);
//以 SQL 语句为参数创建命令对象
SqlDataAdapter myCommand=new
        SqlDataAdapter(This. BooksSQlDataSource. SelectCommand,myConnection);
myConnection. Open();
//创建结果集对象
DataSet ds=new DataSet();
//
myCommand. fill(ds,"book");
cn. close();
```

```
//
this. DataGrid1. DataSource=ds. tables["book"];
this. DataGrid1. DataBind()
}
```

## 四、借书功能的实现

图 8—1—4 为图书借还管理界面，当读者借阅图书时，图书管理员先输入读者借书证号，图书馆信息管理系统将验证该借书证是否为合法读者，如果合法，就读出该读者借书信息并显示在界面上，图书管理员再输入待借图书的编号，根据读者借书规则，如果允许读者继续借书，系统开始计算应还书时间，并将借书信息记录在数据库中，具体实现代码如下：

当前位置>>首页>>图书管理>>图书流通处理

按ESC键复位！

复位　借书证号或书籍编号　正常借还

| 姓名： | 蔡小萍 | 借书证号： | 6990048 |
|---|---|---|---|
| 借书证类别： | 教工 | 超期数量（本）： | 2 |
| 可借数量（本）： | 10 | 已借数量（本）： | 6 |

| 序号 | 续借 | 书籍编号 | 题名 | 应还书日期 | 续借状态 |
|---|---|---|---|---|---|
| 1 | 续借 | TS034713 | Visual C# NET高级编程 | 2011-6-9 | |
| 2 | 续借 | TS074181 | 零基础学Vsual C++ | 2011-6-9 | |
| 3 | 续借 | TS062068 | C++高级编程 | 2011-6-9 | |
| 4 | 续借 | TS070264 | 汤姆叔叔的小屋 | 2010-8-8 | |
| 5 | 续借 | TS039149 | C#程序设计基础 | 2011-7-31 | |
| 6 | 续借 | TS067314 | 福尔摩斯探案集 | 2010-8-8 | |

图 8—1—4　图书借还管理界面

1. 根据输入的借书证号查询读者信息和所借图书信息。

```
private void showInfo()
{
//读取配置文件 Web. Config 中由<appSettings>标记保存的数据库连接字符串
    string strconn=ConfigurationSettings. AppSettings["connectionString  "];
    SqlConnection cn=new SqlConnection(strConn);
    cn. Open();
    SqlCommand cmd=cn. CreateCommand();
    cmd. CommandText="select a. 工号,a. 类型,a. 借书证号 from 借书证 a"
                        +where a. 条形码="+txt1. Text. Trim()+"')";
    SqlDataReader dr=cmd. ExecuteReader();
//执行查询,并读入读者数据
    dr. Read();
```

```
        if(dr. HasRows==false)
    //如未能查询到读者信息,则提示重新输入
        {
          MessageBox. Show("无此读者,请检查后重新输入","错误",
          MessageBoxButtons. OK,MessageBoxIcon. Error);
            return;
        }
        else
        {
            txt2. Text=dr. GetValue(0). ToString(). Trim();//显示读者信息
            txt3. Text=dr. GetValue(1). ToString(). Trim();
            txt4. Text=dr. GetValue(2). ToString(). Trim();

        }
        dr. Close();
        string strCmd="select a. 状态,a. 图书编号,b. 书名,a. 借阅时间,a. 应还时间 "
            +" from 图书借阅 a,图书信息 b"
            +"where(a. 图书编号=b. 编号)and(a. 状态='未还')"
            +"and(读者编号='"+readerID+"')";
        //查询读者所借书籍信息
        SqlDataAdapter da=new SqlDataAdapter(strCmd,cn);
        tblBooks. Clear();//清空借书记录
        da. Fill(tblBooks);//读入读者借阅图书信息
        totalCount=tblBooks. Rows. Count;//显示已借书数量和本次借书数量
        thisCount=0;
        label1. Text="已借书"+totalCount. ToString()+"本";
        label2. Text="本次借书 0 本";
        groupBox2. Enabled=true;//允许借书
        txt5. Focus();//光标移动到输入图书编号文本框处,开始借书
        }
```

2. 输入要借图书的条码后，判断读者是否能借书、图书是否存在，并计算应还书时间，将待借图书信息添加到表格中。

```
  private void borrowBook()
      {
          if(this. totalCount>=Convert. ToInt32(txt4. Text. Trim()))
        //如果借书达到上限,则不允许再借
          {
          MessageBox. Show("已经达到最大借书数量,请先归还书籍后再借书",
```

```
"借书数量达到上限",MessageBoxButtons.OK,MessageBoxIcon.Information);
        groupBox2.Enabled=false;
        return;
    }
string strconn=ConfigurationSettings.AppSettings["connectionString "];
    SqlConnection cn=new SqlConnection(strConn);
    cn.Open();
    SqlCommand cmd=cn.CreateCommand();
    DataRow aRow=tblBooks.NewRow();
    string bookType;//保存新借图书的类型
    if(rbt3.Checked)
    {
cmd.CommandText="select 编号,书名,出版社,价格,类型 from 图书信息表"
+"where 编号='"+txt5.Text.Trim()+"'";
    }
    else
    {
cmd.CommandText="select 编号,书名,出版社,价格,类型 from 图书信息表"
+"where 条形码='"+txt5.Text.Trim()+"'";
    }
SqlDataReader dr=cmd.ExecuteReader();//执行查询,并读入图书数据
    dr.Read();
    if(dr.HasRows==false)//如未能查询到图书信息,则提示重新输入
    {
    MessageBox.Show("无此图书,请检查后重新输入",
            "错误",MessageBoxButtons.OK,MessageBoxIcon.Error);
        return;
    }
    else
    {
    string newbookID=dr.GetValue(0).ToString();
    foreach(DataRow newRow in tblBooks.Rows)//不允许重复借书
    {
     if(newRow["图书编号"].ToString().Trim()==newbookID.Trim())
        {
        MessageBox.Show("该读者已经借有此书,不能再借",
          "信息",MessageBoxButtons.OK,MessageBoxIcon.Warning);
        return;
```

```
                }
            }
            aRow["图书编号"]=dr. GetValue(0). ToString();
            aRow["书名"]=dr. GetValue(1). ToString();
            aRow["出版社"]=dr. GetValue(2). ToString();
            aRow["价格"]=Convert. ToDecimal(dr. GetValue(3));
            aRow["状态"]="新借";
            aRow["借阅时间"]=System. DateTime. Now. ToString();
            bookType=dr. GetValue(4). ToString();
        }
        dr. Close();
        cmd. CommandText="select 可借天数 from 图书类型"
            +"where 类型名称='"+bookType+"'";//计算归还时间
        int days=Convert. ToInt32(cmd. ExecuteScalar());
        DateTime returnTime=System. DateTime. Now. AddDays(days);
        aRow["应还时间"]=returnTime. ToString();
        tblBooks. Rows. Add(aRow);//增加新借书记录
        totalCount++;
        thisCount++;
        label1. Text="已借书"+totalCount. ToString()+"本";
        label2. Text="本次借书"+thisCount. ToString()+"本";
    }
```

3. 当确定借书后，系统开始处理借书事务。

```
private void toolBar1_ButtonClick(object sender,
System. Windows. Forms. ToolBarButtonClickEventArgs e)
{
    if(e. Button. ToolTipText=="确定借书")
    {
        string strconn=ConfigurationSettings. AppSettings["connectionString "];
        SqlConnection cn=new SqlConnection(strConn);
        cn. Open();
        SqlCommand cmd=cn. CreateCommand();
        foreach(DataRow newRow  tblBooks. Rows)
        {
        if(newRow["状态"]. ToString()=="新借")//插入新增的图书记录
        {
        cmd. CommandText="insert into 图书借阅([图书编号],[读者编号],[借
阅时间],"
```

```
+"[应还时间],[状态],[续借次数])"
+" values('"+newRow["图书编号"].ToString()+"',
+'"+readerID+"','"+newRow["借阅时间"]
+"','"+newRow["应还时间"]+"','未还','0')";
cmd.ExecuteNonQuery();
newRow["状态"]="未还";//将已经保存的借书状态改为未还
        }
    }

}
if(e.Button.ToolTipText=="取消借书")
{
    tblBooks.Clear();
    groupBox2.Enabled=false;
}
if(e.Button.ToolTipText=="退出")
{
foreach(DataRow aRow in this.tblBooks.Rows)
{//检索表中是否有新借书数据,提示用户保存
if(aRow["状态"].ToString()=="新借")
{
DialogResult dlg=MessageBox.Show("该读者有新借图书尚未保存,
    +退出将无法保存新借图书记录","确认退出",
    MessageBoxButtons.OKCancel,MessageBoxIcon.Warning);
            if(dlg==DialogResult.OK)
            {
                return;
            }
        }
    }
    this.Close();
}
}
```

## 思考与练习

### 一、思考题

1. ADO. NET 组件中的五大对象分别是什么？
2. 简述 ASP. NET 与 SQL Server 数据库连接的步骤。

### 二、操作题

使用 ADO. NET 的组件对象连接“图书管理数据库”，并实现查询借阅信息表的内容，显示在页面上。

# 附录　PUBS 数据库结构

PUBS 数据库是 Microsoft 公司为方便用户学习使用 SQL Server 数据库管理系统而提供的示例数据库，在 SQL Server 2000 版式本中会默认安装，SQL Server 2005 默认情况下不会安装任何示例数据库，读者可通过网络下载该示例数据库。本书有部分例子中使用了 PUBS 数据库，为方便读者理解，特给出 PUBS 数据库结构。

## 一、PUBS 数据库实体关系图描述（见图 1）

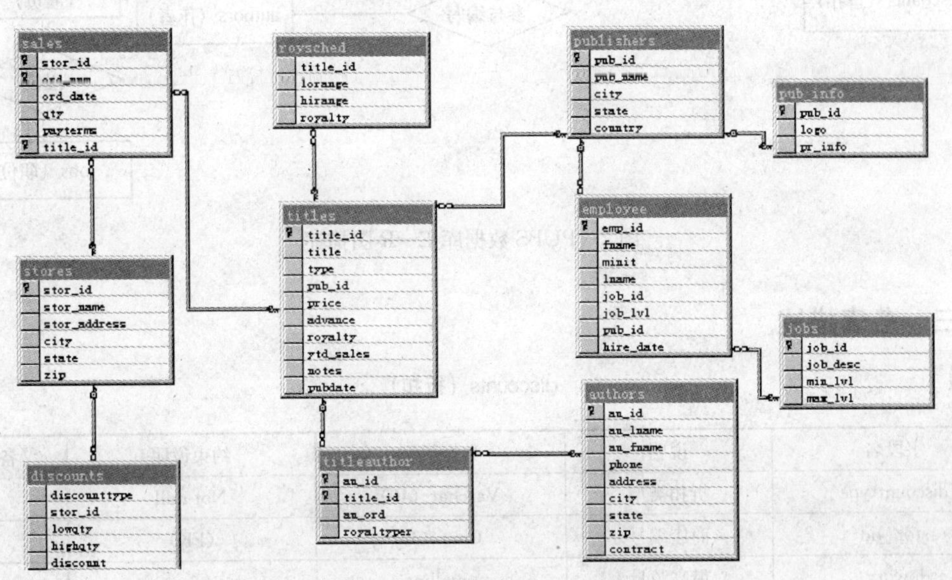


图 1　PUBS 数据库实体关系图描述

## 二、PUBS 数据库 E－R 图描述（见图 2）

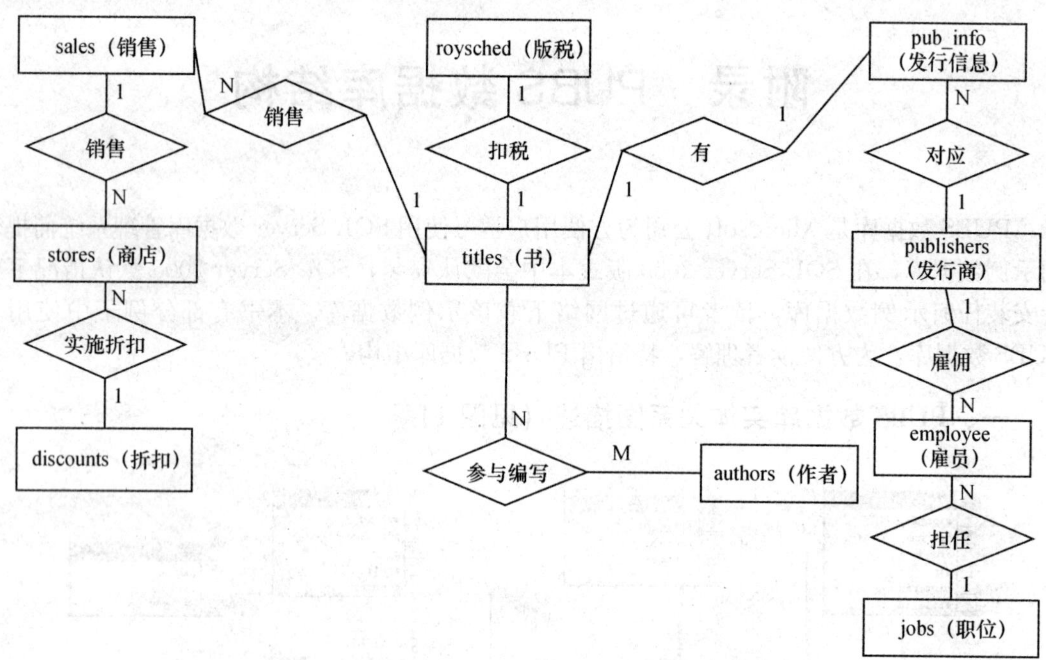


图 2　PUBS 数据库 E－R 图描述

## 三、各表描述

表 1　　discounts（折扣）

| 字段名 | 说明 | 数据类型 | 约束说明 | 备注 |
| --- | --- | --- | --- | --- |
| discounttype | 折扣类型 | Varchar（40） | Not null | |
| stor _ id | 商店编号 | Char（4） | （FK） | |
| lowqty | 最高数量 | smallint | | |
| highqty | 最低数量 | smallint | | |
| discount | 折扣 | decimal | Not null | |

表 2　　stores（商店）

| 字段名 | 说明 | 数据类型 | 约束说明 | 备注 |
| --- | --- | --- | --- | --- |
| stor _ id | 商店编码 | Char（4） | （PK），not null | |
| stor _ name | 商店名称 | Varchar（40） | | |
| stor _ address | 商店地址 | Varchar（40） | | |
| city | 城市 | Varchar（40） | | |
| state | 州 | Char（2） | | |
| zip | 邮政编码 | Char（5） | | |

表3 sales（销售）

| 字段名 | 说明 | 数据类型 | 约束说明 | 备注 |
|---|---|---|---|---|
| stor _ id | 商店编号 | Char（4） | （PK），（FK） | |
| ord _ num | 订单号 | Varchar（20） | | |
| ord _ date | 订单日期 | Datetime | | |
| qty | 数量 | Smallint | | |
| payterms | 付款方式 | Varchar（12） | | |
| title _ id | 书编号 | Varchar（6） | （PK），（FK） | |

表4 roysched（版税）

| 字段名 | 说明 | 数据类型 | 约束说明 | 备注 |
|---|---|---|---|---|
| title _ id | 书编号 | Varchar（6） | （FK）Not null | |
| lorange | 最低范围 | int | | |
| hirange | 最高范围 | int | | |
| royalty | 版税 | int | | |

表5 titles（书）

| 字段名 | 说明 | 数据类型 | 约束说明 | 备注 |
|---|---|---|---|---|
| title _ id | 书编号 | Varchar（6） | （PK） | |
| title | 书名 | Varchar（80） | Not null | |
| type | 类型 | Char（12） | Not null | |
| pub _ id | 发行编号 | Char（4） | （FK） | |
| price | 价格 | Money | | |
| advance | 印刷数量 | Money | | |
| royalty | 版税 | Int | | |
| ytd _ sales | 年销售数量 | Int | | |
| notes | 注释 | Varchar（200） | | |
| pubdate | 发行日期 | Datetime | Not null | |

表6 authors（作者）

| 字段名 | 说明 | 数据类型 | 约束说明 | 备注 |
|---|---|---|---|---|
| au _ id | 作者编号 | Varchar（11） | （PK） | |
| au _ lname | 作者名 | Varchar（40） | Not null | |
| au _ fname | 作者姓 | Varchar（20） | Not null | |
| phone | 电话 | Char（12） | Not null | |
| address | 地址 | Varchar（40） | | |
| city | 城市 | Varchar（20） | | |
| state | 州 | Char（2） | | |
| zip | 邮政编码 | Char（5） | | |
| contract | 是否签订合同 | bit | Not null | |

表 7 titleauthor（编写书籍）

| 字段名 | 说明 | 数据类型 | 约束说明 | 备注 |
|---|---|---|---|---|
| au _ id | 作者编号 | Varchar（11） | （PK），（FK） | |
| title _ id | 书编号 | Varchar（6） | （PK），（FK） | |
| au _ ord | 作者次序 | tinyint | | |
| royaltyper | 版税 | int | | |

表 8 publishers（发行商）

| 字段名 | 说明 | 数据类型 | 约束说明 | 备注 |
|---|---|---|---|---|
| pub _ id | 发行商编号 | Char（4） | （PK） | |
| pub _ name | 发行商名称 | Varchar（40） | | |
| city | 城市 | Varchar（20） | | |
| state | 州 | Char（2） | | |
| country | 国家 | Varchar（30） | | |

表 9 employee（雇员）

| 字段名 | 说明 | 数据类型 | 约束说明 | 备注 |
|---|---|---|---|---|
| emp _ id | 雇员编号 | Char（9） | （PK） | |
| fname | 雇员名 | Varchar（20） | Not null | |
| minit | 简写 | Char（1） | | |
| lname | 雇员姓 | Varchar（30） | Not null | |
| job _ id | 职位编号 | Smallint | （FK），Not null | |
| job _ lvl | 职位级别 | Tinyint | Not null | |
| pub _ id | 所属发行商 | Char（4） | （FK），Not null | |
| hire _ date | 雇佣日期 | datetime | Not null | |

表 10 jobs（职位）

| 字段名 | 说明 | 数据类型 | 约束说明 | 备注 |
|---|---|---|---|---|
| job _ id | 职位编号 | smallint | （PK） | |
| job _ desc | 职位说明 | Varchar（50） | Not null | |
| min _ lvl | 最低级别 | tinyint | Not null | |
| max _ lvl | 最高级别 | tinyint | Not null | |

表 11 pub _ info（发行信息）

| 字段名 | 说明 | 数据类型 | 约束说明 | 备注 |
|---|---|---|---|---|
| pub _ id | 发行编号 | Char（4） | （PK） | |
| logo | 封面 | Image（16） | | |
| pr _ info | 发行信息 | Text（16） | | |